Since 2002 21년간 11.3만 독자들의 선택

Nutritionist

시대에듀

영양사

실제시험보기

시대에듀

이 책의 구성과 특징 STRUCTURES

국가고시 출제키워드 ANALYSIS

출제키워드로 보는 2023년 제47회 영양사 국가고시

■ **영양학 및 생화학**

유당불내증
유당분해효소인 락타아제(Lactase)가 결핍되어 유당의 분해와 흡수가 충분히 이뤄지지 않는 증상을 말한다. 분해되지 않은 유당이 대장에서 미생물에 의해 분해되어 가스를 형성하고 복통, 설사, 복부경련을 유발한다. 락타아제는 유아기에 활발히 생성되고 나이가 들면서 점차 감소하므로 성인이 필수록 유당불내증 증상이 심해진다.

HDL(High Density Lipoprotein)
HDL은 혈액을 순환하면서 말초혈관에 쌓인 콜레스테롤을 걷어 간으로 이동시켜주는 역할을 하여 심혈관계질환을 예방해준다. 반대로 LDL(Low Density Lipoprotein)은 자신이 가지고 있던 콜레스테롤의 일부를 말초혈관 내벽에 내어주어 혈중 LDL의 수치가 높을 경우 동맥경화증과 같은 심혈관계질환의 원인이 되기도 한다.

콜레스테롤
성호르몬(에스트로겐, 테스토스테론, 프로게스테론 등), 부신피질호르몬(알도스테론, 글루코코르티코이드 등), 비타민 D의 전구체인 7-dehydrocholesterol, 담즙산의 전구체이다.

에이코사노이드(eicosanoid)
· 탄소수가 20개인 필수지방산(아라키돈산, EPA)이 산화되어 생체에서 합성되는 화합물로, 프로스타글란딘, 트롬복산, 프로스타사이클린, 류코트리엔 등이 있다.
· 리놀렌산은 아라키돈산의 전구체이며, α-리놀렌산은 EPA의 전구체이다.

HMG-CoA 환원효소(HMG-CoA reductase)
콜레스테롤의 합성에서 속도조절 단계(rate-limiting step)에 작용하는 효소로, HMG-CoA를 메발론산(mevalonate)으로 전환하는 것을 촉진한다.

필수지방산
· 리놀레산($C_{18:2}, \omega$-6) : 혈피부병인자·성장인자, 식물성기름
· α-리놀렌산($C_{18:3}, \omega$-3) : 성장인자, EPA와 DHA의 전구체, 들기름, 콩기름, 어마인유
· 아라키돈산($C_{20:4}, \omega$-6) : 혈피부병인자, 달걀, 간, 유제품

출제키워드로 보는 2023년 제47회 영양사 국가고시

2023년 제47회 시험을 철저히 분석하여 출제키워드 48개를 수록하였습니다. 출제키워드의 세부내용까지 합치면 상당한 양의 이론으로, 최근 시험 출제경향을 파악할 수 있습니다.

빨리보는 간단한 키워드

시험 전에 보는 핵심요약!

빨리보는 간단한 키워드

▶ **영양교육의 진행과정**

4단계법	6단계법
· 영양교육의 요구 진단 · 영양교육의 계획의 3요소 : 교육대상자, 교육자, 교육방법(시간, 방식, 사용매체 등) 고려 · 실 행 · 평 가	· 실태 파악 · 문제 발견 · 문제 진단 · 대책 수립 · 영양교육 실시 · 효과 판정

▶ **KAP 모델이론**
Knowledge(지식), Attitude(태도 · 인식변화), Practice(행동변화)

▶ **토의법**

원탁토의(좌담회)	어떤 공동의 문제 해결을 위해 서로의 의견을 토의하며, 참가자 전원이 상호 대등한 관계 속에서 자유롭게 의견을 교환
배석식 토의	특정 주제에 대하여 상반되거나 여러 가지 의견을 가진 몇몇 사람(배심원)이 청중 앞에서 각자의 지식·견문·정보를 발표하고 여러 가지 의견을 제시함
강단식(심포지엄)	특정한 하나의 주제에 대해 여러 각도의 관점을 가진 전문가들의 의견을 듣고 참가자가 질의응답을 하는 방식으로 한 주제를 다양한 측면에서 깊이 있게 다룰 수 있음
공론식	한 가지 주제에 대해 서로 의견이 다른 두 명 이상의 강사가 먼저 자기 의견을 발표하고 참가자들이 질문을 한 후 강사가 다시 종합편 토의하는 방식
강의식	강사(1~2명)가 강의한 후 또는 강의 중간에 발표 주제를 중심으로 참가자와 함께 토의를 진행시키는 방식
6-6식(버즈세션)	6명을 한 그룹으로 만들고, 1명당 1분씩 6분간 토의하고 종합하는 방식으로 매우 민주적인 토의 방법이며 교육 참가자가 많고 다루는 문제가 크고 다양할 때 많이 이용

▶ **영양상담 기록법[SOAP법]**
· S(Subjective Data) : 내담자에게 얻은 주관적 정보 → 음식·활동·식행동·생활습관 조사
· O(Objective Data) : 내담자에 대한 객관적 정보 → 24시간 회상법에 의한 하루 섭취량조사, 생화학적·신체계측 검

빨리보는 간단한 키워드

역대 영양사 시험을 분석하여 자주 출제되는 이론과 출제 가능성이 높은 중요한 이론만 모았습니다. 전 과목을 단시간에 정리할 수 있으며, 시험장에 가서도 자투리 시간을 활용하여 훑어보시길 바랍니다.

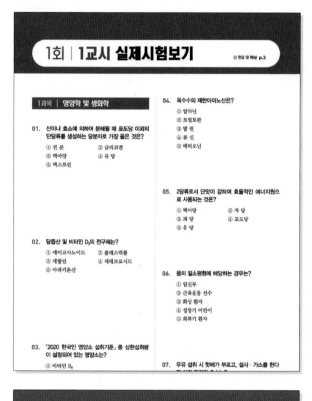

실제시험보기 6회분

역대 영양사 시험의 난이도, 유형, 이론 등을 분석하여 만든 모의고사입니다. 실제 시험시간은 마킹시간을 포함한 1교시 100분, 2교시 85분이기 때문에 이 책에서는 그보다 적은 시간 안에 문제를 푸는 연습을 하시길 바랍니다.

정답 및 해설

문제와 해설을 분권화하여 편리하게 정답과 해설을 확인할 수 있습니다. 여러 문제를 푸는 것보다 효과적인 학습방법은 한 문제의 해설을 정확하게 이해하는 것입니다.

시험안내 TEST INFORMATION

 시험일정

구분	일정	비고
응시원서접수	• 인터넷 접수 : 2024년 09월경 • 국시원 홈페이지 [원서접수] • 외국대학 졸업자로 응시자격 확인서류를 제출하여야 하는 자는 위의 접수기간 내에 반드시 국시원에 방문하여 서류확인 후 접수 가능함	• 응시수수료 : 90,000원 • 접수시간 : 해당 시험직종 접수 시작일 09:00부터 접수 마감일 18:00까지
시험시행	• 일시 : 2024년 12월경 • 국시원 홈페이지 [시험안내] → [영양사] → [시험장소(필기/실기)]	응시자 준비물 : 응시표, 신분증, 필기도구 지참 ※ 컴퓨터용 흑색 수성사인펜은 지급함
최종합격자 발표	• 2025년 1월경 • 국시원 홈페이지 [합격자조회]	휴대전화번호가 기입된 경우에 한하여 SMS 통보

※ 정확한 시험일정은 시행처에서 확인하시기 바랍니다.

 응시자격

1. 2016년 3월 1일 이후 입학자

다음 내용에 모두 해당하는 자가 응시할 수 있습니다.

➡ **다음의 학과 또는 학부(전공) 중 1가지**
　① 학과 : 영양학과, 식품영양학과, 영양식품학과
　② 학부(전공) : 식품학, 영양학, 식품영양학, 영양식품학
　※ 학칙에 의거한 '학과명' 또는 '학부의 전공명' 이어야 하며, 위와 명칭이 상이한 경우 반드시 담당자 확인 요망(1544-4244)

➡ **교과목(학점) 이수 : '영양관련 교과목 이수증명서' 로 교과목(학점) 확인 가능**
　① 영양관련 교과목 이수증명서에 따른 18과목 52학점을 전공(필수 또는 선택)과목으로 이수해야 함
　② 2016년 3월 1일 이후 영양사 현장실습 교과목 이수 시 80시간 이상(2주 이상), 영양사가 배치된 집단급식소, 의료기관, 보건소 등에서 현장 실습하여야 함
　③ 법정과목과 그에 해당하는 유사인정과목은 동일한 과목이므로, 여러 개 이수해도 1개 과목 이수로만 인정(단, 학점은 합산 가능)

2. 2010년 5월 23일 이후 ~ 2016년 2월 29일 입학자

다음 내용에 모두 해당하는 자가 응시할 수 있습니다.

➡ **식품학 또는 영양학 전공 : 식품학, 영양학, 식품영양학, 영양식품학 중 1가지**

　※ 학칙에 의거한 '전공명' 이어야 하며, 위와 명칭이 상이한 경우 반드시 담당자 확인 요망(1544-4244)

➡ **교과목(학점) 이수 : '영양관련 교과목 이수증명서' 로 교과목(학점) 확인 가능**

　① 영양관련 교과목 이수증명서에 따른 18과목 52학점을 전공(필수 또는 선택)과목으로 이수해야 함

　② 2016년 3월 1일 이후 영양사 현장실습 교과목 이수 시 80시간 이상(2주 이상), 영양사가 배치된 집단급식소, 의료기관, 보건소 등에서 현장 실습하여야 함

　③ 법정과목과 그에 해당하는 유사인정과목은 동일한 과목이므로, 여러 개 이수해도 1개 과목 이수로만 인정(단, 학점은 합산 가능)

3. 2010년 5월 23일 이전 입학자

2010년 5월 23일 이전 고등교육법에 따른 학교에 입학한 자로서 종전의 규정에 따라 응시자격을 갖춘 자는 국민영양관리법 제15조 제1항 및 동법 시행규칙 제7조 제1항의 개정규정에도 불구하고 시험에 응시할 수 있습니다. 다음 내용에 해당하는 자가 응시할 수 있습니다.

➡ **식품학 또는 영양학 전공 : 식품학, 영양학, 식품영양학, 영양식품학 중 1가지**

　※ 학칙에 의거한 '전공명' 이어야 하며, 위와 명칭이 상이한 경우 반드시 담당자 확인 요망(1544-4244)

4. 국내대학 졸업자가 아닌 경우

다음 내용의 어느 하나에 해당하는 자가 응시할 수 있습니다.

➡ 외국에서 영양사면허를 받은 사람
➡ 외국의 영양사 양성학교 중 보건복지부장관이 인정하는 학교를 졸업한 사람

5. 다음 내용의 어느 하나에 해당하는 자는 응시할 수 없습니다.

➡ 정신건강복지법 제3조 제1호에 따른 정신질환자. 다만, 전문의가 영양사로서 적합하다고 인정하는 사람은 그러하지 아니하다.
➡ 감염병예방법 제2조 제13호에 따른 감염병환자 중 보건복지부령으로 정하는 사람
➡ 마약·대마 또는 향정신성의약품 중독자
➡ 영양사 면허의 취소처분을 받고 그 취소된 날부터 1년이 지나지 아니한 자

시험안내 TEST INFORMATION

응시원서 접수

1. 인터넷 접수 대상자

방문접수 대상자를 제외하고 모두 인터넷 접수만 가능

※ 방문접수 대상자 : 보건복지부장관이 인정하는 외국대학 졸업자 중 국가시험에 처음 응시하는 경우는 응시자격 확인을 위해 방문접수만 가능합니다.

2. 인터넷 접수 준비사항

➜ **회원가입 등**

① 회원가입 : 약관 동의(이용약관, 개인정보 처리지침, 개인정보 제공 및 활용)

② 아이디 / 비밀번호 : 응시원서 수정 및 응시표 출력에 사용

③ 연락처 : 연락처1(휴대전화번호), 연락처2(자택번호), 전자 우편 입력

※ 휴대전화번호는 비밀번호 재발급 시 인증용으로 사용됨

➜ **응시원서 : 국시원 홈페이지 [시험안내 홈] → [원서접수] → [응시원서 접수]에서 직접 입력**

① 실명인증 : 성명과 주민등록번호를 입력하여 실명인증을 시행, 외국국적자는 외국인등록증이나 국내거소신고증상의 등록번호사용. 금융거래 실적이 없을 경우 실명인증이 불가능함. 코리아크레딧뷰로(02-708-1000)에 문의

② 공지사항 확인

※ 원서 접수 내용은 접수 기간 내 홈페이지에서 수정 가능(주민등록번호, 성명 제외)

➜ **사진파일 : jpg 파일(컬러), 276x354픽셀 이상 크기, 해상도는 200dpi 이상**

3. 응시수수료 결제

➜ **결제 방법 : 국시원 홈페이지 [응시원서 작성 완료] → [결제하기] → [응시수수료 결제] → [시험선택] → [온라인 계좌이체 / 가상계좌이체 / 신용카드] 중 선택**

➜ **마감 안내 : 인터넷 응시원서 등록 후, 접수 마감일 18:00까지 결제하지 않았을 경우 미접수로 처리**

4. 접수결과 확인

➜ **방법 : 국시원 홈페이지 [시험안내 홈] → [원서접수] → [응시원서 접수결과]**

➜ **영수증 발급 : http://www.easypay.co.kr → [고객지원] → [결제내역 조회] → [결제수단 선택] → [결제정보 입력] → [출력]**

5. 응시원서 기재사항 수정

➜ **방법** : 국시원 홈페이지 [시험안내 홈] → [마이페이지] → [응시원서 수정]

➜ **기간** : 시험 시작일 하루 전까지만 가능

➜ **수정 가능 범위**

　① 응시원서 접수기간 : 아이디, 성명, 주민등록번호를 제외한 나머지 항목

　② 응시원서 접수기간~시험장소 공고 7일 전 : 응시지역

　③ 마감~시행 하루 전 : 비밀번호, 주소, 전화번호, 전자 우편, 학과명 등

　④ 단, 성명이나 주민등록번호는 개인정보(열람, 정정, 삭제, 처리정지) 요구서와 주민등록초본 또는 기본
　　증명서, 신분증 사본을 제출하여야만 수정이 가능

6. 응시표 출력

➜ **방법** : 국시원 홈페이지 [시험안내 홈] → [응시표 출력]

➜ **기간** : 시험장 공고 이후 별도 출력일부터 시험 시행일 아침까지 가능

➜ **기타** : 흑백으로 출력하여도 관계없음

 시험과목

시험과목수	문제수	배 점	총 점	문제형식
4	220	1점/1문제	220점	객관식 5지선다형

 시험시간표

구 분	시험과목(문제수)	교시별 문제수	시험형식	입장시간	시험시간
1교시	1. 영양학 및 생화학(60) 2. 영양교육, 식사요법 및 생리학(60)	120	객관식	~ 08:30	09:00 ~ 10:40 (100분)
2교시	1. 식품학 및 조리원리(40) 2. 급식, 위생 및 관계법규(60)	100		~ 11:00	11:10 ~ 12:35 (85분)

※ 식품·영양 관계법규 : 식품위생법, 학교급식법, 국민건강증진법, 국민영양관리법, 농수산물의 원산지 표시에 관한 법률, 식품 등의 표시·광고에 관한 법률과
　그 시행령 및 시행규칙

시험안내 TEST INFORMATION

 합격기준

1. 합격자 결정

➜ 합격자 결정은 전 과목 총점의 60% 이상, 매 과목 만점의 40% 이상 득점한 자를 합격자로 합니다.

➜ 응시자격이 없는 것으로 확인된 경우에는 합격자 발표 이후에도 합격을 취소합니다.

2. 합격자 발표

➜ 합격자 명단은 다음과 같이 확인할 수 있습니다.

① 국시원 홈페이지 [합격자조회]

② 국시원 모바일 홈페이지

➜ 휴대전화번호가 기입된 경우에 한하여 SMS로 합격 여부를 알려드립니다.

※ 휴대전화번호가 010으로 변경되어, 기존 01* 번호를 연결해 놓은 경우 반드시 변경된 010 번호로 입력(기재)하여야 합니다.

 합격률

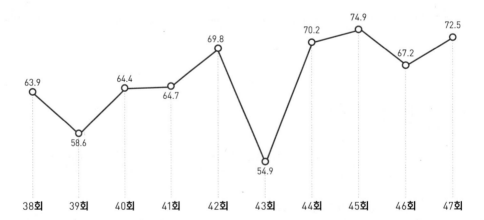

회차	38	39	40	41	42	43	44	45	46	47
응시자	7,250	6,892	6,998	6,888	6,464	6,411	6,633	5,972	5,398	5,559
합격자	4,636	4,041	4,504	4,458	4,509	3,522	4,657	4,472	3,629	4,032
합격률(%)	63.9	58.6	64.4	64.7	69.8	54.9	70.2	74.9	67.2	72.5

국가고시 출제키워드 ANALYSIS

출제키워드로 보는 2023년 제47회 영양사 국가고시

■ 영양학 및 생화학

유당불내증

유당분해효소인 락타아제(Lactase)가 결핍되어 유당의 분해와 흡수가 충분히 이뤄지지 않는 증상을 말한다. 분해되지 않은 유당이 대장에서 미생물에 의해 분해되어 가스를 형성하고 복통, 설사, 복부경련을 유발한다. 락타아제는 유아기에 활발히 생성되고 나이가 들면서 점차 감소하므로 성인이 될수록 유당불내증 증상이 심해진다.

HDL(High Density Lipoprotein)

HDL은 혈액을 순환하면서 말초혈관에 쌓인 콜레스테롤을 걷어 간으로 이동시켜주는 역할을 하여 심혈관계질환을 예방해준다. 반대로 LDL(Low Density Lipoprotein)은 자신이 가지고 있던 콜레스테롤의 일부를 말초혈관 내벽에 내어주어 혈중 LDL의 수치가 높을 경우 동맥경화증과 같은 심혈관계질환의 원인이 되기도 한다.

콜레스테롤

성호르몬(에스트로겐, 테스토스테론, 프로게스테론 등), 부신피질호르몬(알도스테론, 글루코코르티코이드 등), 비타민 D의 전구체인 7-dehydrocholesterol, 담즙산의 전구체이다.

에이코사노이드(eicosanoid)

- 탄소수가 20개인 필수지방산(아라키돈산, EPA)이 산화되어 생체에서 합성되는 화합물로, 프로스타글란딘, 트롬복산, 프로스타사이클린, 류코트리엔 등이 있다.
- 리놀레산은 아라키돈산의 전구체이며, α-리놀렌산은 EPA의 전구체이다.

HMG-CoA 환원효소(HMG-CoA reductase)

콜레스테롤의 합성에서 속도조절 단계(rate-limiting step)에 작용하는 효소로, HMG-CoA를 메발론산(mevalonate)으로 전환하는 것을 촉진한다.

필수지방산

- 리놀레산($C_{18:2}$, ω-6) : 항피부병인자·성장인자, 식물성기름
- α-리놀렌산($C_{18:3}$, ω-3) : 성장인자, EPA와 DHA의 전구체, 들기름, 콩기름, 아마인유
- 아리키돈산($C_{20:4}$, ω-6) : 항피부병인자, 달걀, 간, 유제품

식사성 발열효과(Thermic Effect of Food, TEF)

- 식품섭취에 따른 영양소의 소화·흡수·이동·대사·저장 과정에서 발생하는 자율신경계 활동 증진 등에 따른 에너지소비량이다.
- 식사성 발열효과는 영양소 조성에 따라 달라지며, 지방 0~5%, 탄수화물 5~10%, 단백질 20~30%이다.
- 혼합식의 식사성 발열효과 값은 총에너지소비량의 10% 정도이다.

국가고시 출제키워드 ANALYSIS

칼시토닌

갑상샘에서 분비되며, 부갑상선호르몬과 비타민 D와는 반대기능을 하므로 혈중 칼슘농도가 정상 이상으로 높아졌을 경우에 자극을 받는다. 칼시토닌은 뼛속의 칼슘 용출을 막고, 신장에서 소변을 통해 칼슘의 배설을 증가시킴으로써 혈중 칼슘농도를 저하시킨다.

마그네슘

녹색 엽채류, 견과류, 두류 및 곡류 식품에 풍부하게 함유되어 있으며, 그 외 유제품, 육류, 어패류, 난류 및 과일류에도 마그네슘이 일부 들어있기 때문에 다양한 식품군과 함께 식물성 식품을 충분히 섭취하면 마그네슘 결핍이 우려되지 않는다.

나트륨

세포외액에 존재하는 주요한 양이온으로, 세포내부와 외부의 삼투압을 조절하여 체액량 유지와 수분균형을 이루는 역할을 한다. 나트륨은 신경전도와 근육수축에 관여하며, 산-염기 균형을 이루는 데에 역할이 매우 크다. 따라서, 나트륨 조절이 잘 되지 않으면 체내 항상성에 문제가 생길 수 있다.

엽 산

호모시스테인이 메티오틴으로 전환되는 과정에서 메틸기를 제공하는 조효소 역할을 한다. 체내 엽산이 부족하면 혈장 호모시스테인이 상승하고, 혈장 호모시스테인의 상승은 심혈관계 질환과 뇌졸중의 위험요인이 된다.

리보플라빈

열에는 안정적이나 자외선에는 쉽게 파괴되며, 체내 에너지 대사 과정에서 산화-환원반응에 관여한다. 결핍 시 설염, 구순구각염, 피부염 등이 나타난다.

편식 교정법

- 또래친구와 어울려서 식사하기
- 조리법 개선하기
- 즐거운 식사분위기 조성하기
- 가족의 편식 고치기
- 싫어하는 음식을 강제로 주지 않기
- 간식은 정해진 시간에 정해진 양만 주기

입덧 시의 식사관리

- 변비를 예방하고 소화되기 쉽고, 영양가 높은 식품으로 소량씩 자주 먹는다.
- 기호에 맞는 음식, 담백한 음식, 신 음식, 찬 음식 등을 공급한다.
- 공복 시 증상이 심해지므로 속이 비지 않도록 하고 적당한 운동이나 가벼운 산책을 한다.
- 식사 후 30분간 안정하고, 수분은 식사와 식사 사이에 섭취한다.
- 입덧 치료에는 비타민 B_1, 비타민 B_6 투여가 효과적이다.

노인기의 생리적 변화

- 쓴맛, 짠맛, 신맛, 단맛 등의 역치가 상승한다.
- 체지방 비율이 증가한다.
- 체수분 비율이 감소한다.
- 항상성 유지 기능이 저하한다.
- 골질량이 감소한다.

■ 영양교육, 식사요법 및 생리학

영양플러스사업

- 지원대상 : 만 6세 미만의 영유아, 임산부, 출산부, 수유부
  - 소득수준 : 가구 규모별 최저생계비의 200% 미만
  - 영양위험요인 : 빈혈, 저체중, 성장부진, 영양섭취불량 중 한 가지 이상 보유
- 지원내용
  - 영양교육 및 상담(월 1회, 개별상담과 집단교육 병행)
  - 보충식품패키지 6종 제공(가구소득이 최저생계비 대비 120~200%인 경우 10% 자부담)
  - 정기적 영양평가(3개월에 1회 실시)

영양교육 실시 과정

1. 진단 : 대상자의 문제 분석, 교육요구도 파악
2. 계획 : 구체적 학습목표 설정, 학습내용 선정, 시간·장소 고려, 교육방법 선정, 평가자료·매체 선정, 평가기준 설정 등
3. 실행 : 학습환경 고려, 융통성 있게 운영
4. 평가 : 과정평가, 효과평가

어린이급식관리지원센터

- 지역센터는 센터 규모에 따라 2~5개 팀으로 적절히 구성하여 운영할 수 있다.
  - 센터장(비상근), 기획운영팀, 위생팀, 영양팀과 운영위원회 등
- 시·도 또는 시·군·구에 설치된 지역센터는 관내의 어린이 급식소(어린이집, 유치원, 기타시설 등)를 대상으로 체계적으로 위생·안전 및 영양관리 업무를 수행하여야 한다.
- 어린이 급식소의 위생·안전 및 영양관리를 위한 현장 순회방문지도 및 안전한 급식관리를 위한 급식소 컨설팅 등 지원 활동을 한다.

경련성 변비 환자의 식사요법

가능한 한 과도한 대장의 연동운동을 감소시켜야 하므로 이완성 변비와는 반대로 기계적 화학적 자극이 적은 식품을 섭취해야 한다. 흰밥, 연한 육류, 달걀, 생선 등을 제공하고, 현미, 탄산음료, 생야채, 해조류 등은 피해야 한다.

크론병 환자의 식사요법

크론병이란 입에서부터 항문까지 소화기관 전체에 걸쳐 발생할 수 있는 만성 염증성 장질환으로, 소화기관에 생긴 염증과 조직 파괴를 늦추고 증상을 완화시키는 것을 목적으로 식사요법을 진행한다. 급성기 동안에는 고단백식, 저잔사식, 저지방식을 제공한다.

울혈성 심부전 환자의 식사요법

과량의 식사는 호흡곤란을 유발하므로 매끼의 식사량을 감소시키고 식사횟수를 늘리도록 하며, 양질의 단백질을 공급하여 영양의 균형을 유지한다. 부종이 생기기 쉬우므로 부종을 줄이기 위해 나트륨 섭취를 제한하며, 부종이 있는 경우 1일 소변량에 따라 수분 섭취를 제한한다.

국가고시 출제키워드 ANALYSIS

급성 사구체신염 환자의 식사요법
- 열량 : 당질 위주로 충분히 공급한다(35~40kcal/kg 건체중).
- 단백질 : 초기에는 0.5g/kg으로 제한하고, 신장기능이 회복됨에 따라 증가시킨다.
- 나트륨 : 부종과 고혈압 여부에 따라 제한한다.
- 수분 : 일반적으로는 제한하지 않으나 부종·핍뇨 시 전일 소변량 + 500mL로 제한한다.
- 칼륨 : 신부전, 인공투석, 결뇨 시 칼륨 제거율이 손상되어 고칼륨혈증이 생기므로 칼륨이 높은 식품은 피한다.

위암 수술 후 식사 진행
수술 직후에는 물을 조금씩 씹듯이 삼키며, 적응도에 따라 점차 물의 양을 증가시키고 맑은유동식 → 일반유동식(전유동식) → 연식 → 진밥으로 식사를 단계적으로 진행시킨다.

대사증후군의 진단기준
3개 이상 해당된 경우 대사증후군에 해당한다.
- 허리둘레 : 남자 90cm 이상, 여자 85cm 이상
- 혈압 : 130/85mmHg 이상
- 공복혈당 : 100mg/dL 이상 또는 당뇨병 과거력, 약물복용
- 중성지방(TG) : 150mg/dL 이상
- HDL-콜레스테롤 : 남자 40mg/dL 이하, 여자 50mg/dL 이하

BMI(체질량지수)
- 체중(kg)/신장(m)^{2}을 이용하여 성인 비만 판정에 이용된다.
- 18.5 미만(저체중), 18.5~22.9(정상), 23~24.9(과체중), 25~29.9(1단계 비만), 30~34.9(2단계 비만), 35 이상(3단계 비만)
- BMI가 정상 이상이면 만성질환의 발생 위험이 높다.

초저열량 식이(Very Low Calorie Diet, VLCD)
- 1일 400~800kcal의 열량을 섭취하여 단기간에 많은 체중감소가 목적이다.
- 초기 급격한 체중감소 효과 있으나 장기적 저열량식에 비해 체중감소 효과가 떨어진다.
- 케톤증의 발생 및 신체에 무리가 온다.
- 비타민과 미네랄(특히 칼륨과 마그네슘)을 반드시 포함해야 한다.

당뇨병 환자의 1일 에너지양
- 육체활동이 거의 없는 경우 : 표준체중 × 25~30kcal
- 보통 활동인 경우 : 표준체중 × 30~35kcal
- 심한 육체활동인 경우 : 표준체중 × 35~40kcal

화상 후 생리적 변화
- 이화호르몬(코르티솔, 글루카곤, 에피네프린, 노르에피네프린) 분비 증가
- 당신생 증가, 기초대사량 증가, 체지방 합성 감소, 수분과 전해질 배설 증가, 요 질소 배설 증가

■ 식품학 및 조리원리

유지의 자동산화 반응
- 초기 반응 : 유리기(free radical) 생성
- 연쇄 반응 : 과산화물(hydroperoxide) 생성, 연쇄 반응 지속적
- 종결 반응
  - 중합 반응 : 고분자중합체 형성
  - 분해 반응 : 카르보닐 화합물(알데하이드, 케톤, 알코올 등) 생성

유도단백질
- 제1차 유도단백질(변성단백질) : 응고단백질, 젤라틴, 파라카세인, 프로티안, 메타프로테인
- 제2차 유도단백질(분해단백질) : 프로테오스, 펩톤, 펩타이드

마이야르(Maillard) 반응의 메커니즘
- 초기단계 : 당과 아미노산이 축합반응에 의해 질소배당체 형성, 아마도리 전위 반응
- 중간단계 : 아마도리 전위에서 형성된 생산물이 산화, 탈수, 탈아미노반응 등에 의해 분해되어 오존, HMF(Hydroxy Methyl Furfural) 등을 생성하는 반응
- 최종단계 : 알돌 축합반응, 스트렉커 분해반응, 멜라노이딘 색소 형성

세균의 증식곡선
- 유도기 : 균이 환경에 적응하는 시기
- 대수기 : 균이 기하급수적으로 증가하는 시기
- 정지기 : 세포수는 최대, 생균수는 일정한 시기
- 쇠퇴기(사멸기) : 생균수 감소, 세포의 사멸 시기

신선한 어류 감별법
- 아가미 : 색이 선명하고 선홍색이며 단단한 것
- 안구 : 투명하고 광채가 있으며 돌출되어 있는 것
- 생선의 표면 : 투명한 비늘이 단단히 붙어 있는 것
- 근육 : 손으로 눌러서 단단하며 탄력성이 있는 것
- 복부 : 탄력이 있고 팽팽하며 내장이 흘러나오지 않은 것
- 냄새 : 어류 특유의 냄새가 나며 비린내가 강한 것은 신선하지 못함
- 암모니아 및 아미노산, 트리메틸아민, pH의 변화, 휘발성 염기질소(5~10mg%) 등 측정

티오프로파날-S-옥시드
최루 성분으로 양파를 자를 때 눈물을 나게 하고, 휘발성이며 수용성이다.

글루코노-델타-락톤
산성 응고제로서, 물에 녹으면서 글루콘산으로 변화하는 과정에서 두유액을 응고시키게 되는 점을 이용해 연두부나 순두부 등 부드러운 두부를 만들 때 사용한다.

국가고시 출제키워드 ANALYSIS

■ 급식, 위생 및 관계법규

경영관리 기능
- 계획 : 기업의 목적 달성을 위한 준비활동이며 경영활동의 출발점
- 조직 : 기업의 목적을 효과적으로 달성하기 위해 사람과 직무를 결합하는 기능
- 지휘 : 업무 담당자가 책임감을 가지고 업무를 적극 수행하도록 지시, 감독하는 기능
- 조정 : 업무 중 일어나는 수직적·수평적 상호 간 이해관계, 의견 대립 등을 조정하는 기능
- 통제 : 활동이 계획대로 진행되는지 검토·대비 평가하여 차이가 있으면 처음 계획에 접근하도록 개선책을 마련하는 최종 단계의 관리 기능

스왓(SWOT) 분석
Strengths(강점), Weaknesses(약점), Opportunities(기회), Threats(위협)의 약자로, 조직이 처해 있는 환경을 분석하기 위한 기법이다. 장점과 기회를 규명하고 강조하고 약점과 위협이 되는 요소는 축소함으로써 유리한 전략계획을 수립할 수 있다.

매트릭스 조직
기존의 조직을 유지하면서 다른 프로젝트의 구성원이 되어 두 사람의 상사로부터 지휘를 받게 되는 조직이다.

메뉴엔지니어링(Menu engineering)
- Stars : 인기도와 수익성 모두 높은 품목(유지)
- Plowhorses : 인기도는 높지만 수익성이 낮은 품목(세트메뉴 개발, 1인 제공량 줄이기)
- Puzzles : 수익성은 높지만 인기도는 낮은 품목(가격인하, 품목명 변경, 메뉴 게시위치 변경)
- Dogs : 인기도와 수익성 모두 낮은 품목(메뉴 삭제)

음식물 쓰레기 감량방안
- 식단계획 : 기호도를 반영한 식단을 작성한다.
- 발주 : 정확한 식수 인원을 파악하고, 표준레시피를 활용한다.
- 구매 : 선도가 좋고 폐기율이 낮은 식재료를 구매한다.
- 검수 : 정확한 검수관리를 하고, 실온에 방치하는 시간을 최소화한다.
- 보관 : 선입선출을 하고, 보관방법을 정확히 하여 버리는 것을 최소화한다.
- 전처리 : 신선도와 위생을 고려해 전처리한다.
- 조리 : 대상자의 만족도를 높일 수 있는 조리법을 연구한다.
- 배식 : 정량배식보다는 자율배식이나 부분자율배식을 실행한다.
- 퇴식 : 퇴식구에서 '잔반 줄이기 운동'을 한다.

브레인스토밍
짧은 시간에 많은 아이디어를 얻거나 창의적인 아이디어가 필요할 때 사용하는 방법이다. 10명 이내의 구성원들이 문제를 해결하기 위해 떠오르는 아이디어를 자유롭게 제안하며 타인의 아이디어는 비판해서 안 된다.

황색포도상구균 식중독
- 원인균 : Staphylococcus aureus
  - 그람양성, 무포자, 통성혐기성, 내염성, 비운동성
  - 장독소(enterotoxin) 생성(내열성이 강해 120℃에서 30분간 처리해도 파괴가 안 됨)
- 원인식품 : 유가공품, 김밥, 도시락, 식육제품 등
- 잠복기 및 증상 : 1~6시간(평균 3시간으로 세균성 식중독 중 가장 짧음), 구토, 복통, 설사, 발열이 거의 없음
- 예방 : 화농성 질환자의 식품취급 금지, 저온보관, 청결유지

Morganella morganii
고등어, 꽁치 등의 붉은살 생선에 작용하여 일으키는 알레르기성 식중독균으로, 히스티딘 탈탄산효소에 의하여 생성되는 히스타민이 생체 내에서 작용하여 발생한다.

조개류독
- 베네루핀(venerupin) : 모시조개·바지락·굴, 열에 안정한 간독소
- 삭시톡신(saxitoxin) : 대합조개·섭조개·홍합, 열에 안정한 마비성 패독소

HACCP 7원칙
- 위해요소 분석(원칙 1)
- 중요관리점(CCP) 결정(원칙 2)
- CCP 한계기준 설정(원칙 3)
- CCP 모니터링체계 확립(원칙 4)
- 개선조치방법 수립(원칙 5)
- 검증절차 및 방법 수립(원칙 6)
- 문서화, 기록유지방법 설정(원칙 7)

식품위생 교육시간(식품위생법 시행규칙 제52조)
- 집단급식소를 설치·운영하는 자 : 3시간
- 집단급식소를 설치·운영하려는 자 : 6시간

국민건강증진법의 목적(국민건강증진법 제1조)
이 법은 국민에게 건강에 대한 가치와 책임의식을 함양하도록 건강에 관한 바른 지식을 보급하고 스스로 건강생활을 실천할 수 있는 여건을 조성함으로써 국민의 건강을 증진함을 목적으로 한다.

영양사의 6개월 이내 면허정지 사유(국민영양관리법 제21조)
- 영양사가 그 업무를 행함에 있어서 식중독이나 그 밖에 위생과 관련한 중대한 사고 발생에 직무상의 책임이 있는 경우
- 면허를 타인에게 대여하여 이를 사용하게 한 경우

이 책의 목차 CONTENTS

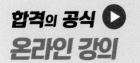

보다 깊이 있는 학습을 원하는 수험생들을 위한
시대에듀의 동영상 강의가 준비되어 있습니다.
www.sdedu.co.kr ➔ 회원가입(로그인) ➔ 강의살펴보기

시험 전에 보는 핵심요약!

빨리보는
간단한
키워드

합격공식
시대에듀

빨리보는 간단한 키워드

▶ 영양교육의 진행과정

4단계법	6단계법
• 영양교육의 요구 진단 • 영양교육의 계획의 3요소 : 교육대상자, 교육자, 교육방법(시간, 　방식, 사용매체 등) 고려 • 실 행 • 평 가	• 실태 파악 • 문제 발견 • 문제 진단 • 대책 수립 • 영양교육 실시 • 효과 판정

▶ KAP 모델이론

Knowledge(지식), Attitude(태도 · 인식변화), Practice(행동변화)

▶ 토의법

원탁토의(좌담회)	어떤 공동의 문제 해결을 위해 서로의 의견을 토의하며, 참가자 전원이 상호 대등한 관계 속에서 자유롭게 의견을 교환
배석식 토의	특정 주제에 대하여 상반되거나 여러 가지 의견을 가진 몇몇 사람(배심원)이 청중 앞에서 각자의 지식 · 견문 · 정보를 발표하고 여러 가지 의견을 제시함
강단식(심포지엄)	특정한 하나의 주제에 대해 여러 각도의 관점을 가진 전문가들의 의견을 듣고 참가자가 질의응답을 하는 방식으로 한 주제를 다양한 측면에서 깊이 있게 다룰 수 있음
공론식	한 가지 주제에 대해 서로 의견이 다른 두 명 이상의 강사가 먼저 자기 의견을 발표하고 참가자들이 질문을 한 후 강사가 다시 간추린 후 토의하는 방식
강의식	강사(1~2명)가 강의한 후 또는 강의 중간에 발표 주제를 중심으로 참가자와 함께 토의를 진행시키는 방식
6-6식(버즈세션)	6명을 한 그룹으로 만들고, 1명당 1분씩, 6분간 토의하고 종합하는 방식으로 매우 민주적인 토의 방법이며 교육 참가자가 많고 다루는 문제가 크고 다양할 때 많이 이용

▶ 영양상담 기록법[SOAP법]

- S(Subjective Data) : 내담자에게 얻은 주관적 정보 → 음식 · 활동 · 식행동 · 생활습관 조사
- O(Objective Data) : 내담자에 대한 객관적 정보 → 24시간 회상법에 의한 하루 섭취량조사, 생화학적 · 신체계측 검사 결과
- A(Assessment) : 주관적 · 객관적 정보에 근거한 평가 · 판정 → S · O 중 내담자의 좋은 행동과 상태 / 문제점 판정
- P(Plan) : 판정에 근거한 새로운 교육계획과 실행계획 → 장기목표(예 소금의 섭취량을 줄이자) / 단기목표 (예 국물은 남기자)

▶ 단체급식

학교, 병원, 기숙사, 공장, 사업장 등의 급식시설에서 특정 다수인(상시 1회 50인 이상)에게 비영리적으로 계속하여 음식물을 공급하는 급식시설

▶ 단체급식의 유형

급식 체계	전통식	음식의 생산, 분배, 서비스가 모두 같은 장소에서 연속적으로 이루어짐
	중앙공급식	인접한 몇 개의 급식소를 묶어서 공동조리장을 두어 대량으로 음식을 생산한 후 급식소로 운송하여 음식의 배선, 배식이 이루어짐
	예비저장식	음식을 조리된 형태로 미리 준비하여 저장하였다가 배식하기 직전에 재가열하여 제공(음식의 생산과 소비가 시간적으로 분리)
	조합식	전처리 과정이 거의 필요하지 않은 가공편이식품을 식재료로 대량 구입하여 조리를 최소화함

▶ 구 매

적정한 품질 및 수량의 물품을 적정한 시기에 적절한 가격으로, 적절한 공급원으로부터 구입하여 필요로 하는 장소에 공급하는 것

독립구매	중앙구매	공동구매
조직의 한 부서에서 물품을 독립적으로 단독 구매하는 형태	조직 내 구매담당부서가 따로 존재, 조직 전체에 필요한 구매기능 담당	경영자나 소유주가 서로 다른 조직체들이 공동으로 협력하여 구매

▶ 계약방법

경쟁입찰계약(공식적 구매방법)	수의계약(비공식적 구매방법)
• 급식소에서 원하는 품질의 물품 입찰가격을 예정가격에 가장 합당하게 제시한 업체와 계약 체결 • 장점 : 공평, 경제적, 의혹·부조리 방지 • 단점 : (일반경쟁 입찰 시) 자격이 부족한 업체에 응찰할 수 있고, 업체 간 담합으로 낙찰이 어려울 수 있으며 절차 복잡	• 공급업자들을 경쟁에 부치지 않고, 특정업체와 계약을 체결하는 방법 • 장점 : 절차 간편, 경비·인원절감, 신용이 확실한 업자 선정, 신속·안전한 구매 가능 • 단점 : 구매자의 구매력 제한, 불리한 가격으로 계약, 의혹을 사기 쉬움

▶ 물품 구매절차

- 구매 필요성 인식
- 물품 구매명세서·구매청구서의 작성·승인 : 구매요청 부서(사전에 작성한 물품구매명세서 근거로)가 구매청구서 작성 → 구매담당자의 승인
- 공급업체 선정 : 계약방식(경쟁 입찰 계약, 수의계약)
- 발주량 결정 및 발주서 작성 : 재고가 있는 경우 재고량을 고려하여 발주량 결정 → 발주서 작성 → 공급업체에 송부
- 물품의 배달 및 검수 : 공급업체는 물품과 납품서(거래명세서)를 구매자에게 송부
- 구매기록의 보관 및 대금 지불 : 계약서, 발주서(법적효력 有) → 일정 기간 동안 보관

▶ 발주량 산출
- 폐기부분 없는 식품의 발주량 : 1인 분량 × 예상식수
- 폐기부분 있는 식품의 발주량 : 1인 분량 × 예상식수 × 출고계수{=100 ÷ (100 − 폐기율)}

▶ 발주방식
- 정기발주방식 : 정기적으로 일정한 발주시기에 부정량 발주
- 정량발주방식 : 재고가 발주시점에 이르면 정량 발주

▶ 작업관리
작업을 능률적 · 효과적으로 수행하기 위한 제반 관리

투 입		변 환	산 출
인적자원	물적자원		
인력기술	비용, 자본, 식재료, 기기 · 설비	조리 및 급식작업과정 관리기능	음식(식수, 식당량, 서빙수), 고객만족, 종업원의 직무 만족, 재정적 수익성

▶ 동기부여
조직 구성원을 만족시킴으로써 그들이 적극적으로 책임을 갖고 일에 종사할 의욕을 일으키도록 하는 것

내용이론	무엇이 동기를 유발하는가에 관한 이론	• 매슬로우의 욕구계층 이론 • 알더퍼의 ERG 이론 • 허즈버그의 이요인 이론
과정이론	동기과정에서 발생하는 인지요소를 고려하는 이론	• 브룸의 기대이론 • 아담스의 공정성 이론 • 드러커의 목표관리법
강화이론	행동 후 결과가 좋은 행동은 반복하는 경향이 있음을 이용하여 동기를 부여하는 이론	스키너의 긍정적 강화이론

▶ 손익계산서(Income Statement)
- 일정기간 동안 기업의 경영성과(성적표)
- 수익 − 총비용 = 순이익
- 수익 > 비용 : 이익 발생
- 수익(매출액), 비용, 순이익의 관계
- 총비용 + 순이익 = 총수익
- 수익 < 비용 : 손실 발생

▶ 인적자원관리
- 인사관리 : (개인과 조직의 목표를 달성할 수 있도록) 인적자원의 확보, 개발, 보상, 유지에 관한 계획, 조직, 지휘, 조정 및 통제하는 과정
- 인적자원 관리의 관리적 기능 : 인적자원에 대한 계획, 조직, 지휘, 조정, 통제 과정

- 인적자원 관리의 업무적 기능 : 인적자원의 확보, 개발, 유지, 보상 과정

계 획	조직의 목표를 세우고, 달성하기 위한 방법을 찾는 기능
조 직	(수립된 계획을 달성하기 위해) 조직을 구성하고, 인적 · 물적자원을 배분하는 것
지 휘	(경영목적을 달성하기 위해 구성원의 행동을 일으키는) 리더십, 동기부여, 의사소통의 기능, 경영관리의 기능 중 사람에게만 관련되는 중요한 기능
조 정	조직 내 여러 활동을 통일하고, 서로 조화를 이루도록 하는 기능
통 제	설정한 계획과 실적을 측정, 수정 조치

▶ 생리주기와 호르몬 변화

뇌하수체 → FSH(난포자극호르몬 ; 난포성숙에 관여) 분비 → 난포(성숙) → 에스트로겐 생성 → LH(황체형성호르몬) 분비 → 하루 정도 지나 배란 → 황체 → 프로게스테론 · 에스트로겐 분비 → 황체 퇴화(프로게스테론 분비 안 됨) → 자궁벽의 유지 중단(자궁벽이 허물어짐) → 월경 → FSH, LH 다시 방출

▶ 여성의 호르몬

성선자극호르몬	난포자극호르몬(FSH)	난포 내에서 에스트로겐의 생성 자극
	황체호르몬(LH)	배란 촉진
성호르몬	에스트로겐	• 자궁내막 비후 · 발달(내막세포분열) • 자궁벽에 글리코겐 등의 영양소 축적 • 자궁 · 난관 흥분, 운동 ↑ • 질의 산성화 • 유선 발육 촉진
	프로게스테론	• 자궁내막 유지 → 수정란의 착상 도움 • 자궁 수축 방지 • 임신 시 기초체온 상승 • 유선세포 증식 • 위장운동의 감소(포만감, 팽만감) • 나트륨 배설 증가에 관여

▶ 임신기의 생리적 변화

- 자궁내막 비후해짐
- 임신선 생성, 색소 침착, 피하지방 침착, 발모, 부종
- 심박출량 증가
- 신장 : 나트륨, 수분 축적 ↑
- 위장운동 감소(프로게스테론↑) → 역류, 식사 후 포만감 · 복부 팽만감
- 결장 : 수분흡수 늘어나지 않으면 변비 위험
- 담석증 : 담낭 내용물 분출 지연 → 담즙 내 콜레스테롤 함유 ↑ → 담석 → 담낭관 염증 · 폐쇄 → 담석증

▶ 고위험 임신과 영양관리

임신중독증	• 임산부에게 부종, 단백뇨, 고혈압 중 한 가지 이상의 증상이 발생하는 것 • 자궁 내 태반의 혈관 수축 → 태반혈류 감소 → 태아성장 지연, 조산, 태아호흡곤란증후군
임신성 빈혈	혈액생성량 증가(혈액성분인 철, 엽산, 아연의 섭취도 늘려주어야 함. 부족 시 철결핍성 빈혈)
임신성 당뇨	• 산모 : 분만 시 양수과다증, 조산, 산후출혈 발생, 분만 후 제2형 당뇨병 발병위험 ↑ • 태아 : 장기적으로 비만 · 내당능장애(성인기−당뇨병 발생 위험)

▶ 임신기간 동안 분비되는 주요 호르몬과 그 역할

분비장소	호르몬	주요 역할	
태 반	에스트로겐	• 자궁내막 비후 · 발달↑ • 자궁벽에 글리코겐 등의 영양소 축적 ↑ • 자궁 · 난관 흥분, 운동 ↑ • 자궁근육 수축(분만 이루어지게 함) • 유선 발육 ↑ • 결합조직의 친수성 ↑ • PTH 분비 자극 ↑ • 조직 내 수분을 축적하게 함	• 혈청 단백질 ↓ • 뼈의 칼슘 방출 ↓ • 엽산 대사 방해 ↓
	프로게스테론	• 자궁내막 유지 → 수정란의 착상 도움 • 임신 시 기초체온 ↑ • 유선세포 증식 ↑ • 나트륨 배설 ↑ • 지방 합성 촉진 ↑	• 자궁 수축 방지 ↓ : 자궁, 위장근육 이완 ↑ → 소화장애, 위식도 역류증, 변비 • 위장 운동 ↓(포만감, 팽만감) • 엽산 대사 방해 ↓
	태반락토겐	• 글리코겐 분해 촉진 − 혈당 증가 • 태반에서 인슐린의 파괴 증가	
	융모성성선자극호르몬	초기 임신 유지, 자궁내막 성장 자극	
뇌하수체전엽	프로락틴	유즙 분비 촉진	
뇌하수체후엽	옥시토신	유즙 분비 촉진	
뇌하수체전엽	성장호르몬	혈당 증가, 뼈 성장 자극, 질소 보유 증가	
	갑상샘자극호르몬	• 갑상샘 내로 요오드 유입 증가 • 티록신 분비 자극	
갑상샘	티록신	기초대사 조절	
부갑상샘	부갑상샘호르몬	뼈의 칼슘 방출 증가, 칼슘의 흡수 증가, 인의 배설 증가	
췌장 베타세포	인슐린	• 임신초기 : 인슐린 민감성 상승, 글리코겐과 지방 축적 • 임신말기 : 인슐린 저항성 상승, 당 신생 촉진	
췌장 알파세포	글루카곤	글리코겐 분해 − 혈당 증가	
부신피질	코르티손	단백질 분해 − 혈당 증가	
	알도스테론	나트륨 보유, 칼륨 배설 자극	
신 장	레닌−안지오텐신	알도스테론 분비 자극, 나트륨과 수분 보유, 갈증 유발	

▶ 탄수화물

- 탄수화물은 탄소, 수소, 산소가 1 : 2 : 1의 비율로 만들어진 것으로 한 분자 안에 알코올기(하이드록실기)[−OH기] + 알데히드기[−CHO기] 또는 케톤기[=CO기]를 가지는 화합물
- 식물체에는 녹말과 섬유소 형태로, 동물에는 당과 글리코겐 형태로 존재
- 단당류
  - 탄소수에 따라 3, 4, 5, 6, 7탄당
  - 6탄당 : 포도당, 과당(이눌린의 구성성분), 갈락토오스(식품에 거의 존재하지 않으며 유당의 구성성분으로 존재함), 만노오스(곤약의 주성분인 만난의 구성성분)
  - 5탄당 : 리보오스, 디옥시리보오스 ⇒ 핵산(RNA, DNA 구성성분), 자일로오스, 아라비노오스
- 포도당은 혈당의 성분, 세포에 에너지 공급
- 뇌, 신경, 적혈구, 부신수질, 수정체의 유일한 에너지 급원
- 이당류
  - 맥아당 = 포도당 + 포도당 [α−1,4 글리코시드 결합] : 천연식품에는 거의 존재하지 않으며, 전분의 소화단계에서 효소에 의해 생성
  - 설탕(=서당=자당) = 포도당 + 과당 [α−1,2 글리코시드 결합] : 비환원당
  - 유당 = 포도당 + 갈락토오스[β−1,4 글리코시드 결합] : 락타아제(유당분해효소) 부족 시 유당 불내증으로 소화력 감소
- 당류의 감미도(=용해도) 서열 : 과당 > 전화당 > 설탕 > 포도당 > 맥아당 > 유당
- 광학이성질체(Enantiomer) : D형 & L형의 관계(CH_2OH에 가장 가까이 있는 비대칭 탄소에 붙어있는 OH기가 오른쪽에 D형, 왼쪽에 L형), 둘은 거울상으로 서로 마주보는 구조
  - 탄수화물의 광학이성질체를 구별하는 데 쓰이는 표준물질은 D(+)−Glyceraldehyde
  - 아노머(anomer) : α형 & β형의 관계(아노머 탄소에 붙어있는 OH기가 아래면 α형, 위면 β형)
  - 단당류가 6각형(Pyranose)일 때(1번 탄소), 5각형(Furanose)일 때(2번 탄소)에 붙어있는 OH기가 기준
  - 변선광 : 당류가 수용액 상태에서 'α형 ↔ 직선상 ↔ β형'을 왔다 갔다 하면서 그 구조가 변하는 현상
  - 에피머(Epimer) : 분자구조에서 관능기의 위치가 단 1개만 다른 관계
    예 D−Glucose & D−Galactose, D−Glucose & D−Mannose
  - 부제탄소 : 탄소에 결합하는 4개의 원자 또는 원자단이 모두 다른 탄소
  - 이성체의 수 : 2의 n승(n : 부제탄소의 수)
    예 Glucose 부제탄소 : 4개, 이성체 : 16개 / Fructose 부제탄소 : 3개, 이성체 : 8개
- 해당과정(Glycolysis, EMP Pathway)
  - 단당류(Hexose) → Pyruvate 형성 과정
  - 대사장소 : 세포질(Cytosol), 혐기적 대사경로
  - 생성물질 : 단당류(Hexose) → 2Pyruvate + 2ATP + 2NADH(2×2.5ATP)
- ATP 소비단계 2곳
  - Glucose → [Hexokinase] → Glucose−6−Phosphate
  - Fructose−6−Phosphate → [Phosphofructokinase(PFK)] → Fructose−1,6−Diphosphate
- 해당과정 조절점 3곳
  - Glucose → [Hexokinase] → glucose−6−Phosphate
  - Fructose−6−Phosphate → [Phosphofructokinase(PFK) : 해당조절의 중심이 되는 효소] → Fructose−1,6−Diphosphate
  - Phosphoenolpyruvate(PEP) → [Pyruvate kinase] → Pyruvate
- NADH(=2.5ATP), $FADH_2$(=1.5ATP), GTP(=1ATP)

- TCA Cycle(Krebs Cycle, Citrate Cycle)
  - 해당의 결과 생성된 Pyruvate → Acetyl-CoA 거쳐 → 완전히 산화 · 분해되는 과정
  - 탄수화물, 지방, 단백질의 공용회로
  - 호기적 대사경로
  - 반응장소 : 미토콘드리아(Mitocondria Matrix)
  - Pyruvate가 TCA Cycle 1회전(Pyruvate 1개)마다 12.5ATP 생성
  - Pyruvate가 Acetyl-CoA를 거치는 과정에서 2.5ATP 생성되므로, Acetyl-CoA가 완전산화될 시 10ATP 생성
  - 생성물질 : $2Pyruvate + 5O_2 → 6CO_2 + 4H_2O + 25ATP$
  - 중요효소 : Pyruvatedehydrogenase Complex
  - 3가지 효소의 혼합물, 첫 단계에서 Pyruvate가 Acetyl-CoA로 될 때 작용하는 효소
  - 작용 조효소 : TPP, NAD, FAD, CoASH, Lipoic Acid, Mg
  - 반응 저해물질 : ATP, NADH, Acetyl-CoA
- 오탄당인산경로(Pentose Phosphate Pathway, Hexose Monophophate : HMP 경로)
  - 5탄당, 6탄당의 상호전환이 일어남
  - 5탄당인 Ribose 생성
  - $NADPH_2$ 생산 : 지방산 생합성의 에너지원이 됨
  - 반응장소 : 세포질
- 글리코겐 분해(Glycogenolysis) : Glycogen → Glucose
  - 반응장소 : 간, 근육세포의 세포질
  - 효소 : Phosphorylase
  - 분해 촉진 호르몬 : 부신수질호르몬-에피네프린(아드레날린)
- 글리코겐 합성(Glycogenesis) : Glucose → Glycogen
  - 반응장소 : 간, 근육세포의 세포질
  - 반응 : Glucose-6-Phosphate → Glucose-1-Phosphate → UDP-Glucose → Glycogen
  - 효소 : Glycogen Synthase
  - 분해 촉진 호르몬 : 인슐린
- 당의 신생합성(Gluconeogenesis)
  - 비당질물질(아미노산, 젖산, 피루브산 등) → Glucose 합성과정
  - 반응장소 : 간 세포의 미토콘드리아, 세포질
- 다당류 : 단순다당류(전분, 덱스트린, 글리코겐, 셀룰로오스)와 복합다당류(Agar, 헤미셀룰로오스, 펙틴)로 구분되며 물에 난용되고 감미, 환원성, 발효성 없음
- 아밀로오스 & 아밀로펙틴 비교

구 분	아밀로오스	아밀로펙틴
모 양	직선의 나선형	가지가 있는 그물구조, 구형
결 합	α-1,4 결합	α-1,4 결합 + α-1,6 결합
요오드반응	청 색	적자색
분자량	적 음	많 음
수용성	물에 잘 녹음	물에 잘 녹지 않음
노화, 호화반응	반응 잘 일어남	반응 잘 일어나지 않음

- 식이섬유소란 포도당이 β-1,4 결합으로 연결, 사람의 체내 효소로는 분해되지 않아 소화되지 않는 고분자 화합물
- 단백질 절약작용 : 탄수화물 섭취 부족 시 당 이외의 근육, 간, 신장, 심장에서의 단백질(글리세롤, 피루브산, 젖산, 프로피온산)로 포도당 합성됨
- 탄수화물을 충분히 섭취하면 체내단백질이 포도당 합성에 쓰이지 않아 단백질 절약됨
- 케톤증 예방을 위해 하루에 100g의 탄수화물 섭취가 필요함
- 탄수화물의 대사
  - 흡수속도 : 갈락토오스(110) > 포도당(100) > 과당(43) > 만노오스(19) > 자일로오스(15)
  - 흡수방법 : 수동적 이동(단순확산, 촉진확산), 능동적 이동
- 혈당조절

분비기관	호르몬	작용기관	작용	혈당변화
췌 장	인슐린	간, 근육, 피하조직	• 글리코겐 합성 증가, 포도당 신생합성 감소 • 근육 · 피하조직으로 혈당 유입 증가	감 소
	글루카곤	간	• 간의 글리코겐 분해, 혈당 방출 증가 • 간의 포도당 신생합성 증가	증 가
부신수질	에피네프린	간, 근육	간의 글리코겐 분해, 혈당 방출 증가	
교감신경말단	노르에피네프린	–	간의 포도당 신생합성 증가, 글루카곤 분비 촉진, 인슐린 분비 저해	
부신피질	글루코코르티코이드	간, 근육	간의 포도당 신생합성 증가	
뇌하수체전엽	성장호르몬	간, 근육, 피하조직	간의 당 방출 증가	
갑상샘	갑상샘호르몬	간, 소장	간의 포도당 신생합성 증가	

▶ 전분의 호화 · 노화

구 분	호 화	노 화
종 류	• 전분입자의 크기의 차이 • 큰 것 : 감자, 고구마(B, C형) – 호화 빠름 • 작은 것 : 쌀, 밀(A형) – 호화 느림	• 전분분자의 구조상의 차이 • 밀, 옥수수, 곡류, 전분(A형) – 노화 빠름 • 감자, 고구마(B, C형) – 노화 어려움 • 찰옥수수, 찹쌀, 찰수수 – 노화 ↓
함 량	• 아밀로오스는 직선상의 분자구조를 갖고 있어 입체적인 장해를 받지 않음 → 호화, 노화 ↑ • 아밀로펙틴은 가지가 많아 입체적인 장해를 받음 → 호화, 노화 ↓(멥쌀밥이 찹쌀밥보다 호화 ↑, 노화 ↓)	
온 도	• 온도↑ • 가열(70~100℃ 고온) 전분 분자의 수소결합을 끊어 줌 → 호화 ↑	• 온도↓ • 60℃ 이하 0℃도 부근, 전분 분자의 수소결합을 안정화시킴(0℃에서 노화 안정화) • 60℃ 이상 고온, 전분 분자의 상호 간의 수소결합이 이루어지기 어려움 → 노화 ↓ • −20~−30℃의 냉동온도로 낮추면 물 분자가 완전히 결정되어 전분 분자가 그 사이에 고정되어 노화 X
수분함량	수분이 많으면 전분 분자의 분리로 호화 ↑	• 30~60%의 수분에서 노화 ↑ • 아주 적으면 분자가 고정화되어 노화 ↓ • 수분함량의 조절 : 비스킷, 건빵, 라면(수분 10% 이하로 건조)

pH	알칼리 : 팽윤을 촉진시켜 겔 형성 ↑	강산 : 노화 속도 ↑
염 류	염류 양이온은 호화 ↑	• 염류량이 많으면 노화 ↓ • 황산마그네슘, 황산염은 노화 ↑
당 류	• 약간의 당은 겔 형성, 점도 ↑ • 20% 이상의 당은 설탕과 물분자의 수화 → 팽윤 ↓	• 설탕(자유수를 탈수시킴)은 노화 ↓ • 설탕 첨가 – 양갱(설탕의 농도가 클수록 탈수작용에 의해 유효수분 감소시킴)

▶ 단백질

• 단백질은 아미노산의 펩타이드 결합으로 이루어진 것이며 구성원소는 C, H, O, N, S
• 천연의 단백질을 구성하는 아미노산에는 약 20여 종이 있음
• 아미노산은 한 분자 내에 한 개 이상의 아미노기($-NH_2$)와 한 개 이상의 카르복실기($-COOH$)를 갖는 화합물
• 아미노기가 결합하는 탄소의 위치에 따라 α, β, γ-아미노산이라고 부름
• 자연계에는 대부분 α-아미노산으로 단백질을 구성함
• 모든 아미노산은 α탄소에 각각 다른 4개의 원자가 결합되어 있는 비대칭 탄소원자
• 비대칭 탄소원자는 입체이성질체(L형, D형)
• 대부분 단백질을 구성하는 아미노산은 α-L-아미노산
• 인체의 단백질 형성에 필요하나 합성이 되지 않거나, 아주 조금 합성되기 때문에 반드시 식품으로 섭취해야 하는 필수아미노산 : 메티오닌, 트립토판, 트레오닌, 발린, 류신, 이소류신, 라이신, 페닐알라닌 / 히스티딘(영유아)
• 아미노산의 용해성 : 아미노산은 물, 극성용매, 묽은 산·알칼리에는 잘 녹으나 비극성 유기용매(에테르, 클로로포름, 아세톤)에는 전혀 녹지 않음
• 양성물질 : 아미노산은 한 분자 내에 알칼리로 작용하는 아미노기($-NH_2$)와 산으로 작용하는 카르복실기($-COOH$)를 동시에 가짐

$$NH_2 + COOH \Leftrightarrow NH_2[H^+] + COO^- \Leftrightarrow NH_3^+ + COO^-$$
▲염기(알칼리)

• 아미노산은 어떤 특정한 pH에서는 전하가 0이 되어 어느 전극으로도 이동하지 않음 ⇒ 이때의 pH를 등전점
• 일반적으로 단백질은 아무 맛이 없으나, 아미노산·펩타이드는 각각 특유한 맛을 가짐
• 아미노산의 화학적 반응
 – 닌히드린 정색 반응 : α-아미노산 검출(아미노산, 단백질, 펩타이드)에 정색반응 → 청색
 – 뷰렛 반응 : 펩타이드 결합 2개 이상 검출에 정색반응 → 적자색
• 단백질은 아미노산이 펩타이드 결합하여 이루어진 것
• 단백질의 구조

1차 구조	아미노산들이 펩타이드 결합으로 연결되어 특정한 서열을 지닌 사슬 형성(화학 구조)
2차 구조	수소 결합 또는 이황화 결합으로 이루어지며 β-병풍 구조, 코일 구조, α-나선 구조
3차 구조	2차 구조의 사슬이 수소 결합, 이황화 결합, 이온 결합, 소수성 결합 등에 의해 형성
4차 구조	3차 구조가 2개 이상 모여 하나의 단백질 분자를 형성(헤모글로빈은 4개)

• 유도 단백질 : 단백질이 변성 또는 분해된 것[물리적 작용(열, 자외선) / 화학적 작용(산, 알칼리, 알코올) / 효소적 작용]
 – 1차 유도 단백질 : 분자골격은 거의 변함없고, 성질이 변함 ⇒ 변성 단백질
 – 2차 유도 단백질 : 단백질이 아미노산까지 가수분해되는 과정의 중간 생성물 ⇒ 분해 단백질

- 변성 단백질 : 용해도↓, 점도↑, 수화성 변함, 단백질 특유의 성질(효소작용, 호르몬 생리작용, 독성, 면역성) 상실, 반응기 생김, 응고 · 침전 현상이 일어남, 등전점 이동
- 구조 · 형태에 따른 분류
  - 섬유상 단백질 : 폴리펩타이드 사슬이 수소 결합 or 이황화 결합 → 일정한 방향, 규칙적인 배열, 불용성
    예 콜라겐, 엘라스틴, 케라틴 등
  - 구상 단백질 : 폴리펩타이드 사슬이 구부러져서 전체적으로 둥근 모양, 수용성
    예 알부민, 헤모글로빈, 인슐린, 효소단백질 등
- 보충효과 : 질이 낮은 단백질에 부족한 아미노산을 보충하여 섭취하면 필수아미노산의 공급을 향상시킴

식 품	부족한 아미노산	보충식품
콩 류	메티오닌	쌀
쌀	라이신, 트레오닌	콩, 팥
밀	라이신, 메티오닌, 트립토판	우 유
견과, 종실류	라이신	참깨, 콩
채 소	메티오닌	쌀, 견과류
옥수수	트립토판, 라이신	달 걀

- 단백질 결핍증 : 성장을 위하여 단백질 요구량이 증가되기 때문에 어른보다 어린아이에게서 많이 나타남

마라스무스	콰시오커
• 심한 열량 결핍 • 단백질 부족 • 부종 없음 • 피하지방 거의 없이 뼈와 가죽만 남음 • 혈청알부민 정상	• 열량 결핍은 보통이지만, 단백질 결핍이 심각하여 부종 있음 • 일부 피하지방 유지(정상) • 혈청알부민 감소

- 단백질 과잉증 : 동물성 단백질, 고단백 식사 시 산성의 황아미노산 대사물질이 중화되는 과정에서 소변을 통한 칼슘의 배설 증가로 골다공증 위험, 육류 속의 단백질이나 지방은 가열 시 발암물질 생성, 지방 과잉섭취 시 식이섬유소 섭취 부족으로 결장암 증가, 요소배설 높으면 신장에 부담(당뇨, 신장병 환자일 경우 조심)
- 요소회로(Urea Cycle, Ornithine Cycle)
  - 간으로 전달된 암모니아를 무독한 요소(Urea)로 합성하는 회로
  - 반응 장소 : 간 세포의 미토콘드리아와 세포질
  - 2분자 암모니아 → 요소회로 1회전 → 1분자 Urea 생성(4ATP 소모)

▶ 지 질

- 지질은 탄소, 수소, 산소로 이루어져 있으며, 상온에서 고체형태인 지방(Fat)과 액체형태인 기름(Oil)으로 존재
- 물에는 녹지 않고, 유기용매에 녹음
- 식품과 체내에 있는 지질은 중성지질(TG ; Triacylglycerol=Triglyceride)이 대부분이며, 소량의 인지질, 당지질, 스테로이드, 지용성 비타민, 왁스류 등 포함
- 지질은 글리세롤과 지방산의 에스테르(Ester) 결합

• 지방산의 종류

포화지방산	• 단일 결합(C–C) • 융점이 높아서 주로 상온에서 고체(Fat)로 존재 • 동물성 지방에 다량 함유		
	• 팔미트산($C_{16:0}$) • 스테아르산($C_{18:0}$)		
불포화지방산	• 이중 결합(C=C) • 융점이 낮아서 주로 상온에서 액체(Oil)로 존재 • 식물성 지방에 다량 함유		
	올레산($C_{18:1}$)	올리브유, 카놀라유	혈중 콜레스테롤 ↓, 위산 과다 분비 억제, 변비 해소
	리놀레산($C_{18:2}$)	대두유, 옥수수기름, 콩기름, 홍화씨유, 포도씨유, 참기름	혈중 콜레스테롤 ↓, 혈전 촉진, 혈액응고, 염증, 알레르기 촉진
	아라키돈산($C_{20:4}$)	동물의 지방(간유 등)	
	리놀렌산($C_{18:3}$)	콩기름, 생선, 들깨기름, 아마씨유, 견과류, 대두유	혈전 억제, 혈관 확장, 염증, 알레르기 억제(동맥경화, 고혈압 등 심장질환계 예방)
	EPA($C_{20:5}$)	–	
	DHA($C_{22:6}$)	–	

• 필수지방산 : 체내에서 합성되지 않거나(리놀레산, 리놀렌산), 합성이 되어도 충분한 양이 합성되지는 않아서(리놀 레산으로부터 합성된 아라키돈산) 식품으로 섭취해야 하는 지방산
• 지방산의 구조

시스형	트랜스형
• 수소원자가 이중결합을 이루는 탄소들과 같은 편에 존재 • 지방산 골격이 휘어짐 • 자연계에 존재하는 대부분의 불포화 지방산과 유지방에 약간 존재함	• 수소원자가 이중결합을 이루는 탄소들의 다른 편에 존재 • 지방산 골격이 똑바름 • 식물성 지질에 수소 첨가하면 시스형이 트랜스형으로 전환됨 • 포화지방산과 비슷함

• ω–6계 & ω–3계 지방산

구 분	ω–6계	ω–3계
기 능	고지혈증 예방	동맥경화 등 심장계질환 예방
지방산	리놀레산, 아라키돈산	리놀렌산(들기름, 콩기름), EPA(등푸른 생선), DHA(등푸른 생선)
과잉섭취	혈전 형성 ↑, 심혈관질환 ↑, 암 발생 ↑	ω–6계 지방산 결핍증상, 산화스트레스 → 항산화관련 영양소 ↓

• TG(중성지질) : 효율적 에너지 저장고(물의 비율이 적음)로 농축된 에너지원은 C, H 함량이 많고, O 함량은 적으며 (1g당 9kcal) 체온조절, 장기보호 기능을 함
• 인지질 : 유화작용으로 인지질(양극성)이며 지방산(소수성)+인, 염기성 부분(친수성)으로 되어 있음. 세포막의 구 성성분이고, 에이코사노이드의 전구체임

• 지단백질의 종류

종 류	생성장소	특 징
킬로미크론 (Chylomicron)	소 장	• (식이성) TG 운반 • TG가 가장 많음(밀도가 가장 낮음) • 공복상태에서는 존재하지 않음
VLDL	간	(간에서 합성되는) TG 운반 : 간 → 조직
LDL	혈액 내 전환	• CE가 가장 많음 • LCAT 작용(CE 운반) : (HDL로부터) → 조직 • 콜레스테롤 운반 : 간 → 조직(심혈관계 질환 위험 ↑)
HDL	간	• 콜레스테롤 운반 : 조직 → 간(심혈관계 질환 위험 ↓) • 항동맥경화성 지단백 • 아포B단백질이 없음

• 콜레스테롤 대사 : Acetyl-CoA → Acetoacetyl-CoA → HMG-CoA → 메발론산 → 스쿠알렌 → 라노스테롤 → 콜레스테롤
• 콜레스테롤 조절
  – 섭취한 식품에서부터 오기도 하고, 체내에서 합성되기도 함
  – 달걀노른자, 오징어, 새우, 가재, 명란젓, 버터, 내장 등에 포함
  – 식이로 콜레스테롤을 제한해도 혈액의 콜레스테롤 양을 완전히 감소할 수 없고 약간의 감소 효과만 있음
• 콜레스테롤 역할
  – 동물조직에서 널리 발견
  – 뇌와 신경조직에 풍부하게 존재
  – 에스트로겐, 테스토스테론, 코르티코스테로이드, 담즙의 전구체
  – 세포막 구성성분 : 세포가 크게 증가하는 유아, 아동기에 심하게 제한하면 좋지 않음
• 비누화가(검화가)
  – 유지 1g을 완전히 비누화시키는 데 필요한 KOH의 mg수
  – 유지+알칼리용액(KOH) → 글리세롤과 지방산염(비누) 형성
  – 비누화가가 높다는 것은 사슬길이가 짧은 저급지방산이 많음을 뜻함
• 요오드가
  – 유지 100g이 흡수하는 I_2의 g수
  – 요오드가가 높다는 것은 불포화지방산(건성유) 함유량이 많음을 뜻함
• 산 가
  – 유지 1g 중에 존재하는 유리지방산을 중화하는 데 필요한 KOH의 mg수
  – 신선하지 못한 유지, 가열ㆍ저장한 유지에는 유리지방산이 많음 → KOH로 중화
  – 산가가 높으면 산패가 잘 일어남
• 유지의 산패 : 유지가 변질되는 것
  – 가수분해에 의한 산패 : 효소나 산, 알칼리, 물에 의해 가수분해, 유리지방산 발생(생화학적 산패)
  – 자동산화 : 유지가 산소와 결합하여 산화생성물을 만들면서 발생하는 산패
  – 가열산화 : 자동산화의 가속형(중합에 의한 산패)
  – 변향 : 충분한 시간이 걸리지 않지만 산패취 발생

- 지방산의 미토콘드리아막 통과
  - 지방산은 미토콘드리아 외막과 내막 통과 시 CoASH, Carnitine의 도움을 받아 Matrix로 들어감
  - 효소 : Acyl-CoA Synthase, Carnitine Acyltransferase Ⅰ, Carnitine Acyltransferase Ⅱ
  - 통과 시 2ATP 소비
  - Palmitic Acid : 세포질에 있는 상태(계산 시 2ATP 빼주어야 함)
  - Palmitoyl CoA : 미토콘드리아 Matrix에 있는 상태(빼주지 않음)
- 지방산의 생합성
  - Acetyl-CoA → Malonyl-CoA → Palmitic Acid → 지방산 합성
  - 반응장소 : 세포질
  - Palmitic Acid($C_{16:0}$)을 기본적으로 합성 → 다른 지방산의 변형
  - Acetyl-CoA → [CO_2 결합(보조효소 : 비오틴)] → Malonyl-CoA
  - 5탄당 인산염 회로에서 생선된 NADPH가 에너지로 사용
  - 반응 : Acetyl-CoA + 7Malonyl-CoA + 14NADPH → Palmitic Acid + 14NADP + 14H$^+$

▶ Vitamin B$_1$ – 수용성 비타민
- 티아민(티아민피로인산-TPP)
- 에너지대사 조효소 : 탈탄산반응의 조효소로 작용

  예 피루브산 → 아세틸CoA + CO_2/α-케토글루타르산 → 숙시닐CoA + CO_2
- 티아민 필요량은 에너지 소모량과 관련 있음
- 신경전달물질 합성 : 신경전달물질(아세틸콜린) 합성에 관여
- 오탄당 인산경로에서 케톨기 전이효소의 조효소로 작용 → 리보오스, NADPH 생성
- 오탄당(리보오스, 디옥시리보오스)·NADPH 합성 저하 → 지방산, 핵산계 합성 이상
- 급원식품 : 돼지고기, 두류, 땅콩, 쌀겨(도정률 높을수록 티아민 함량 적음)
- 필요량
  - 알코올 중독자에게서 결핍되기 쉬움
  - 임신부 : 에너지 필요량이 증가하므로 티아민 섭취량 증가

▶ Vitamin B$_2$ – 수용성 비타민
- 리보플라빈(FMN, FAD)
- 열에 안정적이나 자외선에 의해 파괴
- 산화·환원반응의 조효소
- 각종 대사작용
- 항산화 기능 : 글루타티온 환원효소의 활성에 관여
- 결핍증 : 구각염·설염
- 상한섭취량 없음
- 과잉섭취 시 소변으로 배설(진한 노란색 띰-과잉증은 아님)
- 급원식품 : 우유 및 유제품(종이나 불투명 재질로 포장보관)
- 적혈구 글루타티온 환원효소의 활성도 측정

▶ 니아신 – 수용성 비타민

- 니코틴산, 니코틴아미드(NAD, NADP)
- 산화 · 환원 반응에 관여
- 각종 대사작용
  - NAD : TCA 회로, 해당과정, 지방산화 과정, 알코올대사
  - NADP : 오탄당 인산경로, 지방산 · 스테로이드 합성
- 약리작용 : 혈청 콜레스테롤 농도 ↓
- 결핍증
  - 펠라그라 증세(4D) : 피부염(Dematitis), 설사(Diarrhea), 정신질환(Dementia), 죽음(Death)
  - 임신기 결핍 : 이분척추
- 과잉증 : 상한섭취량 있음 – 간독성
- 급원식품
  - 니아신 함유 : 고단백질 식품
  - 트립토판 함유 : 우유, 달걀
- 필요량
  - 임신기 에너지필요량, 태아성장 · 모체조직 증가 → 니아신 추가
  - 수유기 모유를 통한 니아신 분비 증가 → 니아신 추가

▶ 엽산 – 수용성 비타민

- 조효소 형태 : THF
- RNA · DNA 합성과 세포분열 : DNA 합성에 필요한 퓨린 · 피리미딘 염기 합성에 관여 → 세포분열 도움
- 세포분열이 많은 유아기 · 성장기 · 임신기 · 수유기에 엽산섭취량을 늘려야 함
- 메티오닌 합성 : 호모시스테인 → 메티오닌(비타민 B_6, 엽산, 비타민 B_{12} 관여)
- 결핍증
  - 거대적아구성빈혈 : 적혈구세포 DNA 합성 · 세포분열 불가능 → 미성숙 거대적아구 → 산소운반력 저하
  - 성장장애
  - 신경관 손상 : 무뇌증, 이분척추
  - 고호모시스테인혈증 : 심혈관계 질환(동맥손상)
- 과잉증 : 상한섭취량 있음(간접독성 – 엽산 과다섭취 시 비타민 B_{12} 결핍, 조기발견의 기회 상실) 그러나 부작용 거의 없음
- 급원식품 : 시금치, 간, 오렌지주스, 바나나, 내장육, 굴 등(열에 의해 쉽게 파괴, 신선한 상태나 살짝 데쳐서 제공)
- 필요량
  - 임신기 : 결핍 시 태아 신경관손상(무뇌증, 이분척추), 태아성장, 모체조직 ↑
  - 수유기 : 모유분비량 증가
- 비타민 B_{12} 부족 시에도 엽산결핍증이 올 수 있음(비타민 B_{12} 판정검사와 병행해야 함)

▶ Vitamin B$_6$ – 수용성 비타민

- PN(피리독신), PL(피리독살), PM(피리독사민) – PMP, PLP
- 에너지 대사
  - 아미노산, 단백질 대사 : 탈아미노기 · 아미노기전이 · 탈탄산반응의 조효소
  - 탄수화물 대사 : 당신생 과정에 참여
- 혈구세포 합성
  - 적혈구 : 헤모글로빈의 포르피린 고리구조 합성
  - 백혈구 형성 : 면역기능
- 비타민 합성 : 트립토판 → 니아신의 조효소
- 신경전달물질 합성 : 월경전증후군 치료에 도움
- 결핍증
  - 비타민 B$_6$ 결핍 시 헤모글로빈의 포르피린 고리구조 합성 어려움 → 철 결합 불가능(철 결핍 증세와 유사 → 적혈구 생성 안됨) – 소구성 저혈색소 빈혈
  - 면역기능 떨어짐
  - 펠라그라(Pellagra)
  - 뇌신경장애
- 과잉증 : 상한섭취량 있음 – 신경파괴
- 급원식품 : 육류 · 생선 · 가금류의 근육(근육에 PLP 많음), 현미 · 대두 · 밀 · 배아
- 필요량 : 수유기에 단백질 요구량이 높아지므로 비타민 B$_6$ 섭취 늘림

▶ Vitamin B$_{12}$ – 수용성 비타민

- 중앙에 코발트(Co) 결합
- 동물성 식품에만 있음 → 채식주의자는 비타민 B$_{12}$ 보충해야 함
- 소화 흡수 시 단백질, 내적인자, 위산 필요 → 노인층 위벽세포 노화 · 내적인자 · 위산분비 감소로 결핍증 많음
- 수용성 비타민 중 유일하게 체내 저장 가능
- 엽산 대사과정 관여 : 메틸 – THF → THF 전환 시 비타민 B$_{12}$ 필요(DNA 합성 방해, 메티오닌 합성)
- 신경섬유 수초 유지
- 2차적 엽산 결핍 증상
  - 거대적아구성빈혈(악성빈혈) : 발병 후 2~5년 내 사망
  - 고호모시스테인 혈증
  - 신경장애
- 급원식품 : 동물성 식품 – 육류(간, 굴, 소고기, 달걀 등), 우유 · 유제품
- 필요량
  - 노인층 : 정맥주사를 통해 공급
  - 임신기, 수유기 : 요구량 증가

▶ Vitamin C − 수용성 비타민

- 환원형 : 아스코르브산
- 산화형 : 디하이드로아스코르브산
- 산성에 안정, 가열 · 알칼리 · 산소 · 금속에 쉽게 파괴
- 콜라겐 합성 → 결합조직 구성
- 강력한 항산화제(비타민 E 절약작용, 엽산의 산화 방지)
- 철의 흡수 · 이동 · 저장 : Fe^{3+}(비타민 C) → Fe^{2+}
- 세포구성물질(카르티닌) 합성
- 해독, 면역, 상처회복
- 신경전달물질 합성
- 결핍증
  - 신체 내 결합조직 변형
  - 괴혈병, 피로, 식욕감퇴, 상처 치유 지연, 점상 출혈, 잇몸 출혈
- 과잉증 : 상한섭취량 있음(위장관 증세−설사, 수산배설 · 신결석 · 요산배설 증가, 과도한 철 흡수)
- 급원식품 : 감귤류, 오렌지, 딸기, 레몬, 고추 등

▶ Vitamin A − 지용성 비타민

- 레티날 + 옵신 → 로돕신 형성(어두운 곳에서의 시각 기능) − 부족하면 밤눈 보기가 어려워짐 : 야맹증
- 베타카로틴 섭취 → 암 발생 감소
- 세포분화 관련기능
  - 배아의 발달과정에 중요
  - 점액분비세포(뮤코다당류)의 합성에 중요
  - 정자 형성, 면역반응, 미각 · 청각 등 생리작용
- 과잉증
  - 급성과잉 : 오심, 두통, 현기증 등
  - 만성과잉 : 탈모증, 피부건조 및 가려움증
  - 임신 시 : 사산, 기형아 출산, 출산아의 영구적 학습장애 등
  - 폐경기 중년 여성 · 노인 : 골밀도 감소(골절 위험 증가)
- 급원식품
  - 레티노이드(간, 어유, 달걀)
  - 카로티노이드(당근, 호박, 시금치 등)

▶ Vitamin D – 지용성 비타민
- 비타민 D_2 – 식물성 급원 / 비타민 D_3 – 동물성 급원
- 필요량
  - 영유아 : 우유·모유에는 함량이 많지 않기 때문에 모유를 먹인 아이는 9개월 이후부터는 규칙적으로 햇빛을 받는 게 좋음
  - 노인 : 햇빛 노출 제한 등으로 골다공증이 늘어나기 때문에 섭취량 늘림
  - 임신·수유부 : 칼슘 요구 증가·균형을 유지하기 위해 섭취량 늘림
- 과잉 시 고칼슘혈증, 기관 내 칼슘 축적, 신장계·심혈관계 손상, 신장결석 등
- 결핍증

구루병	어린이	• Ca, P 대사 손상 → 뼈에 Ca, P이 충분히 축적되지 못함 → 골격의 석회화 불가능 → 뼈가 약해지고 굽어짐 • 화학적 조성 – 비정상, 골밀도 – 정상
골연화증	어른	
골다공증	중년기 이후, 특히 여성	• 에스트로겐 감소 → 1,25-$(OH)_2$-D 감소 → 혈액의 Ca 농도 감소 → PTH 분비 → 뼈에서 Ca 유출 • 골밀도 – 감소, 화학적 조성 – 정상

▶ Vitamin E – 지용성 비타민
- 토코페롤, 토코트리에놀
- 항산화제 : 자신이 산화되면서 다른 물질의 산화를 막아주어 산화제의 공격으로부터 다른 분자나 세포의 일부분을 보호하는 역할을 함(비타민 E는 세포막 안에 있는 유일한 항산화제)
- 과잉증
  - 상한섭취량 있음
  - 과한 비타민 E는 혈소판 응집을 감소시켜 출혈이 우려되며, 특히 수술 전·후에는 복용 중단
  - 비타민 E, 항응고제(와파린)는 상승효과로 응고를 막음(비타민 K 결핍증일 경우 비타민 E 복용 전 주의해야 함)
- 결핍증
  - 비타민 E 부족 시 세포의 산화적 손상으로 적혈구의 지질막에 있는 지방산이 산화되고 세포막 파괴, 세포 손실, 즉, 적혈구 손실로 인한 빈혈 증상(용혈성 빈혈)
  - 비타민 E 부족 시 신경전달을 돕는 수초 형성이 방해되어 신경장애 일으킴

▶ Vitamin K – 지용성 비타민
- 혈액응고에 필수적이며, 칼슘과 관련(혈액응고과정)
  - K_1(필로퀴논) : 식물에서 추출
  - K_2(메나퀴논) : 생선기름, 육류에서 추출
  - K_3(메나디온) : 사람의 장에서 박테리아에 의해 합성
- 혈액응고인자 합성 : 간에서 혈액응고인자의 합성에 관여
- (+)칼슘이온 : 혈액응고 관여 단백질인 피브린 형성에 필수적 – 비타민 K(응고작용) ↔ 와파린(항응고제)
- 간 기능이 정상적이지 못하면 비타민 K 흡수가 저해되어 혈액응고인자가 형성되지 못함 → 출혈현상 발생
- 뼈의 발달 : 비타민 K 의존성 단백질인 오스테오칼신은 칼슘과 결합하여 뼈 결정 형성·뼈 발달에 관여함
- 과잉증 : 상한섭취량 없음, 독성 거의 없음

▶ 다량무기질

하루에 필요로 하는 양이 100mg 이상인 무기질

■ 칼슘(Ca)
- 결핍증 : 골다공증, 손톱 부러짐, 신경전달 이상, 근육경직과 경련, 불안, 초조현상 유발
- 식품 : 우유 및 유제품, 새우, 멸치, 알, 사골, 뼈, 채소, 해조류

■ 인(P)
- 결핍증 : 뼈의 약화, 발육부진, 뼈의 통증, 홍분, 피로
- 식품 : 곡류, 두류, 어패류, 우유, 달걀, 육류

■ 나트륨(Na)
- 결핍증 : 설사, 구토, 발한, 혈압량 감소, 저혈압, 위산 감소에 의한 식욕저하
- 과잉증 : 고혈압
- 식품 : 주로 NaCl 상태

■ 칼륨(K)
- 결핍증 : 구토, 이뇨제의 장기복용, 만성신장병, 당뇨병성 산독증
- 과잉증 : 신부전증, 급성탈수증, 산독증
- 식품 : 채소, 과일

■ 마그네슘(Mg)
- 결핍증 : 신경흥분, 성장장해, 탈모
- 식품 : 클로로필, 곡류, 두류

▶ 미량무기질

하루에 필요로 하는 양이 100mg 이하인 영양소

■ 철(Fe)
- 결핍증 : 빈혈, 손톱의 연화, 골격근의 Mb 부족, 피로, 유아 발육부진, Hb 합성불량
- 식품 : 돼지간, 쇠간, 장어, 굴, 두류

■ 아연(Zn)
- 결핍증 : 생식기관 발달 저해, 상처회복 저해, 근육발달 저해
- 식품 : 굴, 간, 곡류

■ 구리(Cu)
- 결핍증 : 악성빈혈
- 식품 : 간, 채소

■ 요오드(I)
- 결핍증 : 갑상샘부종, 피로, 빈혈, 발육정지
- 식품 : 미역, 김, 해초류, 조개, 새우, 굴

■ 셀레늄(Se)
- 결핍증 : 케산병, 근육손실, 성장저하, 심근장애
- 식품 : 곡류, 해산물, 육류

▶ 칼슘(Ca)

- 치아와 골격 유지(99%)
  - 뼈의 재생성 과정 : 파골세포에 의해 뼈가 분해, 조골세포에 의해 뼈가 생성되는 활발한 과정
- 생리기능 조절(1%)
  - 혈액 응고 : 칼슘이온은 혈액응고에 관여하는 단백질인 피브린을 형성하는 반응에 필수적(칼슘 없이는 혈액응고가 이루어질 수 없음)
  - 신경전달 : 세포 내 칼슘이온의 농도가 올라가면 신경전달물질 방출, 신경자극 전달
  - 근육 수축 및 이완 : 신경자극으로 근육흥분, 세포 안의 칼슘 방출 → 액틴-미오신 결합〈수축〉 / 세포 내로 칼슘 흡수 → 액틴-미오신 분리〈이완〉
  - 기타 : 장 내 칼슘이 유리지방산이나 담즙산(대장을 자극시켜 암유발)과 결합 → 대장암 예방(칼슘과 포화지방산 결합 후 배설 → LDL ↓)
- 급원식품
  - 우유, 치즈, 요구르트 등 유제품(흡수율 30%)
  - 브로콜리, 케일 등의 녹색채소(흡수율 50% 이상), 뼈째 먹는 생선류
- 과잉증
  - 상한섭취량 있음
  - 고칼슘 섭취 시 칼슘의 이용 효율 저하, 철·아연 등 다른 무기질의 흡수 저해

▶ 인(P)

- 칼슘과 인의 섭취비율 = 1 : 1로 하는 것이 바람직함
- 체내기능
  - 골격의 구성
  - 완충작용
  - 신체의 구성성분 : DNA·RNA 등 핵산의 구성성분, 세포막·지단백질의 인지질을 구성하는 필수요소
  - 비타민 및 효소의 활성화
  - 에너지 대사 : ATP, 크레아틴 인산, 포스포에놀피루브산 등
- 과량의 칼슘섭취는 인의 흡수를 저해함
- 필요량
  - 임신·수유기에는 칼슘 흡수율을 높이기 위해 칼슘 : 인의 섭취비율 중시(1.5 : 1 인 섭취수준을 낮출 것을 권장) → 성인 여성의 권장섭취량과 동일하게 설정(상한섭취량은 더 제한)
  - 인의 과잉섭취는 고인산혈증을 초래 : PTH 분비 항진, 골다공증, 칼슘 흡수장애 등 초래 → 상한섭취량 설정(임산부는 더욱 제한)
- 급원식품
  - 거의 모든 식품에 함유 : 가공식품, 탄산음료에도 많음
  - 식물성 식품 중의 인은 피틴산 형태로 존재(쌀·밀·인의 80%가 피틴산 형태)

▶ 셀레늄(Se)

- 항산화작용
- 체내기능 : 항산화효소인 글루타티온 과산화효소의 구성성분(비타민 E 절약작용)
- 급원식품 : 육어류, 내장류, 패류, 전밀이나 밀배아, 견과류 등
- 결핍증
  - 케샨병 : 중국 케샨 지방에서 발견, 울혈성 심장병
  - 근육 손실, 성장저하, 심근장애
- 필요량
  - 임산부 : 태아에 필요한 셀레늄 양
  - 수유부 : 모유로 분비되는 셀레늄 양 고려(권장섭취량 추가)
  - 상한섭취량 있음

▶ 철(Fe)

- 산소를 조직으로 이동 · 저장하는 데 관여
- 부족 시 철결핍성 빈혈
- 산소의 이동 · 저장에 관여
  - 체내 Fe의 70% → 헴(포르피린 고리 중앙에 Fe^{2+} 결합) → 헤모글로빈(헴+글로빈) → 적혈구
  - 체내 Fe의 5% → 근육의 미오글로빈
  - 체내 Fe의 20% → 페리틴(철의 저장에 관여하는 단백질)
  - 체내 Fe의 5% → 산화효소의 구성성분
- 헤모글로빈을 구성하는 철분 : 폐(O_2) → 각 조직세포로 운반, 각 조직세포(CO_2) → 폐로 운반
- 효소의 보조인자로 작용 : 미토콘드리아의 전자전달계에서 산화 · 환원과정에 작용하는 시토크롬계 효소의 구성성분, 에너지 대사에 필요
- 철의 결핍단계
  - 1단계 : 체내 철저장량 감소, 생리적 변화 없음, 혈청 페리틴 농도 감소
  - 2단계 : 적혈구 생성 감소, 임상적 빈혈 단계 없음, 트랜스페린 포화도 감소, 적혈구 포르토포르피린(헴의 전구체) 증가
  - 3단계 : 철결핍성 빈혈증상, 생리적 기능 변화, 헤모글로빈 농도 · 헤마토크리트 감소
- 철결핍성 빈혈은 체내 철 보유량이 완전히 고갈된 후에야 나타나는 증상이므로, 빈혈 판정 시에는 이미 체내에 철 결핍이 상당히 진행된 후임
- 철결핍성 빈혈
  - 빈혈증의 가장 주된 원인
  - 철 부족 → 헴 합성 불가 → 헤모글로빈(헴+글로빈) 합성 불가 → 적혈구 합성 불가 → 산소운반 불가
  - 헤마토크리트 감소, 헤모글로빈 농도 감소
  - 헤모글로빈 함량 감소 → 적혈구 크기 작고, 색 옅음 → 철결핍성 빈혈(소구성 저색소성 빈혈)
  - 증상 : 피부색 창백, 손톱이 움푹 패임, 육체 · 정신의 성장장애
- 급원식품
  - 헴철 : 철의 함량 · 흡수량 높음, 비헴철 같이 섭취 시 흡수 증가시킴
  - 육류, 어류, 가금류(MFP) : 헴철 포함 + 비헴철 흡수 증대 어육류
- 우유 · 유제품 : 칼슘은 철분 흡수 저해, 철 함량 · 흡수율 감소

▶ 아연(Zn)

- 금속효소의 구성요소 : 탄산탈수효소, 말단 카르복실기 분해효소, 젖산 탈수소효소, 슈퍼옥사이드 디스뮤테이즈
- 생체막 구조 · 기능에 관여
- 성장 및 면역 기능
  - DNA · RNA 등의 핵산의 합성에 관여
  - 단백질 대사와 합성을 조절
  - 상처회복, 면역기능 증진
- 소장 내강의 아연의 농도에 따라, 낮을 때 – 촉진확산, 높을 때 – 단순확산 운반
- 메탈로티오네인 : 아연운반 단백질(아연과 결합 → 혈관으로 이동하거나 소장점막 세포와 함께 배설)
- 결핍증
  - 성장지연, 생식기 발달 지연
  - 면역기능 저하, 상처회복 지연
- 과잉증
  - 철, 구리 흡수 방해
  - 구리 결핍 → 혈청 콜레스테롤 농도 증가, 심장질환 등
- 급원식품 : 동물성 단백질 식품(육류, 패류, 간 등)

▶ 구리(Cu)

- 철의 흡수 및 이용을 도움
  - 철이 흡수되는 과정에 작용하는 단백질(세룰로플라스민 : Fe 2가 → 3가)의 구성성분 : 철의 흡수 · 이동 도움
  - 저장된 철이 헤모글로빈 합성장소로 이동하는 데 관여 : 헤모글로빈의 합성 도움
- 금속효소의 구성성분 : 항산화 작용(SOD), 신경전달물질, 전자전달계의 작용효소로 작용(ATP 형성에 관여)
- 결합조직의 건강에 관여 : 콜라겐과 엘라스틴의 결합에 사용
- 급원식품 : 내장고기(간), 견과류, 두류, 해산물, 초콜릿, 코코아, 버섯, 토마토 등
- 결핍증
  - 우유(구리 생체 이용률 저하) 먹는 영아, 조산아에게 발생
  - 위산 제거제 복용 시
- 과잉증 : 윌슨병(유전적 원인, 정신장애 초래)

▶ 요오드(I)

- 갑상샘호르몬의 주성분
- 해산물에 풍부
- 체내기능 : 갑상샘호르몬의 성분 및 합성 → 체내 대사율 조절 및 성장발달 촉진
- 결핍증
  - 갑상샘종 : 체내 요오드가 부족하여 갑상샘호르몬인 티록신을 제대로 생성하지 못해 생김(갑상샘 비대)
  - 크레틴병 : 태아의 뇌 발달 저해, 정신박약, 왜소증, 성장지연
- 과잉증
  - 갑상샘 기능항진증
  - 바세도우씨병 : 갑상샘호르몬 분비 증가 → 기초대사율 증가, 자율신경계 장애 등
- 급원식품 : 해조류, 해산물 등

▶ 세 포

- 세포막은 전기적으로 하전(세포 안 : −, 세포 밖 : +)
- 세포막 두께 얇고, 지방용해도 크고, (−)이온일수록 투과율 높음
- 세포의 구조에서 이중막을 가지고 있는 것 : 세포막, 핵막, 미토콘드리아, 소포체
- 세포(Cell), 조직(Tissue), 기관(Organ), 계(System)

▶ 수동적 이동

ATP 필요 없음, 고농도에서 저농도로 물질 이동

- 확산 : 고 → 저농도로 용질 이동
  - 단순확산 : 운반체 필요 없음
  - 촉진확산 : 운반체 필요함, 이동속도 빠르나 포화현상 있음 **예** 포도당의 세포막을 통한 이동
- 삼투 : 저 → 고농도로 용매 이동
  - 저장액 : 용액이 낮은 농도, 적혈구의 용혈현상
  - 등장액 : 300mOsm, 0.9% NaCl
  - 고장액 : 용액이 높은 농도, 적혈구의 수축현상
- 여과 : 고 → 저압력으로 액체 이동

▶ 능동적 이동

ATP 필요함, 저농도에서 고농도로 물질 이동, 운반체 필요, 포화현상

▶ 뇌

- 피질(회백질부)에 신경의 세포체 존재 ↔ 척수 : 수질(회백질부)에 신경 세포체 존재
- 대 뇌

전두엽	공격성과 기분 좌우
두정엽	통증 인지, 온도 · 촉각 · 맛 인지
측두엽	후각 · 미각 · 청각, 추상적인 생각과 판단
후두엽	시각 정보
변연엽	정서반응 및 기억
기저핵	자세평형에 관여(소뇌와 같은 역할)

- 간뇌의 시상하부 : 자율신경, 체온조절, 내분비기능, 수면 및 각성조절, 음수(수분평형), 섭취조절(포만, 섭식), 심장 및 혈관운동에 영향
- 연수 : 생명, 호흡, 구토 · 연하 · 타액 · 위액분비, 발한, 심장, 혈관운동 중추
- 척수 : 반사, 배뇨 · 배변 중추

▶ 신경계
- 중추신경계 : 뇌, 척수
- 말초신경계 : 12쌍 뇌신경, 31쌍 척수신경
- 자율신경계 : 교감신경계, 부교감신경계

▶ 적혈구
- 골수에서 생성, 비장에서 파괴, 수명 120일
- 조혈인자 : 에리트로포이에틴(신장에서 형성) – 골수를 자극해 적혈구 생성 촉진
- 헤모글로빈 1분자, 산소 4분자와 결합(헤모글로빈 1g, 산소 1.3mL와 결합, 헤모글로빈 15g은 혈액 100mL에 함유)

▶ 백혈구

종 류	이 름	조혈장소	기 능
과립백혈구	호중구	적색골수	강한 식균 작용, 급성 염증 시 작용
	호산구		알레르기 질환, 기생충 감염 시 증가
	호염구		헤파린 · 히스타민 함유, 혈액응고 방지 작용
무과립백혈구	림프구	림프절	• T-cell : 세포성 면역에 관여 • B-cell : 체액성 면역에 관여
	단핵구	–	강한 식균작용, 만성 염증 시 증가

▶ 심 장
- 심장근은 자동성, 전도성, 수축성을 가지는 불수의근
- 스탈링(Starling)의 법칙 : 박출량은 박동이 시작하는 순간의 심근 길이에 의함
- 심장이 1분에 동맥 내로 밀어내는 심장 박출량 = 박동량 × 박동수

구 분	동 맥	정 맥	모세혈관
층	3층	3층	1층(내피층)
탄력성	강	약	없 음
판 막	없 음	있 음	없 음
혈 압	100mmHg	5~10mmHg 또는 음압	12~25mmHg
혈류속도	50cm/초	25cm/초	0.5mm/초
총 단면적	가장 작음	동맥보다 약간 큼	가장 큼
혈액내용	동맥혈(예외 : 폐동맥)	정맥혈(예외 : 폐정맥)	동맥혈 & 정맥혈
특 징	혈류 능동적	혈류 수동적	–

▶ 호 흡

- 산소의 해리곡선(Dissociation Curve of Oxygen)
- 온도가 높을수록, pH가 낮을수록, CO_2가 높을수록, 혈중 2,3-DPG가 높을수록 – 헤모글로빈의 산소 포화도 감소 (해리 증가) – 곡선 우측으로 이동

▶ 신 장

- 피질부 : 사구체, 보먼주머니, 근위세뇨관, 원위세뇨관
- 수질부 : 헨레고리, 집합관
- 유효여과압 = 사구체 모세혈관압 70 – (혈장삼투압 25 + 보먼 내압 10)
- 사구체 여과량 = 160~200L/d
- 요량 = 1.5~1.8L/d
- 사구체 여과율(GFR) = 남자(125mL/분), 여자(110mL/분)
- GFR 측정 물질 : 사구체 여과 가능, 세뇨관에서 재분비 불가, 재흡수 불가(사구체 여과량 = 요 중 배설량) – 이눌린, 만니톨, 크레아틴 등
- 신혈류량 측정 물질 : 사구체 여과 가능, 세뇨관 재분비 가능, 재흡수 불가(사구체 여과량 + 세뇨관 분비량 = 요 중 배설량) – PAH

▶ 병원식

분류		형 태	대 상	제공 식품
일반식(상식)		–	소화기능에는 문제없는 환자 (외상, 산과질환자, 정신질환자 등)	일반식과 같음
경식(회복식, 진밥식)		소화 쉽고 부담 없게	회복기(연식 → 일반식) 식사, 소화흡수에 약간의 문제	소화 쉽고 위에 부담 없는 식품, 자극 없고, 기름기 적고, 저섬유질
연식(죽식)		죽(반고형식), 삶아서 다지거나 으깬 음식	소화기능에 문제 있는 환자 (소화기, 구강, 식도환자, 회복기, 식욕부진, 고열환자 등)	죽 형태(반고형식 형태), 다지거나 으깬 상태
유동식	일반(전) 유동식	액체음식	수술·금식 후 소화기능 감소 시	실내온도에서 액체나 액체화 식품
	맑은 유동식	맑은 액체	정맥영양 후 처음 구강급식 실시, 수술전후, 장검사 전	차, 맑은 육즙, 체로 거른 과즙, 젤라틴
	냉 유동식	차가운 액체	편도선 등 수술환자 출혈방지 위함	–
	농축 유동식	농축된 액체	장기간 유동식 섭취 시 충분한 영양공급 위함	균질육, 난황, 탈지분유 등을 균질화하여 액체 상태로 보충, 빨대를 통해 제공

▶ 당뇨병

■ 1차성 당뇨병
- 인슐린 의존형(Ⅰ형) : 소아 · 유아에게 많이 발생
- 인슐린 비의존형(Ⅱ형)
  - 성인에게 많이 발생
  - 우리나라 90% 이상

■ 2차성 당뇨병
- 췌장 · 내분비질환 등에 의해 발생
- 약물, 화학물질에 의한 증상
- 인슐린, 인슐린 수용체 이상
- 특정한 유전적 이상

■ 3차성 당뇨병
- 임신 중 호르몬 분비는 인슐린작용 방해
- 태아에 포도당 공급 증가
- 거대아 · 기형아 · 사산아 출산율 증가

▶ 당뇨병 분류

■ 인슐린 의존형 : IDDM(Ⅰ형)
- 기전 : 췌장 베타세포 파괴 → 인슐린 분비 안함
- 유전도 : 낮음
- 체형 : 마른형
- 인슐린 투여 : 필수(평생 투여)
- 치 료
  - 인슐린 반드시 투여
  - 식사요법 필요(식사요법만으로는 부족)
- 증 상
  - 다뇨, 다식, 다갈
  - 급성합병증 : 당뇨병성 케톤증, 저혈당증

■ 인슐린 비의존형 : NIDDM(Ⅱ형)
- 기전 : 인슐린을 분비하지만 인슐린에 대한 감수성 저하(인슐린 저항성)
- 유전도 : 높음
- 체형 : 비만형 또는 정상(비만형/비비만형)
- 인슐린 투여 : 필요에 의한 사용
- 치 료
  - 식사요법만으로 치료 가능
  - 운동요법
  - 경구형, 혈당강하제(인슐린요법이 필요한 경우도 있음)
- 증 상
  - 당뇨, 고혈당증(Ⅰ형보다 약함)
  - 급성합병증 : 고삼투압성 비케톤성 혼수

▶ 혈당 조절 호르몬
- 혈당 강하 호르몬 : 인슐린
- 혈당 상승 호르몬 : 글루카곤, 부신피질호르몬, 갑상샘호르몬

▶ 당뇨병의 식사요법
- 열량 : 적절한 에너지 섭취(비만인 경우 에너지 섭취량 제한)
- 당질 : 50~60%로 심하게 제한할 필요 없음
  - 케톤증 예방 : 최소 100g 섭취
  - 단순당보다는 복합당(소화흡수 천천히), GI 낮은 식품
  - 섬유소 : 가(수)용성섬유소
- 단백질 : 질 높은 단백질(1/3 이상 동물성 단백질)
- 지방 P : M : S = 1 : 1 : 1

▶ 급성합병증
당뇨병성 혼수, 저혈당증, 고삼투압성 비케톤성 혼수

▶ 만성합병증
- 당뇨병성 망막증 : 혈당↑ → 망막으로 포도당 유입 → 소르비톨로 전환 → 망막에 축적 → 망막 주위의 혈관 손상
- 당뇨병성 신장질환 : 고혈당 지속 → 신장혈관 손상 → 신장기능 저하(단백뇨, 만성신부전)
- 당뇨병성 신경장애 : 말초신경조직 손상, 다리, 발 등(괴저)
- 심혈관계 질환 : 당뇨병 – 고콜레스테롤 · 중성지방혈증(동맥경화증은 심장질환 위험 높음)

▶ 빈 혈
적혈구의 크기, 수, 용적이나 헤모글로빈의 농도 등이 낮아져 혈액의 산소운반 능력이 떨어진 상태

▶ 빈혈진단 지표
- 적혈구 수
- 헤모글로빈 농도(혈색소 농도) : 혈액 100mL 속에 들어있는 헤모글로빈 중량(남자 13g, 여자 12g 미만 시 빈혈)
- 헤마토크리트(적혈구 용적) : 전체 혈액 부피 중 적혈구가 차지하는 용적비율(남자 40%, 여자 36% 미만 시 빈혈)
- 평균 적혈구 용적(MCV) : 1개의 평균 적혈구부피 – 헤마토크리트치/적혈구 수
- 평균 적혈구 헤모글로빈(MCH) : 적혈구 1개가 가지고 있는 평균 혈색소의 양 – 헤모글로빈 농도/적혈구 수
- 평균 적혈구 헤모글로빈 농도(MCHC) : 헤마토크리트 1%당 헤모글로빈 농도 – 헤모글로빈 농도/헤마토크리트치
- 혈청 페리틴 농도 : 철 결핍을 평가하는 가장 예민한 지표(초기 빈혈판정에 가장 효과적)
- 철 흡수율 : 초기단계에 증가하는 지표(초기 빈혈판정)

▶ BMI(대한비만학회기준치, kg/m^2)

- 18.5 미만(저체중)
- 18.5~22.9(정상)
- 23~24.9(비만 전 단계, 과체중)
- 25~29.9(1단계 비만)
- 30~34.9(2단계 비만)
- 35 이상(3단계 비만, 고도비만)

▶ 비만의 원인

- 유전 : 지방세포수 결정
- 식사행동 : 식사횟수, 식사간격, 식사속도, 야식(밤에는 부교감신경이 활발하여 에너지를 축적시킴)
- 내분비계 이상
  - 시상하부 질환 : 섭식중추 조절작용과 관련
  - 뇌하수체 · 부신 질환 : 쿠싱증후군 – 부신피질자극호르몬이 코르티솔 과잉 생성(지방세포가 몸의 중심부에 모여 복부비만 초래)
  - 갑상샘 질환은 기초대사율 감소
  - 난소기능 부전으로 폐경 → 에스트로겐 분비 감소(피하지방 합성 촉진)
- 활동부족, 심리적 요인, 환경 요인

▶ 비만의 식사요법

- 에너지 : 현재의 체중보다 5kg 정도 줄이는 적당체중을 1차 목표로 정함
- 당질 : 케톤증 예방을 위하여 적어도 1일 100g 이상의 당질 섭취
- 단백질 : 체조직 유지, 질소균형을 위하여 양질의 단백질 제공(총 열량의 15~20%)
- 지질 : 포만감 유지, 지용성비타민 · 필수지방산 공급 · 이용
- 비타민 · 무기질 : 적정량 섭취
- 수분 : 질소산물 · 케톤체의 배설을 위한 다량의 수분 공급

▶ 대사증후군

다음 항목이 3개 이상 해당된 경우 대사증후군으로 정의할 수 있음

- 허리둘레 : 남자 90cm 이상, 여자 85cm 이상
- 혈압 : 130/85mmHg 이상
- 공복혈당 : 100mg/dL 이상 또는 당뇨병 과거력, 약물복용
- 중성지방(TG) : 150mg/dL 이상
- HDL-콜레스테롤 : 남자 40mg/dL 이하, 여자 50mg/dL 이하

▶ 식품 알레르기

- 어떤 물질에 대해 면역학적으로 일어나는 과민반응
- 증상 : 알레르기, 편두통, 두드러기, 기관지 침식, 발작 등
- 원 인
  - 항원항체반응 : 항원으로 간주할 필요가 없는 이물질(식품, 꽃가루, 먼지 등)에 대해서도 과민하게 항원-항체반응(히스타민 분비 → 알레르기 반응)을 일으킴
  - 특이체질 : 유전적 소양, 외적 환경
  - 신경성 원인 : 자율신경(특히 부교감신경) 쉽게 항진, 스트레스
  - 알레르기성 식품 : 난류, 우유, 대두, 밀, 돼지고기, 땅콩, 복숭아, 고등어, 게, 토마토, 메밀, 식품첨가물 사용식품, 아민류 함유 식품(가성 알레르겐 함유식품), 히스타민(발효식품), 티라민(치즈, 통조림 생선), 세로토닌(바나나, 파인애플 등), 아세틸콜린(토마토, 가지, 죽순), 트리메틸아민(생선, 오징어, 게), 캡사이신(고추, 후추, 커피, 차) 등
- 알레르기 진단방법
  - 병력조사 : 알레르기 징후 전 3~4일부터 섭취한 모든 식품, 조리법 등에 대하여 기록
  - 항원시험검사 : 식품제거시험(알레르겐이라고 생각된 식품을 14일 동안 식사로부터 제거), 식품유발시험(식품제거를 통해 증세가 사라진 후, 저알레르기 식단을 기초로 의심식품을 한 번에 한 가지씩 섭취시킨 후 증상유무 확인)
- 치료 : 알레르기 식품의 제거, 대체식품, 회전식단(알레르기를 일으키는 식품을 4~5일에 한 번씩 섭취), 면역요법(소량의 항원을 투여하여 알레르기 증상이 없으면 서서히 그 양을 증가시킴), 조리법의 조절

▶ 통풍(Gout)

- 체내 퓨린의 대사 이상으로 퓨린의 최종 대사산물인 요소의 혈중 농도가 높아지면서 요산이 관절과 조직에 침착
- 대상 : 주로 35세 이후 남성, 때때로 어린이, 갱년기 이후 여성
- 원인 : 퓨린 생성의 증가, 요산 배설 기능의 감퇴, 요산 생성의 증가
- 증 상
  - 고요산혈증
  - 요산 → 요산나트륨 형성 → 연골, 관절에 침착 → 엄지발가락, 손가락, 귓바퀴에 흰 결절 생성 : 통풍 결절
  - 관절이 빨갛게 부어오르고, 발열 후 격심한 통증
  - 요산이 신장에 축적 시 신우염, 신결석 유발
  - 고혈압, 당뇨병, 비만 등과 밀접한 관련
  - 식사요법(치료식보다는 예방식으로서의 의미)
  - 가능한 한 퓨린 함량이 낮은 식품을 위주로 식사[고퓨린식품인 어패류(고등어, 청어, 멸치), 육류(내장부위)는 피하는 것이 좋음]
  - 에너지 : 이상체중 유지 또는 10% 감량의 체중감소
  - 단백질 : 요산생성에 관여하므로 과량 섭취 제한
  - 지질 : 요산의 정상적인 배설을 방해하고, 합병증과 관련, 과량섭취 제한
  - 수분 : 혈중 요산농도 희석 → 요산 배설을 촉진하므로 충분한 수분 공급
- 염분, 알코올(요산합성 증진, 배설 감소시킴) 섭취 제한

▶ 소화기계(식도 · 위장) 질환

식도	위식도 역류질환		위 → (역류) 식도
	식도열공 헤르니아		식도열공이 느슨해지면서 위 일부가 흉강 안으로 들어감
위	급성 위염		위의 염증
	만성 위염	고산성 위염	위의 염증 → 위점막 자극 → 위산분비 증가
		저산성 위염	노화 → 위선 위축 → 위산분비 감소
	소화성 궤양	위 궤양	십이지장 → 위 역류
		십이지장 궤양	유문괄약근 압력 저하 → 위산 → 십이지장 자극
	덤핑증후군		위 절제 후 위액 분비 · 기계적 소화 감소 → 덩어리째 십이지장 · 공장으로 유입
장	설 사		수분 많고, 잦은 배변
	글루텐 과민성 장질환 (비열대성 스프루)		글루텐(글리아딘성분) 독성 → 장 점막 손상
	열대성 스프루		박테리아 → 장 점막 손상
	염증성 장질환	궤양성 대장염	소화관에 발생하는 염증성 질환
		크론병	
	과민성 장증후군		배변습관의 변화(설사 · 변비의 반복), 복통
	게실증		대장 탄력 저하 + 대장 내 압력 증가 → 대장벽에 게실 형성(→ 변축적으로 세균번식 → 염증 – 게실염)
	변 비	이완성 변비	장 운동 감소
		경련성 변비	장 민감성 증가

▶ 신장의 기능

- 내분비 기능
  - PTH : 세뇨관에서 칼슘 재흡수 촉진
  - 레닌 : 혈액량이 적거나 혈압저하 시 안지오텐신 활성화, 알도스테론 분비 촉진(Na 재흡수 촉진), 항이뇨효르몬 → 혈압 상승
  - 에리트로포이에틴 : 골수를 자극해 조혈작용(신장질환자는 빈혈이 쉽게 발생)
- 조절 기능
  - 삼투압 조절
  - 산, 염기 조절
- 배설 기능
  - 노폐물 배설(요소, 요산, 크레아티닌 등의 질소대사물)
  - 잉여 수분 배설

▶ 신장질환에서 부종의 원인
- 사구체 장애 : GFR 감소 → 요량 감소(핍뇨) → 체내 나트륨, 수분보유 증가 → 부종
- 신혈류량 저하 : 레닌–안지오텐신계 증가 → 혈관수축, 항이뇨호르몬, 알도스테론 → 나트륨, 수분보유량 증가 → 부종, 고혈압
- 단백뇨, 저알부민혈증 → 삼투압 감소 → 혈액, 조직으로 수분 이동 → 부종

▶ 신장질환
- 급성사구체신염 : 세균, 바이러스 → 항원 · 항체복합체 → 사구체혈관에 걸려 염증(감기, 폐렴, 편도선염 등)의 감염 후 잠복기 1~3주
- 만성사구체신염 : 급성에서 이행되거나 처음부터 만성
- 신증후군(네프로시스) : 퇴행성 변화 → 다양한 증상(80%가 어린이)
- 급성신부전 : GFR 급격히 저하 → 배설능력 저하(신기능 저하) → 질소대사물이 체내에 쌓이는 상태(원인 : 패혈증, 외상, 수술 후 쇼크로 갑자기 세뇨관 손상)
- 만성신부전 : 네프론의 점진적 퇴화(사구체신염, 당뇨병, 고혈압 등)
- 당뇨병, 신부전, 신결석

▶ 투 석
■ **혈액투석**
- 특 징
  - 인공신장(투석기) 이용
  - 크레아틴 제거율 5~10mL/분일 때 필요
  - 고가의 치료비
  - 조혈작용 불가 → 골절, 빈혈 많이 발생
- 식사요법
  - 충분한 열량 공급
  - 양질의 단백질 공급
  - 수분, 칼륨, 나트륨, 인 제한
■ **복막투석**
- 특 징
  - 높은 삼투성 용액 주입 → 환자 복막의 반투막 이용
  - 복막염 많이 발생
  - 걸러주는 기능 있음 → 수분, 칼륨 섭취는 완화
- 식사요법
  - 투석액 열량 제외한 열량 제공(단순당, 알코올, 지방 제한)
  - 충분한 단백질 공급
  - 수분, 칼륨 제한 안 함
  - 나트륨 제한

▶ **간질환**

■ **급성간염**

• 증상 : 황달, 발열, 체중감소

• 식사요법

‒ 고열량, 고당질, 고단백질, 고비타민, 고무기질

‒ 지방은 MCT

‒ 황달 시 중등지방 제한, 회복 시 점차 늘림

■ **간경변증**

• 증상 : 황달, 발열, 체중감소, 복수, 부종, 간성혼수, 식도정맥류

• 식사요법

‒ 급성간염과 동일

‒ 나트륨, 수분 제한

■ **간성혼수**

• 식사요법

‒ 무단백식이[특히, 방향족 아미노산 제한(페닐알라닌, 티로신, 트립토판)]

‒ 고섬유식이

■ **지방간**

• 증상 : 지방대사 저하, 간에 TG 축적, 간 비대, 체중 감소

• 식사요법

‒ 고열량, 고단백질, 고비타민, 고무기질

‒ 항 지방간인자 : 메티오닌, 레시틴, 셀레늄, 비타민 E, 콜린

‒ 비만 시 열량, 당질 소량

▶ **영양관리과정(NCP)**

• 정의 : 영양관리업무 수행 시 근거 중심의 합리적인 사고에 바탕을 둔 의사결정을 하도록 도와주는 체계적인 문제해결과정으로, 이를 통해 영양사들은 영양관리업무를 체계적으로 계획하고 표준화된 방식으로 수행함으로써 질 높은 임상영양치료를 할 수 있게 됨

• 단계 : 영양판정 → 영양진단 → 영양중재 → 영양모니터링 및 평가

‒ 영양판정 : 환자의 영양상태 및 영양요구량의 측정을 위한 정보수집의 단계

‒ 영양진단 : 영양판정에서 발견된 영양문제의 원인 및 증상 등을 고려하여 환자의 문제점을 확인하고 위험요인을 도출하는 단계

‒ 영양중재 : 영양진단에서 도출된 환자의 문제해결을 위하여 가장 적절하고 효과적인 영양치료계획을 구체적으로 수립하는 단계

‒ 영양모니터링 및 평가 : 영양치료의 정기적인 평가를 통하여 효과를 판정하고 계획하였던 목표와의 차이를 분석하는 단계

▶ **영양검색(영양스크리닝)**

• 영양결핍이나 영양불량의 위험이 있는 입원 환자를 신속하게 알아내기 위하여 실시하는 것으로, 입원한 모든 환자를 대상으로 입원 후 24~72시간 내에 실시하는 것이 이상적

• 영양검색 후 문제가 있는 환자에 대하여는 영양판정을 실시함

▶ ABCD 접근법 – 직접평가

- 신체계측법(Anthropometry) : 체격크기, 신체조성 측정 → 신체지수 산출 → 기준치와 비교·평가하는 것으로 과거의 장기간에 걸친 영양상태를 반영하는 신뢰성 있는 정보를 제공
- 생화학적 검사(Biochemical Test) : 혈액, 소변, 조직을 채취하여 영양소나 대사물의 농도, 의존적인 효소활성, 면역 기능 등을 분석하고 정상치와 비교·평가하는 것으로 가장 객관적·정량적 판정방법(체내 저장이 고갈되는 시기부터 임상증상이 발견되기 전에 일어남)이며, 근래의 영양소 섭취 수준을 반영하는 유용한 지표
- 임상조사(Clinical Observation) : 영양불량과 관련되어 나타나는 임상 징후를 시각적으로 진단하는 것으로 영양결핍이 만성적으로 심해진 단계에서 발견되며 초기단계는 알아내지 못함
- 식사조사(Dietary Survey) : 영양불량의 첫 단계를 평가할 수 있는 방법으로 섭취한 식품의 종류, 양 조사 → 영양소 함량 산출 → 식품·영양소의 섭취상태 판정
  - 개인 대상 : 식사기록법, 24시간회상법, 식품섭취빈도법, 식사력
  - 집단 대상 : 식품계정법, 식품목록회상법, 식품재고조사법
  - 국가 대상 : 식품수급표

▶ 2020 한국인 영양소 섭취기준

- 목적 : 건강한 개인 및 집단을 대상으로 하여 국민의 건강을 유지·증진하고 식사와 관련된 만성질환의 위험을 감소시켜 궁극적으로 국민의 건강수명을 증진
- 안전하고 충분한 영양을 확보하는 기준치
  - 평균필요량(EAR) : 건강한 사람들의 일일 영양소 필요량의 중앙값으로부터 산출한 수치
  - 권장섭취량(RNI) : 인구집단의 약 97~98%에 해당하는 사람들의 영양소 필요량을 충족시키는 섭취수준으로, 평균필요량에 표준편차 또는 변이계수의 2배를 더하여 산출
  - 충분섭취량(AI) : 영양소의 필요량을 추정하기 위한 과학적 근거가 부족할 경우 대상 인구집단의 건강을 유지하는 데 충분한 양을 설정한 수치로, 건강한 사람들의 영양소 섭취량 중앙값을 기준으로 정함
  - 상한섭취량(UL) : 인체에 유해한 영향이 나타나지 않는 최대 영양소 섭취 수준
- 식사와 관련된 만성질환 위험감소를 고려한 기준치
  - 에너지적정비율 : 영양소를 통해 섭취하는 에너지의 양이 전체 에너지 섭취량에서 차지하는 비율의 적정범위
  - 만성질환위험감소섭취량(CDRR) : 건강한 인구집단에서 만성질환의 위험을 감소시킬 수 있는 영양소의 최저 수준의 섭취량

▶ 식품교환표

- 주요 영양소인 탄수화물, 단백질, 지방의 양이 비슷하게 되도록 1회 분량을 제시하여 군 내에서 자유롭게 바꾸어 먹을 수 있도록 하며 영양소 함량에 대한 별도의 계산 없이 식품을 다양하게 교환하여 선택할 수 있음
- 교환단위는 1회 섭취량을 기준으로 탄수화물, 단백질, 지방 함량이 동일하도록 중량이 설정되나 식품이 한정되어 있고, 다른 영양소의 함량은 다를 수 있음
- 식품군의 1교환단위당 열량
  - 곡류군 : 100kcal
  - 어육류군 : 저지방 50kcal, 중지방 75kcal, 고지방 100kcal
  - 채소군 : 20kcal
  - 지방군 : 45kcal
  - 우유군 : 일반우유 125kcal, 저지방우유 80kcal
  - 과일군 : 50kcal

▶ 식품의 위해요소

- 내인성 : 식품 자체에 함유되어 있는 유해 · 유독물질
  - 자연독
    - ⓐ 동물성 : 복어독, 패류독, 시구아테라독 등
    - ⓑ 식물성 : 버섯독, 시안배당체, 식물성 알칼로이드 등
  - 생리작용 성분 : 식이성 알레르겐, 항비타민 물질, 항효소성 물질 등
- 외인성 : 식품 자체에 함유되어 있지 않으나 외부로부터 오염 · 혼입된 것
  - 생물학적 : 식중독균, 경구감염병, 곰팡이독, 기생충
  - 화학적 : 방사성 물질, 유해첨가물, 잔류농약, 포장재 · 용기 용출물
- 유기성 : 식품의 제조 · 가공 · 저장 · 운반 등의 과정 중에 유해물질이 생성되거나 섭취 후 체내에서 생성되는 유해물질(아크릴아마이드, 벤조피렌, 나이트로사민)

▶ 세균성 식중독

감염형 식중독	살모넬라 식중독	• 원인균 : Salmonella typhimurium, Sal. enteritidis 등 • 원인식품 : 우유, 달걀, 육류, 샐러드
	장염비브리오 식중독	• 원인균 : Vibrio parahaemolyticus • 해수세균의 일종(3~5% 소금물 생육)
	병원성대장균 식중독	• 원인균 : Escherichia coli • 유당을 분해하여 산과 가스 생성
	캠필로박터 식중독	• 원인균 : Campylobacter jejuni • 수백 정도의 소량 균수로도 식중독 유발
	여시니아 식중독	• 원인균 : Yersinia enterocolitica • 저온조건 및 전공포장 상태에서도 증식 가능
	리스테리아 식중독	• 원인균 : Listeria monocytogenes • 증상 : 패혈증, 유산, 뇌수막염 • 저온(5℃) 및 염분이 높은 조건에서도 증식 가능
독소형 식중독	황색포도상구균 식중독	• 원인균 : Staphylococcus aureus • 장독소(enterotoxin) 생성 • 원인식품 : 유가공품, 김밥, 도시락, 식육제품
	보툴리누스 식중독	• 원인균 : Clostridium botulinum • 신경독소(neurotoxin) 생성 • 원인식품 : 통조림, 소시지, 병조림, 햄
	바실러스세레우스 식중독	• 원인균 : Bacillus cereus • 장독소(enterotoxin) 생성 • 원인식품 : 식육제품, 전분질 식품
기타 식중독	웰치균 식중독 (감염독소형)	• 원인균 : Clostridium perfringens • 원인식품 : 단백질성 식품
	알레르기성 식중독	• 원인균 : Morganella morganii • Histamine 생성 → 알레르기 유발 • 원인식품 : 등푸른생선
	장구균 식중독	• 원인균 : Enterococcus faecalis • 냉동식품과 건조식품의 오염지표균

▶ 자연독 식중독

- **식물성** : 독버섯(무스카린, 팔린, 아마니타톡신, 콜린), 발아한 감자(솔라닌), 썩은 감자(셉신), 면실유(고시폴), 피마자(리신, 리시닌, 알레르겐), 청매(아미그달린), 대두 · 팥(사포닌). 맥각(에르고톡신), 독보리(테뮬린), 독미나리(시큐톡신), 고사리(프타퀼로시드), 수수(듀린)
- **동물성** : 복어(테트로도톡신), 모시조개 · 바지락 · 굴(베네루핀), 대합조개 · 섭조개 · 홍합(삭시톡신), 육식성 고둥(테트라민), 수랑(수루가톡신), 열대어패류(시구아톡신)
- **곰팡이독** : 아스퍼질러스 플라버스(아플라톡신), 황변미(시트리닌-신장독, 시트레오비리딘-신경독, 이슬란디톡신-간장독, 루테오스카이린-간장독), 맥각(에르고톡신, 에르고타민), 붉은곰팡이(제랄레논-발정증후군)

▶ 인수공통감염병

- **탄저** : Bacillus anthracis
- **브루셀라증(파상열)** : Brucella melitensis, Brucella abortus, Brucella suis
- **결핵** : Mycobacterium tuberculosis
- **돈단독** : Erysipelothrix rhusiopathiae
- **야토병** : Francisella tularensis
- **렙토스피라증** : Leptospira species
- **Q열** : Coxiella burnetii
- **리스테리아증** : Listeria monocytogenes

▶ 채소를 통한 기생충 질환

- **회충** : 경구침입, 심장, 폐포, 기관지를 통과하여 소장에 정착
- **요충** : 경구침입, 집단생활, 항문 주위에서 산란, 셀로판테이프 검출법을 이용하여 검사
- **구충(십이지장충)** : 피부감염(경피감염 : 풀독증), 소장에 기생
- **편충** : 말채찍 모양의 기생충, 맹장 · 대장에 기생
- **동양모양선충** : 초식동물에 기생

▶ 어패류로부터 감염되는 기생충

- **간디스토마(간흡충)** : 제1중간숙주 → 왜우렁, 제2중간숙주 → 민물고기(붕어, 잉어, 모래무지)
- **폐디스토마(폐흡충)** : 제1중간숙주 → 다슬기, 제2중간숙주 → 가재 · 게
- **아니사키스** : 제1중간숙주 → 갑각류(크릴새우), 제2중간숙주 → 바다생선(고등어, 갈치, 오징어 등)
- **요코가와흡충** : 제1중간숙주 → 다슬기, 제2중간숙주 → 담수어(붕어, 은어 등)
- **유구악구충** : 제1중간숙주 → 물벼룩, 제2중간숙주 → 미꾸라지 · 가물치 · 뱀장어, 최종숙주 → 개 · 고양이 등

▶ 육류를 통한 기생충 질환

- **유구조충(갈고리촌충)** : 중간숙주는 돼지이며, 두부의 형태가 갈고리 모양
- **무구조충(민촌충)** : 중간숙주는 소이며, 두부의 형태가 유구조충과 다름
- **선모충** : 중간숙주는 돼지

▶ 식품첨가물

- 식품첨가물의 구비조건
  - 안전성 확보
  - 사용목적에 따른 효과를 소량으로도 충분히 나타낼 것
  - 섭취 후 체내에 축적되지 않고 배설되어야 함
  - 식품의 영양가를 유지할 것
  - 식품에 나쁜 이화학적 변화를 주지 않을 것
  - 식품의 화학성분 등에 의해서 그 첨가물을 확인할 수 있을 것
  - 식품의 외관, 향미에 좋은 영향을 주거나, 나쁜 영향을 주지 않아야 함
  - 값이 저렴해야 함
  - 식품을 소비자에게 이롭게 할 것
- 식품첨가물의 종류
  - 보존료(방부제) : 부패나 변질을 방지
  - 살균제 : 식품의 부패 미생물 및 감염병 등의 병원균을 사멸
  - 산화방지제(항산화제) : 유지의 산패 및 식품의 변색이나 퇴색을 방지
  - 착색료 : 식품의 가공공정에서 퇴색되는 색을 복원
  - 발색제(색소고정제) : 그 자체에는 색이 없으나 식품 중의 색소단백질과 반응하여 식품 자체의 색을 고정시키고, 선명하게 또는 발색되게 함
  - 호료(증점제) : 식품의 점착성 증가, 유화 안정성 향상
  - 이형제 : 빵의 제조과정에서 반죽을 분할기로부터 잘 분리시킴
  - 유화제 : 분산된 액체가 재응집하지 않도록 안정화시킴
  - 소포제 : 식품의 제조공정에서 생긴 거품을 소멸 또는 억제시킴

▶ 식품첨가물의 안정성 평가

- 급성독성실험 : 시험물질을 시험동물에 단회 투여하였을 때 단기간에 나타나는 독성을 검사하는 시험
  - LD_{50}(반수치사량) : 실험동물에 검사하고자 하는 검체를 한 번 투여하고 실험동물이 절반 죽을 때의 투입량
- 만성독성실험 : 시험물질을 시험동물에 반복 투여하여 장기간 내에 나타나는 독성을 검사하는 시험
  - 최대내량(MTD) or 최대무작용량(MNEL)을 설정
  - 최대무작용량 : 동물에게 아무런 영향을 주지 않는 투여의 최대량, 가급적 큰 동물에 대한 장시간 만성독성시험에도 완전히 무독성이 인정되어야 함
- 안전계수의 결정 : 사람과 실험동물 간의 검체에 대한 감수성을 1 : 10, 그리고 사람에 있어서는 성별, 연령 및 환자나 임산부 등의 개인차를 1 : 10으로 하여 사람에 대한 안전계수는 1 : 100으로 결정하여 1일 섭취 허용량을 구할 때 사용함
- 1일 섭취 허용량(ADI)의 결정 : 사람이 일생동안 섭취하였을 때 현시점에서 알려진 사실에 근거하여 바람직하지 않은 영향이 나타나지 않을 것으로 예상되는 물질의 1일 섭취량(체중 kg당 mg 수로 표현)

▶ HACCP 7원칙 12절차

- HACCP 준비단계 : HACCP팀 구성 → 제품설명서 작성 → 용도 확인 → 공정흐름도 작성 → 공정흐름도 현장확인
- HACCP 7원칙 : 위해요소(HA) 분석 → 중요관리점(CCP) 결정 → CCP 한계기준 설정 → CCP 모니터링체계 확립 → 개선조치방법 수립 → 검증절차 및 방법 수립 → 문서화, 기록유지방법 설정

▶ 식품위생감시원의 직무(식품위생법 시행령 제17조)
- 식품 등의 위생적인 취급에 관한 기준의 이행 지도
- 수입·판매 또는 사용 등이 금지된 식품 등의 취급 여부에 관한 단속
- 식품 등의 표시·광고에 관한 법률에 따른 표시 또는 광고기준의 위반 여부에 관한 단속
- 출입·검사 및 검사에 필요한 식품 등의 수거
- 시설기준의 적합 여부의 확인·검사
- 영업자 및 종업원의 건강진단 및 위생교육의 이행 여부의 확인·지도
- 조리사 및 영양사의 법령 준수사항 이행 여부의 확인·지도
- 행정처분의 이행 여부 확인
- 식품 등의 압류·폐기 등
- 영업소의 폐쇄를 위한 간판 제거 등의 조치
- 그 밖에 영업자의 법령 이행 여부에 관한 확인·지도

▶ 집단급식소의 모범업소 지정기준(식품위생법 시행규칙 별표 19)
- 식품안전관리인증기준(HACCP) 적용업소로 인증받아야 한다.
- 최근 3년간 식중독이 발생하지 아니하여야 한다.
- 조리사 및 영양사를 두어야 한다.
- 그 밖에 일반음식점이 갖추어야 하는 기준을 모두 갖추어야 한다.

▶ 모범업소의 지정 등(식품위생법 시행규칙 제61조)
특별자치시장·특별자치도지사·시장·군수·구청장은 모범업소를 지정하는 경우에는 집단급식소 및 일반음식점영업을 대상으로 모범업소의 지정기준에 따라 지정한다.

▶ 집단급식소에 영양사를 두지 않아도 되는 경우(식품위생법 제52조 제1항)
- 집단급식소 운영자 자신이 영양사로서 직접 영양지도를 하는 경우
- 1회 급식인원 100명 미만의 산업체인 경우
- 조리사가 영양사의 면허를 받은 경우

▶ 집단급식소에 근무하는 영양사의 직무(식품위생법 제52조 제2항)
- 집단급식소에서의 식단 작성, 검식 및 배식관리
- 구매식품의 검수 및 관리
- 급식시설의 위생적 관리
- 집단급식소의 운영일지 작성
- 종업원에 대한 영양지도 및 식품위생교육

▶ 조리사 면허 결격사유(식품위생법 제54조)
- 정신질환자. 다만, 전문의가 조리사로서 적합하다고 인정하는 자는 그러하지 아니하다.
- 감염병환자. 다만, B형간염환자는 제외한다.
- 마약이나 그 밖의 약물 중독자
- 조리사 면허의 취소처분을 받고 그 취소된 날부터 1년이 지나지 아니한 자

▶ 집단급식소(식품위생법 제88조)
- 집단급식소를 설치·운영하려는 자는 총리령으로 정하는 바에 따라 특별자치시장·특별자치도지사·시장·군수·구청장에게 신고하여야 한다. 신고한 사항 중 총리령으로 정하는 사항을 변경하려는 경우에도 또한 같다.
- 집단급식소를 설치·운영하는 자는 집단급식소 시설의 유지·관리 등 급식을 위생적으로 관리하기 위하여 다음의 사항을 지켜야 한다.
  - 식중독 환자가 발생하지 아니하도록 위생관리를 철저히 할 것
  - 조리·제공한 식품의 매회 1인분 분량을 섭씨 영하 18도 이하로 144시간 이상 보관할 것
  - 영양사를 두고 있는 경우 그 업무를 방해하지 아니할 것
  - 영양사를 두고 있는 경우 영양사가 집단급식소의 위생관리를 위하여 요청하는 사항에 대하여는 정당한 사유가 없으면 따를 것
  - 축산물 위생관리법에 따라 검사를 받지 아니한 축산물 또는 실험 등의 용도로 사용한 동물을 음식물의 조리에 사용하지 말 것
  - 야생생물법을 위반하여 포획·채취한 야생생물을 음식물의 조리에 사용하지 말 것
  - 소비기한이 경과한 원재료 또는 완제품을 조리할 목적으로 보관하거나 이를 음식물의 조리에 사용하지 말 것
  - 수돗물이 아닌 지하수 등을 먹는 물 또는 식품의 조리·세척 등에 사용하는 경우에는 먹는물 수질검사기관에서 검사를 받아 마시기에 적합하다고 인정된 물을 사용할 것
  - 위해평가가 완료되기 전까지 일시적으로 금지된 식품 등을 사용·조리하지 말 것
  - 식중독 발생 시 보관 또는 사용 중인 식품은 역학조사가 완료될 때까지 폐기하거나 소독 등으로 현장을 훼손하여서는 아니 되고 원상태로 보존하여야 하며, 식중독 원인규명을 위한 행위를 방해하지 말 것
  - 그 밖에 식품 등의 위생적 관리를 위하여 필요하다고 총리령으로 정하는 사항을 지킬 것

▶ 학교급식 대상(학교급식법 제4조)
- 유치원. 다만, 사립유치원 중 원아 수가 50명 미만인 유치원은 제외한다.
- 초등학교, 중학교·고등공민학교, 고등학교·고등기술학교, 특수학교
- 근로청소년을 위한 특별학급 및 산업체부설 중·고등학교
- 대안학교
- 그 밖에 교육감이 필요하다고 인정하는 학교

▶ 영양교사의 직무(학교급식법 시행령 제8조)
- 식단작성, 식재료의 선정 및 검수
- 위생·안전·작업관리 및 검식
- 식생활 지도, 정보 제공 및 영양상담
- 조리실 종사자의 지도·감독
- 그 밖에 학교급식에 관한 사항

▶ 출입 · 검사(학교급식법 시행규칙 제8조)
- 식재료 품질관리기준, 영양관리기준 및 준수사항 이행여부의 확인·지도 : 연 1회 이상 실시하되, 위생·안전관리기준 이행여부의 확인·지도 시 함께 실시할 수 있음
- 위생·안전관리기준 이행여부의 확인·지도 : 연 2회 이상

▶ 영양지도원의 업무(국민건강증진법 시행규칙 제17조)

- 영양지도의 기획 · 분석 및 평가
- 지역주민에 대한 영양상담 · 영양교육 및 영양평가
- 지역주민의 건강상태 및 식생활 개선을 위한 세부 방안 마련
- 집단급식시설에 대한 현황 파악 및 급식업무 지도
- 영양교육자료의 개발 · 보급 및 홍보
- 그 밖에 규정에 준하는 업무로서 지역주민의 영양관리 및 영양개선을 위하여 특히 필요한 업무

▶ 국민건강영양조사원 및 영양지도원(국민건강증진법 시행령 제22조)

질병관리청장은 국민건강영양조사원으로 건강조사원 및 영양조사원을 두어야 한다. 이 경우 건강조사원 및 영양조사원은 다음의 구분에 따른 요건을 충족해야 한다.

- 건강조사원 : 의료인, 약사 또는 한약사, 의료기사, 학교에서 보건의료 관련 학과 또는 학부를 졸업한 사람 또는 이와 같은 수준 이상의 학력이 있다고 인정되는 사람
- 영양조사원 : 영양사, 학교에서 식품영양 관련 학과 또는 학부를 졸업한 사람 또는 이와 같은 수준 이상의 학력이 있다고 인정되는 사람

▶ 영양및 식생활 조사의 유형(국민영양관리법 시행령 제3조)

- 식품의 영양성분 실태조사
- 당 · 나트륨 · 트랜스지방 등 건강 위해가능 영양성분의 실태조사
- 음식별 식품재료량 조사
- 그 밖에 국민의 영양관리와 관련하여 보건복지부장관, 질병관리청장 또는 지방자치단체의 장이 필요하다고 인정하는 조사

▶ 영양사 면허 결격사유(국민영양관리법 제16조)

- 정신질환자. 다만, 전문의가 영양사로서 적합하다고 인정하는 사람은 그러하지 아니하다.
- 감염병환자 중 보건복지부령으로 정하는 사람
- 마약 · 대마 또는 향정신성의약품 중독자
- 영양사 면허의 취소처분을 받고 그 취소된 날부터 1년이 지나지 아니한 사람

▶ 면허의 등록(국민영양관리법 제18조)

보건복지부장관은 영양사의 면허를 부여할 때에는 영양사 면허대장에 그 면허에 관한 사항을 등록하고 면허증을 교부하여야 한다. 다만, 면허증 교부 신청일 기준으로 결격사유에 해당하는 자에게는 면허 등록 및 면허증 교부를 하여서는 아니 된다.

▶ 위탁급식영업소 및 집단급식소의 원산지 표시방법(원산지표시법 시행규칙 별표 4)

- 식당이나 취식장소에 월간 메뉴표, 메뉴판, 게시판 또는 푯말 등을 사용하여 소비자가 원산지를 쉽게 확인할 수 있도록 표시하여야 한다.
- 교육 · 보육시설 등 미성년자를 대상으로 하는 영업소 및 집단급식소의 경우에는 원산지가 적힌 주간 또는 월간 메뉴표를 작성하여 가정통신문(전자적 형태의 가정통신문을 포함한다)으로 알려주거나 교육 · 보육시설 등의 인터넷 홈페이지에 추가로 공개하여야 한다.

실제시험보기
1회

1과목 | 영양학 및 생화학

01. 산이나 효소에 의하여 분해될 때 포도당 이외의 단당류를 생성하는 당분자로 가장 옳은 것은?

① 전 분
② 글리코겐
③ 맥아당
④ 유 당
⑤ 덱스트린

02. 담즙산 및 비타민 D_3의 전구체는?

① 에이코사노이드
② 콜레스테롤
③ 세팔린
④ 세레브로시드
⑤ 아라키돈산

03. 「2020 한국인 영양소 섭취기준」 중 상한섭취량이 설정되어 있는 영양소는?

① 비타민 B_6
② 단백질
③ 칼 륨
④ 에너지
⑤ EPA+DHA

04. 옥수수의 제한아미노산은?

① 알라닌
② 트립토판
③ 발 린
④ 류 신
⑤ 메티오닌

05. 2당류로서 단맛이 강하며 효율적인 에너지원으로 사용되는 것은?

① 맥아당
② 자 당
③ 과 당
④ 포도당
⑤ 유 당

06. 음의 질소평형에 해당하는 경우는?

① 임신부
② 근육운동 선수
③ 화상 환자
④ 성장기 어린이
⑤ 회복기 환자

07. 우유 섭취 시 헛배가 부르고, 설사·가스를 한다면 이와 관련된 효소는?

① 락타아제
② 프티알린
③ 펩 신
④ 수크라아제
⑤ 스테압신

08. 혈압 및 혈액 응고 등 체내기능 조절을 담당하는 필수지방산은?

① 스테로이드
② 에이코사노이드
③ 염류 코르티노이드
④ 에르고스테롤
⑤ 레티노이드

09. 공복혈당 135mg/dL인 사람이 보리밥과 함께 섭취 시 혈당이 가장 크게 상승하는 음식은?

① 치킨샐러드
② 미역국
③ 구운 감자
④ 오이무침
⑤ 두부조림

10. 콜레스테롤 함량이 단위식품당(g) 가장 높은 식품은?

① 백 미
② 녹황색 채소
③ 달걀 노른자
④ 닭고기
⑤ 식 빵

11. 콜레스테롤 생합성의 시작물질은?

① acetyl-CoA
② mevalonic acid
③ pyruvic acid
④ malic acid
⑤ α-ketoglutaric acid

12. 소화효소와 생성장소가 옳게 연결된 것은?

① 카이모트립신(chymotrypsin) - 소장
② 수크라아제(sucrase) - 위
③ 리파아제(lipase) - 담낭
④ 말타아제(maltase) - 췌장
⑤ 아밀라아제(amylase) - 구강

13. 케톤 생성 아미노산으로 짝지어진 것으로 옳은 것은?

① 류신, 라이신
② 아르기닌, 라이신
③ 류신, 발린
④ 이소류신, 프롤린
⑤ 페닐알라닌, 아르기닌

14. 불용성 식이섬유의 생리기능은?

① 담즙산 배출을 감소시킨다.
② 장 연동운동을 억제시킨다.
③ 짧은사슬지방산의 생성을 감소시킨다.
④ 대변의 장 통과시간을 단축시킨다.
⑤ 혈중 포도당 농도를 증가시킨다.

15. 다음 중 체내에서 인(P)의 기능으로 옳은 것은?

① 혈액 응고
② 수분 평형
③ 해독작용
④ 산·염기 평형 조절
⑤ 삼투압 조절

16. 오스테오칼신(osteocalcin)의 카르복실화 반응에 관여하는 비타민은?

① 비타민 A
② 비타민 K
③ 비타민 E
④ 엽 산
⑤ 비오틴

17. 단백질이 결핍되어 부종이 일어나는 원인은?

① 빈 혈
② 혈장 알부민 감소
③ 혈관 저항의 저하
④ 헤모글로빈 합성 저하
⑤ 소변량 감소

18. 전구체의 형태로 분비된 후 활성화 단계를 거쳐 음식물이 있을 때만 작용하는 소화효소는?

① 말타아제
② 아미노펩티다아제
③ 락타아제
④ 포스포리파제
⑤ 펩 신

19. 지방의 소화·흡수에 관여하는 물질 중 간에서 생성되는 것은?

① 담 즙
② 가스트린
③ 리파아제
④ 콜레스테롤
⑤ 세크레틴

20. 호흡계수가 높은 순으로 옳은 것은?

① 단백질 > 지질 > 당질
② 당질 > 지질 > 단백질
③ 지질 > 당질 > 단백질
④ 당질 > 단백질 > 지질
⑤ 단백질 > 당질 > 지질

21. 기초대사량이 1,000kcal이고 활동대사량이 1,500kcal인 남학생의 1일 열량 필요량을 계산하는 식은?

① 1,000 + 1,500
② (1,000 + 1,500) ÷ 1.1
③ (1,000 + 1,500) × 1.1
④ (1,000 + 1,500) ÷ 1.2
⑤ (1,000 + 1,500) × 1.2

22. 다음 중 세포외액의 Na과 K의 비율로 가장 옳은 것은?

① Na : K = 1 : 28
② Na : K = 10 : 1
③ Na : K = 28 : 1
④ Na : K = 28 : 10
⑤ Na : K = 1 : 10

23. 건강한 성인이 식사 시 섭취한 철의 흡수율로 가장 옳은 것은?

① 0.1~0.2%
② 1~2%
③ 5~10%
④ 10~20%
⑤ 30~40%

24. 세룰로플라스민(ceruloplasmin)과 결합되어 작용하는 무기질로 가장 옳은 것은?

① 철(Fe)
② 아연(Zn)
③ 망간(Mn)
④ 구리(Cu)
⑤ 몰리브덴(Mo)

25. 포도당이 해당경로로 들어가기 위한 최초 단계에서 인산화에 관여하는 효소는?

① Enolase
② Hexokinase
③ Aldolase
④ Phosphofructokinase
⑤ Phosphoglucose isomerase

26. 기초대사량 측정 시 조건으로 옳은 것은?

① 깊은 수면 상태
② 운동 후 1시간이 지난 상태
③ 식후 12~14시간이 지난 상태
④ 편안하게 의자에 앉은 상태
⑤ 심리적으로 흥분된 상태

27. 당질대사의 보조효소 기능을 하며 알리신과 결합하는 것으로 옳은 것은?

① Riboflavin
② Calciferol
③ Thiamin
④ Retinol
⑤ Biotin

28. 흡수 시 위점막에서 분비되는 내적인자가 반드시 필요한 비타민은?

① 비타민 B_{12}
② 엽 산
③ 판토텐산
④ 비타민 B_6
⑤ 니아신

29. 비타민 T(토코페롤)의 생리적 기능은?

① 세포막 손상 방지
② 로돕신 생성
③ 혈액응고 지연
④ 단백질 절약 작용
⑤ 골격의 석회화

30. 피루브산으로부터 옥살로아세트산을 생성하는 반응의 조효소로 관여하는 비타민은?

① 리보플라빈
② 비오틴
③ 엽 산
④ 피리독신
⑤ 판토텐산

31. 이유식을 시작할 때 적절한 방법은?

① 젖병에 넣어서 먹인다.
② 배가 부른 상태에서 기분이 좋을 때 이유식을 제공한다.
③ 일정한 시간에 이유식을 제공한다.
④ 모유를 먼저 준 후 이유식을 제공한다.
⑤ 한 번에 여러 가지 식품을 혼합하여 제공한다.

32. 4일 이상 단식하게 되어 혈당이 저하된 경우 체내 대사는?

① 글리코겐 합성의 증가
② 콜레스테롤 합성의 증가
③ 지방산 합성의 증가
④ 단백질 합성의 증가
⑤ 케톤체 합성의 증가

33. 수분 조절과 가장 관계 깊은 호르몬은?

① TSH
② LH
③ ADH
④ ACTH
⑤ LTH

34. 노인기에 나타나는 생리적 변화로 옳은 것은?

① 기초대사량이 증가한다.
② 소화액 분비가 증가한다.
③ 체지방률이 감소한다.
④ 사구체 여과속도가 증가한다.
⑤ 수축기 혈압이 상승한다.

35. 혈중 콜레스테롤 농도를 낮추는 데 도움이 되는 유지는?

① 쇼트닝
② 라 드
③ 마가린
④ 버 터
⑤ 콩기름

36. 임신기에 필요량이 증가하는 영양소는?

① 비타민 E
② 칼 륨
③ 엽 산
④ 비오틴
⑤ 망 간

37. 영유아의 위액에 존재하며 우유를 응고시키는 효소로 옳은 것은?

① Pepsin
② Casein
③ Amylase
④ Rennin
⑤ Lipase

38. 단위체중당 단백질 필요량이 가장 높은 시기는?

① 학령기
② 노인기
③ 영아기
④ 성인기
⑤ 유아기

39. 효소반응에서 미카엘리스−멘텐 상수(K_m) 값을 구하기 위해 필요한 인자는?

① 효소농도, 반응속도
② 기질농도, 반응속도
③ 효소농도, 반응온도
④ 반응온도, 반응pH
⑤ 기질농도, 반응pH

40. 자신의 실제 모습이 말랐음에도 불구하고 살이 쪘다고 느끼며, 피하지방이 줄고 체표면에 솜털이 증가하는 섭식장애는?

① 신경성 폭식증
② 마구먹기 장애
③ 야식증후군
④ 대사증후군
⑤ 신경성 식욕부진증

41. 근력 운동 시 가장 먼저 사용되는 에너지원은?

① ATP
② 지방산
③ 포도당
④ 글리코겐
⑤ 크레아틴인산

42. 골다공증 발생 위험이 높은 경우는?

① 비타민 D 섭취가 많은 경우
② 콩 섭취가 많은 경우
③ 과체중인 경우
④ 활동성 생활 양식인 경우
⑤ 에스트로겐이 감소한 경우

43. 식욕 감퇴, 미각의 변화, 성장지연, 면역기능의 저하 등이 나타났을 때 섭취하면 좋은 식품은?

① 조 기
② 사 과
③ 고구마
④ 우 유
⑤ 굴

44. 지방산 β−산화에 대한 설명으로 옳은 것은?

① 탈수반응이 관여된다.
② NADPH를 생성한다.
③ 말로닐 CoA가 촉진인자이다.
④ 미토콘드리아에서 일어난다.
⑤ 최종생성물은 아세토아세트산이다.

45. 출산 후 유즙분비를 촉진하는 호르몬은?

① 프로게스테론
② 옥시토신
③ 테스토스테론
④ 바소프레신
⑤ 안드로겐

46. 해당과정에서 생성되는 ATP의 수와 소모되는 ATP의 수로 옳은 것은?

① 생산 : 4ATP, 소모 : 2ATP
② 생산 : 4ATP, 소모 : 1ATP
③ 생산 : 2ATP, 소모 : 4ATP
④ 생산 : 1ATP, 소모 : 4ATP
⑤ 생산 : 2ATP, 소모 : 1ATP

47. 신체 내에서 암모니아를 요소로 전환하는 대사 경로는?

① 오탄당인산경로
② 당신생경로
③ TCA회로
④ 코리회로
⑤ 요소회로

48. 지방산 생합성에 관여하는 조효소는?

① PLP
② NADPH
③ FADH$_2$
④ FMN
⑤ TPP

49. 지방산 합성에 필요한 NADPH를 생성하는 당대사경로는?

① 해당과정
② TCA회로
③ 당신생경로
④ 코리회로
⑤ 오탄당인산경로

50. 일반 영아용 조제분유를 만들 때 첨가되는 당질은?

① 이눌린
② 유 당
③ 과 당
④ 라피노스
⑤ 갈락토스

51. 지방산의 산화 시에 지방산을 미토콘드리아 내로 운반하는 역할을 하는 것으로 옳은 것은?

① Carnitine
② Lipoprotein
③ Phospholipase
④ β – ketothiolase
⑤ Isomerase

52. 여성 갱년기 증상을 완화하는 방법으로 가장 옳은 것은?

① 콩을 섭취한다.
② 탄산음료를 섭취한다.
③ 운동량이 높은 운동을 한다.
④ 에너지 섭취를 늘린다.
⑤ 프로게스테론을 투여한다.

53. 심한 운동 중인 근육조직에서 포도당으로부터 생성된 젖산이 간에서 당신생 반응에 의해 포도당으로 재생성되는 과정은?

① TCA회로
② 글루쿠론산회로
③ 구연산회로
④ 코리회로
⑤ 글루코스 – 알라닌회로

54. 「2020 한국인 영양소 섭취기준」 중 만성질환위험감소섭취량이 설정된 무기질은?

① 나트륨
② 마그네슘
③ 요오드
④ 칼 슘
⑤ 철

55. rRNA의 기능으로 옳은 것은?

① 아미노산을 리보솜으로 운반한다.
② DNA에서 주형을 전사하여 유전정보를 간직한다.
③ mRNA의 전구체이다.
④ RNA를 절단 가공한다.
⑤ 단백질의 합성장소이다.

56. 주로 간에서 생성되고 간에서 합성되는 중성지질을 조직으로 운반하는 기능을 하며 밀도가 매우 낮은 지단백질은?

① HDL
② IDL
③ LDL
④ 킬로미크론
⑤ VLDL

57. 임신 초기 모체에서 나타나는 변화는?

① 헤모글로빈 수치 증가
② 위장관 통과시간의 감소
③ 에너지원으로 케톤체 이용 증가
④ 인슐린 저항성 감소
⑤ 임신중독증 발생 증가

58. 성숙유보다 초유에 더 많이 함유된 영양소는?

① 유 당
② 지 방
③ 단백질
④ 에너지
⑤ 엽 산

59. 당근 섭취 시 체내에서 전환되어 생성되는 비타민은?

① 비타민 A
② 비타민 C
③ 비타민 D
④ 비타민 E
⑤ 비타민 K

60. 모유에 들어있는 항감염물질로 직접 세균을 파괴시키는 효소이며, 항생물질의 효율성을 간접적으로 증가시키는 것은?

① 라이소자임
② 락토페린
③ 면역글로불린
④ 백혈구
⑤ 비피더스인자

61. 영양사가 비만 중년 남성을 대상으로 영양교육을 실시할 때 체중조절을 위한 동기를 부여할 수 있는 교육내용은?

① 영양표시정보를 활용하는 방법
② 식사일기를 작성하는 방법
③ 칼로리가 낮은 후식을 선택하는 방법
④ 칼로리를 낮출 수 있는 조리법
⑤ 비만으로 인해 야기되는 건강위험

62. 영양교육의 최종목표로 가장 적절한 것은?

① 식생활 개선
② 영양 섭취
③ 신체 발육
④ 경제적인 식생활
⑤ 건강 증진

63. 다음의 영양프로그램 목표의 종류는?

> 2024년까지 지역 내 생후 6~59개월 영유아의 빈혈 유병률을 현재보다 13% 낮추기

① 활용 목표   ② 변화 목표
③ 과정 목표   ④ 구조 목표
⑤ 결과 목표

64. 연구설계 중 연구시작 시점에 질병이 없는 건강한 사람들의 식습관을 조사하고 질병발생 여부를 추적하는 것은?

① 단면 연구
② 중재 연구
③ 환자대조군 연구
④ 생태학적 연구
⑤ 코호트 연구

65. 매스미디어를 활용한 영양교육의 이점은?

① 다량의 정보를 전달할 수 있다.
② 정보 수정이 간편하다.
③ 신속하게 행동을 변화시킬 수 있다.
④ 파급효과 측정이 쉽다.
⑤ 쌍방향 의사소통이 가능하다.

66. 한 가지 주제에 의견이 다른 2~3명의 강사가 상대방의 의견을 논리적으로 반박하며 토의하는 영양교육 방법은?

① 공론식 토의
② 원탁식 토의
③ 강단식 토의
④ 강의식 토의
⑤ 배석식 토의

67. 대사증후군 환자를 대상으로 한 영양교육에서 효과평가 항목은?

① 교육자료의 적절성
② 교육자의 설득력
③ 대상자의 콜레스테롤 섭취량 변화
④ 대상자 간의 의사소통 정도
⑤ 대상자의 교육참여도

68. 조리사들을 위한 집회지도에서 사용할 수 있는 영양교육방법으로 적절하지 않은 것은?

① 영 화   ② 상 담
③ 좌담회   ④ 강연회
⑤ 연구집회

69. 입원 환자의 영양검색에 대한 설명으로 옳은 것은?

① 영양상태가 불량하거나 영양불량 위험인 환자를 선별한다.

② 장기간 입원한 환자를 대상으로 한다.

③ 특수질환 환자를 대상으로 한다.

④ 영양판정을 정확하게 할 수 있다.

⑤ 고도의 전문지식을 필요로 한다.

70. 다음의 행동변화 단계는?

• 건강검진 결과 고도비만 진단을 받음

• 건강문제를 인식하였으나 수정하겠다는 의지는 밝히지 않음

• 6개월 이내 행동을 바꿀 의향이 있음

① 고려 전 단계

② 고려 단계

③ 준비 단계

④ 실행 단계

⑤ 유지 단계

71. 다음 중 영양지도원의 업무가 아닌 것은?

① 영양지도의 평가

② 지역주민에 대한 영양상담

③ 집단급식시설에 대한 급식업무 지도

④ 홍보 및 영양교육

⑤ 영양정책의 수립

72. 영양상담 시 내담자의 생각이나 말 등을 상담자가 요약하고 반응해줌으로써 내담자 감정의 의미를 명료하게 해주는 것은?

① 직 면

② 해 석

③ 반 영

④ 수 용

⑤ 요 약

73. 보건소의 전문인력이 다음 대상자의 집으로 찾아가 서비스를 제공하는 영양정책은?

• 75세 독거노인

• 경제적 어려움으로 하루 한 끼는 라면으로 식사를 함

• 10년 전 고혈압을 진단받았으나 정기적인 진료는 어려움

• 허리 통증이 심하여 하루 중 대부분을 누워있음

① 노인건강증진사업

② 무료급식지원사업

③ 푸드뱅크

④ 맞춤형 방문건강관리사업

⑤ 생애초기 건강관리사업

74. 식사기록법의 장점은?

① 기억 의존도가 낮음

② 식사섭취 내용 변경 가능성이 낮음

③ 조사자의 자료처리 부담이 적음

④ 1회 조사로도 일상섭취 반영도가 높음

⑤ 대상자 부담이 적음

75. 어린이집 4세 유아들은 햄과 소시지는 좋아하지만 채소는 싫어하여 먹지 않는 것으로 나타났다. 이 유아들에게 적절한 영양교육은?

① 어린이집 텃밭에서 재배한 채소로 비빔밥 만들어 먹기

② 채소의 좋은 영양성분 알기

③ 영양표시를 활용한 가공식품 선택하기

④ 햄과 소시지에 들어있는 식품첨가물 알기

⑤ 채소조리법 배우기

76. 영양교육의 일반적인 실시과정은?

① 문제발견 → 실태파악 → 문제진단 → 대책수립 → 효과판정 → 영양교육실시
② 문제발견 → 문제진단 → 실태파악 → 대책수립 → 영양교육실시 → 효과판정
③ 실태파악 → 문제발견 → 대책수립 → 문제진단 → 영양교육실시 → 효과판정
④ 실태파악 → 문제발견 → 문제진단 → 대책수립 → 효과판정 → 영양교육실시
⑤ 실태파악 → 문제발견 → 문제진단 → 대책수립 → 영양교육실시 → 효과판정

77. 영양판정 방법 중에서 가장 객관적이고 정량적인 것은?

① 개인별 식사조사
② 생화학적 검사
③ 신체계측법
④ 간접평가
⑤ 표본가구조사

78. 영양플러스사업에 관한 설명으로 옳은 것은?

① 개별상담과 집단교육을 병행하여 실시한다.
② 대상자 중 영양위험군은 혜택을 받을 수 없다.
③ 수혜대상자는 동일한 영양교육비를 지불한다.
④ 대상자는 초등학생, 고등학생이다.
⑤ 학교급식법에 준하여 시행하고 있다.

79. 위산 분비가 저하된 환자의 식사요법으로 가장 적합한 것은?

① 전분보다 소화가 잘되는 설탕을 많이 공급하는 것이 좋다.
② 지방의 함량을 증가시키는 것이 좋다.
③ 우유를 많이 공급하는 것이 좋다.
④ 과일주스나 육수로 만든 국물을 준다.
⑤ 채소와 과일류를 많이 준다.

80. 소화기계 수술 후 환자에게 수분 공급을 목적으로 제공할 수 있는 음식은?

① 보리차
② 수 란
③ 채소주스
④ 우 유
⑤ 아이스크림

81. 담즙 분비 이상, 체중감소, 심한 지방변의 증상을 보이는 환자의 에너지를 보충하기 위해 공급하면 좋은 유지는?

① 올리브유
② 들기름
③ MCT 오일
④ 참기름
⑤ 포도씨유

82. 십이지장으로 운반된 산성의 유미즙을 중화시키는 것은?

① 췌장액
② 타 액
③ 림프액
④ 위 액
⑤ 소장액

83. 지방간이 발생할 수 있는 경우에 해당하는 것은?

① 알코올 중독
② 고단백질식
③ 당질 부족
④ 니아신 부족
⑤ 비타민 C 부족

84. 저잔사식에 허용되는 식품으로만 묶인 것은?

① 콩비지, 커피
② 보리밥, 양배추찜
③ 감자튀김, 당근주스
④ 버터, 우유
⑤ 흰쌀밥, 달걀찜

85. 대한비만학회(2020년)에서 제시하는 체질량지수의 성인 1단계 비만에 속하는 수치는?

① $18kg/m^2$
② $20kg/m^2$
③ $26kg/m^2$
④ $30kg/m^2$
⑤ $35kg/m^2$

86. 비만 치료를 위한 식사요법은?

① 식물성 단백질 위주로 섭취한다.
② 당질은 최소 100g 이상 섭취한다.
③ 식이섬유 섭취를 제한한다.
④ 지질은 총 에너지의 10% 이내로 섭취한다.
⑤ 수분 섭취를 제한한다.

87. 연식에서 제공 가능한 식품은?

① 바나나, 튀김   ② 흰살생선, 카레
③ 우유죽, 파이   ④ 견과류, 크래커
⑤ 흰죽, 반숙달걀

88. 소금을 금하는 심부전 환자에게 제공할 수 있는 식품은?

① 고춧가루   ② 겨 자
③ 복합조미료(MSG)   ④ 계피가루
⑤ 맛소금

89. 칼륨이 많은 식품에 해당하는 것은?

① 우유, 가지, 멸치
② 토마토케첩, 옥수수, 오이
③ 굴, 건새우, 배추
④ 미역, 쇠간, 숙주
⑤ 코코아, 쑥갓, 바나나

90. 동맥경화증 환자에게 줄 수 있는 식품은?

① 표고버섯, 두부
② 우유, 감자튀김
③ 난황, 고래기름
④ 전유어, 명란젓
⑤ 오렌지주스, 새우튀김

91. 간경변증 환자가 식도정맥류와 부종을 동반할 때 식사요법은?

① 생채소를 충분히 섭취한다.
② 견과류를 충분히 섭취한다.
③ 나트륨 섭취를 제한한다.
④ 저열량 식사를 한다.
⑤ 마른과일을 충분히 섭취한다.

92. 다음 환자에게 적합한 식품은?

> • 20세 여성
> • 혈액 헤모글로빈 10.0g/dL

① 탄산음료　　　② 깻 잎
③ 조 기　　　　④ 홍 차
⑤ 소고기

93. 결뇨가 심한 신장질환자의 식사요법으로 옳은 것은?

① 고나트륨식
② 고단백질식
③ 저칼슘식
④ 저칼륨식
⑤ 고콜레스테롤식

94. 수산칼슘결석증에서 제한하는 식품으로 가장 적절한 것은?

① 우유, 시금치
② 달걀, 밀눈
③ 육류, 대두
④ 어란, 통밀빵
⑤ 바나나, 김

95. 소아성 당뇨병의 식사요법으로 옳은 것은?

① 인슐린을 사용하지 않고 열량 조절만으로 혈당 조절이 가능하다.
② 운동 시 적당한 당질 식품을 간식으로 준비한다.
③ 당질을 많이 섭취하고 당질량에 따라 인슐린 양을 증가시킨다.
④ 인슐린을 주사하므로 식품 선택과 양은 자유롭다.
⑤ 운동량을 줄이고 지방과 당질은 충분히 섭취한다.

96. 정상 성인의 혈당에 관한 설명으로 옳은 것은?

① 공복혈당 수치는 100~125mg/dL이다.
② 식후 1시간 내로 혈당이 정상 수치로 회복된다.
③ 렙틴, 레닌 등이 혈당조절에 관여한다.
④ 고혈당 시 포도당은 간이나 근육에서 에너지로 모두 소모된다.
⑤ 혈당의 항상성은 호르몬과 신경계에 의해서 유지된다.

97. 식전에 운동을 한 당뇨병 환자가 불안, 어지러움, 식은땀 증세를 보이고 혈당이 45mg/dL로 나타났다. 우선해야 할 일로 옳은 것은?

① 수분과 전해질을 정맥주사로 공급한다.
② 에너지 공급을 위해 소량의 알코올을 공급한다.
③ 설탕물(15% 용액)을 반 컵 정도 마신다.
④ 부종을 예방하기 위해 나트륨 섭취를 제한한다.
⑤ 혈당 유지를 위해 지속성 인슐린을 투여한다.

98. 페닐케톤뇨증의 발생 원인으로 옳은 것은?

① 페닐알라닌의 섭취 부족
② 멜라닌 색소 부족
③ 열량 섭취 부족
④ 페닐알라닌 수산화효소 결핍
⑤ 시스타티오닌 분해효소 결핍

99. 다음 중 퓨린 함량이 적은 식품은?

① 닭간, 근대, 우유
② 빵, 무청, 멸치
③ 아이스크림, 국수, 우유
④ 치즈, 달걀, 정어리
⑤ 콩팥, 버섯, 치즈

100. 회복기 화상 환자의 영양관리로 옳은 것은?

① 고단백질, 고비타민, 고에너지
② 저단백질, 고비타민, 고에너지
③ 저단백질, 고당질, 저에너지
④ 고단백질, 저지방, 저에너지
⑤ 고단백질, 고당질, 저에너지

101. 어떤 사람이 우유 및 유제품에 알레르기를 가지고 있을 때 제한하지 않아도 되는 식품은?

① 요구르트
② 크림수프
③ 커스터드
④ 버 터
⑤ 마요네즈

102. 혈압을 상승시키는 요인은?

① 혈액 형성 감소
② 혈관의 저항성 감소
③ 알도스테론 분비
④ 부교감신경 자극
⑤ 심박출량 감소

103. 식품교환표에서 저지방 어육류군에 속하는 식품은?

① 달 걀
② 치 즈
③ 두 부
④ 가자미
⑤ 닭다리

104. 식욕부진과 구토를 호소하는 암 환자의 식사요법은?

① 식욕 촉진을 위해 자극적인 음식을 섭취한다.
② 음식의 온도는 뜨겁게 섭취한다.
③ 에너지 밀도가 높은 고지방 식품을 섭취한다.
④ 음식을 소량씩 자주 섭취한다.
⑤ 하루 세 끼 식사를 규칙적으로 섭취한다.

105. 당뇨병 환자에게 제한해야 하는 식품은?

① 상 추
② 시금치
③ 우 유
④ 수 박
⑤ 치커리

106. 위산 분비와 위 운동을 촉진하는 호르몬은?

① 가스트린
② 세크레틴
③ 글루카곤
④ 인슐린
⑤ 콜레시스토키닌

107. 통풍 환자의 혈중 수치에서 높게 나타나는 것은?

① 지방산
② 알부민
③ 크레아티닌
④ 칼 슘
⑤ 요 산

108. 단풍당뇨증 환자가 대사하지 못하는 아미노산은?

① 페닐알라닌
② 메티오닌
③ 아르기닌
④ 프롤린
⑤ 류 신

109. 혈중 중성지방 수치를 높이는 식사유형은?

① 고칼슘식
② 고칼륨식
③ 고섬유소식
④ 고단백식
⑤ 고탄수화물식

110. 암 환자의 영양소 대사에 대한 설명으로 옳은 것은?

① 혈중 지방산 감소
② 양(+)의 질소평형
③ 지방분해 감소
④ 당신생 증가
⑤ 인슐린 저항성 감소

111. 케톤식 식사요법이 필요한 질환은?

① 식품알레르기
② 동맥경화증
③ 고혈압
④ 위궤양
⑤ 뇌전증(간질)

112. 게실염 예방을 위한 식사요법으로 옳은 것은?

① 고열량식
② 저당질식
③ 고단백식
④ 고지방식
⑤ 고식이섬유식

113. 혈액을 투석하는 환자에게 제한해야 하는 영양소는?

① 나트륨, 리보플라빈
② 칼륨, 나트륨
③ 당질, 칼륨
④ 단백질, 비타민 C
⑤ 당질, 지방

114. 체조직 소모가 심한 폐결핵 환자에게 권장되는 식품은?

① 소고기, 두부
② 콩나물, 생선
③ 옥수수, 고구마
④ 수박, 사과
⑤ 오이, 당근

115. 고탄수화물 식이를 하는 사람에게 흔히 나타나는 고지혈증의 형태는?

① 제1형(킬로미크론의 증가)
② 제2A형(LDL의 증가)
③ 제3형(IDL의 증가)
④ 제4형(VLDL의 증가)
⑤ 제5형(킬로미크론, VLDL의 증가)

116. 아토피피부염과 식품 알레르기와 관련 있는 면역글로불린(Ig)은?

① IgG
② IgE
③ IgA
④ IgD
⑤ IgM

117. 결핍 시 거대적아구성빈혈을 초래하는 영양소는?

① 단백질
② 구 리
③ 엽 산
④ 비타민 B_6
⑤ 비타민 D

118. 요독증 환자의 식사요법으로 옳은 것은?

① 저당질식
② 저단백식
③ 저지방식
④ 저열량식
⑤ 저칼슘식

119. 부신수질에서 분비되어 동맥혈압을 상승시키며 혈당을 증가시키는 물질의 명칭으로 옳은 것은?

① 인슐린
② 에피네프린
③ 티록신
④ 글루카곤
⑤ 칼시토닌

120. 신장의 방사구체에서 분비되는 적혈구 조혈 호르몬은?

① 티록신
② 프로락틴
③ 바소프레신
④ 에리트로포이에틴
⑤ 레 닌

1과목 | 식품학 및 조리원리

01. 조개를 넣고 국을 끓였을 때 모래가 씹히지 않도록 조개의 해감에 사용하는 용액은?

① 2% 염소수용액
② 2% 탄산수소나트륨 수용액
③ 2% 알코올
④ 2% 식초
⑤ 2% 소금물

02. 효소반응에 대한 설명으로 옳은 것은?

① 한 종류의 기질에 작용하는 기질특이성이 있다.
② 초기 반응속도는 효소의 농도와 관련 없다.
③ 반응생성물이 많을수록 반응속도가 빨라진다.
④ pH가 높을수록 반응속도가 빨라진다.
⑤ 반응속도는 온도에 영향을 받지 않는다.

03. 전분의 아밀로오스 함량을 비교하기 위해 요오드용액을 사용하는 이유는?

① 아밀로오스 말단에 요오드가 결합하여 발색한다.
② 요오드가 전분입자 표면을 둘러싸서 빛을 선택적으로 투과하기 때문이다.
③ 아밀로오스와 아밀로펙틴이 결합된 부분에 요오드가 포접화합물을 만들기 때문이다.
④ 아밀로오스 나선형 구조 속에 요오드가 포접화합물을 만들기 때문이다.
⑤ 아밀로오스 나선구조 때문이다.

04. Glucose의 Aldehyde기가 산화되어 형성된 당은?

① Sorbitol
② Rhamnose
③ Gluconic Acid
④ Glucuronic Acid
⑤ Glucosaccharic Acid

05. 다음 물질 중 Mg을 함유하고 있는 것은?

① Hemoglobin
② 비타민 B_1
③ Myoglobin
④ Chlorophyll
⑤ Hemocyanin

06. 카로티노이드에 대한 설명으로 옳은 것은?

① 구조의 차이에 의하여 카로틴류와 잔토필류로 나누어진다.
② 무색 또는 연한 황색을 나타낸다.
③ β-카로틴은 결정형일 때는 주황색이지만 용해되면 진한 홍색으로 변한다.
④ 결정형의 카로티노이드는 체내에서 흡수가 잘된다.
⑤ 카로티노이드는 수용성이므로 조리 중에 변색이 심하게 일어난다.

07. 유지를 발연점 이상으로 가열 시 푸른 연기와 함께 자극적인 냄새가 발생한다. 이 냄새의 성분은?

① 아크릴아마이드
② 아크롤레인
③ 벤조피렌
④ 니트로사민
⑤ 휴 민

08. 마이야르 반응의 중간단계에서 생기는 변화는?

① 아마도리 전위
② Osone류 생성
③ 스트레커 분해반응
④ 알돌 축합반응
⑤ 멜라노이딘 형성

09. 감귤의 쓴맛 성분으로 옳은 것은?

① 루풀론(Lupulone)
② 나린진(Naringin)
③ 퀘르세틴(Quercetin)
④ 카페인(Caffeine)
⑤ 투욘(Thujone)

10. 전분의 변화와 식품의 예로 옳은 것은?

① 당화 - 누룽지
② 호정화 - 미숫가루
③ 겔화 - 팝콘
④ 호화 - 찬밥
⑤ 겔화 - 조청

11. 담수어의 비린내 성분으로 옳은 것은?

① Histidine
② Piperidine
③ IMP
④ Acrylamide
⑤ Dimethyl Sulfide

12. 고구마 연부병을 유발하는 미생물은?

① Bacillus subtilis
② Aspergillus oryzae
③ Saccharomyces cerevisiae
④ Lactobacillus brevis
⑤ Rhizopus nigricans

13. 우유에 과즙을 넣었을 때 우유를 응고시키는 과즙의 성분은?

① 포도당
② 레 닌
③ 과 당
④ 글루테닌
⑤ 유기산

14. 도토리묵의 제조과정 중 발생하는 녹말의 변화는?

① 호정화
② 겔 화
③ 당 화
④ 유 화
⑤ 팽 화

15. 미생물의 생육곡선(Growth Curve) 중 대수기 (Logarithmic Phase)에 대한 설명으로 옳은 것은?

① 기간 중 세포의 수가 최대가 된다.
② 균수가 기하급수로 증가한다.
③ 생리적 활성이 기간 중 가장 약하다.
④ 세대시간이 가장 길다.
⑤ 세포의 크기가 최대가 된다.

16. 건성유에 해당하는 것은?

① 피마자유
② 올리브유
③ 콩기름
④ 들기름
⑤ 참기름

17. 오이소박이는 익어가면서 갈색을 띠는데, 그 원인색소는?

① 카로티노이드
② 제아잔틴
③ 페오피틴
④ 안토시아닌
⑤ 피코시아닌

18. 고기를 절단하면 표면에 공기가 접촉하여 선홍색을 나타나게 되는데 그 원인물질은?

① 글로불린
② 메트미오글로빈
③ 미오글로빈
④ 옥시미오글로빈
⑤ 헤마틴

19. 튀김옷을 바삭하게 만드는 방법은?

① 뜨거운 물로 반죽하기
② 듀럼밀 사용하기
③ 식소다 5% 첨가하기
④ 박력분 사용하기
⑤ 오래 저어주기

20. 콩을 분쇄하는 동안 콩비린내를 생성하게 하는 효소는?

① 폴리페놀 옥시다아제
② 리폭시게나아제
③ 헤미셀룰라아제
④ 헤스페리디아나아제
⑤ 카탈라아제

21. 버터를 계량하는 방법은?

① 부피 측정이 무게 측정보다 정확하다.
② 종자치환법으로 측정한다.
③ 잘게 부수어 계량컵에 가득 담아 계량한다.
④ 물을 담은 메스실린더에 버터를 넣은 후 증가된 물의 양으로 측정한다.
⑤ 실온에서 부드럽게 한 후 계량컵에 꾹꾹 눌러 담아 계량한다.

22. 식품에 존재하는 자유수의 성질은?

① −5~0℃에서 동결한다.
② 화학반응에 관여하지 않는다.
③ 식품의 구성성분과 이온결합을 한다.
④ 용질에 대하여 용매로 작용하지 않는다.
⑤ 미생물의 번식에 이용되지 않는다.

23. 탄화수소로 구성된 유도지질로 옳은 것은?

① 왁 스
② 세레브로시드
③ 스쿠알렌
④ 트리스테아린
⑤ 스핑고미엘린

24. 전분의 노화에 대한 설명으로 옳은 것은?

① 당류는 노화를 촉진한다.
② 노화를 방지하려면 0~5℃ 정도 냉장보관한다.
③ 모노글리세라이드와 같은 유화제를 첨가하면 노화가 방지된다.
④ 아밀로오스보다 아밀로펙틴 함량이 많은 전분이 노화가 더 빠르다.
⑤ 수분함량을 30~60%로 유지하면 노화가 방지된다.

25. 밀가루의 용도별 분류의 기준성분으로 옳은 것은?

① 글로불린(Globulin)
② 글루코스(Glucose)
③ 글루타민(Glutamine)
④ 글루텐(Gluten)
⑤ 알부민(Albumin)

26. 글루코스와 갈락토오스는 에피머(epimer)인데, 이에 대한 설명으로 옳은 것은?

① 편광면을 서로 반대쪽으로 회전시킨다.
② 부제탄소 1개의 입체배치가 다르다.
③ 1개는 환원당, 1개는 비환원당이다.
④ 1개는 케토스, 1개는 알도스이다.
⑤ 거울상 이성체이다.

27. 곡류 외피의 주요 구성성분은 어느 것인가?

① 조섬유
② 조단백
③ 비타민 C
④ 철 분
⑤ 전 분

28. 토란의 미끈미끈한 점액질의 성분은?

① 갈락탄
② 호모젠티스산
③ 이포메아메론
④ 테타닌
⑤ 쇼가올

29. 생양파를 자를 때 눈물이 나는 원인은?

① 알리신
② 티오프로파날－S－옥시드
③ 진저론
④ 캡사이신
⑤ 알릴이소티오시아네이트

30. 연근 조리 중 변색 방지를 위해 첨가하면 좋은 것은?

① 중 조   ② 소 금
③ 설 탕   ④ 식 초
⑤ 아스코르브산

31. 채소 가열 시 질감의 연화 원인은?

① 펙틴 분해
② 비타민 B_1 파괴
③ 전분 노화
④ 불용성 칼슘염 생성
⑤ 유기산 증가

32. 두부 응고제로 사용되는 식품첨가물은?

① 이산화염소
② 염화칼슘
③ 과산화염소
④ 브롬산칼륨
⑤ 차아염소산나트륨

33. 난백의 기포성을 이용한 조리로 옳은 것은?

① 머 랭   ② 오믈렛
③ 마요네즈   ④ 달걀 프라이
⑤ 소보로빵

34. 페이스트리를 만들 때 글루텐 망상구조의 형성을 방해함으로써 조직감을 바삭하고 부드럽게 하는 유지의 성질은?

① 가소성
② 유화성
③ 용해성
④ 결정성
⑤ 쇼트닝성

35. 다시마 육수를 내기 위한 조리방법으로 옳은 것은?

① 다시마를 기름에 볶아 육수를 낸다.
② 끓는 물에 넣어 오래 끓인다.
③ 찬물에 넣어 5분 정도 끓인다.
④ 흰 가루를 닦지 않고 끓인다.
⑤ 설탕을 넣어서 같이 끓인다.

36. 결체조직이 많은 육류 부위의 조리방법으로 옳은 것은?

① 브로일링
② 볶 기
③ 삶 기
④ 튀 김
⑤ 찜

37. 채소와 주요성분이 옳게 연결된 것은?

① 파 – 루틴
② 생강 – 진저론
③ 마늘 – 미르센
④ 고추 – 리모넨
⑤ 메밀 – 나스닌

38. 유지의 불포화도를 측정하는 척도는?

① 과산화물가
② 아세틸가
③ 검화가
④ 요오드가
⑤ 산 가

39. 다음 중 신선한 달걀은?

① 달걀을 흔들어서 소리가 나는 것
② 삶았을 때 난황의 표면이 암녹색으로 쉽게 변하는 것
③ 껍질이 매끈하고 윤기 있는 것
④ 깨보면 많은 양의 난백이 난황을 에워싸고 있는 것
⑤ 난백의 pH가 높은 것

40. 어묵 형성에 이용되는 염용성 단백질은?

① 미오겐, 액토미오신
② 알부민, 콜라겐
③ 케라틴, 피브린
④ 미오신, 액틴
⑤ 글로불린, 액토미오신

41. 서비스는 생산과 동시에 소멸되기 때문에 재고로 저장하는 것이 불가능하다. 이는 서비스의 어떤 특징인가?

① 비분리성　　　② 비일관성
③ 소멸성　　　　④ 무형성
⑤ 동시성

42. 병원급식 중 병동배선 방식의 설명으로 옳은 것은?

① 주방면적이 커야 한다.
② 정확한 급식이 가능하고 비용이 절감된다.
③ 영양사가 병동의 환자식을 통제할 수 있다.
④ 대량구매와 경영합리화로 운영비가 절감된다.
⑤ 음식의 적온급식이 가능하다.

43. 식단작성 시 아침, 점심, 저녁의 영양소 배분 비율로 적합한 것은?

① 1 : 1 : 1
② 1 : 2 : 2
③ 1 : 1 : 2
④ 2 : 2 : 1
⑤ 2 : 1.5 : 1.5

44. 작성된 식단에서 영양면을 평가하기 위해 확인하는 것 중 옳은 것은?

① 각 식품군의 식품이 고르게 배합되었는지 평가한다.
② 식품구입의 방법과 계절식품의 활용이 잘되었는지 검토한다.
③ 식단의 변화가 있는지 평가한다.
④ 인력의 안배와 기구 사용빈도의 균형이 잘 이루어졌는지 검토한다.
⑤ 각 식단에서 색, 맛, 질감 및 조리방법 등이 조화를 이루는지 평가한다.

45. 다음 설명에 해당하는 것은?

- 6가지 식품군 섭취를 통한 균형 잡힌 식사
- 충분한 수분섭취와 규칙적인 운동을 통해 건강체중 유지

① 식품수급표
② 식품교환표
③ 식생활지침
④ 식품구성자전거
⑤ 식사구성안

46. 식사구성안에서 식품의 1인 1회 분량으로 옳은 것은?

① 식빵 100g
② 버섯 50g
③ 달걀 60g
④ 콩나물 300g
⑤ 바나나 200g

47. 단체급식소가 일반음식점과 구별되는 가장 큰 특징은?

① 위생관리를 철저히 한다.
② 급식 기준이 정해져 있다.
③ 특정 다수인에게 계속적으로 식사를 제공한다.
④ 저렴한 가격으로 양질의 식사를 제공한다.
⑤ 능률적인 기기와 설비를 갖추고 있다.

48. 주조리장소의 작업공간 배치 시 가장 중요한 사항은?

① 최소의 경비를 들인다.
② 반복동선을 최소화한다.
③ 창을 충분히 확보하여 채광에 유의한다.
④ 배식수보다 식단을 가장 먼저 고려한다.
⑤ 작업에 관련하여 순서대로 기구를 배치한다.

49. 급식 조리시설의 내장 마감재료에 관한 설명으로 옳은 것은?

① 청소가 용이하고 습기에 약한 바닥재가 적합하다.
② 미끄러운 마감재가 바닥재로 적합하다.
③ 기름기나 음식오물이 잘 스며드는 것이 좋다.
④ 산, 염기에 약한 것이 좋다.
⑤ 벽은 내구성이 높고 흠이 없어야 좋다.

50. 주방의 면적을 결정하는 요인은?

① 요리의 종류
② 급식인원
③ 작업조건
④ 배선방법
⑤ 배식 인원수

51. 최고경영층이 가장 많이 필요로 하는 경영능력은?

① 인간관계 관리능력
② 구매관리 능력
③ 개념적 능력
④ 기술적 능력
⑤ 직능적 관리능력

52. 위탁급식업체가 세분시장 중 병원급식만을 특화하여 운영하고자 할 때의 마케팅 전략은?

① 관계 마케팅
② 차별적 마케팅
③ MOT 마케팅
④ 비차별적 마케팅
⑤ 집중적 마케팅

53. OJT에 대한 설명으로 옳은 것은?

① 훈련과 생산이 직결되어 있지 않다.
② 장소 이동의 필요성이 있다.
③ 비경제적이다.
④ 많은 종업원에게 일관된 훈련을 시킬 수 있다.
⑤ 각 개인에게 가장 적당한 지도를 할 수 있다.

54. 작업관리를 수행하면서 개선해 나가는 단계로 가장 옳은 것은?

가. 결과 평가
나. 실 시
다. 문제 발견
라. 현상분석, 중요도 발견
마. 개선안 수립

① 가 − 나 − 다 − 라 − 마
② 가 − 다 − 라 − 마 − 나
③ 다 − 라 − 마 − 나 − 가
④ 다 − 마 − 나 − 가 − 라
⑤ 라 − 다 − 마 − 나 − 가

55. 동일한 업무에 대해 동일한 임금을 지급하는 임금 체계는?

① 직능급
② 직무급
③ 연공급
④ 성과급
⑤ 시간급

56. 직원을 보살펴 주는 리더로 인간존중을 바탕으로 하는 리더십은?

① 독재형 리더십　② 민주형 리더십
③ 참여형 리더십　④ 온정형 리더십
⑤ 섬기는 리더십

57. 다음 보기에 설명된 경영관리 기법으로 옳은 것은?

> • 품질관리를 통제 중심이 아닌 관리로 확대하여 전 직원이 참여하는 품질관리
> • 제품이나 서비스의 품질뿐만 아니라 경영과 업무, 직장환경, 조직구성원의 자질까지도 품질개념에 넣어 관리

① 품질관리　　　② 통계적 품질관리
③ 종합적 품질관리　④ 종합적 품질경영
⑤ 6시그마

58. 사기조사(Morale Survey) 방법 중 태도조사 방법으로 옳은 것은?

① 노동이동률에 의한 측정
② 1인당 생산량에 의한 측정
③ 결근율에 의한 측정
④ 사고율에 의한 측정
⑤ 질문서법

59. 최근 경영조직이 확대됨에 따라 더욱 중요시된 것으로 상층관리자의 권한을 부하에게 맡김으로써 운영을 좀 더 효율화하고자 하는 경영조직의 원칙은?

① 권한위임의 원칙
② 계층단축화의 원칙
③ 명령일원화의 원칙
④ 조정의 원칙
⑤ 기능화의 원칙

60. 경영관리에 있어 직무수행에 동등하게 수반되어야 하는 3가지 요소를 바르게 나열한 것은?

① 책임 － 권한 － 의무
② 권한 － 의무 － 권력
③ 의무 － 책임 － 신분
④ 책임 － 권력 － 신분
⑤ 권한 － 신분 － 의무

61. 단체급식 영양사가 7월 16일 금요일 점심으로 제공할 음식을 당일 오전 11시에 보존식 용기에 넣어 －18℃에서 보관하였다. 이 보존식의 최초 폐기가 가능한 시점은?

① 7월 19일 월요일 오후 11시
② 7월 20일 화요일 오전 11시
③ 7월 21일 수요일 오후 11시
④ 7월 22일 목요일 오전 11시
⑤ 7월 23일 금요일 오전 11시

62. 공동조리장에서 음식을 대량생산한 후 인근의 단체급식소로 운송하여 배식하는 급식체계는?

① 중앙공급식 급식체계
② 조리저장식 급식체계
③ 조합식 급식체계
④ 전통적 급식체계
⑤ 분산식 급식체계

63. 생산관리 측면에서 고려해야 할 점으로 옳지 않은 것은?

① 조리 시의 손실
② 1인분 양 조절 배분
③ 식단의 원가 분석
④ 조리온도 및 시간조절
⑤ 식품취급 시의 손실

64. 집단급식소에서 기본적인 통제수단이며, 외부적으로는 영양교육의 도구로 활용 가능한 것은?

① 식품교환표
② 발주표
③ 식단표
④ 표준레시피
⑤ 식품구성표

65. 식품의 구매 물량이 많고 다량으로 구입할 때 품질이 좋고 가격을 저렴하게 구입할 수 있는 계약방법은?

① 소매상회에서 원가 구매
② 지명경쟁입찰
③ 일반공개입찰
④ 도매상회에서의 원가 구매
⑤ 제한경쟁입찰

66. 발주량 산출 방법이 옳은 것은?

① 1인분당 중량÷가식부율×예상식수
② 1인분당 중량×출고계수×100×예상식수
③ 1인분당 중량÷폐기율×100×예상식수
④ 1인분당 중량÷(100－폐기율)×100×예상식수
⑤ 1인분당 중량×가식부율×예상식수

67. 발췌검사법에 대한 설명으로 옳지 않은 것은?

① 생산자에게 품질 향상의 의욕을 자극하고자 하는 데 효과적이다.
② 납품된 물품 중 일부를 골라 조사하는 것이다.
③ 대량구입 품목의 검사에 사용한다.
④ 검사항목이 많은 경우 시료 일부를 뽑아 조사하는 것이다.
⑤ 검사항목을 간략하게 하기 위한 방법이다.

68. 재고자산의 평가법 중 먼저 들어온 품목이 후에 입고된 새로운 품목보다 먼저 사용된다는 재고회전원리에 기초를 두고 있는 것은?

① 실제구매가법
② 총평균법
③ 선입선출법
④ 후입선출법
⑤ 최종구매가법

69. 음식별로 준비를 해 놓은 후 급식자가 메뉴를 선택하고 그 선택한 것에 대한 금액을 지불하는 급식방법으로 옳은 것은?

① 따블 도우떼
② 알라 카르테
③ 부분식 급식
④ 카페테리아
⑤ 뷔 페

70. 직무의 특성, 자격요건, 선발기준 등을 파악하기 위해 실시하는 것은?

① 직무순환
② 직무분석
③ 인사고과
④ 직무설계
⑤ 직무평가

71. 급식시설에서 일반작업구역에 해당하는 것은?

① 식기보관구역
② 검수구역
③ 식품절단구역(가열·소독 후)
④ 정량 및 배선구역
⑤ 조리구역

72. 과업의 수적 증가, 다양성 증가를 보이는 직무설계법은?

① 직무 단순
② 직무 순환
③ 직무 확대
④ 직무 교차
⑤ 직무 충실

73. 종업원의 호의적, 비호의적 인상이 고과내용의 모든 항목에 영향을 주는 오류는?

① 중심화 경향
② 관대화 경향
③ 대비오차
④ 논리오차
⑤ 현혹효과

74. 급식소 운영의 원가 3요소 중 경비에 해당하는 것은?

① 수도광열비
② 상여금
③ 복리후생비
④ 식재료비
⑤ 임 금

75. 한 달 동안의 제공 식수가 10,000식인 급식소는 식재료비 2,000만원, 인건비 1,000만원, 경비 500만원이 지출된다. 이 급식소의 1식당 원가는?

① 3,500원
② 3,700원
③ 4,000원
④ 4,200원
⑤ 4,500원

76. 자본 2억 원, 부채 5천만 원인 경우 자산은?

① 5천만 원
② 1억 5천만 원
③ 2억 원
④ 2억 5천만 원
⑤ 3억 원

77. 채소와 과일을 세척하는 데 적합한 세제는?

① 1종 세척제
② 2종 세척제
③ 3종 세척제
④ 용해성 세제
⑤ 연마성 세제

78. 원인식품과 그 독성분의 연결이 옳은 것은?

① 수수 – 시구아테린
② 복어 – 테트라민
③ 청매 – 프타퀼로시드
④ 고사리 – 듀린
⑤ 독보리 – 테뮬린

79. 최근 소, 돼지 등의 가축이나 가금류뿐 아니라 사람에게도 감염되며, 수막염과 패혈증을 수반하는 경우가 많고 임신부에게는 자궁 내 염증을 유발하여 태아사망을 초래하는 인수공통감염병은?

① 장티푸스
② 콜레라
③ 부르셀라증
④ 리스테리아증
⑤ 결 핵

80. 실험동물 수명의 1/10 정도(흰쥐 1~3개월)의 기간에 걸쳐 화학물질을 경구투여하여 증상을 관찰하고 여러 가지 검사를 행하는 독성시험은?

① 점안 독성시험
② 경피 독성시험
③ 만성 독성시험
④ 아급성 독성시험
⑤ 급성 독성시험

81. 역성비누의 설명으로 옳은 것은?

① 소독력이 강하나 살균력이 없다.
② 사급암모늄염, 염화벤잘코늄 등이 사용된다.
③ 주로 락스라는 이름으로 많이 사용된다.
④ 양성비누와 함께 사용하면 효과가 증가한다.
⑤ 유기물이 많은 곳에 사용하면 효과가 좋다.

82. 다음 중 차아염소산나트륨의 사용 용도로 적절한 것은?

① 밀가루의 표백
② 식기 등의 소독
③ 과실의 피막제
④ 육류의 발색제
⑤ 치즈, 버터 등의 보존제

83. 동결 저항성이 강하여 냉동식품의 분변오염 지표균으로 이용되는 것은?

① Yersinia enterocolitica
② Pseudomonas aeruginosa
③ Clostridium botulinum
④ Enterococcus faecalis
⑤ Proteus vulgaris

84. 장염비브리오 식중독에 관한 설명 중 옳은 것은?

① 원인균은 열에 대한 적응력이 강하다.
② 3~5월에 가장 많이 발생한다.
③ 독소형으로 치사율이 높다.
④ 여름철 어패류를 생식하는 경우 발생되기 쉽다.
⑤ 원인균은 A~F의 6형으로 분류되는데 중요한 것은 A형이다.

85. 용혈성요독증후군을 베로톡신(Verotoxin)을 생성하는 식중독균은?

① Vibrio parahaemolyticus
② Escherichia coli O-157균
③ Salmonella typhimurium
④ Campylobacter jejuni
⑤ Yersinia enterocolitica

86. 다음 중 독소형 식중독균은?

① Salmonella typhimurium
② Staphylococcus aureus
③ Campylobacter jejuni
④ Yersinia enterocolitica
⑤ Vibrio parahaemolyticus

87. 식인성 질환의 내인성 인자로 옳은 것은?

① 복어독
② 유해감미료
③ 잔류농약
④ PCB
⑤ 기생충

88. 위장장애 증상을 일으키는 독버섯은?

① 알광대버섯
② 마귀곰보버섯
③ 화경버섯
④ 독우산광대버섯
⑤ 미치광이버섯

89. 식물성 자연독 중 수수의 독으로 옳은 것은?

① 테물린(Temuline)
② 아트로핀(Atropine)
③ 듀린(Dhurrin)
④ 리신(Ricin)
⑤ 사포닌(Saponin)

90. 어패류를 통해 감염되는 기생충으로 가장 옳은 것은?

① 광절열두조충
② 십이지장충
③ 이질아메바
④ 무구조충
⑤ 톡소포자충

91. HACCP 12절차 중 제일 먼저 해야 하는 것은?

① 해썹팀 구성
② 제품설명서 작성
③ 용도 확인
④ 공정흐름도 작성
⑤ 공정흐름도 현장확인

92. 「식품위생법」상 병든 동물의 고기를 식품으로 판매할 수 있는 경우에 해당하는 질병은?

① 리스테리아병   ② 살모넬라병
③ 파스튜렐라병   ④ 제1위비장염
⑤ 선모충증

93. 「식품위생법」상 식품의 정의는?

① 모든 음식물을 말한다.
② 모든 음식물과 첨가물을 말한다.
③ 모든 음식물과 첨가물, 화학적 합성품을 말한다.
④ 의약품으로 섭취하는 것을 제외한 모든 음식물을 말한다.
⑤ 화학적 합성품을 제외한 모든 음식물이다.

94. 「식품위생법」상 식품 등의 공전을 작성·보급하여야 하는 자는?

① 보건복지부장관
② 보건소장
③ 시·도지사
④ 시장·군수·구청장
⑤ 식품의약품안전처장

95. 「식품위생법」상 식품위생법상 집단급식소의 모범업소 지정기준으로 옳은 것은?

① HACCP 적용업소로 인증이 필요하지는 않다.
② 최근 1년간 식중독이 발생하지 않아야 한다.
③ 위생사를 두어야 한다.
④ 조리사 및 영양사를 두어야 한다.
⑤ 휴게음식점이 갖추어야 하는 기준을 모두 갖추어야 한다.

96. 「식품위생법」상 집단급식소를 설치·운영하려는 자는 누구에게 신고하여야 하는가?

① 보건복지부장관
② 환경부장관
③ 식품의약품안전처장
④ 시·도지사
⑤ 특별자치시장·특별자치도지사·시장·군수·구청장

97. 「학교급식법」상 환기·방습이 용이하며, 방충 및 쥐막기 시설을 갖추어야 하는 곳은?

① 식품보관실
② 조리장
③ 급식관리실
④ 편의시설
⑤ 식 당

98. 「국민건강증진법」상 보건복지부장관은 국민건강 증진종합계획을 몇 년마다 수립하여야 하는가?

① 1년

② 2년

③ 3년

④ 5년

⑤ 10년

99. 「국민영양관리법」상 영양정책에 활용할 수 있도록 영양에 관한 통계 및 정보를 수집 · 관리하는 자는?

① 질병관리청장

② 식품의약품안전처장

③ 보건소장

④ 시 · 도지사

⑤ 시장 · 군수 · 구청장

100. 「농수산물의 원산지 표시에 관한 법률」상 배추김치의 원산지 표시를 해야 하는 원료는?

① 마늘, 생강

② 생강, 무

③ 배추, 젓갈

④ 배추, 고춧가루

⑤ 배추, 마늘

실제시험보기
2회

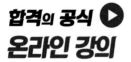

1과목 | 영양학 및 생화학

01. 다음 중 포도당의 기능으로 옳은 것은?

① 뇌의 주 에너지원이다.
② 단백질이 에너지원으로 이용되는 것을 촉진한다.
③ 정상인의 혈당을 약 1%로 유지해준다.
④ 자당보다 감미도가 높아 좋은 감미료로 쓰인다.
⑤ 섬유소의 흡수를 막는 단점이 있다.

02. 아침 식사를 거른 수험생이 아침 대용으로 섭취하면 좋은 식품으로 옳은 것은?

① 커 피
② 포도주스
③ 삼겹살
④ 초콜릿
⑤ 탄산음료

03. 다음 중 불용성 식이섬유로 옳은 것은?

① 펙 틴
② 검
③ 해조다당류
④ 셀룰로오스
⑤ 뮤실리지

04. 탄수화물 흡수에 대한 설명으로 옳은 것은?

① 오탄당은 육탄당보다 빠르게 흡수된다.
② 단당류는 소장의 림프관으로 흡수된다.
③ 포도당은 운반체를 통해 흡수된다.
④ 갈락토스는 단순확산에 의해 흡수된다.
⑤ 과당은 능동수송에 의해 흡수된다.

05. 다음 설명에 해당하는 무기질은?

- 당질 대사 및 면역기능에 관여한다.
- 생체 내 여러 호르몬의 구성성분이다.
- 결핍 시 성장장애 및 미각 감퇴가 발생한다.

① 요오드
② 구 리
③ 아 연
④ 철
⑤ 불 소

06. TCA회로에서 아세틸 CoA와 결합하여 시트르산을 합성하는 물질은?

① 알파 – 케토글루타르산
② 숙신산
③ 말 산
④ 옥살로아세트산
⑤ 푸마르산

07. 다음 중 중성지방의 설명으로 옳은 것은?

① 호르몬과 담즙산의 전구체
② 지방의 유화작용
③ 세포막을 구성하는 주요성분
④ 영양적 의의는 없음
⑤ 지용성 비타민의 흡수 촉진

08. 인슐린의 작용으로 옳은 것은?

① 포도당 산화 억제
② 케톤체 합성 촉진
③ 지방 합성 억제
④ 당신생 촉진
⑤ 글리코겐 합성 촉진

09. 「2020 한국인 영양소 섭취기준」에서 수유부에게 추가 섭취를 권장하는 영양소는?

① 비타민 A   ② 비타민 D
③ 비타민 K   ④ 인
⑤ 철

10. 콜레스테롤의 비율이 가장 높은 지단백질은?

① 킬로미크론(chylomicron)
② 초저밀도지단백질(VLDL)
③ 중간밀도지단백질(IDL)
④ 저밀도지단백질(LDL)
⑤ 고밀도지단백질(HDL)

11. 케톤증(Ketosis)을 일으키는 것으로 옳은 것은?

① Pyruvic Acid
② Oleic Acid
③ Acetone
④ Cephalin
⑤ Amino Acid

12. 단백질 오리제닌(Oryzenin)으로 이루어진 식품은?

① 밀   ② 보 리
③ 대 두   ④ 쌀
⑤ 옥수수

13. 세룰로플라스민, 슈퍼옥사이드 디스뮤타아제(SOD)의 구성성분이며, 대사이상 시 윌슨병을 유발할 수 있는 무기질은?

① 칼 륨
② 구 리
③ 망 간
④ 셀레늄
⑤ 마그네슘

14. 다음 중 생물가가 높은 순으로 정리된 것은?

① 달걀 > 우유 > 쌀 > 감자
② 달걀 > 우유 > 감자 > 쌀
③ 달걀 > 쌀 > 우유 > 감자
④ 달걀 > 쌀 > 감자 > 우유
⑤ 감자 > 달걀 > 우유 > 쌀

15. 다음 중 쌀의 제1제한아미노산으로 옳은 것은?

① 메티오닌(Methionine)
② 라이신(Lysine)
③ 프롤린(Proline)
④ 티로신(Tyrosine)
⑤ 글루탐산(Glutamic Acid)

16. 수유 횟수를 줄이고 끓인 보리차를 제공해야 하는 영아의 상태는?

① 아토피 피부염
② 설 사
③ 빈 혈
④ 우유병우식증
⑤ 황 달

17. 다음 중 페닐케톤뇨증 환자에게 섭취를 제한해야 하는 것으로 옳은 것은?

① 티로신
② 페닐알라닌
③ 시스타티오닌
④ 류 신
⑤ 케톤산

18. 수유부의 식생활에 대한 내용으로 옳은 것은?

① 차, 초콜릿 등으로 열량을 보충한다.
② 고지방, 고열량 식이를 한다.
③ 수분을 충분히 섭취한다.
④ 칼슘은 수유 후기에 들면서 섭취량을 늘린다.
⑤ 알코올은 섭취해도 된다.

19. 신체 구성물질 중 기초대사량에 영향을 주는 요소로 가장 적절한 것은?

① 피하지방의 양   ② 골격의 양
③ 혈액의 양   ④ 수분의 양
⑤ 근육의 양

20. 철수는 24시간 동안에 탄수화물 200g, 단백질 80g, 그리고 지방 50g을 섭취한다. 1일 생리적 열량가는 얼마인가?

① 2,000kcal   ② 1,570kcal
③ 1,750kcal   ④ 1,200kcal
⑤ 1,300kcal

21. 장기간 알코올을 다량 섭취한 사람에게 나타나는 변화는?

① 위산 분비가 감소한다.
② 간에서 중성지방 합성이 증가한다.
③ 소장에서 티아민 흡수가 증가한다.
④ 간에서 알부민 합성이 증가한다.
⑤ 혈중 HDL 콜레스테롤 수치가 증가한다.

22. 칼슘의 흡수 증진 요인으로 옳은 것은?

① 비타민 D, 비타민 C, 유당, 부갑상샘호르몬
② 비타민 D, 비타민 C, 고단백질, 고지방
③ 비타민 C, 수산, 유당, 고지방
④ 비타민 D, 비타민 C, 수산, 고단백질
⑤ 비타민 D, 비타민 C, 고탄수화물, 고지방

23. 혈색소의 양이 10g 이하인 빈혈 환자에게 철분제를 공급하였다. 철분제의 흡수율을 증진시키기 위해 같이 복용하면 좋은 식품은?

① 우 유
② 과일주스
③ 쌀
④ 간 유
⑤ 꿀 물

24. 헤파린의 구성성분이며, 해독작용과 산화 · 환원 작용을 하는 무기질은?

① 나트륨
② 칼 륨
③ 황
④ 구 리
⑤ 요오드

25. 세포외액의 주요이온이며, 혈액을 알칼리로 유지하는 무기질은?

① 인
② 염 소
③ 칼 륨
④ 칼 슘
⑤ 나트륨

26. 다음 중 1일 섭취상한량이 정해진 것으로 옳은 것은?

① 비타민 B_1
② 비타민 B_{12}
③ 비타민 C
④ 비타민 K
⑤ 칼 륨

27. NADH 1분자가 전자전달계로 들어가 생성하는 ATP의 수는?

① 0.5
② 1.0
③ 1.5
④ 2.0
⑤ 2.5

28. 지용성 비타민에 대한 설명으로 옳은 것은?

① 과잉섭취 시 소변으로 쉽게 배설된다.
② 독성의 위험이 없다.
③ 혈액 내에서 운반체 없이 이동한다.
④ 소화과정에 담즙이 필요하다.
⑤ 결핍증세가 급격히 나타난다.

29. 비타민 D_3가 $1,25-(OH)_2-D_3$로 전환되는 기관은?

① 위
② 췌 장
③ 쓸 개
④ 부 신
⑤ 콩 팥

30. 비타민과 결핍증을 짝지은 것으로 옳은 것은?

① 엽산 – 각기병
② 비타민 D – 괴혈병
③ 비타민 C – 구루병
④ 비타민 A – 구순구각염
⑤ 니아신 – 피부염, 설사

31. 결핍 시 용혈성 빈혈을 유발하는 비타민과 급원 식품의 연결이 옳은 것은?

① 리보플라빈 – 우유
② 엽산 – 시금치
③ 티아민 – 돼지고기
④ 피리독신 – 육류
⑤ 비타민 E – 식물성 기름

32. 다음 중 운동할 때 땀이 나는 이유로 옳은 것은?

① 대사량 증가
② 체온 조절
③ 피부 건조 방지
④ 체내 염분 조절
⑤ 면역력 증가

33. 아이가 유두를 빨면 뇌하수체 전엽에서 생성되어 모유 생성이 촉진되는 호르몬은?

① 인슐린
② 프로게스테론
③ 태반락토겐
④ 에스트로겐
⑤ 프로락틴

34. 십이지장벽에서 분비되어 담낭을 수축시켜 담즙을 분비하는 호르몬은?

① 콜레시스토키닌
② 가스트린
③ 엔테로가스트론
④ 소마토스타틴
⑤ 가스트린억제펩타이드

35. 임신기 입덧 증상을 완화하는 방법은?

① 식사 도중에 물을 자주 마신다.
② 기름에 볶거나 튀긴 음식을 먹는다.
③ 강한 향신료가 들어간 음식을 먹는다.
④ 음식을 소량씩 자주 먹는다.
⑤ 찬 음식보다는 더운 음식을 먹는다.

36. 에이코사노이드(eicosanoid)의 전구체가 되는 지방산은?

① 스테아르산
② 부티르산
③ 아라키돈산
④ 팔미트산
⑤ 올레산

37. 우유와 모유의 영양성분을 비교할 때 모유에 더 많이 함유되어 있는 영양성분으로 옳은 것은?

① 비타민 B_2
② 칼 슘
③ 타우린
④ 티로신
⑤ 단백질

38. 식사성 발열효과에 대한 설명으로 옳은 것은?

① 쌀밥의 식사성 발열효과는 섭취에너지의 50% 정도이다.
② 혼합식의 식사성 발열효과 값은 총 에너지 소비량의 30% 정도이다.
③ 식후 휴식 상태에서 필요한 에너지 소비량이다.
④ 탄수화물과 단백질의 식사성 발열효과 값이 똑같다.
⑤ 식품 섭취에 따른 영양소의 소화, 흡수, 대사에 필요한 에너지 소비량이다.

39. 유아가 식품알레르기 반응을 보일 때 우선적으로 적용해야 하는 식사관리 방법은?

① 증상이 사라질 때까지 금식시킨다.
② 생식품보다 가공식품을 제공한다.
③ 원인식품을 지속적으로 소량씩 먹여 적응시킨다.
④ 원인식품을 찾아 식단에서 제외한다.
⑤ 단백질식품의 섭취를 제한한다.

40. 청소년기의 신경성 식욕부진증에 대한 설명으로 옳은 것은?

① 월경 과다가 나타난다.
② 고혈압이 나타난다.
③ 신체 발달에 큰 지장을 초래하지 않는다.
④ 많은 양의 음식을 먹는 동안 섭취에 대한 통제를 하지 못한다.
⑤ 자신의 실제 모습이 말랐음에도 불구하고 살이 쪘다고 느낀다.

41. 여성 폐경 후 호르몬 변화로 발생위험이 증가하는 질환은?

① 빈 혈
② 심혈관계질환
③ 간 암
④ 만성신부전증
⑤ 위 암

42. 굶은 상태에서 일어나는 반응으로 옳은 것은?

① 글리코겐 분해
② 기초대사율 상승
③ 체단백 합성
④ 혈당 상승
⑤ 면역력 증가

43. 다음과 관련되는 지방산은?

- 성장촉진, 항피부병 인자
- 아라키돈산의 전구체

① 부티르산
② 팔미트산
③ 스테아르산
④ 올레산
⑤ 리놀레산

44. 순간적으로 짧은 시간에 에너지를 내는 것으로 역도선수나 투포환선수 같은 사람에게 공급하는 것은?

① 고지방
② 크레아틴인산
③ 젖 산
④ 글리코겐
⑤ 카르니틴

45. 비타민 C 보충제 과다섭취 시 나타날 수 있는 증상은?

① 간경변증
② 반사기능 장애
③ 고칼슘혈증
④ 신결석
⑤ 괴혈병

46. 다음 중 5탄당($C_5H_{10}O_5$) 물질은 어느 것인가?

① Galactose
② Erythrose
③ Glucose
④ Mannose
⑤ Ribose

47. 성인기보다 노인기에 더 섭취해야 하는 비타민은?

① 비타민 B_1
② 비타민 C
③ 비타민 D
④ 비타민 E
⑤ 비타민 K

48. 임신 중 프로게스테론의 역할은?

① 나트륨 배설을 감소시킨다.
② 위장운동을 촉진한다.
③ 지방 합성을 저하시킨다.
④ 자궁의 수축을 억제하고, 평활근을 이완시킨다.
⑤ 유방의 발달을 저하시킨다.

49. 중추신경계의 발달과정에서 영양상태가 가장 중요하게 작용하는 시기는?

① 출생 후 6개월까지
② 출생 후 1세까지
③ 출생 후 2세까지
④ 출생 후 3세까지
⑤ 출생 후 4세까지

50. 포도당-1-인산과 반응하여 글리코겐 합성에 관여하는 물질은?

① uridine triphosphate
② pyruvate kinase
③ glucokinase
④ cytidine triphosphate
⑤ guanosine

51. 킬로미크론이 합성되는 곳은?

① 간
② 림 프
③ 장점막
④ 이 자
⑤ 담 낭

52. 포도당이 해당과정(glycolysis)과 구연산회로 (citric acid cycle)를 통해 이산화탄소로 완전히 분해될 때, 구연산회로로 진입하는 분자형태는?

① 포도당 – 6 – 인산(glucose – 6 – phosphate)
② 피루브산(pyruvic acid)
③ 푸마르산(fumaric acid)
④ 숙시닐 – CoA(succinyl – CoA)
⑤ 아세틸 – CoA(acetyl – CoA)

53. 성인기 대사증후군 발생 위험을 높일 수 있는 체내 특성은?

① 소화력 감소
② 뇌의 기능 저하
③ 기초대사율 감소
④ 호흡기능 저하
⑤ 심장박동수 감소

54. 단백질 생합성 반응 순서를 바르게 나열한 것은?

> 가. 아미노산의 활성화(Activation)
> 나. 연장(Elongation)
> 다. 접힘과 처리 과정(Folding and Processing)
> 라. 폴리펩타이드 사슬의 합성 개시(Initiation)
> 마. 종결(Termination)

① 가 → 라 → 나 → 다 → 마
② 가 → 라 → 마 → 나 → 다
③ 가 → 라 → 나 → 마 → 다
④ 라 → 가 → 나 → 다 → 마
⑤ 라 → 가 → 나 → 마 → 다

55. 아세틸 CoA 또는 케톤체 합성에 탄소 골격을 제공하는 아미노산은?

① 알라닌
② 발 린
③ 아스파라긴
④ 류 신
⑤ 글루탐산

56. RNA의 구성성분으로만 묶인 것은?

① 데옥시리보스, 아데닌, 우라실
② 데옥시리보스, 시토신, 우라실
③ 리보스, 시토신, 우라실
④ 리보스, 구아닌, 티민
⑤ 리보스, 시토신, 티민

57. 퓨린 분해대사에서 최종 생성물은?

① 요산(Uric Acid)
② 요소(Urea)
③ 리파아제(Lipase)
④ 팔미트산(Palmitic Acid)
⑤ 오로트산(Orotic Acid)

58. 저개발국가에서 어린아이의 머리털이 탈색되고, 기운이 없으며, 지방간과 부종이 있을 때 옳은 내용은?

① 콜레스테롤을 제한한다.
② 요오드 섭취량을 증가시킨다.
③ 탈지분유와 고단백질을 섭취시킨다.
④ 탄수화물을 섭취시킨다.
⑤ 마라스무스의 증상이다.

59. 채식주의자들에게 가장 결여되기 쉬운 비타민은?

① 비타민 E ② 비타민 B_{12}
③ 엽 산 ④ 비타민 B_6
⑤ 비오틴

60. 조효소와 비타민의 연결이 옳은 것은?

① NAD – 리보플라빈
② CoA – 비타민 B_6
③ FAD – 니아신
④ TPP – 티아민
⑤ PLP – 판토텐산

2과목 | 영양교육, 식사요법 및 생리학

61. 영양표시제에 관한 설명으로 옳은 것은?

① 영양성분 표시와 건강정보 표시가 있다.
② 열량, 나트륨, 트랜스지방, 식이섬유는 의무표시대상에 속한다.
③ 1일 영양성분 기준치는 성인 남성의 1일 평균 섭취량이다.
④ 포화지방은 1일 영양성분 기준치에 대한 비율(%) 표시에서 제외된다.
⑤ 특수영양식품, 건강기능식품은 영양표시 대상에 해당한다.

62. 영양사가 건강신념모델을 이용하여 편식 아동에게 유제품 섭취 시 장점에 대한 교육을 하였다. 이때 적용한 구성요소는?

① 행위의 계기
② 자아효능감
③ 인지된 심각성
④ 인지된 민감성
⑤ 인지된 이익

63. 일반대중을 상대로 한 영양교육 방법 중 연사 혼자 발표하여 짧은 시간에 많은 지식과 정보를 제공할 수 있는 것은?

① 강연회
② 좌담회
③ 토론회
④ 연구회
⑤ 공청회

64. 지역사회 영양활동 과정 중 첫 번째 단계는?

① 평가계획
② 목적 설정
③ 지역사회 영양요구 진단
④ 지역사회 지침 및 기준 확인
⑤ 목적 달성을 위한 방법 선택

65. 참가자가 많을 때 제한된 시간 내에 전체의 의견을 수렴하는 집단지도의 토의 방법은?

① 분단식 토의법
② 두뇌 충격법
③ 공론식 토의법
④ 강연식 토의법
⑤ 6 · 6식 토의법

66. 주부들을 대상으로 집단 영양교육을 실시하고자 할 때 가장 효율적인 방법은?

① 견학(Field Trip)
② 조리실습
③ 동물 사육실험
④ 집단급식 지도
⑤ 역할 연기법(Role Playing)

67. 대사증후군을 진단받은 대상자가 여러 방법을 알아보던 중 보건소를 방문하여 10일 후에 시작하는 대사증후군 관리프로그램에 등록하였다. 이는 행동변화단계 중 어디에 속하는가?

① 고려 전 단계
② 고려 단계
③ 준비 단계
④ 행동 단계
⑤ 유지 단계

68. 전기가 없는 농촌 부락에서 적은 수의 어머니들을 대상으로 영양교육을 하고자 할 때 가장 적합한 교육의 보조자료는?

① 영 화
② 유인물
③ 융판그림(Flannel Graph)
④ 슬라이드
⑤ 소책자(Booklet)

69. 영양교육의 평가방법 중 과정평가에 해당하는 것은?

① 비용 대비 효과가 어느 정도인가
② 영양교육에 투입된 인력이 어느 정도인가
③ 대상자의 영양지식 수준이 향상되었는가
④ 교육내용이 계획한 내용과 일치하는가
⑤ 대상자의 건강 및 영양상태가 개선되었는가

70. 어느 농촌마을 식품섭취조사를 하는데 대상 주부들은 젊고 교육수준이 높다. 조사자는 인원제약을 받지 않고 개인별로 정확한 섭취량을 알고 싶을 때, 조사방법으로 가장 좋은 것은?

① 식품섭취 빈도조사
② 24시간 회상법
③ 식사기록법
④ 식품계정조사
⑤ 식품재고조사

71. 예전에는 여러 기관에서 나누어 실시하던 국민영양조사를 제4기 조사부터는 어디에서 통합 시행하고 있는가?

① 한국보건사회연구원
② 질병관리청
③ 보건복지부
④ 한국보건산업진흥원
⑤ 여성가족부

72. 프리시드-프로시드(PRECEDE-PROCEED) 모형에서 건강문제와 원인적으로 연결된 건강관련 행위와 요인을 분석하고 진단하는 단계는?

① 사회적 진단
② 역학적 진단
③ 환경적 진단
④ 행정 및 정책적 진단
⑤ 교육 및 생태학적 진단

73. 보건소 영양사의 업무로 옳은 것은?

① 구강검진을 실시한다.
② 식품위생감시원을 관리한다.
③ 당뇨병 환자의 복약을 지도한다.
④ 식품정책을 개발한다.
⑤ 비만 청소년을 위한 건강캠프를 운영한다.

74. 영희는 5살 여자 어린이로 김치를 먹지 못한다. 영희의 식습관에 가장 영향이 큰 요인은?

① 가정의 경제수준
② 영양교육, 지식수준
③ 대중매체, 광고
④ 부모님의 식습관
⑤ 지역의 시장구조

75. 입원 환자의 임상조사 결과 설염, 구각염, 구순염 증상이 나타났을 때 결핍이 예상되는 영양소는?

① 리보플라빈
② 아 연
③ 요오드
④ 인
⑤ 판토텐산

76. 입원 환자의 병태를 확인한 후 영양치료를 위해 시행하는 영양관리과정(NCP)의 단계는?

① 영양검색 → 영양판정 → 영양중재 → 영양모니터링 및 평가
② 영양검색 → 영양판정 → 영양진단 → 영양모니터링 및 평가
③ 영양중재 → 영양판정 → 영양모니터링 및 평가 → 영양진단
④ 영양판정 → 영양검색 → 영양중재 → 영양모니터링 및 평가
⑤ 영양판정 → 영양진단 → 영양중재 → 영양모니터링 및 평가

77. 초기 빈혈을 판정할 때 쓰이는 지표는?

① 페리틴
② 트랜스페린
③ 헤마토크리트
④ 헤모글로빈
⑤ 적혈구 프로토포르피린

78. 전구체의 형태로 분비된 후 활성화 단계를 거쳐 음식물이 있을 때만 작용하는 소화효소는?

① 포스포리파제
② 아미노펩티다아제
③ 락타아제
④ 펩 신
⑤ 말타아제

79. 식품교환표의 식품군 중 1교환단위당 열량(kcal)이 가장 높은 것은?

① 지방군
② 과일군
③ 곡류군
④ 어육류군(고지방)
⑤ 우유군(일반우유)

80. 소화성 궤양 환자의 식사요법은?

① 우유를 자주 공급한다.
② 단백질 섭취를 제한한다.
③ 식욕 촉진을 위해 자극성 있는 향신료를 사용한다.
④ 속쓰림 예방을 위해 취침 전에 간식을 제공한다.
⑤ 튀김이나 구이보다는 찜요리를 제공한다.

81. 급성장염 환자에게 제한해야 하는 식품은?

① 달걀찜
② 흰살생선
③ 보리차
④ 애호박나물
⑤ 우유

82. 췌장염과 같은 지방흡수불량 환자에게 공급해야 할 내용으로 옳은 것은?

① 급성기에는 1주일 정도 절식, 절음한다.
② 단백질과 지방의 공급은 줄인다.
③ 지용성 비타민 A, D, K는 공급하지 않는다.
④ 당질공급을 위해 커피, 탄산음료는 섭취해도 된다.
⑤ 지방은 흡수가 좋은 중쇄지방산을 공급한다.

83. 글루텐 과민성 장질환 환자가 섭취해도 되는 식품은?

① 수제비
② 호밀빵
③ 크림스프
④ 옥수수죽
⑤ 보리밥

84. 만성콩팥병(만성신부전) 환자에게 나타나는 현상은?

① 식욕 증가
② 혈중요소질소 감소
③ 알칼리혈증
④ 체액량 감소
⑤ 골형성장애

85. 담석증 환자의 식사요법은?

① 단백질이 많은 식사를 한다.
② 고열량 식사를 한다.
③ 당질이 적은 식사를 한다.
④ 지방이 적은 식사를 한다.
⑤ 섬유소가 적은 식사를 한다.

86. 25세 비만 여성이 체중 조절을 위해 평상시보다 하루에 600kcal 적게 섭취하고 있다. 1개월 후 이 환자는 어느 정도의 체중 감량이 되는가?

① 약 1.3kg
② 약 2.3kg
③ 약 3.3kg
④ 약 4.3kg
⑤ 약 5.3kg

87. 위장관 기능의 이상으로 장기간의 금식이 필요한 환자에게 적합한 영양지원 방법은?

① 유동식
② 연 식
③ 경관급식
④ 경구급식
⑤ 정맥영양

88. 고혈압 환자에게 제한해야 하는 식품은?

① 순살닭고기
② 숙주나물
③ 콩나물국
④ 자반고등어
⑤ 바나나

89. 혈중 농도 증가 시 관상동맥질환의 위험이 감소하는 혈중 지질은?

① IDL
② chylomicron
③ VLDL
④ LDL
⑤ HDL

90. 달걀 알레르기 증상이 있는 환자에게 허용되는 식품은?

① 요구르트
② 핫케이크
③ 마요네즈
④ 머 랭
⑤ 마카로니

91. 영양교사가 청소년기 여학생에게 섭취를 늘리도록 권유해야 하는 것으로 옳은 것은?

① 엽 산
② 철
③ 리보플라빈
④ 나트륨
⑤ 비타민 C

92. 결뇨기 때 급성신부전 환자의 수분 섭취량으로 옳은 것은?

① 전일 소변 배설량만큼이 적당하다.
② 전일 소변 배설량에 100mL 추가한 만큼이 적당하다.
③ 전일 소변 배설량에 300mL 추가한 만큼이 적당하다.
④ 전일 소변 배설량에 500mL 추가한 만큼이 적당하다.
⑤ 전일 소변 배설량에 1,200mL 추가한 만큼이 적당하다.

93. 감기 증상을 보인 어린이가 갑자기 부종, 혈뇨, 핍뇨 증상을 나타냈다. 식사요법으로 옳은 것은?

① 칼륨 함량이 높은 식품을 공급한다.
② 수분은 회복기에도 제한한다.
③ 열량은 제한한다.
④ 나트륨은 제한한다.
⑤ 단백질을 충분히 공급한다.

94. 투석을 하지 않는 만성신부전 환자의 식사요법은?

① 칼슘 섭취를 충분히 한다.
② 에너지 섭취를 제한한다.
③ 칼륨 섭취를 충분히 한다.
④ 단백질 섭취를 제한한다.
⑤ 인 섭취를 충분히 한다.

95. 역류성 식도염 환자에게 적합한 식품은?

① 쌀밥, 양배추찜, 애호박나물
② 쌀밥, 생선튀김, 초콜릿
③ 토스트, 커피, 토마토
④ 토스트, 삼겹살구이, 감귤주스
⑤ 샌드위치, 베이컨구이, 파인애플

96. 당뇨병 환자에게 권장하는 식사요법은?

① 수용성 식이섬유를 충분히 제공한다.
② 혈당지수가 높은 식품을 제공한다.
③ 단백질은 총에너지의 30% 이상을 권장한다.
④ 저혈당이 있는 경우 알코올을 섭취하도록 권장한다.
⑤ 단맛을 원하는 경우 인공감미료 대신 설탕을 사용한다.

97. 발열 시 대사작용의 변화에 대한 설명으로 옳은 것은?

① 체내 글리코겐 저장량이 증가한다.
② 단백질 대사속도가 감소한다.
③ 배설물과 발한량의 증가에 의한 수분 손실이 증가된다.
④ 나트륨, 칼륨의 배설이 감소한다.
⑤ 기초대사율이 감소한다.

98. 갈락토스혈증 환자에게 엄격하게 제한해야 하는 식품은?

① 우 유
② 두 유
③ 물
④ 달 걀
⑤ 고등어

99. 통풍 환자의 식사요법은?

① 나트륨 제한
② 칼슘 제한
③ 수분 제한
④ 알칼리성 식품 제한
⑤ 고퓨린 식품 섭취

100. 악성종양의 특성으로 옳은 것은?

① 세포 성장이 느리다.
② 세포에 피막이 있다.
③ 수술 후 재발 가능성이 없다.
④ 다른 장기로 쉽게 전이된다.
⑤ 성장하는 범위가 한정적이다.

101. 복수를 동반한 간성혼수 환자에게 적절한 식사요법은?

① 고단백질식
② 저나트륨식
③ 고지방식
④ 열량제한식
⑤ 저섬유소식

102. 맑은 유동식으로 제공할 수 있는 식품은?

① 미숫가루
② 토마토주스
③ 양송이수프
④ 두 유
⑤ 옥수수차

103. 암 환자에게 일어나는 현상은?

① 당신생 저하
② 대사기능 저하
③ 인슐린 저항 증가
④ 체지방 증가
⑤ 근육단백질 합성 증가

104. 고열이 나고 설사를 하는 환자에게 우선적으로 공급해야 하는 것으로 옳은 것은?

① 단백질   ② 지 방
③ 수 분   ④ 당 질
⑤ 비타민

105. 케톤식 식사요법을 해야 하는 사람은?

① 뇌종양 환자
② 뇌전증 환자
③ 지방간 환자
④ 뇌경색 환자
⑤ 뇌출혈 환자

106. 요요현상에 대한 설명으로 옳은 것은?

① 기초대사량이 감소된다.
② 체지방량이 감소된다.
③ 근육량이 증가된다.
④ 백색지방 세포가 많으면 요요현상이 늦게 온다.
⑤ 갈색지방 세포가 많으면 요요현상이 빨리 온다.

107. 다음 중 시상하부에 존재하는 중추는?

① 호흡중추
② 심장중추
③ 혈관운동중추
④ 구토중추
⑤ 포만중추

108. 철결핍성 빈혈이 있는 학생에게 권장할 수 있는 식품은?

① 광 어
② 통밀빵
③ 소 간
④ 닭고기
⑤ 요구르트

109. 혈액 응고에 관여하는 인자는?

① 히스타민
② 사이토카인
③ 림포카인
④ 인터페론
⑤ 트롬보키나아제

110. 대한비만학회에서 제시한 성인의 정상체중 체질량지수(BMI)는?

① 18.5 미만
② 18.5 ~ 23 미만
③ 23 ~ 25 미만
④ 25 ~ 30 미만
⑤ 30 이상

111. 당뇨병 환자의 혈당 관리를 위한 식사요법은?

① 수용성 식이섬유 섭취 권장하기
② 포화지방산 섭취 권장하기
③ 정제된 곡류 섭취 권장하기
④ 인공감미료 사용 금지하기
⑤ 당지수 높은 식품 섭취 권장하기

112. 폐포 내에서 O_2와 CO_2가 교환되는 기전은?

① 폐포 내 모세혈관의 수축작용에 의해 CO_2가 추출된다.
② 기관지의 수축에 의하여 CO_2가 혈액 속으로 유입된다.
③ O_2와 CO_2의 분압차에 의해 확산이 일어나서 교환된다.
④ 폐포의 기계적 자극에 의해 교환된다.
⑤ 기도의 섬모작용에 의해 교환된다.

113. 호흡계수가 1.0에 가까운 것은?

① 단백질
② 지 방
③ 탄수화물
④ 무기질
⑤ 비타민

114. 고중성지방혈증 환자의 식사요법은?

① 포화지방산 섭취 권장하기
② 고열량 섭취 권장하기
③ 섬유소 섭취 제한하기
④ 단백질 섭취 제한하기
⑤ n-3 지방산 섭취 권장하기

115. 임신당뇨병에 대한 설명으로 옳은 것은?

① 기존 당뇨병 환자가 임신한 경우도 해당된다.
② 저체중아 출산의 주요 원인이다.
③ 다음번 임신에서 임신당뇨병의 재발 가능성이 낮다.
④ 분만 후 정상으로 회복되지만 당뇨병이 재발할 수 있다.
⑤ 인슐린에 대한 민감도가 상승한다.

116. 지방의 분해에 관여하는 효소로 옳은 것은?

① Pepsin
② Trypsin
③ Lipase
④ Amylase
⑤ Maltase

117. 화상 환자에게 충분히 공급해야 하는 영양소는?

① 철분, 비타민 D
② 마그네슘, 비타민 B$_1$
③ 칼슘, 비타민 E
④ 칼륨, 비타민 B$_2$
⑤ 아연, 비타민 C

118. 갑상샘호르몬 부족 혹은 과다에 의해 야기되는 것은?

① 갑상샘호르몬의 과다 분비는 기초대사를 높이고 체중을 감소시킨다.
② 갑상샘호르몬의 과다 분비는 체온을 저하시키고 맥압 상승을 유도한다.
③ 어린이에게 갑상샘호르몬의 저하는 성장호르몬 분비를 저하시켜 비만을 유도한다.
④ 갑상샘호르몬의 분비 저하는 심박출량을 증가시키고 혈당 증가를 유도한다.
⑤ 갑상샘호르몬의 분비 저하는 프로락틴의 작용을 저하시키고 유즙분비를 억제시킨다.

119. 과량 투여 시 쿠싱증후군을 유발할 수 있는 호르몬의 명칭으로 옳은 것은?

① 당질코르티코이드(Glucocorticoid)
② 멜라토닌(Melatonin)
③ 티록신(Thyroxine)
④ 노르에피네프린(Norepinephrine)
⑤ 옥시토신(Oxytocin)

120. 폐순환의 순서는?

① 좌심방 → 좌심실 → 대정맥 → 동맥 → 우심방
② 우심방 → 우심실 → 동맥 → 대정맥 → 좌심방
③ 우심실 → 대동맥 → 정맥 → 대정맥 → 좌심방
④ 우심실 → 폐동맥 → 폐 → 폐정맥 → 좌심방
⑤ 우심방 → 우심실 → 대정맥 → 대동맥 → 좌심방

1과목 | 식품학 및 조리원리

01. 전자레인지 조리의 특성으로 옳은 것은?

① 비효소적 갈변반응이 쉽게 일어난다.
② 데우기 등 가열 시 편리하다.
③ 식품의 중량이 증가한다.
④ 금속용기를 사용하면 조리시간이 짧아진다.
⑤ 열효율이 좋지 않아 조리시간이 길다.

02. 냉동육 표면의 온도 측정에 적합한 온도계는?

① 알코올 온도계
② 바이메탈 온도계
③ 수은 온도계
④ 적외선 온도계
⑤ 탐침 온도계

03. 설탕을 단맛의 표준물질로 삼는 가장 큰 이유는?

① 설탕에 대해 기호도가 높기 때문
② 가장 쉽게 구할 수 있는 당류이기 때문
③ 단맛이 가장 강하기 때문
④ 이성질체가 없기 때문
⑤ 용해도가 크기 때문

04. 산란일이 오래된 달걀일수록 기실이 커지는 이유는?

① 지방이 산화되어서
② 단백질이 분해되어서
③ 알끈의 탄력이 약해져서
④ 수분 증발과 이산화탄소의 배출로 인하여
⑤ 난백의 pH가 낮아져서

05. 마이야르(Maillard) 반응에 대한 설명으로 옳은 것은?

① 효소에 의한 갈색화 반응이다.
② 아미노기와 카르보닐기에 의한 갈색화 반응이기 때문에 아미노카르보닐 반응이라 부른다.
③ 당류를 가열하여 녹인 후, 온도를 더 올리면 점조한 갈색물질이 생기는 현상을 말한다.
④ 탈탄산효소 작용에 의해 아미노산에서 카복실기가 제거되는 반응이다.
⑤ 다당류를 당화효소 또는 산의 작용으로 가수분해하여 감미가 있는 당으로 바꾸는 반응이다.

06. 동물성 기름에 많이 함유된 필수지방산으로 옳은 것은?

① Stearic Acid
② Oleic Acid
③ Arachidonic Acid
④ Linolenic Acid
⑤ Linoleic Acid

07. 다음 중 레시틴에 대한 설명으로 옳은 것은?

① 아세톤에 녹는다.
② 유화제로 사용된다.
③ 뜨거운 알코올에 녹지 않는다.
④ 분자 중에 소수성인 콜린기를 가지고 있다.
⑤ 글리세롤, 지방산, 인산, 에탄올아민으로 구성되어 있다.

08. 다음 중 유화제에 대한 설명으로 옳은 것은?

① 유중수적형(W/O)의 예로는 마요네즈, 마가린, 버터 등이 있다.
② 친수성기와 소수성기를 모두 가지고 있는 지방질이다.
③ 난백에 함유되어 있는 레시틴은 극성이 강하여 유화력이 우수한 당지질이다.
④ 기름 속에 물이 분산되어 있는 유화형태를 수중유적형(O/W)이라고 한다.
⑤ 물속에 기름 입자가 분산되어 있는 것을 유중수적형이라 한다.

09. 변성단백질의 특징으로 옳은 것은?

① 용해도 증가
② 생물학적 기능 상실
③ 반응성 감소
④ 점도 감소
⑤ 분해효소에 의한 분해가 어려움

10. 갈락토스를 구성성분으로 하는 복합지질은?

① Lecithin
② Cephalin
③ Sphingomyelin
④ Sterol
⑤ Cerebroside

11. 식혜나 엿을 만들 때 사용되는 엿기름의 원료는?

① 보 리
② 수 수
③ 쌀
④ 호 밀
⑤ 율 무

12. 다음 중 Aspergillus oryzae가 사용되는 것은?

① 탁주 제조
② 과즙 청정
③ 청주 제조
④ 청국장 제조
⑤ 요구르트 제조

13. 다음 중 주류 발효효모와 식품으로 옳은 것은?

① 포도주 - Saccharomyces sake
② 홍주 - Saccharomyces ellipsoideus
③ 막걸리 - Pediococcus acidilactici
④ 청주 - Saccharomyces pastorianus
⑤ 맥주 - Saccharomyces cerevisiae

14. 조리용 계량기구의 용량으로 옳은 것은?

① 1컵 = 100mL
② 1컵 = 약 10술
③ 1큰술 = 15mL
④ 1큰술 = 4작은술
⑤ 1작은술 = 10mL

15. 내삼투압성 효모로 간장에 독특한 향미를 내는 것은?

① Candida utilis
② Saccharomyces diastaticus
③ Saccharomyces mellis
④ Saccharomyces rouxii
⑤ Saccharomyces cerevisiae

16. 아미노산의 구조와 성질의 연결로 옳은 것은?

① 글리신 : 부제탄소가 없는 아미노산
② 아르기닌 : 산성 아미노산
③ 시스테인 : 방향족 아미노산
④ 글루탐산 : 중성 아미노산
⑤ 알라닌 : 함황 아미노산

17. 수분활성도에 대한 설명으로 옳은 것은?

① 식품의 수분활성도는 항상 1 이상이다.
② 효모의 생육 최저 수분활성도는 0.60이다.
③ 임의 온도에서 식품이 나타내는 수증기압에 100을 곱한 값이다.
④ 곰팡이의 생육 최저 수분활성도는 0.90이다.
⑤ 수분활성도는 용질의 몰수가 높을수록 감소한다.

18. 감자의 갈변에 관여하는 주된 반응은?

① 티로시나아제 산화반응
② 캐러멜화반응
③ 마이야르반응
④ 아스코르브산 산화반응
⑤ 폴리페놀산화효소 산화반응

19. 과당(Fructose)이 포함되어 있지 않은 탄수화물은?

① Sucrose
② Raffinose
③ Stachyose
④ Inulin
⑤ Glycogen

20. 육류의 사후강직 중에 발생하는 현상은?

① 액토미오신이 생성되어 수축이 일어난다.
② 육류의 보수성이 좋아진다.
③ 인산과 ADP가 결합하여 ATP가 생성된다.
④ 육질이 연해진다.
⑤ 호기적 해당작용에 의한 육류의 pH가 상승한다.

21. 설탕을 160℃ 이상으로 가열 시 갈색물질을 생성하는 반응은?

① 마이야르 반응
② 폴리페놀옥시다아제 갈변반응
③ 비타민 C 산화에 의한 갈변반응
④ 티로시나아제 갈변반응
⑤ 캐러멜화 반응

22. 새우, 게를 삶으면 붉은 색으로 변하게 하는 원인 물질은?

① 안토시아닌
② 아스타신
③ 카로틴
④ 갈조소
⑤ 플라보노이드

23. 다음 중 호화에 대한 설명으로 옳은 것은?

① 전분입자가 작을수록 저온에서 호화가 잘 일어난다.
② 수분함량이 적을수록 저온에서 호화가 잘 일어난다.
③ 설탕을 50% 첨가하면 호화가 지연된다.
④ 전분에 산을 첨가하면 호화가 잘 일어난다.
⑤ 지방은 전분의 호화를 촉진한다.

24. 전분의 겔화를 이용한 식품은?

① 누룽지
② 식 혜
③ 고추장
④ 미숫가루
⑤ 도토리묵

25. 밀가루를 반죽할 때 함께 넣는 물질 중에서 글루텐을 가장 크게 약화시키는 것은?

① 설 탕
② 달 걀
③ 소 금
④ 우 유
⑤ 버 터

26. 덜 익은 감에 들어 있는 떫은맛 성분은?

① 시부올(Shibuol)
② 엘라그산(Ellagic Acid)
③ 알리신(Allicin)
④ 진저론(Zingerone)
⑤ 테타닌(Theanine)

27. 유지가 잘 산패되는 경우는?

① 헤마틴 화합물이 제거된 경우
② 수분활성도(A_w)가 0.2~0.3을 유지하는 경우
③ 자외선이 차단된 경우
④ 구리 등 중금속이 존재할 경우
⑤ 공기와의 접촉이 차단된 경우

28. 흑겨자의 시니그린이 미로시나아제에 의해 생성된 매운맛 성분은?

① 진저론
② 황화아릴
③ 알리티아민
④ 알릴이소티오시아네이트
⑤ 다이메틸설파이드

29. 바삭한 튀김을 만드는 방법으로 가장 옳은 것은?

① 100℃ 이상의 뜨거운 물로 반죽을 한다.
② 한 번에 많은 양을 넣고 튀긴다.
③ 밀가루를 숙성시킨다.
④ 2%의 식소다를 첨가한다.
⑤ 박력분을 사용한다.

30. 아밀로오스에 대한 설명으로 옳은 것은?

① 포도당의 $\alpha-1,4$ 글리코시드 결합으로 구성되어 있다.
② 나뭇가지형 구조이다.
③ 요오드 반응에서 적자색을 나타낸다.
④ 찰옥수수는 아밀로오스만으로 구성되어 있다.
⑤ 용해도가 낮다.

31. 유지의 용도와 적합한 유지 종류를 연결한 것 중 옳은 것은?

① 식탁용 – 버터, 쇼트닝
② 볶음용 – 대두유, 라드
③ 튀김용 – 대두유, 채종유
④ 샐러드용 – 라드, 올리브유
⑤ 풍미용 – 참기름, 옥수수유

32. 염류에 의해 변성된 단백질 식품은?

① 묵
② 요구르트
③ 곤 약
④ 두 부
⑤ 삶은 달걀

33. 떫은 감이 연시로 숙성될 때 성분의 변화로 옳은 것은?

① 전분 함량이 증가한다.
② 프로토펙틴 함량이 감소한다.
③ 과당 함량이 감소한다.
④ 클로로필 함량이 증가한다.
⑤ 타닌 함량이 증가한다.

34. 편육을 끓는 물에 삶아내는 이유는?

① 육질을 단단하게 하기 위해
② 지방 용출을 적게 하기 위해
③ 근육 내의 수용성 추출물의 손실을 방지하기 위해
④ 고기 모양을 보존하기 위해
⑤ 고기 냄새를 없애기 위해

35. 점성다당류 중 미역에 많이 함유된 것은?

① 알긴산
② 키 틴
③ 한 천
④ 이눌린
⑤ 카라기난

36. 동물의 피부, 뼈, 치아, 연골 등의 결합조직을 구성하는 섬유상 단백질은?

① 히스톤
② 콜라겐
③ 오리제닌
④ 글라이딘
⑤ 알부민

37. 해수어의 주된 비린내 성분으로 옳은 것은?

① 인돌(Indole)
② 피페리딘(Piperidine)
③ 트리메틸아민(Trimethylamine)
④ 트리메틸아민 옥사이드(Trimethylamine Oxide)
⑤ 노르말 헥사날(N – Hexanal)

38. 달걀흰자의 기포 형성을 촉진하는 것은?

① 기 름
② 설 탕
③ 레몬즙
④ 우 유
⑤ 달걀노른자

39. 어패류의 비린내를 감소시키는 방법은?

① 따뜻한 물로 깨끗이 씻는다.
② 칼집을 넣는다.
③ 레몬즙을 뿌린다.
④ 소다를 첨가한다.
⑤ 뚜껑을 닫고 조리한다.

40. 후추의 매운맛 성분은?

① 커큐민
② 진저론
③ 알리신
④ 차비신
⑤ 산쇼올

41. A 급식소는 배식직원이 불친절하다는 평가를 받은 후 친절도 1위로 평가받은 B 급식소의 서비스 운영방식을 도입하고자 한다. 이러한 경영기법은?

① 목표관리법
② 리엔지니어링
③ 벤치마킹
④ 아웃소싱
⑤ 다운사이징

42. 전통식 급식제도에 대한 설명으로 옳은 것은?

① 노동비용이 높아진다.
② 냉장, 냉동시설이 특히 필요하다.
③ 능숙한 조리사가 필요없다.
④ 재가열에 의한 관능적 품질변화 문제를 고려해야 한다.
⑤ 음식 수요가 과다할 때 유연하게 대처할 수 있다.

43. 병원에서 사용하는 분산식 배식방법의 특징을 바르게 설명한 것은?

① 식사온도를 맞추기 위해 소량씩 조리한다.
② 작업의 분업이 일정하지 못하나 생산성이 높다.
③ 완전 조리된 식품을 제조회사로부터 구입하여 사용한다.
④ 많은 수의 감독자와 종업원 수를 필요로 한다.
⑤ 큰 용량의 냉장고 및 냉동고를 필요로 한다.

44. 다음 중 주기식단 사용 시 장점이 아닌 것은?

① 주기가 짧을수록 식단이 다양하다.
② 재고 통제가 용이하다.
③ 작업분담이 잘된다.
④ 식단작성의 시간적 여유를 갖는다.
⑤ 조리과정을 표준화할 수 있다.

45. 갈치조림의 100인 기준 표준레시피에서 갈치 순사용량은 9kg이고 폐기율은 10%이다. 500인분을 만들기 위한 갈치 발주량은?

① 40kg
② 44kg
③ 48kg
④ 50kg
⑤ 52kg

46. 발주 시 사용되는 표준레시피 항목은?

① 메뉴명
② 조리시간
③ 재료량
④ 배식방법
⑤ 조리기구

47. 피급식자의 나이, 성별, 활동정도 등을 고려하는 식단작성의 첫 번째 단계는?

① 영양제공량 목표 결정
② 급식횟수와 영양량 배분
③ 식단 구성
④ 식단표 작성
⑤ 메뉴 품목수 및 종류 결정

48. 찌꺼기가 많은 오수를 취급할 때, 특히 지방이 하수구로 들어가는 것을 방지하기 위한 가장 좋은 배수관의 형태는?

① S 트랩
② P 트랩
③ U 트랩
④ 드럼 트랩
⑤ 그리스 트랩

49. 다음 중 식당 통로의 폭으로 알맞은 길이는?

① 0.5~0.65m
② 0.8m
③ 1.0~1.5m
④ 1.7m
⑤ 1.5~2.0m

50. 메뉴의 수익성과 인기도를 종합하여 평가하는 기법은?

① 메뉴잔반량조사
② 메뉴엔지니어링
③ 순익분기분석
④ 고객만족도조사
⑤ 메뉴기호도평가

51. 표준레시피 개발 과정 중 조리된 메뉴의 맛, 향, 질감 등을 평가하는 것은?

① 관능평가
② 레시피 확정
③ 레시피 검증
④ 안전성평가
⑤ 실험조리

52. 고정비가 1,000만 원, 변동비가 3,000원이고 1식에 단가가 4,000원일 때 손익분기점은 몇 식을 판매해야 하는가?

① 10,000식
② 7,000식
③ 5,000식
④ 3,333식
⑤ 2,000식

53. 직무분석을 통해 작성되는 서식으로 직무 구성 요건 중에서 인적요건에 중점을 두고 작성되는 것은?

① 직업기술서
② 직무명세서
③ 직무일정표
④ 조직도
⑤ 직무평가표

54. 경영기능 중 기업의 목적을 효과적으로 달성하기 위해 사람과 직무를 결합하는 것은?

① 계 획
② 조 직
③ 지 휘
④ 조 정
⑤ 통 제

55. 경매에 직접 참여하여 도매시장 거래품목을 대량으로 구매하는 실수요자는?

① 중매인
② 소매상
③ 지정도매인
④ 매매참가인
⑤ 도매시장 개설자

56. 과업 지향형 지도자의 특징으로 옳은 것은?

① 수행해야 할 직무의 기준을 명확히 설정한다.
② 구성원 간의 만족과 신뢰를 존중한다.
③ 의사결정 역할을 과감하게 넘긴다.
④ 다른 사람의 감정을 존중하며 우호적인 관계를 유지한다.
⑤ 구성원의 성취감, 성장에 높은 관심을 보인다.

57. 비공식 조직에 대한 설명으로 옳은 것은?

① 인위적인 조직이다.
② 능률의 논리에 따라 구성된 조직이다.
③ 문서화된 조직이다.
④ 만족감, 안정감을 줄 수 있다.
⑤ 합리적 사고에 의해 운영된다.

58. 작업관리는 무엇을 절약하기 위해서 하는 것인가?

① 인건비 절약
② 동력비 절약
③ 재료비 절약
④ 조립시간의 절약
⑤ 감가상각비의 절약

59. 인간본위가 아닌 업무를 중심으로 접근하고자 하는 원칙으로 옳은 것은?

① 기능화의 원칙
② 전문화의 원칙
③ 계층 단축화의 원칙
④ 삼면등가의 원칙
⑤ 권한과 책임의 대응원칙

60. 음식물 쓰레기 감량을 위한 급식생산 단계와 방법으로 옳은 것은?

① 발주 : 정확한 식수인원을 파악하고, 표준레시피를 활용한다.
② 구매 : 폐기율이 높은 식품을 구매한다.
③ 검수 : 신선식품은 조리 전까지 상온보관한다.
④ 조리 : 조리된 음식에 과도한 장식을 하여 시선을 끌게 한다.
⑤ 배식 : 자율배식보다는 정량배식을 실행한다.

61. 다음 중 급식 예정수의 결정법은?

① 평균 급식수와 동일하게
② 전체 종업원수와 같게
③ 평균 급식수보다 10% 많게
④ 평균 급식수보다 10% 적게
⑤ 전체 종업원수보다 5% 적게

62. 손익분기점에 대한 설명으로 옳은 것은?

① 손해액과 이익액이 일치하는 지점
② 손해액과 판매액이 일치하는 지점
③ 손익이 엇갈리는 지점
④ 판매액과 총비용이 일치하는 지점
⑤ 출고액과 판매액이 일치하는 지점

63. 다음에 해당하는 식품은?

> • 특별한 재배시설이 필요하지 않아 가격이 저렴하다.
> • 맛과 영양이 우수하여 고객만족도에 영향을 줄 수 있다.

① 대체식품
② 기능성식품
③ 강화식품
④ 전통식품
⑤ 계절식품

64. 다음 식품 중 구매 계약기간이 가장 짧은 것은?

① 채소류, 어패류
② 설탕, 밀가루
③ 식용유, 단무지
④ 식용유, 고춧가루
⑤ 조미료, 깨

65. 다음 중 경쟁입찰계약보다 수의계약이 더 유리한 식품은?

① 채소, 육류
② 육류, 조미료
③ 쌀, 통조림
④ 생선, 건어물
⑤ 쌀, 콩

66. 구매 주체에 따라 바르게 분류된 것은?

① 전화구매, 중앙구매, 일반구매
② 분산구매, 중앙구매, 공동구매
③ 중앙구매, 사무구매, 분산구매
④ 분산구매, 사무구매, 일반구매
⑤ 전화구매, 분산구매, 중앙구매

67. 다음 중 전수검사가 필요한 경우는?

① 파괴검사일 경우
② 검사항목이 많은 경우
③ 식품 등 위생과 관계된 경우
④ 신뢰감을 높이고자 하는 경우
⑤ 생산자에게 품질향상의 의욕을 자극하고자 하는 경우

68. 1일 1,800식을 제공하는 산업체급식에서 10명의 작업자가 1일 6시간씩 근무한다. 이 급식소의 노동시간당 식수와 1식당 노동시간은?

① 20식/시간, 3분/식
② 20식/시간, 5분/식
③ 25식/시간, 3분/식
④ 30식/시간, 2분/식
⑤ 30식/시간, 5분/식

69. 저장해야 할 물품을 분류한 후 일정한 위치에 표식화하는 저장관리 원칙은?

① 저장위치 표시의 원칙
② 분류저장 체계화의 원칙
③ 선입선출의 원칙
④ 품질보존의 원칙
⑤ 공간활용 극대화의 원칙

70. 원가를 직접비와 간접비로 분류하는 기준은?

① 생산량과 비용
② 변동 가능성
③ 제품 생산 관련성
④ 비용 통제 가능성
⑤ 단기간 변화 가능성

71. 급식시설에서 청결작업구역에 해당하는 것은?

① 세정구역
② 검수구역
③ 전처리구역
④ 식재료저장구역
⑤ 조리구역

72. 급식시설의 시설·설비의 기준으로 옳은 것은?

① 조리실 창문은 조리실 바닥면적의 10%가 적당하다.

② 조리실 바닥의 기울기는 1/100이 적당하다.

③ 조리실 콘센트는 바닥에서 45cm 이상 위치에 설치한다.

④ 조리실 후드의 경사각은 20°로 한다.

⑤ 검수구역의 조명은 200룩스로 한다.

73. 단체급식에서 식재료 구매 시 일반경쟁입찰 절차는?

① 응찰 → 개찰 → 낙찰 → 체결

② 응찰 → 낙찰 → 개찰 → 체결

③ 개찰 → 낙찰 → 응찰 → 체결

④ 개찰 → 응찰 → 낙찰 → 체결

⑤ 낙찰 → 응찰 → 개찰 → 체결

74. 급식소 조리장의 싱크대가 1개일 때 교차오염에 의한 미생물적 위해도를 낮출 수 있는 식재료의 세척 순서는?

① 육류 → 채소류 → 어류 → 가금류

② 채소류 → 가금류 → 육류 → 어류

③ 육류 → 가금류 → 어류 → 채소류

④ 채소류 → 육류 → 어류 → 가금류

⑤ 가금류 → 어류 → 육류 → 채소류

75. 가스레인지에 낀 진한 기름때를 제거하는 데 적합한 세척제는?

① 1종 세척제

② 2종 세척제

③ 3종 세척제

④ 용해성 세제

⑤ 연마성 세제

76. 구매부서에서 보통 3부를 작성하며 대금지불의 근거로 발행하는 것은?

① 구매명세서

② 구매청구서

③ 거래명세서

④ 납품서

⑤ 발주서

77. 의사결정의 유형과 관리계층의 연결이 옳은 것은?

① 업무적 의사결정 – 최고 경영층

② 관리적 의사결정 – 최고 경영층

③ 관리적 의사결정 – 중간 경영층

④ 관리적 의사결정 – 하위 경영층

⑤ 전략적 의사결정 – 하위 경영층

78. 맥각독의 독성분에 해당되는 것은?

① Muscarine

② Rubratoxin

③ Patulin

④ Ochratoxin

⑤ Ergotoxin

79. 비교적 안정하여 식품에 잔류되는 기간이 길고, 특히 동물의 지방층이나 뇌신경에 축적되어 만성중독을 일으키는 농약은?

① 유기인제

② 유기염소제

③ 유기비소제

④ 유기수은제

⑤ 메틸브롬제

80. 채소에 의해 감염될 수 있는 기생충은?

① 유구조충, 무구조충
② 광절열두조충, 아니사키스
③ 간흡충, 폐흡충
④ 선모충, 톡소플라스마
⑤ 십이지장충, 편충

81. 쌀밥의 변질에 관여하는 미생물은?

① Bacillus속
② Pseudomonas속
③ Leuconostoc속
④ Pediococcus속
⑤ Vibrio속

82. 비브리오 불니피쿠스(Vibrio vulnificus)의 특징은?

① 그람양성균
② 호염성균
③ 내열성균
④ 포자 형성균
⑤ 구 균

83. 실험동물의 독성시험 결과인 LD$_{50}$에 대한 설명으로 옳은 것은?

① 발암성에 대한 분석지표이다.
② 만성독성의 정도이다.
③ 값이 클수록 독성이 강하다.
④ 실험동물의 50%가 치사하는 양이다.
⑤ 최대무작용량(MNEL) 계산에 사용된다.

84. 방사선조사 처리에 대한 설명으로 옳은 것은?

① 과일, 채소의 숙성을 촉진한다.
② 발아 촉진을 목적으로 한다.
③ ^{137}Cs의 α-선을 사용한다.
④ 식품의 온도 상승이 크다.
⑤ 식품 포장 후에도 살균처리가 가능하다.

85. 살균하지 않은 우유로부터 감염될 수 있는 인수 공통감염병은?

① 일본뇌염
② 탄 저
③ 돈단독
④ 결 핵
⑤ 야토병

86. 내열성의 포자를 형성하며, 살균이 불충분한 통조림에서 증식하는 식중독균은?

① Clostridium botulinum
② Morganella morganii
③ Staphylococcus aureus
④ Vibrio vulnificus
⑤ Bacillus cereus

87. 세균에 대한 설명 중 옳은 것은?

① 원핵세포로 된 단세포 생물이다.
② 건조식품을 잘 변질시킨다.
③ 출아법으로 증식한다.
④ 단세포 생물과 다세포 생물의 중간이다.
⑤ 형태가 일정하지 않아 구분이 어렵다.

88. 그람음성, 무포자, 간균으로 저온과 진공포장에서도 증식하는 식중독균은?

① Yersinia enterocolitica
② Campylobacter jejuni
③ Staphylococcus aureus
④ Vibrio vulnificus
⑤ Bacillus cereus

89. 식인성 질환의 유기성 인자로 옳은 것은?

① 잔류농약
② 테트로도톡신
③ 삭시톡신
④ 니트로사민
⑤ 유해첨가물

90. 식품 중의 생균수 안전한계는 얼마인가?

① $10/g$
② $10^2/g$
③ $10^3/g$
④ $10^4/g$
⑤ $10^5/g$

91. HACCP 관리계획의 유효성과 실행 여부를 정기적으로 평가하는 일련의 활동을 지칭하는 HACCP 용어는?

① 검 증
② 위해요소분석
③ 모니터링
④ 개선조치
⑤ 중요관리점

92. 「식품위생법」상 집단급식소에 영양사를 두지 않아도 되는 경우는?

① 집단급식소 운영자 자신이 영양사로서 직접 영양 지도를 하는 경우
② 집단급식소 운영자가 조리사인 경우
③ 기숙사
④ 1회 급식인원 200명 미만의 산업체인 경우
⑤ 사회복지시설

93. 「식품위생법」상 조리사의 면허를 발급하는 자는?

① 보건복지부장관
② 식품의약품안전처장
③ 보건소장
④ 시·도지사
⑤ 특별자치시장·특별자치도지사 또는 시장·군수·구청장

94. 「식품위생법」상 식품위생감시원의 직무에 해당하는 것은?

① 원료검사 및 제품출입검사
② 식품제조방법에 대한 기준 설정
③ 위생사의 위생교육에 관한 사항
④ 행정처분의 이행 여부 확인
⑤ 생산 및 품질관리 일지 작성 및 비치

95. 「식품위생법」상 HACCP 대상 식품이 아닌 것은?

① 초콜릿류
② 커피류
③ 특수용도식품
④ 레토르트식품
⑤ 즉석섭취식품

96. 「식품위생법」상 병든 동물 고기 등의 판매 등 금지를 위반하여 병든 고기를 판매한 자의 벌칙은?

① 1년 이하의 징역 또는 1천만원 이하의 벌금
② 3년 이하의 징역 또는 3천만원 이하의 벌금
③ 5년 이하의 징역 또는 5천만원 이하의 벌금
④ 7년 이하의 징역 또는 7천만원이하의 벌금
⑤ 10년 이하의 징역 또는 1억원 이하의 벌금

97. 「학교급식법」상 조리장 검수구역의 조명 기준은?

① 100룩스 이상
② 220룩스 이상
③ 340룩스 이상
④ 460룩스 이상
⑤ 540룩스 이상

98. 「국민건강증진법」상 국민건강증진종합계획을 수립하여야 하는 자는?

① 대통령
② 국무총리
③ 보건복지부장관
④ 시 · 도지사
⑤ 시장 · 군수 · 구청장

99. 「국민영양관리법」상 영양사가 면허정지처분 기간 중에 영양사의 업무를 하는 경우 1차 위반의 행정처분은?

① 시정명령
② 업무정지 1개월
③ 업무정지 2개월
④ 업무정지 3개월
⑤ 면허취소

100. 「농수산물의 원산지 표시에 관한 법률」상 국내산 배추와 중국산 고춧가루를 사용한 배추김치의 원산지 표시는?

① 배추김치(배추 : 국내산, 고춧가루 : 수입산)
② 배추김치(배추 : 국내산, 고춧가루 : 중국산)
③ 배추김치(국내산, 중국산)
④ 배추김치(국내산)
⑤ 김치(국내산)

교육이란 사람이 학교에서 배운 것을
잊어버린 후에 남은 것을 말한다.

-알버트 아인슈타인-

실제시험보기
3회

⏱ 정답 및 해설 **p.45**

1과목 | 영양학 및 생화학

01. 이중막으로 이루어진 세포의 생명중추로 유전정보를 함유하고 있는 세포 소기관은?

① 골지체
② 세포막
③ 소포체
④ 핵
⑤ 리보솜

02. 능동수송에 의해 소장점막 세포 내로 흡수되는 영양소는?

① 아라비노스(Arabinose)
② 과당(Fructose)
③ 리보스(Ribose)
④ 포도당(Glucose)
⑤ 자일로스(Xylose)

03. 근육에 저장된 글리코겐이 분해되어 혈당에 영향을 미치지 않는 것은 어떤 효소가 없기 때문인가?

① 글리코겐 가인산분해효소(glycogen phosphorylase)
② 헥소키네이스(hexokinase)
③ 가지제거효소(debranching enzyme)
④ 포스포글루코뮤테이스(phosphoglucomutase)
⑤ 포도당-6-인산 가수분해효소(glucose-6-phosphatase)

04. 식이섬유는 식후 혈당 상승속도를 낮추는 역할을 한다. 그 이유는?

① 섭식중추를 자극한다.
② 음식물의 위 배출을 지연시킨다.
③ 소화효소 작용 시간을 감소시킨다.
④ 장의 연동운동을 감소시킨다.
⑤ 유산균을 증식시킨다.

05. 당질의 섭취가 충분할 때 일어나는 대사는?

① 간 글리코겐 분해
② 글리코겐 합성
③ 케톤체
④ 글루코스-알라닌회로
⑤ 코리회로

06. 간 이외 조직에 있는 콜레스테롤을 간으로 운반하는 지단백질은?

① VLDL(Very Low Density Lipoprotein)
② LDL(Low Density Lipoprotein)
③ Chylomicron
④ HDL(High Density Lipoprotein)
⑤ IDL(Intermediate Density Lipoprotein)

07. 물에 녹지 않는 동물성 식품에만 존재하는 유도 지질은?

① Cholesterol
② VLDL
③ HDL
④ Ergosterol
⑤ Lecithin

08. 프로스타글란딘(Prostaglandin)의 전구체 (Precursor)인 것은?

① 아라키돈산
② 올레산
③ 부티르산
④ DHA
⑤ 팔미트산

09. 장시간 공복 시 혈중 농도가 증가하는 호르몬은?

① 인슐린
② 가스트린
③ 알도스테론
④ 글루카곤
⑤ 콜레시스토키닌

10. 다불포화지방산에 대한 설명으로 옳은 것은?

① 식물성 유지에만 있다.
② 다불포화지방산은 모두 필수지방산이다.
③ 포화지방산에 비해 열량공급이 적어서 성인병 예방에 좋다.
④ 과량 복용 시 산화되기 쉬워 비타민 E의 요구량이 증가된다.
⑤ 사람의 체내에서 합성된다.

11. 리놀렌산(Linolenic Acid)에 대한 설명 중 옳은 것은?

① 트랜스형 이성질체의 형태이다.
② 카르복시기로부터 6번째 탄소에 이중결합을 갖는다.
③ 필수지방산이다.
④ 포화지방산이다.
⑤ 등푸른 생선 등에 많이 들어있다.

12. 생명체의 성장과 유지에 필요한 필수아미노산을 충분히 함유하고 있는 것을 부르는 용어로 옳은 것은?

① 완전단백질
② 불완전단백질
③ 부분적 불완전단백질
④ 유도단백질
⑤ 복합단백질

13. 두 가지 식품을 섞어서 음식을 만들었을 때 단백질의 상호보조력이 가장 큰 것은?

① 쌀과 옥수수
② 쌀과 두류
③ 쌀과 보리
④ 옥수수와 밀
⑤ 젤라틴과 옥수수

14. 아미노기 전이반응에서 피리독사민이 피루브산과 반응하여 생성되는 아미노산은?

① 히스티딘
② 아스파르트산
③ 라이신
④ 이소류신
⑤ 알라닌

15. 양(+)의 질소평형 상태인 경우는?

① 기 아
② 고 열
③ 감 염
④ 화 상
⑤ 임 신

16. 영유아의 필수아미노산은?

① 시스테인
② 알라닌
③ 글루탐산
④ 글리신
⑤ 히스티딘

17. 코발트를 함유한 비타민으로, 결핍 시 악성빈혈을 유발하는 것은?

① 비타민 A
② 비타민 C
③ 비타민 B_1
④ 비타민 B_2
⑤ 비타민 B_{12}

18. 단백질 소화효소의 전구물질인 Trypsinogen, Chymotrypsinogen을 활성화시켜 주는 물질은?

① HCl – Enterokinase
② Enterokinase – Trypsin
③ Gastrin – Secretin
④ Gastrin – Trypsin
⑤ Secretin – HCl

19. 혼합 식이를 섭취한 경우 세 가지 열량소의 흡수율을 큰 순서대로 나열한 것은?

① 단백질, 지방, 탄수화물
② 단백질, 탄수화물, 지방
③ 지방, 탄수화물, 단백질
④ 탄수화물, 단백질, 지방
⑤ 탄수화물, 지방, 단백질

20. 아미노산 풀에 대한 내용으로 옳은 것은?

① 지방 생성에 사용되지 않는다.
② 탄수화물 섭취 부족 시 당신생에 사용된다.
③ 식이섭취량에 관계없이 일정하게 유지된다.
④ 에너지원으로 사용되기 어렵다.
⑤ 스테로이드 호르몬을 생성한다.

21. 고강도 운동 시 혈류를 통해 근육에서 간으로 이동해 포도당으로 전환(gluconeogenesis)되는 주요 아미노산은?

① 글루탐산
② 글리신
③ 알라닌
④ 세 린
⑤ 발 린

22. 체중 70kg인 남자의 1일 기초대사량으로 옳은 것은?

① 약 1,340kcal
② 약 1,510kcal
③ 약 1,680kcal
④ 약 1,850kcal
⑤ 약 2,020kcal

23. 같은 양의 칼로리를 섭취했을 때 단백질 절약작용이 가장 큰 것은?

① 칼 슘
② 인
③ 지 방
④ 탄수화물
⑤ 아밀라아제

24. 혈중에 칼슘의 농도가 높아지면 분비되어 칼슘 흡수를 촉진하는 호르몬으로 옳은 것은?

① Aldosterone
② Parathormone
③ Calcitonin
④ Estrogen
⑤ Prolactin

25. 무기질과 그 무기질이 많이 함유된 식품의 연결로 옳은 것은?

① 요오드 – 치즈
② 마그네슘 – 육류
③ 철 – 우유
④ 인 – 난황
⑤ 아연 – 푸른 채소

26. 아미노산과 그 대사물질의 연결로 옳은 것은?

① 히스티딘 – 히스타민
② 티로신 – 세로토닌
③ 트립토판 – 카테콜아민
④ 메티오닌 – 글루타티온
⑤ 시스테인 – 세로토닌

27. 콜린에 대한 설명으로 옳은 것은?

① 노르에피네프린 합성과정에 필요하다.
② 체내에서 합성되지 않는다.
③ 지용성 비타민이다.
④ 레시틴의 구성성분이다.
⑤ 과잉섭취 시 지방간 발생위험이 증가한다.

28. 단당류의 체내 흡수속도가 빠른 순서대로 나열한 것은?

① Galactose → Glucose → Fructose → Mannose → Xylose
② Glucose → Galactose → Fructose → Xylose → Mannose
③ Mannose → Xylose → Glucose → Galactose → Fructose
④ Fructose → Galactose → Glucose → Xylose → Mannose
⑤ Mannose → Glucose → Galactose → Fructose → Xylose

29. 소장에서 분비되는 단백질 분해효소로 트립시노겐을 트립신으로 전환시키는 데 관여하는 것은?

① 콜레시스토키닌
② 키모트립신
③ 포스포리파아제
④ 엔테로키나아제
⑤ 콜레스테롤 에스테라아제

30. 담즙에 대한 설명으로 옳은 것은?

① 수용성 비타민의 흡수를 돕는다.
② 가스트린에 의해 분비가 촉진된다.
③ 간에서 저장 및 농축된다.
④ 약산성의 물질이다.
⑤ 콜레스테롤의 배설 경로이다.

31. 비타민 K 결핍 시 나타나는 증상은?

① 적혈구 생성 억제
② 면역기능 저하
③ 혈액응고 지연
④ 철흡수능 억제
⑤ 말초신경 장애

32. 에너지 대사에 관여하고 트립토판에서 전환되는 비타민으로, 결핍 시 설사, 피부염, 치매가 발생하는 것은?

① 니아신
② 티아민
③ 비타민 B_6
④ 비타민 B_{12}
⑤ 리보플라빈

33. 하루 60g 이하의 당질을 섭취하였을 때 간에서 생성되는 물질은?

① 말로닐 CoA
② 글리코겐
③ 지방산
④ 팔미트산
⑤ 아세토아세트산

34. 알코올 중독자에게 결핍되기 쉬우며, 결핍 시 신경성 근육경련(테타니)을 일으키는 무기질은?

① 철 분
② 마그네슘
③ 칼 륨
④ 인
⑤ 아 연

35. 임신 중 프로게스테론(Progesterone) 호르몬의 기능은?

① 위장운동을 촉진시킨다.
② 지방 합성을 저하시킨다.
③ 자궁의 평활근을 이완시켜 임신 유지를 돕는다.
④ 유방 발달을 감소시킨다.
⑤ 나트륨 배설을 감소시킨다

36. 신경과민, 불면증, 화끈거림, 우울감이 있는 40대 여성에게 도움이 되는 식품은?

① 고구마
② 커 피
③ 소고기
④ 홍 차
⑤ 두 부

37. 수정관의 발달을 촉진하고 에스트로겐 분비를 자극하는 호르몬은?

① 안드로겐
② 난포자극호르몬
③ 옥시토신
④ 프로락틴
⑤ 프로게스테론

38. 영아가 성인보다 단위체중당 에너지필요량이 많은 이유는?

① 체표면적이 크다.
② 배변 횟수가 많다.
③ 수분필요량이 적다.
④ 소화흡수율이 낮다.
⑤ 활동시간이 짧다.

39. 안구건조증, 상피조직의 각질화 예방에 도움이 되는 식품은?

① 난 황
② 양 파
③ 오렌지
④ 사 과
⑤ 현 미

40. 다음 보기의 증상을 나타내는 환자의 질병으로 옳은 것은?

- 주로 성년 초기에 발생한다.
- 많은 양의 음식을 먹고 토하기를 반복한다.
- 먹는 음식은 고열량이고 소화하기 쉬운 음식물이다.
- 체중은 정상범위에 있으나 관심과 걱정이 지나치게 많다.

① 신경성 거식증
② 역류성 식도염
③ 신경성 폭식증
④ 이식증
⑤ 신경성 식욕부진증

41. 노년기의 면역기능 장애와 특히 관련이 큰 영양소로 옳은 것은?

① 섬유소
② 당 질
③ 아 연
④ 비타민 K
⑤ 칼 슘

42. 노인의 식욕을 저하시키는 요인은?

① 위액 분비의 증가
② 위장관 운동성의 증가
③ 타액 분비의 증가
④ 미각의 역치 감소
⑤ 혀 미뢰 수의 감소

43. 베르니케-코르사코프 증후군의 증상이 나타나는 알코올 중독자에게 결핍된 영양소는?

① 리보플라빈
② 비타민 C
③ 티아민
④ 니아신
⑤ 엽 산

44. 등산으로 땀을 많이 배출한 후 물을 섭취했을 때 체액의 변화로 옳은 것은?

① 세포내액 증가
② 세포외액 증가
③ 세포간질액 증가
④ 혈장 감소
⑤ 총체액 감소

45. 글리코겐을 분해하는 Glycogen Phosphorylase의 활성화에 필요한 효소는?

① Phosphorylase Kinase
② Phosphorylase Phosphatase
③ Phosphorylase Dehydrogenase
④ Phosphorylase Aldolase
⑤ Phosphorylase Hydratase

46. 글리코겐 분해 시 에피네프린의 2차 전령(second messenger)의 역할을 하는 것은?

① FAD
② NAD$^+$
③ cAMP
④ GTP
⑤ 칼모듈린

47. TCA회로에 관여하는 조절효소 중 ADP에 의해 촉진을 받는 다른자리 입체성 조절효소는?

① Citrate Synthetase
② Isocitrate Dehydrogenase
③ α-Ketoglutarate Dehydrogenase
④ Aconitase
⑤ Succinyl-CoA Synthetase

48. 지방의 알칼리 가수분해 반응을 무엇이라고 부르는가?

① 축합반응
② 에스테르화 반응
③ 탈수반응
④ 비누화 반응
⑤ 수소첨가반응

49. 임신 전 정상체중이었던 단태아 임신부가 임신 25주에 다음과 같은 증상을 보였다면 의심되는 상태는?

> • 체중이 임신 전보다 20kg 증가하였다.
> • 혈압이 150/100mmHg이다.
> • 단백뇨를 보인다.

① 자간전증
② 갑상샘기능항진증
③ 임신성 고혈압
④ 임신성 당뇨병
⑤ 임신성 빈혈

50. 자궁내막을 두껍게 하며, 뼈의 칼슘방출을 저해하는 호르몬은?

① 에스트로겐
② 프로게스테론
③ 노르에피네프린
④ 프로락틴
⑤ 테스토스테론

51. 다음 중 지방산 생합성 과정에 필요한 물질은?

① FAD
② NADH
③ Acyl Carrier Protein
④ Acyl Carnitine
⑤ Glycerol Phosphate Acyltransferase

52. 탄소수 20개인 불포화지방산에 고리산소화효소(cyclooxygenase)가 작용하여 생성되는 생리활성 물질은?

① 카로티노이드(carotenoid)
② 레티노이드(retinoid)
③ 스테로이드(steroid)
④ 에이코사노이드(eicosanoid)
⑤ 이소프레노이드(isoprenoid)

53. 림프조직의 발달 속도가 가장 빠른 생애주기는?

① 태아기
② 신생아기
③ 영아기
④ 학동기
⑤ 성인기

54. 수유부의 모유 분비량이 감소하는 경우는?

① 한쪽 유방으로만 수유한다.
② 유방 마사지를 한다.
③ 스트레스를 줄인다.
④ 수분을 자주 섭취한다.
⑤ 수유 시에 남은 모유를 짜 낸다.

55. 유아의 충치 예방을 위해 제공할 수 있는 간식은?

① 건포도
② 캐러멜
③ 탄산음료
④ 아이스크림
⑤ 사 과

56. 1시간 정도 빠르게 걷기를 했을 때 주된 에너지 원의 사용 순서는?

① 포도당 → 지방산 → 크레아틴인산
② 포도당 → 크레아틴인산 → 지방산
③ 크레아틴인산 → 지방산 → 포도당
④ 크레아틴인산 → 포도당 → 지방산
⑤ 지방산 → 크레아틴인산 → 포도당

57. 이유기에 섭취를 피해야 할 식품은?

① 사 과
② 두 부
③ 달걀노른자
④ 꿀
⑤ 흰살생선

58. 임신 후기에 태아가 아닌 모체에서 나타나는 특징은?

① 혈중 콜레스테롤 농도가 감소한다.
② 케톤체 합성이 감소한다.
③ 글리코겐 합성이 증가한다.
④ 지방산 이용이 증가한다.
⑤ 단백질 합성이 증가한다.

59. 아미노산 대사에서 탈탄산효소의 조효소로 작용하며 카테콜아민, 세로토닌 등의 신경전달물질 합성에 관여하는 비타민은?

① 비타민 B_6　　　② 엽 산
③ 니아신　　　　　④ 티아민
⑤ 비타민 B_{12}

60. 포도당이 젖산으로 변환되고, 간으로 이동하여 포도당 신생과정을 통해 다시 근육에 공급되는 일련의 대사과정을 무엇이라 하는가?

① TCA회로
② 코리회로
③ 글루코스 – 알라닌회로
④ 글루쿠론산회로
⑤ 오탄당인산경로

<hr>

2과목 | 영양교육, 식사요법 및 생리학

61. 영양교육의 목표로 옳은 것은?

① 만성질환의 조기진단
② 식생활의 개선과 건강증진
③ 어려운 영양지식의 습득
④ 조리기술 습득
⑤ 식생활에 관심 유도

62. 고혈압을 진단받은 A 씨가 건강개선을 위하여 저나트륨 식단과 규칙적인 운동을 실시한 지 3개월째이다. 이는 행동변화단계 중 어디에 속하는가?

① 고려 전 단계
② 고려 단계
③ 준비 단계
④ 실행 단계
⑤ 유지 단계

63. 영양상담 시 내담자가 의식적, 무의식적으로 피하고 있는 사실에 대해 일치하지 않는 언행을 의도적으로 지적함으로써 알게 하는 상담기법은?

① 반 영
② 직 면
③ 수 용
④ 요 약
⑤ 명료화

64. '당뇨환자의 관리'란 주제를 가지고 교육을 시행하고자 한다. 청중을 대상으로 당뇨병 전문의는 당뇨의 원인과 대사변화에 대해, 영양사는 당뇨병의 식사요법에 대해, 간호사는 인슐린 주사법에 대해, 환자가족대표는 가정에서의 환자간호법에 대해 의견을 발표하였다. 이와 관련된 토의 형식은?

① 강 의   ② 심포지엄
③ 워크숍   ④ 패 널
⑤ 분 단

65. 영양상담에 대한 질문 중 개방형 질문에 해당하는 것은?

① 오늘 점심은 드셨나요?
② 아침식사는 어떻게 하셨나요?
③ 환절기 때 감기에 자주 걸리나요?
④ 식사요법에 대해 알고 있나요?
⑤ 건강보조식품을 드시나요?

66. 다음 보기에서 설명하는 내용으로 옳은 것은?

> • 영양상태가 취약한 임산부, 출산부, 수유부 및 만 6세 미만의 영유아 가정의 영양상태를 개선하고자 각 지자체에서 시행
> • 필수영양 보충식품의 공급, 영양교육 및 상담, 정기적 영양평가가 함께 이루어짐

① 영양플러스사업
② We Start 프로그램
③ 결식아동 급식지원사업
④ 희망리본프로젝트
⑤ 임산부 건강관리 지원사업

67. 초등학교 영양교사가 5~6학년 비만 학생을 대상으로 식품구성자전거에 대한 교육을 실시하려고 교수학습과정안을 작성하였다. 식품군을 구별하기 위해 팀별로 식품모형을 식품구성자전거에 붙이는 실습을 수행하는 단계는?

① 도 입   ② 전 개
③ 정 리   ④ 평 가
⑤ 종 결

68. 내담자 중심 상담요법에서 성공적으로 영양문제를 해결하기 위한 요인은?

① 내담자의 가정환경
② 상담자의 가치관
③ 상담자의 신념
④ 상담자 의견의 적극적 반영
⑤ 내담자와 상담자 간의 친밀성

69. 팸플릿을 만들려고 할 때 고려할 점으로 적당하지 않은 것은?

① 대상을 명확히 한다.
② 크기나 페이지를 적당히 한다.
③ 흥미를 갖도록 한다.
④ 아름답지 않아도 된다.
⑤ 문제 및 문자를 읽기 쉽게 한다.

70. 다음 설명에 해당되는 식이섭취 조사방법은?

- 서신의 형태로도 가능하다.
- 일정기간 내의 식품의 섭취 횟수를 조사한다.
- 조사원의 동원이 거의 필요 없다.
- 양적으로 정확한 섭취량을 파악하기는 어렵다.

① 회상법
② 실측법
③ 식사력 조사법
④ 식사일지법
⑤ 식품섭취빈도 조사법

71. 영양사가 사회인지이론을 이용하여 혼자 사는 노인을 대상으로 돼지고기 조리교육을 실시한 후 효과평가를 위해 "집에서 돼지고기를 조리할 자신이 얼마나 있습니까?"라고 질문하였다. 측정하고자 한 구성요소는?

① 촉 진
② 환 경
③ 강 화
④ 자아효능감
⑤ 목적의도

72. 영양교육 후 대상자의 영양지식, 식행동의 변화를 알아보는 평가는?

① 효과평가　　　　② 내용평가
③ 방법평가　　　　④ 자원평가
⑤ 과정평가

73. 영양사가 40대 대상자에게 대사증후군의 위험성과 대사증후군에 걸렸을 때 건강에 미치는 심각한 영향에 대해 교육을 하고, 대사증후군 개선을 위한 식사요법의 이득을 교육하였다. 어떤 영양교육을 이용한 것인가?

① 사회학습이론
② 합리적 행동이론
③ 건강신념 모델
④ 개혁확산 모델
⑤ 계획적 행동이론

74. 보건소 영양사의 업무는?

① 영양정책을 개발한다.
② 가족계획 사업을 실시한다.
③ 식품위생감시원을 관리한다.
④ 영양상태를 조사하고 평가한다.
⑤ 감염병을 예방하고 환자를 진료한다.

75. 영양교육의 실시과정에서 제일 먼저 해야 할 것은?

① 적극적으로 교육을 홍보한다.
② 교육의 주제 및 방법에 대하여 구체적인 계획을 수립한다.
③ 계획성 있게 영양교육을 실시한다.
④ 교육내용과 방법의 타당성을 평가한다.
⑤ 대상자의 영양문제를 분석한다.

76. 경관급식(Tube Feeding)이 사용되는 상황으로 가장 적절한 것은?

① 삼투압에 의한 설사가 있을 때
② 장천공이 된 상태
③ 식도염 및 식도협착이 있을 때
④ 심한 혼수상태 및 구강과 인두에 심한 부상이 있을 때
⑤ 심한 화상이나 수술 후 연동 기능을 되찾지 못한 상태의 환자

77. 비만 환자의 자료를 바탕으로, 인스턴트 식품의 잦은 섭취로 인한 '지방 섭취 과다'라는 영양문제를 파악하고 기술하였다. 이는 영양관리과정(NCP) 중 어디에 해당하는가?

① 영양중재
② 영양감시
③ 영양조사
④ 영양판정
⑤ 영양진단

78. 혈액검사 항목 중 입원 환자의 영양부족 상태를 판정할 때 주로 사용하는 것은?

① 포도당
② HDL-콜레스테롤
③ 요 산
④ 중성지방
⑤ 알부민

79. 위액 분비를 적게 하는 음식으로 옳은 것은?

① 조기 - 복숭아
② 두부 - 감자
③ 고깃국물 - 달걀
④ 닭고기 수프 - 불고기
⑤ 흰밥 - 꽁치

80. 위염 환자의 식사요법으로 가장 적절한 것은?

① 무자극 연식
② 고섬유식
③ 저나트륨식
④ 무지방식
⑤ 저단백식

81. 급성감염성 질환자의 생리적 대사에 대한 설명으로 옳은 것은?

① 체내 수분 보유량이 증가한다.
② 맥박수가 감소한다.
③ 기초대사량이 감소한다.
④ 체단백질 합성이 증가한다.
⑤ 체온이 올라간다.

82. 혈당지수가 가장 높은 식품은?

① 고구마
② 쌀 밥
③ 수 박
④ 땅 콩
⑤ 우 유

83. 급성설사 환자의 식사요법은?

① 찬 음료를 제공한다.
② 저잔사식, 무자극성식을 제공한다.
③ 수분의 섭취를 제한한다.
④ 고지방, 고섬유소 식품을 제공한다.
⑤ 증상이 심한 경우에도 식사를 거르지 않는다.

84. 알코올성 간경변증 환자의 영양섭취 방법으로 가장 옳은 것은?

① 저열량식으로 간에 부담을 없게 한다.
② 간성 혼수 시 고단백질식을 실시한다.
③ 생물가가 높은 단백질 식품으로 고단백질식을 실시한다.
④ 간세포의 보호를 위하여 고지방식으로 충분한 지방을 공급한다.
⑤ 식욕을 증진시키기 위해 소금 섭취량을 늘린다.

85. 고등어, 꽁치 등에 함유된 지방산으로 심혈관계 질환 개선에 도움이 되는 것은?

① EPA
② 팔미트산
③ 라우르산
④ 스테아르산
⑤ 올레산

86. 비만증의 식사요법으로 옳은 것은?

① 고에너지 식품을 이용한다.
② 케톤증 예방을 위하여 당질은 1일 100g 정도 공급한다.
③ 포화지방산이 많은 기름을 권장한다.
④ 단백질은 음(-)의 질소평형을 유지하도록 한다.
⑤ 섬유질 섭취를 제한한다.

87. 비만판정법 중에서 전체 체중에 대한 체지방의 비율로 비만의 정도를 나타내는 것은?

① 비만도
② 영양지수
③ 체 적
④ 체지방률
⑤ 피하지방 두께

88. 소화성궤양 환자에게 제공하면 좋은 식품은?

① 삼겹살구이
② 영계백숙
③ 꽁치조림
④ 갈치튀김
⑤ 돼지갈비구이

89. 심근경색증 환자에 대한 식사요법으로 옳은 것은?

① 식염의 섭취를 제한한다.
② 차거나 뜨거운 음식으로 제공한다.
③ 단백질 섭취를 제한한다.
④ 고열량 식이를 제공한다.
⑤ 식이섬유소 섭취를 제한한다.

90. 만성알코올 중독자인 A 씨가 심한 상복부 통증을 호소하며 입원하였다. 혈액검사 결과, 혈중 아밀라제와 리파아제 농도가 정상 수치보다 매우 높았다. 통증이 완화될 때까지 금식하고 수분과 전해질을 정맥영양으로 공급한 이후에 공급하는 식사요법은?

① 고당질, 저지방식
② 고당질, 고지방식
③ 저당질, 저지방식
④ 저당질, 고지방식
⑤ 고단백, 고지방식

91. 동맥경화증을 유발할 수 있는 위험인자는?

① 고혈압
② 만성간염
③ 식이섬유소 과잉 섭취
④ 콜레스테롤 섭취 제한
⑤ n−3 지방산 과잉 섭취

92. 혈중 콜레스테롤 수치를 낮추는 방법으로 옳은 것은?

① 운동량을 늘려 HDL 함량을 낮춘다.
② 식이섬유의 섭취량을 줄임으로써 식이 콜레스테롤의 흡수율을 낮춘다.
③ 고단백질, 고지방식으로 체내에서 합성되는 콜레스테롤 양을 줄인다.
④ 동식물성 지방의 섭취비율을 높여 콜레스테롤 배설을 증가시킨다.
⑤ 식이섬유의 섭취로 담즙산의 재흡수율을 낮추어 혈중 콜레스테롤 수치를 감소시킨다.

93. 만성폐쇄성폐질환 환자의 식사요법은?

① 고탄수화물식
② 저단백식
③ 저지방식
④ 고잔사식
⑤ 고열량식

94. 혈액의 산·염기 평형을 유지하는 기관은?

① 췌 장
② 담 낭
③ 소 장
④ 콩 팥
⑤ 심 장

95. 신증후군(Nephrotic Syndrome) 환자의 식사요법으로 옳은 것은?

① 고당질식, 고열량식
② 고당질식, 저단백식
③ 고열량식, 저염식
④ 고열량식, 저단백식
⑤ 저염식, 저열량식

96. 조절되지 않는 당뇨병 환자의 체내에서 지방이 비정상적으로 대사되어 소변으로 다량 배설되는 물질은?

① 빌리루빈
② 단백질
③ 크레아티닌
④ 요 산
⑤ 케톤체

97. 신장 168cm, 체중 90kg인 48세의 성인 남자가 간에 지방이 많고 통풍 증상이 있다는 진단을 받았다. 이 사람에 대한 지도방법 중 옳은 것은?

① 스트레스를 받지 않고 충분한 휴식을 취하며 먹고 싶은 것을 먹도록 한다.
② 매일 우유 2컵과 두유 2컵을 먹도록 한다.
③ 지방 섭취를 제한하고 단백질 식품 위주의 식사를 하도록 한다.
④ 동물성 식품은 제한하고 잡곡과 채소, 과일을 많이 섭취하도록 한다.
⑤ 자유롭게 식사를 하고 의사의 처방에 따라 약만 정확하게 복용하도록 한다.

98. 제1형 당뇨병의 주요 원인은?

① 인슐린 분비 부족
② 과체중
③ 글루카곤 분비 부족
④ 운동 부족
⑤ 인슐린 저항성 증가

99. 결핵 환자의 식사요법으로 옳은 것은?

① 항생제(Isoniazid)를 사용할 때는 비타민 B_2를 충분히 공급한다.
② 고단백질 식사를 하되, 1/3 이상은 동물성 식품으로 한다.
③ 저비타민 식사를 한다.
④ 저에너지 식사를 한다.
⑤ 무기질 중 칼슘을 제한한다.

100. 수술 후 환자에게 다음과 같은 이유로 충분히 공급해 주어야 하는 영양소는?

• 부종 방지
• 조직 재생
• 감염에 의한 저항력 증가

① 철
② 비타민 C
③ 당 질
④ 지 방
⑤ 단백질

101. 정맥영양액의 구성으로 옳은 것은?

① 당질 공급원으로 덱스트린을 이용한다.
② 비타민은 상한섭취량으로 공급한다.
③ 비필수아미노산은 제외하고 필수아미노산만 공급한다.
④ 지질은 제외한다.
⑤ 단백질 공급원으로 아미노산을 이용한다.

102. 심한 화상을 입은 환자에게 필수적인 영양소는?

① 비타민 A, 칼륨
② 비타민 D, 철
③ 비타민 B_1, 망간
④ 비타민 E, 칼슘
⑤ 비타민 C, 아연

103. 암 악액질이 있는 말기 암환자의 체내 대사 변화는?

① 체지방량이 증가한다.
② 인슐린 민감성이 증가한다.
③ 골격근이 증가한다.
④ 기초대사량이 감소한다.
⑤ 당신생이 증가한다.

104. 제2형 당뇨병 환자의 식사요법으로 옳은 것은?

① 복합당질 대신 단순당질 섭취를 권장한다.
② 인공감미료를 섭취할 수 없다.
③ 고단백식을 한다.
④ 지방은 1일 에너지 필요량의 35% 이상 섭취한다.
⑤ 수용성 식이섬유를 충분히 섭취한다.

105. 다음 중 저단백식이를 해야 하는 질환은?

① 위궤양, 심장병
② 급성신부전, 간성혼수
③ 고혈압, 심장병
④ 만성간질환, 비만증
⑤ 당뇨병, 결핵

106. 햄이나 베어컨 같은 훈연가공육에 함유된 발암물질은?

① 석 면
② 히스타민
③ 과산화수소
④ 멜라민
⑤ 니트로소아민

107. 연하곤란(삼킴장애)을 겪는 뇌졸중 환자에게 적절한 음식은?

① 걸쭉한 형태의 음식
② 묽은 액체의 음식
③ 신맛이 강한 음식
④ 기름기 많은 음식
⑤ 뜨거운 음식

108. 오메가-3 지방산이 이상지질혈증 환자에게 미치는 효과는?

① HDL 콜레스테롤을 감소시킨다.
② LDL 콜레스테롤을 증가시킨다.
③ 혈압을 높인다.
④ 혈전 생성을 돕는다.
⑤ 혈중 중성지방을 감소시킨다.

109. 회장절제 수술 후 결핍되기 쉬운 영양소는?

① 철
② 비타민 B_{12}
③ 리보플라빈
④ 비타민 B_6
⑤ 칼 슘

110. 백혈구 중 호중성구의 증가 원인으로 가장 옳은 것은?

① 기생충 질환 시
② 알레르기(Allergy) 질환 시
③ 악성빈혈 시
④ 기관지 천식 시
⑤ 폐렴 등에 감염 시

111. 류신, 이소류신, 발린의 대사에 장애가 있는 선천성 질환은?

① 단풍당뇨증
② 호모시스틴뇨증
③ 페닐케톤뇨증
④ 크레틴병
⑤ 애디슨병

112. 음식을 짜게 섭취했을 때 체내 수분의 균형을 유지하는 호르몬은?

① 옥시토신
② 글루카곤
③ 프로락틴
④ 항이뇨호르몬
⑤ 칼시토닌

113. 핍뇨가 있는 만성신부전 환자에게 제한해야 하는 영양소는?

① 칼 슘
② 철
③ 칼 륨
④ 염 소
⑤ 불포화지방산

114. 다음 증상을 보이는 당뇨병 환자에게 즉시 제공할 수 있는 식품은?

> 건강검진을 위하여 전날 오후 8시부터 금식을 하고 진료를 기다리던 중 갑자기 식은땀이 나고, 기운이 없어지면서 메스꺼움과 현기증이 발생하였다.

① 녹 차
② 보리차
③ 우 유
④ 생 수
⑤ 오렌지주스

115. 신장에서 레닌의 분비가 증가하면 다음 중 어느 것이 증가하는가?

① 혈액 중의 K^+ 농도
② 혈액 중의 H^+ 농도
③ 헤마토크리트
④ 혈액 중의 유리지방산
⑤ 혈액 중의 안지오텐신 농도

116. 헤마토크리트(hematocrit)의 정의는?

① 혈액의 응고 속도
② 백혈구의 침강하는 속도
③ 적혈구의 침강하는 속도
④ 혈액을 원심분리한 후 적혈구가 차지하는 용적비
⑤ 혈액을 원심분리한 후 혈소판이 차지하는 용적비

117. 대사증후군의 진단기준 항목은?

① 체 중
② 혈중 LDL-콜레스테롤
③ 체질량지수
④ 허리둘레
⑤ 경구당부하 2시간 후 혈당

118. 철결핍성 빈혈 환자에게 권장되는 식품은?

① 식 빵
② 홍 차
③ 토마토
④ 소고기
⑤ 우 유

119. 뇌졸중 환자가 섭취해도 좋은 유지는?

① 생크림
② 마가린
③ 라 드
④ 들기름
⑤ 코코넛유

120. 총콜레스테롤과 LDL-콜레스테롤 수치가 모두 높은 환자에게 제공할 수 있는 식품은?

① 닭껍질튀김
② 소갈비
③ 소시지
④ 소고기사태찜
⑤ 케이크

1과목 | 식품학 및 조리원리

01. 다음 중 결합수에 대한 설명으로 옳은 것은?

① 보통의 물보다 밀도가 크다.
② 100℃에서 끓는다.
③ 0℃에서 잘 언다.
④ 미생물의 번식과 발아에 이용된다.
⑤ 화학반응에 관여한다.

02. 전분의 노화에 영향을 미치는 요인으로 옳은 것은?

① 수분함량이 30~60%일 때 노화가 잘 일어난다.
② 동결하면 노화가 촉진된다.
③ pH가 낮을수록 노화가 억제된다.
④ 황산염은 노화를 억제한다.
⑤ 전분농도가 낮을수록 노화가 촉진된다.

03. 유도지질에 해당하는 것은?

① 중성지방
② 콜레스테롤
③ 왁 스
④ 지단백질
⑤ 스핑고미엘린

04. 포도당(glucose)으로만 구성된 다당류는?

① 펙 틴
② 이눌린
③ 헤미셀룰로스
④ 글루코만난
⑤ 전 분

05. 유지의 자동산화 초기 반응에서 생성되는 물질은?

① 유리기(Free radical)
② 알코올(Alcohol)
③ 과산화물(Hydroperoxide)
④ 중합체(Polymer)
⑤ 알데하이드(Aldehyde)

06. 오징어초무침을 할 때 조미료를 넣는 순서는?

① 식초 → 설탕 → 소금
② 소금 → 식초 → 설탕
③ 소금 → 설탕 → 식초
④ 설탕 → 소금 → 식초
⑤ 설탕 → 식초 → 소금

07. 다음 중 유지의 유지기간 설정기준으로 사용되는 것은?

① 비누화가(Saponification Value)
② 요오드가(Iodine Value)
③ 아세틸가(Acetyl Value)
④ 과산화물가(Peroxide Value)
⑤ 산가(Acid Value)

08. 오징어, 문어의 감칠맛 성분은?

① 타우린(Taurine)
② 호박산(Succinic acid)
③ 쿠쿠르비타신(Cucurbitacin)
④ 쿼르세틴(Quercetin)
⑤ 진저롤(Gingerol)

09. 두부 제조과정 중 생긴 거품을 제거하기 위해 첨가하는 것은?

① 설 탕
② 온 수
③ 소 금
④ 기 름
⑤ 구연산

10. 천연항산화제의 연결이 옳은 것은?

① 종자유 - Gallic Acid
② 감 - Tocopherol
③ 참깨 - Sesamol
④ 면실유 - Oryzanol
⑤ 미강유 - Gossypol

11. pH 4.6에서 용해도가 최소인 단백질은?

① 미오신
② 글로불린
③ 카세인
④ 락트알부민
⑤ 오리제닌

12. 생난백에 존재하고 비오틴과 결합하여 비오틴의 활성을 저해시키는 단백질은?

① 레시틴
② 오보뮤코이드
③ 스쿠알렌
④ 아비딘
⑤ 콘알부민

13. 고구마에 흑반병이 생기면 쓴맛이 나는데, 그 원인성분은?

① 쇼가올
② 알리신
③ 쿠쿠르비타신
④ 쿼르세틴
⑤ 이포메아마론

14. 소고기 장조림을 만들 때 가장 적당한 부위는?

① 홍두깨살
② 안 심
③ 갈비살
④ 뒷다리살
⑤ 등 심

15. 밀가루 반죽 시 글루텐 형성에 관여하는 단백질은?

① 제인, 글로불린

② 글리아딘, 글루테닌

③ 알부민, 글루텔린

④ 호르데인, 글루테닌

⑤ 알부민, 글리아딘

16. 단백질 대사에서 아미노기 전이반응(Transamination)에 관여하는 비타민은?

① 비타민 A   ② 비타민 B_6

③ 비타민 B_1 ④ 비타민 B_2

⑤ 비타민 B_{12}

17. 적양배추를 식초에 절였을 때 용출되는 붉은 색소는?

① 안토시아닌

② 루테인

③ 제아잔틴

④ 베타카로틴

⑤ 아스타신

18. 가열한 우유에서 익은 냄새가 났을 때 주성분은?

① 황화수소

② 트리메틸아민

③ 차비신

④ 쇼가올

⑤ 황화알릴

19. 김을 직사광선에 오래 노출하거나 수분이 많은 곳에 보관하면 붉은색으로 변한다. 이 붉은색의 주성분은?

① 피코에리트린

② 안토시아닌

③ 크립토잔틴

④ 제아잔틴

⑤ 푸코잔틴

20. 경단의 조리방법은?

① 메밀가루로 반죽하여 튀긴 후 고물을 묻힌다.

② 찹쌀가루를 끓는 물로 익반죽한다.

③ 물이 끓기 전 경단을 넣어서 삶는다.

④ 경단을 삶은 뒤 실온에서 식힌다.

⑤ 멥쌀가루를 찬물로 반죽한다.

21. 다음 중 세균의 증식곡선의 순서를 바르게 나타낸 것은?

① 대수기 → 유도기 → 정지기 → 쇠퇴기

② 정지기 → 쇠퇴기 → 유도기 → 대수기

③ 쇠퇴기 → 유도기 → 정지기 → 대수기

④ 유도기 → 대수기 → 정지기 → 쇠퇴기

⑤ 대수기 → 정지기 → 쇠퇴기 → 유도기

22. 포도주 제조에 이용되는 미생물은?

① Bacillus mesentericus
② Rhizopus javanicus
③ Aspergillus niger
④ Candida albicans
⑤ Saccharomyces ellipsoideus

23. 전분이 호화되기 쉬운 조건은?

① 가열온도가 낮을 때
② 수침 시간이 짧을 때
③ 아밀로펙틴이 많을 때
④ 첨가한 수분이 많을 때
⑤ 전분입자의 크기가 작을 때

24. 호정화된 식품은?

① 보리밥
② 감잣국
③ 뻥튀기
④ 김치전
⑤ 도토리묵

25. 쌀에 함유된 단순단백질은?

① 제 인
② 오리제닌
③ 글리시닌
④ 엘라스틴
⑤ 오브알부민

26. 자외선에 의해 Vitamin D_2로 전환되는 식물성 스테롤은?

① Ergosterol
② Cholesterol
③ Sitosterol
④ Stigmasterol
⑤ Carotenoid

27. 곡류의 입자 중 전분이 다량 함유되어 있는 부분은?

① 과 피
② 호분층
③ 배 유
④ 배 아
⑤ 종 피

28. 채소와 과일을 가열할 때 수분의 이동에 대한 설명으로 옳은 것은?

① 삼투현상
② 확 산
③ 팽 압
④ 여 과
⑤ 능동수송

29. 식초 제조에 관여하는 균은?

① Lactobacillus acidophilus

② Serratia marcescens

③ Streptococcus cremoris

④ Pseudomonas syncyanea

⑤ Acetobacter aceti

30. 과일류의 특징으로 옳은 것은?

① 숙성되면 유기산 함량이 증가한다.

② 딸기는 핵과류이다.

③ 프로토펙틴은 과숙한 과일에 많이 존재한다.

④ 포도는 산성 식품이다.

⑤ 아보카도는 과일 중 지방함량이 높다.

31. 두부 제조 시 Mg^{2+}, Ca^{2+} 등의 금속이온에 응고되는 단백질은?

① 제 인

② 글리시닌

③ 호르데인

④ 오리제닌

⑤ 글루테닌

32. 채소에서 폴리페놀 합성에 필요한 방향족 아미노산은?

① 아스파라긴

② 시스테인

③ 티로신

④ 이소류신

⑤ 글리신

33. 유지 가열 시 푸른 연기가 발생하기 시작하는 온도는?

① 인화점

② 연소점

③ 발화점

④ 등전점

⑤ 발연점

34. 신선한 달걀의 설명으로 옳은 것은?

① pH가 9.7 이상이다.

② 달걀 껍데기가 매끈하다.

③ 11%의 소금물에서 가라앉는다.

④ 난황계수가 0.25 이하이다.

⑤ 거품이 쉽게 일어난다.

35. 다음 중 신선도가 낮은 어류는?

① 아가미가 선홍색이며 단단하다.
② 비늘이 고르게 밀착되어 있다.
③ 눈이 맑고 돌출되어 있다.
④ 표면에 점착성이 있다.
⑤ 껍질에 광택이 있다.

36. 전자레인지 사용에 적합한 용기는?

① 도자기 용기
② 알루미늄 용기
③ 스테인리스 용기
④ 석쇠 용기
⑤ 법랑 용기

37. 인지질 중 유화작용을 하는 것은?

① 뮤 신
② 콜레스테롤
③ 페리틴
④ 리포비텔린
⑤ 레시틴

38. 육류의 사후강직 시 증가하는 것은?

① 액토미오신
② 글리코겐
③ pH
④ 보수성
⑤ 이노신산

39. 튀김에 관한 설명으로 옳은 것은?

① 중조를 넣으면 탄산가스가 발생하면서 수분도 증발되어 바삭하게 된다.
② 튀김에 사용한 기름은 철제팬에 담아 보관한다.
③ 글루텐 함량이 높은 밀가루가 오랫동안 바삭한 상태를 유지한다.
④ 뜨거운 물에 반죽하면 점도를 낮게 유지하여 바삭하게 된다.
⑤ 수분이 많은 식품은 그대로 튀긴다.

40. 햄이나 소시지 등 육가공품을 가열하여도 붉은 색을 유지하는 색소는?

① 설프미오글로빈
② 메트미오글로빈
③ 옥시미오글로빈
④ 니트로소미오글로빈
⑤ 콜레미오글로빈

41. 경영자와 종업원이 협의하여 목표를 설정하고, 성과를 객관적으로 평가하여 그에 상응하는 보상을 주는 기법은?

① 지식경영
② 스왓분석
③ 아웃소싱
④ 벤치마킹
⑤ 목표관리법

42. 단체급식에서 생산성이 가장 낮은 상황은?

① 조리종사원의 교육과 훈련을 실시한 때
② 자동화기기를 사용한 때
③ 작업 표준시간을 설정한 때
④ 전처리작업을 하지 않은 식재료를 사용한 때
⑤ 작업동선을 개선한 때

43. 식단작성 시 급식대상자의 영양필요량을 산출하기 위해 고려해야 할 항목은?

① 성별, 식습관, 식품군
② 성별, 연령, 신체활동 정도
③ 식품군, 신체활동 정도, 질병
④ 성별, 기호도, 식습관
⑤ 성별, 연령, 기호도

44. 생산, 배식, 서비스 모두 동일한 장소에서 이루어지며 노동생산성은 낮고 인건비는 높은 급식체계는?

① 편이식 급식
② 전통적 급식
③ 중앙공급식 급식
④ 조합식 급식
⑤ 예비저장식

45. 집단급식소에서 식재료 공급업체와 경쟁입찰로 계약 시 옳은 내용은?

① 구매계약에 관한 의혹을 사기 쉽다.
② 구매절차가 간편한다.
③ 새로운 공급업체를 발굴할 수 있다.
④ 소규모 급식업체가 적합하다.
⑤ 물품인수를 신속하게 할 수 있다.

46. 급식소를 직영으로 운영할 때 일어날 수 있는 단점은?

① 고객사의 관여
② 투자자본 회수 압박에 따른 급식 품질저하
③ 인건비 증가와 서비스의 결여
④ 급식 품질통제의 어려움
⑤ 무리한 인건비 삭감으로 인한 잦은 이직

47. 조리기기를 선정할 때 가장 먼저 고려해야 할 사항은?

① 조리방법
② 성 능
③ 내구성
④ 유지관리의 용이성
⑤ 디자인

48. 단체급식소 시설계획을 논리적으로 실시하기 위한 순서와 내용으로 가장 옳은 것은?

① 시설의 목적 → 전문가(시설·설비 기술자·영양사)의 자문 및 예산 작성 → 평면도면 제시 → 설계자와 접촉
② 시설의 목적 → 예산 작성 → 설계자와 접촉 및 검토 → 평면도면 제시 → 기기 및 설비 전문가와 접촉
③ 시설의 목적 → 예산 작성 → 전문가의 자문 → 평면도면 제시 → 설계자와 접촉
④ 예산 작성 → 전문가의 자문 → 평면도면 제시 → 설계자와 접촉
⑤ 예산 작성 → 설계자와 접촉 → 평면도면 제시 → 전문가의 자문

49. 영양사가 조리종사원에게 비전과 영감을 제시하고, 스스로 성장할 수 있도록 동기부여를 하는 리더십은?

① 자유방임형 리더십
② 변혁적 리더십
③ 전제적 리더십
④ 섬기는 리더십
⑤ 민주형 리더십

50. 허즈버그(Herzberg)의 이론 중 동기요인은?

① 직무에 대한 성취감
② 작업조건
③ 동 료
④ 임 금
⑤ 회사정책

51. 기업의 직무를 효율적으로 수행하기 위해서 직무를 구성하는 업무의 내용과 직무에 필요한 인적 요건 및 기업조건 등을 조사·연구하는 것을 무엇이라하는가?

① 직무분석
② 인사고과
③ 직무만족
④ 직무단순화
⑤ 직무확대

52. 검식에 대한 설명으로 옳은 것은?

① 배식 전 상차림하여 조리상태, 위생 등을 평가한다.
② 검식결과는 검수일지에 작성한다.
③ 식단작성 과정에서 음식의 조화를 미리 검토한다.
④ 제공된 후 식수와 기호도를 조사한다.
⑤ 제공된 음식을 냉동보관하여 식중독 사고에 대비한다.

53. 보기와 같은 효과를 얻을 수 있는 작업관리 서식은?

> • 종업원에 대한 평가가 용이하다.
> • 작업이 체계적으로 이루어진다.
> • 작업순서를 알 수 있다.
> • 작업에 대한 책임 소재가 분명하다.

① 직무표
② 생산성지표
③ 조직도
④ 작업공정표
⑤ 작업일정표

54. 다음 중 비공식 조직(Informal Organization)의 특징은?

① 커뮤니케이션의 통로역할을 하지 않는다.
② 능률의 원리에 따라 구성된다.
③ 권한이 위양에 의해 이루어진다.
④ 일정한 구조나 구분이 명확하다.
⑤ 자기실현, 자기혁신을 가능하게 한다.

55. 상향적 의사소통의 경로로 옳은 것은?

① 명 령
② 공문 발송
③ 통 보
④ 제안제도
⑤ 업무지침 시달

56. 급식소의 작업기능 중에서 간접 작업기능은?

① 조리용구 세척
② 음식의 운반
③ 전처리 및 조리준비
④ 작업일정 계획
⑤ 식재료 검수

57. 내부모집에 대한 설명으로 옳은 것은?

① 모집비용이 절감된다.
② 전문적인 능력을 갖춘 직원을 채용하는 데 적합하다.
③ 참신한 아이디어와 관점을 도입할 수 있다.
④ 조직문화에 적응하는 데 시간이 오래 걸린다.
⑤ 인력 채용에 따른 위험부담이 증가한다.

58. 직능식 조직의 중심 원칙은?

① 기능화의 원칙
② 전문화의 원칙
③ 권한 위임의 원칙
④ 명령일원화의 원칙
⑤ 삼면등가의 원칙

59. 메뉴엔지니어링 분석 결과 1인 제공량을 줄이는 전략이 필요한 메뉴는?

① 인기도와 수익성이 높은 메뉴
② 인기도와 수익성이 낮은 메뉴
③ 인기도와 노동생산성이 낮은 메뉴
④ 인기도는 높고 수익성이 낮은 메뉴
⑤ 인기도는 낮고 수익성이 높은 메뉴

60. 구매절차에 따른 장표의 순서로 옳은 것은?

① 구매명세서 → 구매청구서 → 발주서 → 거래명세서
② 구매명세서 → 발주서 → 구매청구서 → 거래명세서
③ 구매청구서 → 구매명세서 → 발주서 → 거래명세서
④ 구매청구서 → 발주서 → 구매명세서 → 거래명세서
⑤ 발주서 → 구매청구서 → 구매명세서 → 거래명세서

61. 직장 내 훈련(OJT)의 주된 목적은?

① 인간관계, 작업태도
② 환경개선, 기술, 체력관리
③ 교양지도, 인간관계, 체력관리
④ 기술, 지식, 작업태도, 작업관습
⑤ 기술훈련, 생활양식, 인간관계

62. 예상식수 1,200명, 좌석회전율 4인 집단급식소의 좌석당 면적을 1.5m²로 정할 때 식당면적은?

① 300m²
② 450m²
③ 500m²
④ 750m²
⑤ 1,200m²

63. 수의계약이 주로 이루어지는 경우로 옳은 것은?

① 물품에 관한 납품업자가 한정되어 있을 때
② 구매 물량이 많을 때
③ 시장과 가격의 안정성이 높을 때
④ 업체의 규모가 커서 공식구매가 필요할 때
⑤ 시간이 충분할 때

64. 중앙구매의 장점으로 옳지 않은 것은?

① 구매가격 인하
② 비용의 절감
③ 일관된 구매방침 확립
④ 공급력 개선
⑤ 구매절차 간단

65. 식품재료를 검수할 때 품질확인의 기준이 되는 서류는?

① 공급자 재고량표
② 발주서
③ 납품서
④ 구매요구서
⑤ 구매명세서

66. 다음 중 입고 시 필요한 서류로 조합된 것은?

① 수입전표, 발주서
② 납품서, 수입전표
③ 납품서, 검수일지
④ 식품수불부, 구매표
⑤ 발주서, 납품서

67. 보존식에 관한 설명으로 옳은 것은?

① 완제품을 제공하는 경우 포장을 벗겨 보관한다.
② 배식 후 남은 음식을 보관한다.
③ 보존식 전용냉장고에 3일간 보관한다.
④ 살균소독한 음식을 보관한다.
⑤ 음식별로 1인분 이상 담아 보관한다.

68. 급식소에서 재고기록을 하는 목적으로 옳지 않은 것은?

① 식품원가 통제를 위해서
② 노동생산성 향상을 위해서
③ 보유하고 있는 재고량 파악을 위해서
④ 식품 구매 시 필요량 결정을 위해서
⑤ 물품의 도난 및 손실 방지를 위해서

69. 일정한 식단을 정해 주어 선택할 여지가 없는 식단은?

① 자유식단
② 단일식단
③ 표준식단
④ 카페테리아 식단
⑤ 복수식단

70. 식사구성안에서 식품의 1인 1회 분량으로 옳은 것은?

① 돼지고기 60g
② 식빵 50g
③ 당근 100g
④ 사과 200g
⑤ 우유 100g

71. 급식비가 4,500원인 급식소에서는 변동비가 2,500원, 월 임차료가 100만 원, 월 인건비가 700만 원이 지출된다. 이 급식소의 월 손익분기점 판매량은?

① 4,000식
② 4,200식
③ 4,500식
④ 4,800식
⑤ 5,000식

72. 급식소의 식품위생관리에 관한 설명으로 옳은 것은?

① 사용하고 남은 통조림제품은 랩을 씌워 냉장 보관한다.
② 해동하고 남은 식품은 재동결하여 사용한다.
③ 달걀은 물로 세척하여 보관한다.
④ 날음식은 냉장고 하단에, 가열조리식품은 냉장고 상단에 보관한다.
⑤ 냉기순환을 위해 냉장고 용량은 90% 정도가 적절하다.

73. 조리명 30명의 인사고과 결과 A~E 등급 중 C 등급에 20명이 집중되었다면, 인사고과 오류 중 어디에 해당하는가?

① 논리오차
② 대비오차
③ 중심화 경향
④ 관대화 경향
⑤ 논리오차

74. 급식원가 중 인건비에 속하는 것은?

① 보험료
② 여비교통비
③ 전화사용료
④ 상여금
⑤ 외주가공비

75. 손익계산서에 대한 설명으로 옳은 것은?

① 자본, 자산, 부채 간의 관계를 표현한 것이다.
② 일정시점의 기업 재무상태를 나타낸다.
③ 일정기간 동안의 경영성과를 나타낸다.
④ 현금의 흐름을 알 수 있다.
⑤ 수익이 비용보다 작은 경우에 이익이 발생한 것이다.

76. 순환식단에 관한 설명으로 옳은 것은?

① 식자재의 효율적인 관리가 어렵다.
② 메뉴개발에 소요되는 시간을 절약할 수 있다.
③ 학교급식에서 많이 사용하고 있다.
④ 식단이 다양하여 다양한 식품을 섭취할 수 있다.
⑤ 식단주기가 길면 고객이 단조로움을 느낄 수 있다.

77. 재고자산의 평가법 중 방법이 간단하여 급식소에 가장 널리 사용되는 것은?

① 총평균법
② 실제구매가법
③ 최종구매가법
④ 후입선출법
⑤ 선입선출법

78. 바이러스에 의하여 발생하는 감염병은?

① 디프테리아

② 성홍열

③ 이 질

④ 장티푸스

⑤ 폴리오

79. 신장독을 일으키는 곰팡이독소는?

① 파툴린(patulin)

② 루테오스키린(luteoskyrin)

③ 시트리닌(citrinin)

④ 이슬란디톡신(islanditoxin)

⑤ 시트레오비리딘(citreoviridin)

80. 어패류에 의해서 감염되는 기생충 중 특히 은어를 날로 먹었을 때 감염될 우려가 높은 것은?

① 간디스토마

② 광절열두조충

③ 유극악구충

④ 요코가와흡충

⑤ 아니사키스

81. 소라·고둥의 타액선(침샘)에 함유된 물질로, 제거하지 않고 섭취 시 식중독을 유발하는 독소는?

① 무스카린(muscarine)

② 테트라민(tetramine)

③ 시구아톡신(ciguatoxin)

④ 베네루핀(venerupin)

⑤ 에르고톡신(ergotoxin)

82. 물과 기름처럼 서로 혼합이 잘 되지 않는 두 종류의 액체를 혼합시켜 분리되지 않도록 해 주는 기능의 식품첨가물은?

① 소포제

② 용 제

③ 유화제

④ 호 료

⑤ 추출제

83. 에멘탈 치즈의 가스구멍(cheese eye) 형성에 관여하는 미생물은?

① Mucor rouxii

② Aspergillus oryzae

③ Serratia marcescens

④ Propionibacterium shermanii

⑤ Pseudomonas fluorescens

84. 냉동식품의 분변오염 지표균은?

① Lactobacillus

② Enterococcus

③ Bacillus

④ Pseudomonas

⑤ Clostridium

85. 인수공통감염병 중 Bacillus anthracis가 병원체인 것은?

① 파상열

② 렙토스피라증

③ 야토병

④ 리스테리아증

⑤ 탄 저

86. 세균성 식중독 원인균 중 치사율이 높은 균은?

① Clostridium botulinus
② Vibrio parahaemolyticus
③ Staphylococcus aureus
④ Salmonella typhimurium
⑤ Escherichia coli

87. 화농성 질환의 대표적인 원인균으로 오염된 김밥이나 도시락에 의해서 식중독을 일으키는 균은?

① Vibrio parahaemolyticus
② Bacillus cereus
③ Salmonella enteritidis
④ Clostridium botulinum
⑤ Staphylococcus aureus

88. 알레르기를 유발하는 histamine을 생성하는 식중독균은?

① Yersinia enterocolitica
② Clostridium botulinum
③ Salmonella enteritidis
④ Staphylococcus aureus
⑤ Morganella morganii

89. 설탕의 40~50배 감미도로, 발암성이 확인되어 현재는 사용이 금지된 감미료는?

① 에틸렌글리콜
② 파라니트로올소토루이딘
③ 시클라메이트
④ 둘 신
⑤ 페릴라틴

90. 식기 및 도마 등에 널리 사용되는 소독법은?

① 고압증기멸균법
② 자비소독법
③ 석탄산소독법
④ 간헐멸균법
⑤ 화염멸균법

91. 보기에서 설명하는 HACCP의 용어는?

> 중요관리점에 설정된 한계기준을 적절히 관리하고 있는지 여부를 확인하기 위하여 수행하는 일련의 계획된 관찰이나 측정하는 행위

① 모니터링
② 한계기준
③ 중요관리점
④ 검 증
⑤ 개선조치

92. 「식품위생법」상 집단급식소에 대한 설명으로 옳은 것은?

① 영리를 목적으로 한다.
② 불특정 다수인을 대상으로 한다.
③ 1회 30명 이상에게 식사를 제공하는 급식소를 말한다.
④ 학교, 산업체, 병원 등의 급식시설을 말한다.
⑤ 불연속적으로 음식물을 공급한다.

93. 「식품위생법」상 집단급식소 영양사의 직무로 옳은 것은?

① 조리실무에 관한 사항
② 식단에 따른 조리업무
③ 급식설비의 위생 실무
④ 급식기구의 안전 실무
⑤ 구매식품의 검수 및 관리

94. 「식품위생법」상 한시적으로 인정하는 식품 등의 제조 · 가공 등에 관한 기준과 성분의 규격에 관하여 필요한 세부 검토기준 등을 정하여 고시하는 자는?

① 식품의약품안전처장
② 특별자치도지사
③ 시장 · 군수 · 구청장
④ 한국식품안전관리인증원장
⑤ 특별자치시장

95. 「식품위생법」상 영업에 종사하지 못하는 질병은?

① 유행성이하선염
② 홍 역
③ 수 두
④ C형간염
⑤ 피부병

96. 「식품위생법」상 판매 식품을 비위생적으로 취급한 자에 대한 벌칙은?

① 300만 원 이하의 과태료
② 500만 원 이하의 과태료
③ 1천만 원 이하의 과태료
④ 1년 이하의 징역 또는 1천만 원 이하의 벌금
⑤ 3년 이하의 징역 또는 3천만 원 이하의 벌금

97. 「학교급식법」상 학교급식 경비 중 보호자가 경비를 부담해야 하는 것은?

① 유지비
② 식품비
③ 연료비
④ 인건비
⑤ 소모품비

98. 「국민건강증진법」의 목적은?

① 국민의 건강증진
② 국민의 식생활 개선에 기여
③ 식품에 관한 올바른 정보 제공
④ 식품영양의 질적 향상
⑤ 국가영양 정책 수립

99. 「국민영양관리법」상 영양사 면허를 받을 수 있는 자는?

① 전문의가 영양사로서 적합하다고 인정하지 않은 정신질환자
② 대마 중독자
③ 향정신성의약품 중독자
④ 영양사 면허가 취소된 날부터 2년이 된 사람
⑤ 감염병환자 중 보건복지부령으로 정하는 사람

100. 「농수산물의 원산지 표시에 관한 법률」상 원산지가 적힌 메뉴표를 인터넷 홈페이지에 추가로 공개하여야 하는 곳은?

① 학교 급식소
② 휴게음식점
③ 병원 급식소
④ 일반음식점
⑤ 장례식장 급식소

실제시험보기
4회

1과목 | 영양학 및 생화학

01. 전분을 덱스트린이나 맥아당으로 분해하는 물질로 입에서 분비되는 효소는?

① 락타아제
② 수크라아제
③ α-아밀라아제
④ 말타아제
⑤ 리파아제

02. 세룰로플라스민과 슈퍼옥사이드 디스뮤타아제(SOD)의 공통적인 성분은?

① 요오드
② 칼륨
③ 망간
④ 몰리브덴
⑤ 구리

03. 근육에 의하여 생성된 젖산을 간에서 다시 포도당으로 전환하는 생화학적 반응은?

① 알라닌회로
② 코리회로
③ 글루쿠론산회로
④ TCA회로
⑤ 요소회로

04. 혈당을 낮추는 호르몬은?

① 에피네프린
② 글루카곤
③ 인슐린
④ 성장호르몬
⑤ 갑상샘호르몬

05. 다음과 같은 식사를 1개월 이상 지속할 경우 발생할 수 있는 영양문제를 해결하는 데 도움을 주는 음식은?

- 1일 에너지영양소 섭취량
  - 탄수화물 40g, 단백질 80g, 지질 120g

① 현미밥
② 달걀말이
③ 삼치구이
④ 돈가스
⑤ 연어샐러드

06. 수용성 식이섬유가 혈중 콜레스테롤 농도를 낮추는 이유는?

① 대장 통과시간 단축
② 콜레스테롤 유화 증가
③ 담즙산 재흡수 촉진
④ 체지방 분해 증가
⑤ 소장에서 지방 흡수 저해

07. 인지질이 세포막의 주요 구성성분이 될 수 있는 이유로 가장 적합한 것은?

① 이성체가 존재한다.
② 인산 에스테르 결합을 하고 있다.
③ 글리세롤을 함유하고 있다.
④ 극성과 비극성 부분을 가지고 있다.
⑤ 다양한 지방산을 함유하고 있다.

08. 다음 중 항피부병인자와 성장인자로 이용되는 지방산으로 옳은 것은?

① 리놀레산
② 리놀렌산
③ 아라키돈산
④ 올레산
⑤ 프로피온산

09. 체내에서 절연체와 장기보호 역할을 하는 것으로 옳은 것은?

① 콜레스테롤
② 에르고스테롤
③ 당지질
④ 인지질
⑤ 중성지방

10. 성호르몬의 전구체는?

① 스핑고신
② 글루텔린
③ 알부민
④ 콜레스테롤
⑤ 레시틴

11. 알코올이 독성을 나타내는 원인이 되는 대사물질은?

① 아세토아세트산
② 알데하이드탈수소효소
③ 아세트산
④ 아세트알데하이드
⑤ 짧은사슬지방산

12. 다음 중 각 지방산과 많이 함유된 식품을 바르게 짝지은 것은?

① 팔미트산 – 대두유
② α–리놀렌산 – 들기름
③ 리놀레산 – 생선유
④ 올레산 – 야자유
⑤ EPA, DHA – 옥수수유

13. 다음의 기능을 하는 무기질은?

> • 글루타티온 과산화효소의 성분
> • 비타민 E와 상호보완적

① 불 소
② 셀레늄
③ 아 연
④ 크 롬
⑤ 요오드

14. DNA 염기 서열 중 단백질의 유전정보를 담고 있는 부위는?

① 인트론(intron)
② 시스트론(cistron)
③ 프라이머(primer)
④ 오페론(operon)
⑤ 엑손(exon)

15. 단백질 대사에 관한 설명으로 옳은 것은?

① 단백질의 대사율은 신장에서 조절된다.
② 단백질의 섭취량이 많으면 부종이 생긴다.
③ 대사산물 중 크레아티닌은 식사의 영향을 많이 받는다.
④ 알라닌은 근육에서 간으로 질소 수송체 역할을 한다.
⑤ 요소회로는 신장에서 일어난다.

16. 질소평형이 양(+)이 되는 경우는?

① 굶거나 화상, 상처, 감염, 열병 등의 질환이 있을 때
② 식이 음식 중 한 가지 필수아미노산이 부족하면 다른 아미노산도 단백질 합성에 쓰일 수 없게 될 때
③ 심각한 스트레스를 받을 때
④ 성장하는 유아
⑤ 에너지 섭취가 부족할 때

17. 요소 합성반응에 관계있는 물질은?

① 아르기닌
② 시트르산
③ 피루브산
④ Acetyl－CoA
⑤ 옥살로아세트산

18. 다음 중 체중 증가를 이용한 단백질 평가법으로 옳은 것은?

① 생물가
② 화학가
③ 단백질 효율
④ 질소평형지표
⑤ 순단백질이용률

19. 과잉섭취 시 칼슘의 흡수를 저해하며, ATP의 구성성분인 무기질은?

① 망 간
② 칼 륨
③ 염 소
④ 셀레늄
⑤ 인

20. 우유를 먹으면 배탈이 나고 설사를 하는 증상에 대한 설명으로 옳은 것은?

① 동양인보다 서양인에게 많다.
② 어린아이에게 주로 나타나고 성인은 증상이 없어진다.
③ 요거트, 치즈 등의 유제품 섭취를 제한한다.
④ 갈락토스가 소화되지 않아서 나타난다.
⑤ 유당이 소화되지 않아서 나타난다.

21. 콜레스테롤로부터 만들어지는 것은?

① 스쿠알렌
② 리놀레산
③ 담 즙
④ 메발론산
⑤ 에이코사노이드

22. 수유부의 유즙 생성과 분비에 관련 있는 주요 호르몬은?

① 에스트로겐, 프로락틴
② 프로게스테론, 알도스테론
③ 옥시토신, 알도스테론
④ 에스트로겐, 프로게스테론
⑤ 옥시토신, 프로락틴

23. 우유와 유제품의 좋은 급원이 되며, 조효소 형태는 수소운반 과정에 필요한 비타민은 무엇인가?

① 리보플라빈
② 니아신
③ 비오틴
④ 티아민
⑤ 피리독신

24. 섭취한 질소의 양에 비해 보유될 수 있는 질소의 양이 가장 높은 식품으로 옳은 것은?

① 쌀   ② 대 두
③ 생 선   ④ 우 유
⑤ 달 걀

25. TCA회로에 대한 설명으로 옳은 것은?

① 세포질에서 주로 일어난다.
② TCA회로의 시작물질은 인산이다.
③ 탄수화물만이 TCA회로를 거친다.
④ 비타민 E가 관여한다.
⑤ 최초 생성물은 시트르산이다.

26. 철의 흡수를 증가시키는 요인으로 옳은 것은?

① 위산의 부족
② 피트산, 타닌
③ 섬유소
④ 비타민 C
⑤ 칼슘 과잉 섭취

27. 비타민과 조효소의 연결이 옳은 것은?

① 리보플라빈 – NAD
② 비타민 B_6 – TPP
③ 티아민 – FAD
④ 엽산 – PLP
⑤ 판토텐산 – CoA

28. 비오틴에 대한 설명으로 옳은 것은?

① 지용성 비타민
② CO_2 전이반응
③ 아미노기 전이반응
④ 탄소화합물 전이반응
⑤ 결핍 시 야맹증 발생

29. 식품 섭취에 따른 영양소 이용을 위한 에너지 소비량이 큰 식품은?

① 버 터
② 아이스크림
③ 쌀국수
④ 닭가슴살
⑤ 고구마

30. 지방산 생합성의 출발 물질은?

① 아세토아세틸–CoA
② 메틸말로닐–CoA
③ 부티릴–CoA
④ 숙시닐–CoA
⑤ 아세틸–CoA

31. 프로트롬빈의 형성을 도와 혈액 응고에 관여하는 비타민은?

① 비타민 A
② 비타민 D
③ 비타민 E
④ 비타민 K
⑤ 비타민 C

32. 성숙유에 비해 초유에 적게 들어 있는 성분은?

① 단백질
② 지 방
③ 무기질
④ β–카로틴
⑤ 글로불린

33. 영아의 지방 소화에 관한 설명으로 옳은 것은?

① 담즙 분비량이 성인과 비슷하다.
② 구강 내에서는 지방의 소화가 발생하지 않는다.
③ 지방분해 능력이 성인보다 우수하다.
④ 췌장 리파아제의 활성이 성인보다 높다.
⑤ 우유보다 모유 속 지방의 흡수가 더 용이하다.

34. 소장 점막에서 영양소가 에너지나 운반체를 사용하지 않고 농도의 차이에 의해 흡수되는 기전은?

① 단순확산
② 능동수송
③ 식세포작용
④ 여 과
⑤ 촉진확산

35. 호흡계수 산출방법은?

① 소모된 O_2 양/생산된 H_2O 양
② 소모된 O_2 양/생산된 CO_2 양
③ 생산된 H_2O 양/소모된 O_2 양
④ 생산된 O_2 양/소모된 CO_2 양
⑤ 생산된 CO_2 양/소모된 O_2 양

36. 수유부의 식사섭취량, 영양상태, 계절의 영향을 많이 받는 모유성분은?

① 유 당
② 칼 슘
③ 알부민
④ 포도당
⑤ 지방산

37. 섭취량이 부족하면 태아에게 신경관 손상이 나타나게 되는 것과 급원식품으로 옳게 연결된 것은?

① 비타민 B_{12} – 소고기
② 비타민 B_{12} – 토마토
③ 비타민 A – 우유
④ 엽산 – 우유
⑤ 엽산 – 시금치

38. 우유보다 모유에 많이 함유된 것은?

① 마그네슘
② 유 당
③ 비타민 B_2
④ 카세인
⑤ 페닐알라닌

39. 간에서 약물의 해독과정에 관여하며, 글루타티온의 구성성분인 무기질은?

① 황
② 인
③ 염 소
④ 칼 슘
⑤ 마그네슘

40. 설사가 지속되어 탈수 증상을 보이는 영아에게 적합한 음식은?

① 우 유
② 탄산음료
③ 아이스크림
④ 보리차
⑤ 과일주스

41. 생후 5~6개월 된 영아에게 이유식을 제공하는 방법은?

① 향신료와 정제염을 사용한다.
② 꿀을 넣어 단맛을 낸다.
③ 달걀노른자를 먹여 철을 보충한다.
④ 다양한 식재료를 혼합해서 먹인다.
⑤ 먹기 쉽게 젖병에 담아서 먹인다.

42. 50세 이후 성인기에 증가하는 체구성 성분은?

① 골질량
② 근육량
③ 체지방량
④ 체수분량
⑤ 제지방량

43. 「2020 한국인 영양소 섭취기준」 중 학령기 (9~11세) 남녀 간 권장섭취량에 차이가 있는 무기질은?

① 칼 슘
② 나트륨
③ 마그네슘
④ 염 소
⑤ 철

44. 운동 중에 나타나는 체내 변화는?

① 혈당 증가
② 활동근의 혈류량 감소
③ 인슐린 분비 증가
④ 혈중 젖산 농도의 감소
⑤ 근육 글리코겐 감소

45. 주로 세포외액에 존재하며, 포도당과 아미노산의 흡수에 관여하는 무기질은?

① 마그네슘
② 황
③ 칼 슘
④ 나트륨
⑤ 칼 륨

46. 만성질환 예방을 위한 중년의 영양관리지침은?

① 대장암 – 지질 섭취량 늘리기
② 골다공증 – 비타민 D 섭취량 줄이기
③ 대사증후군 – 포화지방산 섭취량 줄이기
④ 고혈압 – 염분 섭취량 늘리기
⑤ 과체중 – 당질 섭취량 늘리기

47. 해당경로 중에서 ATP를 생성하는 반응으로 옳은 것은?

① Glucose → Glucose – 6 – Phosphate
② Glucose – 6 – Phosphate → Fructose – 6 – Phosphate
③ Fructose – 6 – Phosphate → Fructose – 1,6 – Diphosphate
④ 1,3 – Diphosphoglycerate → 3 – Phospho glycerate
⑤ 3 – Phasphoglycerate → 2 – Phosphogly cerate

48. Pyruvate가 Lactate로 전환되는 과정에 대한 설명으로 옳은 것은?

① 호기성 조건에서 주로 이루어진다.
② Pyruvate Dehydrogenase에 의해 촉매된다.
③ 해당과정에 필요한 NADH와 H^+ 공급을 위해 일어난다.
④ Lactate는 적혈구의 Glucose 에너지 대사의 최종산물이다.
⑤ Lactate는 근육조직 내에서 Gluconeogenesis 를 거쳐 Glucose로 전환될 수 있다.

49. 포유동물에서 지방산 합성효소에 의하여 생성되는 주생성물은?

① Butyric Acid
② Stearic Acid
③ Linoleic Acid
④ Palmitic Acid
⑤ Folic Acid

50. 지방산의 β – 산화에 관한 설명으로 옳은 것은?

① 세포질에서 주로 일어난다.
② Malonyl – CoA를 생성한다.
③ β – 산화의 주생성물은 Acetoacetic Acid이다.
④ β – 산화를 하면 지방산은 탄소수가 2개 적은 Acyl – CoA가 된다.
⑤ 불포화지방산의 β – 산화는 Trans – 형이 Cis – 형으로 바뀌고 난 다음 일어난다.

51. 아미노산의 아미노기가 근육으로부터 간으로 이동하는 것으로 옳은 것은?

① 코리회로
② 글루코스 – 알라닌회로
③ TCA회로
④ 요소회로
⑤ 해당과정

52. 칼슘과 인의 흡수를 도와주는 비타민으로 과잉되면 신장이 경화되어 요독증이 유발되는 것으로 옳은 것은?

① 비타민 A
② 비타민 B_1
③ 비타민 C
④ 비타민 D
⑤ 비타민 K

53. 아미노산의 종류로 옳게 연결된 것은?

① 중성 아미노산 – 페닐알라닌, 티로신, 트립토판
② 방향족 아미노산 – 메티오닌, 시스테인
③ 함황 아미노산 – 글리신, 발린, 류신
④ 염기성 아미노산 – 히스티딘, 아르기닌, 라이신
⑤ 헤테로고리 아미노산 – 류신, 티로신, 프롤린

54. 단백질의 생합성이 이루어지는 장소는?

① 리보솜
② 미토콘드리아
③ 핵
④ 액 포
⑤ 골지체

55. 생후 4개월 이전에 이유식을 시작하면 발생할 수 있는 문제점은?

① 편 식
② 성장지연
③ 알레르기
④ 빈 혈
⑤ 충 치

56. 근육과 뇌 등에서 아미노산 대사에 의해 생성된 암모니아를 간으로 운반하는 아미노산의 형태는?

① Arginine, Glutamate
② Alanine, Glutamine
③ Aspartate, Glutamine
④ Alanine, Glutamate
⑤ Arginine, Glutamine

57. 이소플라본이 함유된 식품으로 갱년기 증상 완화에 효과적인 것은?

① 두 부
② 아몬드
③ 굴
④ 토마토
⑤ 우 유

58. RNA의 뉴클레오티드 사이의 결합을 가수분해하는 효소는?

① Ribo nucleotidyl transferase
② Polymerase
③ Deoxyribonuclease
④ Ribonuclease
⑤ Helicase

59. Thiamine–Pyrophosphate(TPP)가 관여하는 효소의 이름은?

① Fatty Acid Synthase
② Glucokinase
③ Transaminase
④ Transketolase
⑤ Proteinkinase

60. 수분평형에 대한 설명으로 옳은 것은?

① 불감증산은 대변으로 배설되는 수분이다.
② 수분 손실량이 4%가 되면 갈증을 느낀다.
③ 혈액 삼투압이 감소하면 갈증을 느낀다.
④ 알도스테론은 수분 배설량을 조절한다.
⑤ 항이뇨호르몬은 수분 배출을 촉진한다.

61. 다음 사례에 적용된 계획적 행동이론의 구성 요소는?

> 아침을 결식하는 직장인에게 아침식사를 할 수 있는 손쉬운 방법에 관한 영양교육을 실시한 결과, 직장인들은 '매일 아침식사를 할 수 있는 자신감'을 가지게 되었다.

① 순응동기
② 인지된 행동통제력
③ 태 도
④ 주관적 규범
⑤ 행동의도

62. 영양교육 실시의 일반원칙을 순서대로 나열한 것은?

① 실태의 파악 → 문제의 진단 → 문제의 발견 → 실시 → 대책의 수립 → 효과판정
② 실태의 파악 → 문제의 발견 → 문제의 진단 → 대책의 수립 → 실시 → 효과판정
③ 실태의 파악 → 문제의 진단 → 문제의 발견 → 대책의 수립 → 실시 → 효과판정
④ 실태의 파악 → 문제의 발견 → 문제의 진단 → 실시 → 대책의 수립 → 효과판정
⑤ 실태의 파악 → 문제의 진단 → 문제의 발견 → 대책의 수립 → 효과판정 → 실시

63. 지역사회 영양사가 저염식단을 제공하였는데, 건강상의 효과를 확인한 다른 구성원이 이를 따라서 행동했다면 어떤 이론이 적용된 것인가?

① 건강신념모델
② 개혁확산모델
③ 사회인지론
④ 사회학습이론
⑤ 합리적 행동이론

64. 영양사가 40대 대상자에게 당뇨병의 위험성과 당뇨병에 걸렸을 때 건강에 미치는 심각한 영향에 대해 교육을 하고, 당뇨병 개선을 위한 식사요법으로 인한 이득을 교육하였다. 이때 어떤 영양교육을 이용한 것인가?

① 사회학습이론
② 합리적 행동이론
③ 계획적 행동이론
④ 개혁확산 모델
⑤ 건강신념 모델

65. 'K-food의 발전방안'에 관하여 여러 방면의 전문가가 서로의 견해를 발표하고, 발표 후 청중들과 질의응답을 하였다. 이 방법은?

① 원탁식 토의
② 브레인스토밍
③ 강단식 토의
④ 시범교수법
⑤ 연구집회

66. 시간적 · 공간적인 문제를 초월하여 구체적인 사실까지 전달할 수 있으며, 높은 경제성을 보이는 영양교육 매체는?

① 영사매체
② 입체매체
③ 게시매체
④ 전시매체
⑤ 매스미디어

67. 영양교육에 이용할 수 있는 전자매체는?

① 신 문
② 방 송
③ 소책자
④ 포스터
⑤ 영양 달력

68. 식사섭취조사방법 중 조사단위가 개인인 것은?

① 식품재고조사법
② 식품수급표
③ 식품계정조사
④ 식품섭취빈도조사법
⑤ 식품목록회상법

69. 영양표시에 관한 설명으로 옳은 것은?

영양정보		
총 내용량 400g / 1회 제공량 100g당 509kcal		
나트륨	530mg	27%
탄수화물	65g	20%
당 류	27g	27%
단백질	6g	11%
지 방	25g	46%
트랜스지방	0.6g	–
포화지방	13g	87%
콜레스테롤	9mg	3%

*1일 영양성분 기준치에 대한 비율(%)은 2,000kcal 기준이므로 개인의 필요 열량에 따라 다를 수 있습니다.

① 총 내용량 섭취 시 에너지는 509kcal이다.
② 1회 제공량 섭취 시 당류는 1일 기준량을 초과한다.
③ 100g 섭취 시 콜레스테롤은 1일 권고량 이상이다.
④ 1회 제공량 섭취 시 나트륨은 만성질환위험감소섭취량 1일 기준을 초과한다.
⑤ 총 내용량 섭취 시 포화지방은 1일 기준량을 초과한다.

70. 지역주민을 대상으로 영양교육을 실시할 때 우선적으로 선정해야 할 문제는?

① 경제적 손실이 큰 문제
② 심각성이 낮은 문제
③ 긴급성이 낮은 문제
④ 개선 가능성이 낮은 문제
⑤ 이환율이 낮은 문제

71. 식이섭취 조사방법 중 식사력 조사법에 대한 설명으로 옳은 것은?

① 훈련된 조사원이 필요하다.
② 정확한 양적인 측정이 가능하다.
③ 기억력에 의존하지 않는다.
④ 조사가 간단하다.
⑤ 단시간에 조사가 가능하다.

72. 전문조사수행팀을 구성하여 '국민건강영양조사'를 실시하는 기관은?

① 환경부
② 교육부
③ 질병관리청
④ 식품의약품안전처
⑤ 국립보건연구원

73. 영양상담 시 상담자에게 가장 필요한 태도는?

① 충 고
② 요 약
③ 경 청
④ 해 석
⑤ 수 용

74. 병원급식에서 영양사의 임무가 아닌 것은?

① 식단작성
② 진단에 따른 식사처방의 발행
③ 급여기준량의 산출
④ 조리지도
⑤ 급식업무 기준의 작성

75. 입원 환자의 영양검색에 대한 설명으로 옳은 것은?

① 3개월 이상 장기 입원한 환자를 대상으로 한다.
② 영양불량 위험 환자를 선별한다.
③ 고도의 전문지식이 필요하다.
④ 정확한 영양판정이 가능하다.
⑤ 만성질환 환자를 대상으로 한다.

76. 영양문제를 진단할 때 신체적 징후를 시각적으로 진단하는 영양판정방법은?

① 신체계측법
② 생화학적 검사
③ 임상조사
④ 영양스크리닝
⑤ 식사섭취조사

77. 병인식에 관한 설명으로 옳은 것은?

① 검사식은 특별 병인식에 속한다.
② 일반 병인식은 질병의 치료를 주목적으로 한다.
③ 특별 병인식은 질병의 상태에 따라 열량과 영양소를 조절한다.
④ 레닌 검사식은 암 종양의 가능성을 알아보는 병인식이다.
⑤ 맑은 유동식은 수분과 지방의 함량이 높다.

78. 정맥영양액의 성분은?

① 섬유소
② 전 분
③ 말토덱스트린
④ 폴리펩티드
⑤ 아미노산

79. 음식물을 삼킬 때 연하통증을 호소하는 식도염 환자의 식사요법은?

① 식후 바로 누워 휴식을 취한다.
② 고지방ㆍ저단백 식사를 제공한다.
③ 탄산음료를 제공한다.
④ 저열량 식사를 제공한다.
⑤ 무자극 연식을 제공한다.

80. 경련성 변비에 대한 설명으로 옳은 것은?

① 증상이 심할 때는 저잔사식을 한다.
② 알코올성 음료나 탄산음료를 제공한다.
③ 매운맛을 내는 향신료는 입맛을 돋우기 위해 사용해도 무방하다.
④ 고섬유식으로 섭취해야 한다.
⑤ 장의 연동운동이 약해진 상태이다.

81. 단백질 섭취를 제한해야 하는 간질환은?

① 지방간
② 간성혼수
③ 급성간염
④ 간 암
⑤ 간경변증

82. 회복기 간염 환자의 식사요법 원칙으로 가장 옳은 것은?

① 고열량, 고단백질, 중등지방
② 고열량, 고단백질, 고지방
③ 고열량, 저단백질, 중등지방
④ 저열량, 고단백질, 저지방
⑤ 저열량, 고단백질, 고지방

83. 간경변증 환자가 식도정맥류와 부종을 동반할 때 식사요법은?

① 나트륨 섭취를 제한한다.
② 견과류를 충분히 섭취한다.
③ 마른과일을 충분히 섭취한다.
④ 저열량 식사를 한다.
⑤ 생채소를 충분히 섭취한다.

84. 비만의 원인으로 옳은 것은?

① 갑상샘 기능 항진
② 소비열량보다 섭취열량의 감소
③ 성장호르몬 분비 증가
④ 부신피질호르몬 분비 감소
⑤ 기초대사율의 감소

85. 신장이 160cm이고 체중이 60kg인 사람의 체적지표(BMI)는 얼마인가? (반올림하여 소수점 이하 첫째 자리까지 나타낼 것)

① 11.1
② 23.4
③ 26.7
④ 33.8
⑤ 37.5

86. 당뇨병 환자의 단백질 대사로 옳은 것은?

① 당신생이 감소한다.
② 체단백이 증가한다.
③ 근육의 단백질 분해가 감소한다.
④ 소변 중 질소 배설이 증가한다.
⑤ 혈중 분지아미노산의 농도가 감소한다.

87. 다음 환자에게 1일 식사계획으로 권장하는 것은?

- 키 160cm, 체중 70kg인 50세 여자
- 수축기 혈압 145mmHg, 이완기 혈압 95mmHg

① 에너지 – 2,500kcal/일
② 탄수화물 – 30g/일
③ 단순당 – 총 에너지 섭취량의 30%/일
④ 식이섬유 – 20g/일
⑤ 소금 – 15g/일

88. 비만 환자의 식사요법으로 옳은 것은?

① 식사 횟수를 줄이고 한 번에 많이 섭취한다.
② 엄격하게 당질 섭취를 제한한다.
③ 양질의 단백질을 섭취한다.
④ 식이섬유 섭취를 제한한다.
⑤ 열량 섭취 조절을 위하여 아침식사는 거른다.

89. 혈청 지질 중 제4형 고지혈증 환자에게 가장 적합한 처방으로 옳은 것은?

① 포화지방산 섭취의 증가
② 불포화지방산 섭취의 감소
③ 총 섭취 열량의 증가
④ 당질 섭취의 제한
⑤ 콜레스테롤 섭취의 증가

90. 식이와 혈중 콜레스테롤의 관계 중 옳은 것은?

① 코코넛 기름은 식물성이므로 혈중 콜레스테롤을 감소시킨다.
② 불포화지방산의 함량이 많은 식이는 혈중 콜레스테롤을 감소시킨다.
③ 식이에 포화지방산이 많으면 혈중 콜레스테롤을 감소시킨다.
④ 혈중 콜레스테롤은 섭취된 식품 콜레스테롤 함량에 의해서만 영향을 받는다.
⑤ 혈중 콜레스테롤은 식이 중 당질에 의해서만 영향을 받는다.

91. 철결핍성 빈혈 환자에게 권장하면 좋은 식품은?

① 소고기, 난황, 말린 과일
② 사과, 오이, 닭고기
③ 감자, 쌀밥, 우유
④ 무, 떡, 과일주스
⑤ 돼지고기, 고구마, 아이스크림

92. 지난 2~3개월간의 평균적인 혈당을 반영하며 당뇨병의 합병증 발생과 상관관계가 높은 검사 항목은?

① 당화혈색소 측정
② 경구내당성 검사
③ 요 검사
④ C-펩타이드 검사
⑤ 공복혈당 검사

93. 신장 기능의 저하로 비타민 D가 활성화되지 못할 때 혈중 농도가 감소되는 영양소로 옳은 것은?

① 단백질
② 지 방
③ 칼 슘
④ 포도당
⑤ 지방산

94. 만성콩팥병(만성신부전) 환자가 고혈압을 동반한 핍뇨기일 때 적합한 식사요법은?

① 고단백식, 수분제한식
② 저단백식, 고지방식
③ 저염식, 고지방식
④ 저염식, 수분제한식
⑤ 저염식, 고단백식

95. 11살의 초등학생이 갑자기 쓰러졌다. 혈당검사로 혈당수치가 300mg/dL이었을 때 올바른 처치는?

① 혈당강하제 공급
② 인슐린 투여
③ 글리코겐 공급
④ 철분과 수용성 비타민 공급
⑤ 수분과 전해질 공급

96. 제2형 당뇨병 환자의 식사요법에 관한 설명으로 옳은 것은?

① 체중 조절을 위해 총 섭취 열량을 제한한다.
② 합병증이 없는 한 운동을 삼간다.
③ 당질 섭취는 1일 100g 이하로 제한하는 것이 바람직하다.
④ 지방은 총 열량의 50% 정도를 준다.
⑤ 단백질은 가급적 적게 주어 신장에 부담을 주지 않도록 한다.

97. 고혈압 환자가 섭취하면 좋은 식품은?

① 조기, 두부, 마요네즈
② 소시지, 감자, 꿀
③ 베이컨, 버터, 빵
④ 케이크, 치즈, 우유
⑤ 바나나, 아보카도, 시금치

98. 글리아딘 알레르기로 인해 소장 점막층이 손상된 환자가 먹어도 되는 식품은?

① 김치전
② 칼국수
③ 붕어빵
④ 찐감자
⑤ 호밀빵

99. 갈락토스혈증이 있는 유아에게 허용되는 식품은?

① 버터
② 치즈
③ 두유
④ 연유
⑤ 타락죽

100. 통풍 환자에게 제공할 수 있는 식품은?

① 소고기, 조개
② 아스파라거스, 고깃국물
③ 소간, 멸치
④ 아이스크림, 국수
⑤ 고등어, 바나나

101. 암 악액질 증상을 보이는 암 환자의 대사변화로 옳은 것은?

① 체단백질 분해 증가에 따른 음의 질소평형 발생
② 지방 합성 증가에 따른 체지방량 증가
③ 암세포에서의 포도당 이용률 감소
④ 간의 당신생 감소에 따른 저혈당증 발생
⑤ 기초대사량 감소

102. 식사성 알레르기일 때 식품 선택으로 옳은 것은?

① 가공식품을 되도록 이용한다.
② 식품재료는 신선한 것을 선택한다.
③ 채소의 향미가 강한 것을 선택하고 생채로 섭취한다.
④ 여러 번 사용한 기름으로 조리한 음식을 선택한다.
⑤ 해조류는 가능한 한 섬유질이 많은 것을 선택한다.

103. 유방암의 위험 요인으로 옳은 것은?

① 포화지방의 과다 섭취
② 채소 및 과일 섭취
③ 뜨거운 음식 섭취
④ 짠음식 섭취
⑤ 저열량식 섭취

104. 어린이가 감기를 앓고 난 후 갑자기 부종, 혈뇨, 핍뇨 증상을 보일 경우 올바른 식사요법은?

① 칼륨은 충분히 공급한다.
② 단백질은 충분히 공급한다.
③ 열량은 제한한다.
④ 수분은 회복기에도 제한한다.
⑤ 나트륨은 제한한다.

105. 낮 시간 동안 실내에서만 활동하는 A 씨가 골다공증을 진단받았다면, 섭취를 권장해야 하는 영양소는?

① 비타민 E
② 비타민 D
③ 탄수화물
④ 티아민
⑤ 나트륨

106. 단풍당뇨증 환자가 대사하지 못하는 아미노산은?

① 이소류신
② 메티오닌
③ 아르기닌
④ 프롤린
⑤ 페닐알라닌

107. 만성신부전 환자는 뼈가 약해져서 골절이 쉽게 발생한다. 이는 신장의 어떤 기능이 손상된 것인가?

① 혈압 조절
② 산 – 염기 조절
③ 에리트로포이에틴 생성
④ 비타민 D의 활성화
⑤ 노폐물 배설

108. 동맥경화증 환자에게 적합한 식품은?

① 곤 약
② 소시지
③ 오징어
④ 마요네즈
⑤ 달걀노른자

109. 혈액에 대한 설명으로 옳은 것은?

① 적혈구는 유핵세포로 산소를 운반한다.
② 혈구의 수는 적혈구 > 혈소판 > 백혈구로 많다.
③ 혈소판은 각종 물질을 운반하고 삼투압과 pH를 조절한다.
④ 백혈구 중 가장 많은 것은 호산성 백혈구이다.
⑤ 적혈구 내의 헤모글로빈의 농도가 높아지면 황달 증세가 나타난다.

110. 섬유질이 풍부한 식사가 필요한 질환은?

① 경련성 변비
② 이완성 변비
③ 궤양성 대장염
④ 크론병
⑤ 급성설사

111. 다음 중 혈액 응고에 관여하는 물질은?

① 헤파린
② 칼 슘
③ 플라즈민
④ 옥살산나트륨
⑤ 구연산소다

112. 세포 중 항체를 생산하는 것은?

① B - 림프구
② T - 림프구
③ 호중구
④ 호산구
⑤ 호염기구

113. 체내에서 면역 기능을 담당하는 혈장단백질은?

① 감마글로불린
② 프로트롬빈
③ 트랜스페린
④ 피브리노겐
⑤ 알부민

114. 콩팥질환자가 요독증을 동반할 때 혈액에서 수치가 낮아지는 것은?

① 요 소
② 칼 륨
③ 칼 슘
④ 인 산
⑤ 질 소

115. 고칼륨혈증을 보이는 만성콩팥병 환자에게 적합한 식품은?

① 옥수수
② 방울토마토
③ 물미역
④ 바나나
⑤ 오 이

116. 신우와 방광을 연결하는 부위의 명칭으로 옳은 것은?

① 사구체
② 요 로
③ 집합관
④ 수뇨관
⑤ 부 신

117. 죽상동맥경화증 환자에게 적합한 식품은?

    ① 달걀노른자

    ② 쇠고기 등심

    ③ 코코넛유

    ④ 참 치

    ⑤ 명란젓

119. 호흡곤란과 부종을 동반한 울혈성심부전 환자의 식사요법은?

    ① 수분 충분히 섭취하기

    ② 열량 충분히 섭취하기

    ③ 단백질 섭취 제한하기

    ④ 수용성 비타민 섭취 제한하기

    ⑤ 나트륨 섭취 제한하기

118. 비만 환자가 식사요법과 운동요법을 병행했을 때 체내변화는?

    ① 단위체중당 근육량의 증가

    ② 기초대사율의 감소

    ③ 인슐린 저항성의 증가

    ④ 양의 에너지 균형

    ⑤ HDL-콜레스테롤의 감소

120. 호르몬 분비에 이상이 생겼을 때 나타나는 증상의 연결이 옳은 것은?

    ① 성장호르몬 → 테타니병

    ② 갑상샘호르몬 → 쿠싱증후군

    ③ 부갑상샘호르몬 → 거인증

    ④ 부신수질호르몬 → 크레틴병

    ⑤ 부신피질호르몬 → 애디슨병

1과목 | 식품학 및 조리원리

01. 다시마, 미역의 미끈미끈한 점액성분으로 체내에서 소화되지 않는 복합다당류는?

① 피코에리트린
② 글루탐산
③ 알긴산
④ 만니톨
⑤ 카라기난

02. 과일을 차갑게 했을 때 단맛이 강해지는 이유로 옳은 것은?

① 과일 속의 포도당이 저온 상태에서 α형이 증가하여
② 과일 속의 포도당이 저온 상태에서 β형이 증가하여
③ 과일 속의 과당이 저온 상태에서 α형이 증가하여
④ 과일 속의 과당이 저온 상태에서 β형이 증가하여
⑤ 과일 속의 설탕이 저온 상태에서 증가하여

03. 에피머(Epimer) 관계에 있는 당은?

① D－Glucose, D－Galactose
② D－Galatose, D－Mannose
③ D－Xylose, D－Galactose
④ D－Annose, D－Glucose
⑤ D－Mannose, D－Annose

04. 복합지질에 해당하는 것은?

① 스쿠알렌
② 스테롤
③ 중성지방
④ 레시틴
⑤ 왁 스

05. 단백질의 1차 구조와 관계있는 결합은?

① 수소 결합
② 소수성 결합
③ 이온 결합
④ 펩타이드 결합
⑤ 이황화 결합

06. 쌀밥에 부족한 아미노산을 보충하기 위하여 콩밥을 먹을 경우 보완할 수 있는 아미노산은?

① 페닐알라닌(phenylalanine)
② 글루텔린(glutelin)
③ 아르기닌(arginine)
④ 오리제닌(oryzeniin)
⑤ 라이신(lysine)

07. 튀김기름의 조건으로 옳은 것은?

① 높은 검화가
② 낮은 굴절률
③ 낮은 요오드가
④ 높은 과산화물가
⑤ 높은 산가

08. 지방의 산패를 촉진시키는 인자는?

① 철
② 구연산
③ 질소분압
④ 토코페롤
⑤ 진공포장

09. 지방산의 용해성 또는 휘발성에 대한 설명으로 옳은 것은?

① 카프르산은 찬물에 녹는다.
② 불포화도가 클수록 용해도가 감소한다.
③ 고급지방산일수록 휘발성이 증가한다.
④ 올레산은 스테아르산보다 용해도가 더 낮다.
⑤ 탄소수가 많은 포화지방산일수록 용해도가 더 낮다.

10. 제인(zein)이 주단백질인 식품은?

① 보 리
② 고구마
③ 옥수수
④ 감 자
⑤ 밀

11. 유지의 자동산화를 일으키는 물질은?

① 수 분
② 알칼리
③ 고 온
④ 산 소
⑤ 빛

12. 단백질의 정색반응으로 옳은 것은?

① 뷰렛 반응
② 몰리쉬 반응
③ 은경 반응
④ 펠링 반응
⑤ 베네딕트 반응

13. 간장 45mL는 몇 작은술(tea spoon ; ts)인가?

① 1작은술
② 3작은술
③ 5작은술
④ 9작은술
⑤ 15작은술

14. 오렌지나 레몬에 함유된 테르펜류의 냄새 성분은?

① propanol
② allicin
③ limonene
④ piperidine
⑤ methyl mercaptan

15. 마이야르(Maillard) 반응의 초기단계에 해당하는 것은?

① 알돌 축합반응
② 스트레커 분해반응
③ 멜라노이딘 색소 형성
④ HMF 생성
⑤ 아마도리 전위 반응

16. 과즙을 맑게 만드는 청정제로 사용되고 있는 미생물은?

① Lactobacillus bulgaricus
② Aspergillus niger
③ Saccharomyces ellipsoideus
④ Pseudomonas syncyanea
⑤ Mucor racemosus

17. 해조류에서 추출되는 다당류로 아이스크림 제조에서 증점제 역할을 하는 것은?

① Arabic gum
② Carrageenan
③ Dextran
④ Guar gum
⑤ Furcellaran

18. 식품의 맛과 성분의 연결로 옳은 것은?

① 밤의 떫은맛 – Chlorogenic acid
② 토란의 아린맛 – Zingerone
③ 맥주의 쓴맛 – Humulone
④ 육류의 감칠맛 – Theanine
⑤ 커피의 쓴맛 – Taurine

19. 과실의 전단면이 갈변되는 것은?

① 당화작용
② 폴리페놀의 산화
③ 캐러멜 반응
④ 가수분해 반응
⑤ 마이야르 반응

20. 효소작용에 의해 만들어진 식혜는 전분의 어떤 작용을 이용한 것인가?

① 노 화
② 호정화
③ 겔 화
④ 호 화
⑤ 당 화

21. 전분을 산 또는 효소로 가수분해하여 제조하며 조리에 많이 이용되는 전분가공품은?

① 펙 틴
② 당 면
③ 한 천
④ 젤라틴
⑤ 물 엿

22. 열전도율이 커서 열을 전달하기 쉬운 조리기구의 재질은?

① 유 리
② 도자기
③ 스테인리스
④ 석 면
⑤ 알루미늄

23. 전분이 호정화 상태의 식품인 것은?

① 미숫가루
② 생고구마
③ 고추장
④ 식은 밥
⑤ 식 혜

24. 청국장 제조에 관여하는 미생물은?

① Bacillus coagulans
② Aspergillus oryzae
③ Bacillus brevis
④ Bacillus cereus
⑤ Bacillus subtilis

25. 전분을 찬물에 풀어 놓은 분산상태는?

① 졸(sol)
② 현탁액
③ 유화액
④ 교질용액
⑤ 진용액

26. 청경채를 데친 후에 나타나는 변화는?

① 비타민 B_1의 증가
② 휘발성 유기산의 증가
③ 쓴맛의 증가
④ 수용성 성분의 증가
⑤ 조직의 연화

27. 밀가루 반죽 시 글루텐의 점탄성을 높이는 것은?

① 레몬즙
② 식용유
③ 설 탕
④ 소 금
⑤ 마가린

28. 돼지고기에 풍부하게 들어 있으며, 유황을 함유하고 있는 수용성 비타민은?

① 티아민
② 리보플라빈
③ 피리독신
④ 비타민 C
⑤ 니아신

29. 조리 시 일어나는 변화로 옳지 않은 것은?

① 대부분의 채소와 과일은 조리함으로써 수용성 성분이 손실된다.
② 비타민 C는 열에 쉽게 파괴되므로 주의해야 한다.
③ 식품 갈변은 모두 효소에 의해 일어난다.
④ 타닌이 많은 식품을 자르면 쉽게 변색한다.
⑤ 삶기는 수용성 성분의 손실이 가장 큰 조리법이다.

30. 제빵 시 반죽이 서로 붙는 것을 방지하고 부드럽게 하는 물질은?

① 유 지
② 달 걀
③ 소 금
④ 베이킹파우더
⑤ 설 탕

31. 불고기 조리 시 조미료를 넣는 순서는?

① 설탕 → 참기름 → 간장
② 간장 → 참기름 → 설탕
③ 간장 → 설탕 → 참기름
④ 참기름 → 간장 → 설탕
⑤ 설탕 → 간장 → 참기름

32. 튀김에 대한 설명 중 옳지 않은 것은?

① 튀김옷을 바삭바삭하게 튀기려면 달걀, 쌀가루, 식소다 등을 넣어준다.
② 밀가루와 물을 잘 저어 섞어주면 글루텐이 형성되어 바삭바삭하게 튀겨지지 않는다.
③ 튀김의 온도는 160~180℃가 적당하다.
④ 식품재료의 표면적이 작을수록 흡유량이 증가한다.
⑤ 재료 중에 당함량이 많을 때와 수분함량이 많을 때는 흡유량이 증가한다.

33. 통보리에 존재하며, 점성이 높아 혈중 콜레스테롤을 낮추는 다당류는?

① 글리아딘
② 호르데인
③ 베타글루칸
④ 오브알부민
⑤ 오리제닌

34. 불포화지방산을 경화하여 포화지방산으로 만든 가공유지는?

① 마가린
② 버 터
③ 팜 유
④ 우 지
⑤ 시어버터

35. 숙성된 육류의 주된 감칠맛 성분은?

① EPA(eicosapentaenoic acid)
② XMP(xanthosine monophosphate)
③ ATP(adenosine triphosphate)
④ HDL(High Density Lipoprotein)
⑤ IMP(inosine monophosphate)

36. 유지의 발연점에 대한 설명으로 옳은 것은?

① 발화하는 온도
② 연소할 때 온도
③ 연소 지속 온도
④ 검은 연기가 발생할 때 온도
⑤ 푸른 연기가 발생할 때 온도

37. 생선의 조리법으로 옳은 것은?

① 근육에는 결체조직이 다량 함유되어 있으므로 찜이 제일 좋다.
② 끓는 양념에 넣어야 생선의 원형을 유지할 수 있다.
③ 비린내를 제거하기 위해 생강은 끓을 때 넣어야 효과적이다.
④ 소금에 절일 경우 생선무게의 5% 정도의 소금이 적당하다.
⑤ 선도가 높을 경우 조미료의 맛을 어육에 침투시켜 맛을 좋게 한다.

38. 감칠맛의 대표적인 물질인 글루탐산나트륨을 함유하는 해조류는?

① 톳
② 청 각
③ 매생이
④ 다시마
⑤ 우뭇가사리

39. 동물성유에 많이 들어있는 필수지방산은?

① Arachidonic Acid
② Linoleic Acid
③ Linolenic Acid
④ Lecithin
⑤ Stearic Acid

40. 난백의 가장 주된 단백질은?

① 라이소자임
② 콘알부민
③ 오브알부민
④ 오보뮤코이드
⑤ 아비딘

2과목 │ 급식, 위생 및 관계법규

41. 교차오염을 방지하기 위하여 냉장고 하단에 보관해야 하는 식품은?

① 삼겹살
② 맛 살
③ 양 파
④ 북어포
⑤ 요구르트

42. 병원급식에서 영양사는 무엇에 따라 식단을 작성해야 하는가?

① 입원실의 등급
② 환자의 기호
③ 전날의 급식수
④ 의사의 식사처방
⑤ 영양사 자신의 판단

43. 식단작성 시 경제적인 측면을 고려한 경우 역점을 두어야 할 사항으로 옳은 것은?

① 영양이 좋고 기호에 잘 맞는 것
② 최소의 비용으로 최대의 영양균형을 얻는 것
③ 영양권장량에 준하는 것
④ 시장 선택을 잘해 신선한 식재료를 구매하는 것
⑤ 기초식품군을 골고루 배합하는 것

44. 마케팅의 종류 중 각 세분시장의 매력도를 평가하여 진입할 세분시장을 선정하는 과정은?

① 표적시장 선정
② 시장세분화
③ 시장위치 선정
④ 포지셔닝
⑤ 단체마케팅

45. 검식에 대한 설명으로 옳은 것은?

① 제공된 후 식수와 기호도를 조사한다.
② 배식 전 상차림하여 조리상태, 위생 등을 평가한다.
③ 식단작성 과정에서 음식의 조화를 미리 검토한다.
④ 검식결과는 검수일지에 작성한다.
⑤ 제공된 음식을 냉동보관하여 식중독 사고에 대비한다.

46. 단체급식의 음식 생산량 결정을 위한 고려 요인과 관계가 없는 것은?

① 피급식 인원수
② 1인 분량
③ 폐기율
④ 조리 인원수
⑤ 조리 시 손실량

47. 식기에 잔류된 전분을 검사하는 데 사용되는 시약은?

① 0.1% 아밀 알코올액
② 0.1N 차아염소산 소다액
③ 0.1N 질산액
④ 0.1N 요오드액
⑤ 0.1% 버터 Yellow 알코올액

48. 산업체 급식에 대한 설명으로 옳은 것은?

① 근로자의 건강증진에 기여할 수 있다.
② 근로자 영양상담은 의무화이다.
③ 급식인원이 50인 이상일 때 영양사를 의무고용해야 한다.
④ 단체급식 시장 중 가장 작은 규모이다.
⑤ 근로자의 질병 치유가 목적이다.

49. 서브퀄(SERVQUAL)에서 평가하고자 하는 것은?

① 업무 만족도
② 제품 특성
③ 작업 효율성
④ 서비스 품질
⑤ 고객 특성

50. 직장에서 구체적인 직무에 임하여 직속상사가 부하에게 직접적으로 개별지도하고 교육·훈련시키는 방식은?

① OJT
② Off JT
③ JIT
④ TWI
⑤ MTP

51. 다음에 해당하는 식단은?

> • 급식대상자가 자주 바뀌는 병원과 같은 곳에서 사용하기 적합
> • 월별 또는 계절에 따라 반복

① 선택식단
② 단일식단
③ 순환식단
④ 고정식단
⑤ 변동식단

52. 노동조합의 숍제도(Shop System)의 형태로서 조합원 또는 비조합원이 자유로이 채용될 수 있고 가입과 탈퇴도 자유로운 것은?

① 클로즈드 숍(Closed Shop)
② 오픈 숍(Open Shop)
③ 에이전시 숍(Agency Shop)
④ 유니온 숍(Union Shop)
⑤ 프레퍼런셜 숍(Preferential Shop)

53. 다음에서 설명하는 경영관리 이론은?

> 인간의 본성을 '본래 인간은 일하기 싫어하고 수동적이다.'라고 보는 견해와 '인간은 본래 일을 즐기고 자아실현을 위해 노력한다.'라고 보는 견해가 있음

① 맥클랜드의 성취동기 이론
② 아담스의 공정성 이론
③ 피들러의 상황적합이론
④ 맥그리거의 XY 이론
⑤ 허쉬와 블랜차드의 상황이론

54. 조직구조 중 인간과 일 모두를 중시하고 명령계층을 단축시킨 구조로 옳은 것은?

① 사업부제 조직   ② 프로젝트 조직
③ 매트릭스 조직   ④ 네트워크 조직
⑤ 팀형 조직

55. 직무설계법 중 과업수를 증가시키고 직무의 책임과 통제범위를 수직적으로 늘려 직원에게 동기를 부여하는 것은?

① 직무 확대   ② 직무 교차
③ 직무 순환   ④ 직무 단순
⑤ 직무 충실

56. 경영조직의 일반원칙 중에서 '한 사람의 부하는 단 한 사람의 상위자에게서만 명령을 받으며 이에 대한 책임을 진다'는 것은?

① 조정의 원칙
② 감독한계 적정화의 원칙
③ 의사소통의 원칙
④ 계층단축화의 원칙
⑤ 명령일원화의 원칙

57. 저장관리 원칙 중 창고에 식품을 저장할 때 가나다순으로 진열하여 출고하게 되면 시간과 노력을 줄일 수 있는 것은?

① 저장위치 표시의 원칙
② 분류저장 체계화의 원칙
③ 선입선출의 원칙
④ 품질보존의 원칙
⑤ 공간활용 극대화의 원칙

58. 물품의 명세와 거래대금에 대한 내용이 기록되어 있는 것으로, 공급업체가 물품 납품 시 구매 담당자에게 제공하는 서식은?

① 거래명세서
② 식재료검수서
③ 구매청구서
④ 출고청구서
⑤ 구매명세서

59. 급식소에서 예산 작성 시 고려해야 하는 사항으로 옳지 않은 것은?

① 급식소의 규모
② 피급식자의 인원수
③ 기업체나 사업장의 경제수준
④ 급식소의 주변환경
⑤ 계획된 식단

60. 다음 원가의 구성에 해당하는 것은?

> 직접원가 + 제조간접비

① 판매가격
② 간접원가
③ 표준원가
④ 총원가
⑤ 제조원가

61. 급식소에서 일주일간 밥류 2,000식, 빵/스낵류 1,000식을 제공하였다. 이 급식소의 일주간 총 작업시간이 500시간이라면 작업시간당 식당량은? (빵/스낵류의 1식은 1/2 식당량에 해당한다)

① 3식당량/시간
② 5식당량/시간
③ 7식당량/시간
④ 9식당량/시간
⑤ 10식당량/시간

62. 마케팅 믹스 중 무료시식, 경품 제공, 이벤트를 실시함으로써 자사의 제품을 선택할 수 있게 하는 것은?

① 제품(Product)
② 유통(Place)
③ 촉진(Promotion)
④ 가격(Price)
⑤ 물리적 근거(Physical evidence)

63. 분산구매의 장점으로 옳은 것은?

① 구매가격 인하
② 비용의 절감
③ 자주적 구매 가능
④ 수월한 품질관리
⑤ 구매기능의 향상

64. 300명분의 호박(폐기율 : 10%일 경우) 나물을 조리하고자 한다. 호박의 1인 정미중량을 45g으로 잡을 때 호박의 발주량은 얼마인가?

① 13.5kg
② 15.0kg
③ 16.5kg
④ 20.0kg
⑤ 27.0kg

65. 검수구역의 조건으로 옳은 것은?

① 공급업체가 납품하기 쉽고, 식기소독고와 가까이 위치할 것
② 오븐, 온도계를 갖출 것
③ 청소가 쉽고 배수가 원활할 것
④ 조도는 300Lux 이하일 것
⑤ 검수대의 높이는 바닥에서 20cm 이하일 것

66. 한 끼에 50식을 제공하는 소규모 급식소에서 자연산 송이버섯 요리를 특식으로 제공하려고 한다. 이때 식재료의 검수 시 올바른 검사 방법은?

① 발췌검사법
② 부분검사법
③ 전수검사법
④ 미량검사법
⑤ 무작위 검사법

67. 학교급식소 점심식단을 4,000원에 판매하고 있다. 이 급식소에서 1일 기준으로 지출되는 고정비가 100,000원, 1식당 변동비가 3,200원일 경우 손익분기점의 금액은?

① 370,000원
② 400,000원
③ 450,000원
④ 500,000원
⑤ 600,000원

68. 샐러드용 채소를 소독하기 위해 200ppm의 차아염소산나트륨 소독액 1,000mL를 만들고자 할 때 필요한 차아염소나트륨 용액(유효염소 4%)의 양은?

① 1mL
② 2mL
③ 3mL
④ 4mL
⑤ 5mL

69. 피급식자들이 자신의 기호에 따라 음식을 선택할 수 있도록 계획한 식단은?

① 복수식단
② 표준식단
③ 예정식단
④ 정식식단
⑤ 단일식단

70. 고정자산의 감소하는 가치를 연도에 따라 할당하여 처리하는 비용은?

① 운영비
② 식재료비
③ 지급수수료
④ 감가상각비
⑤ 간접재료비

71. 수요에 맞게 시간대별로 일정량씩 조리하는 급식생산 방법은?

① 대량조리
② 공동조리
③ 조리냉동
④ 표준조리
⑤ 분산조리

72. 재고자산의 평가법 중 평균 구입단가를 이용하여 재고가를 산출하는 것은?

① 실제구매가법
② 선입선출법
③ 총평균법
④ 후입선출법
⑤ 최종구매가법

73. 메뉴평가 방법 중 사후통제 수단으로 사용하는 것은?

① 영양기준량
② 음식온도 측정
③ 잔반량 조사
④ 식재료비
⑤ 급식 인원수 예측

74. 홈페이지 · 신문 등에 공고하여 다수의 공급자로부터 응찰을 받아 구매하는 구매계약의 방식은?

① 제한경쟁
② 수의계약
③ 지명경쟁입찰
④ 일반경쟁입찰
⑤ 지정업체 단일견적

75. 재고관리 기법 중 재고를 물품의 가치도에 따라 분류하여 차별적으로 관리하는 것은?

① EOQ 기법
② 최소 – 최대 관리방식
③ 실사 재고조사
④ 영구 재고조사
⑤ ABC 관리방식

76. 여러 명으로 구성된 집단이 문제 해결을 위해 자유롭게 아이디어를 내는 방식은?

① 델파이기법
② 포커스집단기법
③ 선형회귀분석법
④ 브레인스토밍
⑤ 지수평활법

77. 고객의 요구 충족을 중심으로 공정개선을 하기 위해 전 직원이 참여하여 품질을 개선하는 경영관리기법은?

① ISO
② HACCP
③ TQM
④ QC
⑤ QA

78. 다음에 해당하는 식중독균은?

> • 닭 등의 가금류에서 주로 검출되는 미호기성균이다.
> • 다른 식중독균보다 미량으로 감염증을 일으킨다.

① Clostridium perfringens
② Listeria monocytogenes
③ Yersinia enterocolitica
④ Bacillus cereus
⑤ Campylobacter jejuni

79. 중독 시 미나마타병이 발생되는 중금속은?

① 구 리
② 아 연
③ 카드뮴
④ 비 소
⑤ 수 은

80. 청색증(Cyanosis)을 일으키는 독소성분은?

① Aflatoxin

② Solanine

③ Venerupin

④ Tetrodotoxin

⑤ Mytilotoxin

81. 바실러스(Bacillus)속에 대한 설명으로 옳은 것은?

① 단백질 분해력이 약하다.

② 그람음성 간균이다.

③ 편성혐기성균이다.

④ 포자를 형성한다.

⑤ 편모가 없다.

82. 육류 발색제로 사용되는 것은?

① 황산동

② 소르빈산

③ 소명반

④ 황산 제1철

⑤ 아질산나트륨

83. 맥각균(Claviceps purpurea)이 생성하는 곰팡이독소는?

① 오크라톡신(Ochratoxin)

② 에르고톡신(Ergotoxin)

③ 시트리오비리딘(Citreoviridin)

④ 시트리닌(Citrinin)

⑤ 파튤린(Patulin)

84. 수돗물의 염소소독 중 생성될 수 있는 발암성 물질은?

① PCB

② Benzopyrene

③ THM

④ Auramine

⑤ DDT

85. 달걀에서 가장 문제가 되는 식중독균에 해당하는 것은?

① Brucella suis

② Salmonella typhimurium

③ Vibrio parahaemolyticus

④ Clostridium botulinum

⑤ Vibrio cholerae

86. 손에 상처가 있는 조리사가 조리 후 식중독이 발생했다면 식중독 원인균은?

① Clostridium botulinum

② Staphylococcus aureus

③ Bacillus cereus

④ Listeria monocytogenes

⑤ Yersinia enterocolitica

87. 모시조개에 의한 간장독 식중독 원인물질은?

① 테트로도톡신(tetrodotoxin)

② 아플라톡신(aflatoxin)

③ 오카다산(okadaic acid)

④ 베네루핀(venerupin)

⑤ 네오수르가톡신(neosurugatoxin)

88. 감염되는 경로가 다른 기생충은?

① 선모충
② 십이지장충
③ 동양모양선충
④ 요 충
⑤ 편 충

89. 아포형성균을 제거하기에 가장 좋은 소독법은?

① 일광소독
② 자비소독
③ 알코올소독
④ 고압증기멸균
⑤ 건열멸균

90. 해수세균의 일종으로 호염성이며, 생선회나 초밥이 원인이 되는 식중독균은?

① Escherichia coli
② Salmonella typhimurium
③ Vibrio parahaemolyticus
④ Campylobacter jejuni
⑤ Clostridium botulinum

91. HACCP 제도의 7원칙 중 원칙 3단계로 옳은 것은?

① 위해요소 분석
② 중요관리점 결정
③ CCP 한계기준 설정
④ 개선조치방법 수립
⑤ 문서화, 기록유지방법 설정

92. 「식품위생법」상 집단급식소에서 제공한 식품 등으로 인하여 식중독 환자를 발견한 집단급식소의 설치 · 운영자는 누구에게 보고하여야 하는가?

① 보건복지부장관
② 영양사
③ 조리사
④ 보건소장
⑤ 특별자치시장 · 시장 · 군수 · 구청장

93. 「식품위생법」상 식품위생교육기관은 수료증 발급대장 등 교육에 관한 기록을 얼마간 보관 · 관리하여야 하는가?

① 6개월 이상
② 1년 이상
③ 2년 이상
④ 3년 이상
⑤ 5년 이상

94. 「식품위생법」상 리스테리아병에 걸린 동물의 부위 중 판매할 수 있는 것은?

① 혈 액
② 가 죽
③ 고 기
④ 뼈
⑤ 장 기

95. 「식품위생법」상 식품안전관리인증기준 적용업소 종업원의 신규 교육훈련 시간은?

① 2시간 이내
② 4시간 이내
③ 6시간 이내
④ 8시간 이내
⑤ 16시간 이내

96. 「식품위생법」상 식품위생법상 조리사·영양사의 의무고용 규정을 위반한 자에 대한 벌칙은?

① 500만 원 이하의 벌금
② 1천만 원 이하의 벌금
③ 2년 이하의 징역 또는 2천만 원 이하의 벌금
④ 3년 이하의 징역 또는 3천만 원 이하의 벌금
⑤ 7년 이하의 징역 또는 1억 원 이하의 벌금

97. 「학교급식법」상 학교급식 운영의 내실화와 질적 향상을 위하여 실시하는 학교급식의 운영평가 기준이 아닌 것은?

① 급식예산의 편성 및 운용
② 학교급식에 대한 수요자의 만족도
③ 조리실 종사자의 지도·감독
④ 학생 식생활지도 및 영양상담
⑤ 학교급식 위생·영양·경영 등 급식운영관리

98. 「국민건강증진법」상 영양지도원으로서의 가장 우선적인 자격요건을 갖춘 자는?

① 의 사
② 간호사
③ 영양사
④ 약 사
⑤ 조리사

99. 「국민영양관리법」상 영양사 면허증을 교부하는 자는?

① 보건복지부장관
② 식품의약품안전처장
③ 한국식품영양학회 회장
④ 시·도지사
⑤ 시장·군수·구청장

100. 「농수산물의 원산지 표시에 관한 법률」상 원산지 표시를 거짓으로 하거나 이를 혼동하게 할 우려가 있는 표시를 하였을 경우 벌칙은?

① 1년 이하의 징역이나 3천만 원 이하의 벌금에 처하거나 이를 병과할 수 있다.
② 3년 이하의 징역이나 5천만 원 이하의 벌금에 처하거나 이를 병과할 수 있다.
③ 5년 이하의 징역이나 7천만 원 이하의 벌금에 처하거나 이를 병과할 수 있다.
④ 7년 이하의 징역이나 1억 원 이하의 벌금에 처하거나 이를 병과할 수 있다.
⑤ 10년 이하의 징역이나 2억 원 이하의 벌금에 처하거나 이를 병과할 수 있다.

실제시험보기

5회

1과목 | 영양학 및 생화학

01. 담즙산의 재흡수를 방해하고 소장 내에서 콜레스테롤의 흡수를 낮추는 물질은?

① 덱스트린
② 셀룰로스
③ 펙틴
④ 스타키오스
⑤ 한천

02. 뇌, 적혈구, 신경세포의 주된 에너지 급원은?

① 지방산
② 포도당
③ 아미노산
④ 케톤체
⑤ 젖산

03. 산화적 인산화를 통해 ATP를 생성하는 포도당 대사과정은?

① 글리코겐 분해
② 해당과정
③ TCA회로
④ 당신생
⑤ HMP Shunt

04. 탄수화물의 생리적 기능은?

① DNA와 RNA 구성성분
② 세포막의 주요 구성성분
③ 산염기 평형 조절
④ 항체 형성
⑤ 영양소 운반

05. 식이섬유가 식후 혈당 상승속도를 낮추는 이유는?

① 소화효소 작용시간을 감소시킨다.
② 음식물의 위 배출을 지연시킨다.
③ 섭식중추를 자극한다.
④ 유산균을 증식시킨다.
⑤ 대장을 통과하는 속도를 늦춘다.

06. 다가불포화지방산(PUFA) 과량 섭취 시 체내 요구량이 증가하는 영양소는?

① 비타민 E
② 비타민 B_1
③ 칼슘
④ 요오드
⑤ 엽산

07. 중성지방 소화 시 분비되어 담낭을 수축시키고 췌장효소의 분비를 자극하는 호르몬은?

① 소마토스타틴

② 가스트린

③ 글루카곤

④ 프로락틴

⑤ 콜레시스토키닌

08. 지질의 소화 흡수에 대한 설명으로 옳은 것은?

① 담즙은 지질을 유화시킨 후 대부분 대변으로 배설된다.

② 장점막으로 흡수된 긴사슬지방산은 문맥을 통해 운반된다.

③ 리파아제의 활성은 pH와 상관이 없다.

④ 중성지방은 지방산 또는 모노글리세리드 형태로 흡수된다.

⑤ 성인의 위에서 중성지방이 다량 소화된다.

09. 저당질·고지방 식이를 장기간 지속하는 경우 혈액 pH 저하, 식욕부진, 메스꺼움이 발생할 수 있다. 이를 예방할 수 있는 식품은?

① 밥 210g/일

② 두부 80g/일

③ 달걀 60g/일

④ 닭고기 60g/일

⑤ 땅콩 10g/일

10. 탄소골격의 분해대사에서 케톤체만을 생성하는 아미노산은?

① 알라닌 ② 세 린

③ 시스테인 ④ 트레오닌

⑤ 라이신

11. 50세 이상의 여성의 경우 19~49세 여성보다 권장섭취량이 증가하는 영양소는?

① 마그네슘 ② 인

③ 칼 슘 ④ 철 분

⑤ 아 연

12. 인체의 장내 미생물에 의해 생합성되며 지방 흡수장애 시 결핍 위험이 있는 비타민은?

① 비타민 A

② 비타민 D

③ 비타민 E

④ 비타민 B_2

⑤ 비타민 K

13. 단백질 합성에서 mRNA의 기능은?

① DNA 복제

② 리보솜 구성성분

③ 아미노산 운반

④ DNA 분해

⑤ 유전정보 전달

14. 노인기에 위점막의 위축과 함께 위산 분비의 감소로 부족하기 쉬운 영양소는?

① 칼 륨
② 마그네슘
③ 셀레늄
④ 비타민 B_1
⑤ 비타민 B_{12}

15. 콜레스테롤 함량이 가장 높은 식품은?

① 닭고기
② 고등어
③ 바나나
④ 달걀노른자
⑤ 올리브유

16. 유도단백질 중 분해단백질이 가수분해되는 순서로 옳은 것은?

① Protein → 제1유도단백질 → Peptone → Proteose → Peptide → Amino Acid
② Protein → Peptone → 제1유도단백질 → Proteose → Peptide → Amino Acid
③ Protein → 제1유도단백질 → Peptide → Proteose → Amino Acid
④ Protein → 제1유도단백질 → Proteose → Peptone → Peptide → Amino Acid
⑤ Protein → Peptone → 제1유도단백질 → Amino Acid → Proteose → Peptide

17. 평소 운동을 하지 않는 사람이 장기간 동물성 단백질을 과량 섭취했을 때 발생 가능성이 높은 질병은?

① 펠라그라
② 악성빈혈
③ 각기병
④ 골다공증
⑤ 야맹증

18. NADPH가 조효소로 작용하는 대사과정은?

① TCA회로
② 케톤체 합성
③ 콜레스테롤 분해
④ 지방산 β-산화
⑤ 지방산 생합성

19. 아미노산과 생리활성물질의 연결이 옳은 것은?

① 시스테인 - 카테콜아민
② 글리신 - 타우린
③ 티로신 - 멜라토닌
④ 히스티딘 - 카르니틴
⑤ 트립토판 - 세로토닌

20. 유아의 편식을 교정하는 방법은?

① 강압적인 식사분위기 조성하기
② 간식은 정해진 시간에 정해진 양만 주기
③ 또래친구와 분리하여 식사하기
④ 한 번에 많이 먹이기
⑤ 음식을 강제로 주기

21. 기초대사량에 관한 설명으로 옳은 것은?

① 체온이 오르면 기초대사량이 감소한다.
② 연령이 증가할수록 기초대사량이 증가한다.
③ 임신기에는 기초대사량이 감소한다.
④ 식사하고 1시간 후에 기초대사량을 측정한다.
⑤ 근육량이 많을수록 기초대사량이 증가한다.

22. 지질 섭취가 부족하면 흡수가 어려운 영양소는?

① 시스테인
② 나트륨
③ 비타민 A
④ 포도당
⑤ 비타민 C

23. 다음 중 100g당 에너지 발생량이 가장 많은 식품의 순서는?

① 설탕 > 소고기 > 감자 > 오이
② 감자 > 설탕 > 소고기 > 오이
③ 소고기 > 설탕 > 오이 > 감자
④ 설탕 > 감자 > 소고기 > 오이
⑤ 오이 > 감자 > 소고기 > 설탕

24. 뼈와 치아의 형성, 혈액 응고, 근육의 수축이완, 세포막의 투과성 조절 등의 작용을 하는 무기질은?

① 요오드
② 크 롬
③ 코발트
④ 칼 슘
⑤ 아 연

25. 임신 중 모체에 요오드가 크게 결핍되었을 때 태어난 유아에게 나타나기 쉬운 증세는?

① 다발성 신경염
② 골다공증
③ 크레틴증
④ 갑상샘 기능 항진
⑤ 악성빈혈

26. 신장질환 환자에서 혈중 수치가 상승하면 심장 기능 장애를 초래할 수 있는 무기질은?

① 철
② 아 연
③ 구 리
④ 칼 슘
⑤ 칼 륨

27. 다음 비타민들의 공통적인 체내 기능은?

• 엽 산	• 비타민 B_6
• 비타민 B_{12}	• 비타민 C

① 신경장애 예방
② 피부염 예방
③ 에너지 대사
④ 각기병 예방
⑤ 빈혈 예방

28. 콜레스테롤이 전구체인 호르몬은?

① 글루카곤
② 인슐린
③ 부갑상샘호르몬
④ 가스트린
⑤ 에스트로겐

29. 망막의 간상세포에 있는 색소로서 어두운 곳에서의 시력과 관계있는 물질로 가장 옳은 것은?

① Iodopsin
② Retinol
③ Retinal
④ Melanin
⑤ Rhodopsin

30. 다음 중 비타민과 기능의 연결로 옳은 것은?

① Retinol － 항구루병인자
② Calciferol － 항안구건조증인자
③ Menaquinone － 항각기병인자
④ Tocopherol － 항산화제인자
⑤ Riboflavin － 혈액응고인자

31. 고온환경 노동 시 요구량이 증가하고 부신호르몬 생성에도 필요한 비타민은?

① 비타민 A
② 비타민 D
③ 비타민 K
④ 비타민 C
⑤ 비타민 B_1

32. 인체의 세포막을 구성하는 주요 지질은?

① 에르고스테롤
② 강글리오시드
③ 왁 스
④ 인지질
⑤ 중성지방

33. 쌀밥에 부족한 필수아미노산을 보충하는 데 가장 좋은 음식은?

① 두부구이
② 버섯볶음
③ 도토리묵무침
④ 미역국
⑤ 시금치무침

34. 체내 수분에 관한 설명으로 옳은 것은?

① 성인 체중의 약 40%가 수분이다.
② 세포외액은 세포내액보다 크다.
③ 나이가 어릴수록 체내 수분비율이 낮다.
④ 근육이 많을수록 체내 수분비율이 낮다.
⑤ 혈장은 세포외액에 속한다.

35. 갑상샘 기능이 항진된 경우 과잉섭취가 의심되는 무기질은?

① 요오드
② 셀레늄
③ 아 연
④ 망 간
⑤ 철

36. 임산부가 일반인에 비해서 빈혈 판정기준의 수치가 낮은 이유로 옳은 것은?

① 태아의 헤모글로빈 수치까지 포함하기 때문에
② 혈액의 pH가 변화에 따른 판정기준이 다르기 때문에
③ 체중 증가에 따른 혈액량이 증가하기 때문에
④ 임신 중에는 혈액량의 증가가 미비하기 때문에
⑤ 혈장량의 증가에 비해서 적혈구의 증가량이 적기 때문에

37. 다음 중 산모에게 변비를 유발하는 호르몬으로 옳은 것은?

① 테스토스테론
② 프로게스테론
③ 프로락틴
④ 안드로겐
⑤ 에스트로겐

38. 수유부의 모유 분비량이 감소하는 이유는?

① 유방 마사지를 한다.
② 육체적 스트레스를 받지 않는다.
③ 유방을 완전히 비우지 않는다.
④ 영양분을 충분히 섭취한다.
⑤ 양쪽 유방으로 수유한다.

39. 우유와 비교했을 때 모유에 더 많이 들어 있는 것으로 옳은 것은?

① 페닐알라닌
② 리놀레산
③ 칼 슘
④ 단백질
⑤ 인

40. 암모니아 처리를 위해 뇌에서 간으로 운반되는 아미노산은?

① 글루타민
② 아스파르트산
③ 페닐알라닌
④ 히스티딘
⑤ 글리신

41. 생후 7~8개월 영아의 이유식으로 옳은 것은?

① 된 죽
② 진 밥
③ 알 찜
④ 감자 미음
⑤ 고기 으깬 것

42. 2가철을 3가철로 산화시킴으로써 트랜스페린과의 결합을 촉진하여 철의 이동을 돕는 물질은?

① 메탈로티오네인
② 알부민
③ 세룰로플라스민
④ 킬로미크론
⑤ 트랜스코발라민

43. 콜레스테롤 합성 시 속도조절효소로, 세포 내 콜레스테롤의 항상성 유지를 도와주는 물질은?

① HMG-CoA 환원효소(HMG-CoA reductase)
② 콜레스테롤 아실전이효소(Cholesterol acyltransferase)
③ 헥소키나아제(Hexokinase)
④ 히스톤 탈아세틸화효소(Histone deacetylase)
⑤ 아세틸 CoA 카르복실화효소(Acetyl CoA carboxylase)

44. 노년기 여성에게 흔히 발생되는 골다공증을 예방하기 위한 방법으로 옳은 것은?

① 육류 섭취 증가
② 비타민 A 섭취 증가
③ 체중 감량을 위해 에너지 섭취 감소
④ 규칙적인 운동
⑤ 이소플라본 섭취 감소

45. 4세 유아의 건강검진 결과 헤모글로빈 수치가 정상보다 낮은 8.0g/dL을 보였다. 이 유아에게 적합한 식품은?

① 국수, 바나나
② 난황, 오렌지주스
③ 고구마, 딸기
④ 감자, 두유
⑤ 치즈, 토마토

46. 사춘기 성장의 특성으로 옳은 것은?

① 근육발달에 필요한 단백질 요구량은 남자보다 여자가 크다.
② 남자가 여자보다 사춘기 시작이 빠르다.
③ 성호르몬의 증가로 2차 성징이 나타난다.
④ 남자가 여자보다 체지방 축적이 높다.
⑤ 두뇌조직이 발달한다.

47. 운동을 장시간 했을 때의 체내변화로 옳은 것은?

① 혈액의 비중 증가
② 혈당 저하
③ 소변 중 칼륨 배설량 감소
④ 호흡계수 증가
⑤ 적혈구 수 증가

48. 피루브산이 TCA회로로 들어갈 때 제일 먼저 무엇으로 변화되는가?

① Lactate   ② Acetyl-CoA
③ Fumarate   ④ Citrate
⑤ Succinate

49. 오탄당인산경로는 간보다 지방조직에서 더 활발하게 일어난다. 그 이유로 옳은 것은?

① 지방조직에서는 5탄당 공급이 활발히 이루어져야 하므로
② 지방조직에서는 헥소키나아제가 존재하지 않으므로
③ 지방조직에서는 지방 합성에 환원력(NADH)이 필요하므로
④ 지방조직에서는 미토콘드리아가 존재하지 않으므로
⑤ 지방조직에서는 해당과정이 일어나지 않으므로

50. 요소회로에서 카바모일인산(carbamoyl phosphate)이 합성되는 곳은?

① 미토콘드리아
② 골지체
③ 세포질
④ 리소좀
⑤ 리보솜

51. 50세 이후 성인기 체구성 성분의 변화는?

① 체수분량 증가
② 골질량 증가
③ 체지방량 증가
④ 근육량 증가
⑤ 제지방량 증가

52. 지단백질 중 밀도가 가장 낮으며, 식사로 섭취한 중성지방과 콜레스테롤을 운반하는 것은?

① HDL
② LDL
③ IDL
④ VLDL
⑤ Chylomicron

53. 나프탈렌 제조 작업자의 페놀 및 크레졸 중독을 예방하는 데 도움이 되는 아미노산은?

① 메티오닌, 시스테인
② 세린, 글리신
③ 프롤린, 트레오닌
④ 리신, 아르기닌
⑤ 트립토판, 글루탐산

54. 장기간 단백질의 섭취 부족 시 체내변화는?

① 간에서 알부민 합성 증가
② 조직 내 간질액 증가
③ 요 중 칼슘 증가
④ 삼투압 증가
⑤ 혈액 pH 증가

55. EPA, 아라키돈산이 산화되어 생성되는 호르몬 유사물질은?

① 프로스타글란딘
② 카테콜아민
③ 감마 – 아미노부티르산
④ 코르티솔
⑤ 알도스테론

56. 혈중 칼슘농도의 항상성 기전에 대한 설명으로 옳은 것은?

① 칼시토닌은 혈중 칼슘농도가 낮아지면 분비된다.
② 혈중 칼슘농도가 낮아지면 소장에서 칼슘 흡수가 감소한다.
③ 혈중 칼슘농도는 30mg/dL 수준으로 항상 유지된다.
④ 비타민 D는 신장에서의 칼슘 재흡수를 억제한다.
⑤ 부갑상샘호르몬은 혈중 칼슘농도가 저하되면 분비된다.

57. 탄수화물 대사과정에 비타민 B_1이 조효소로 작용하는 반응은?

① 탈탄산반응
② 아미노기전이반응
③ 산화환원반응
④ 아세틸기전이반응
⑤ 탈수소반응

58. β–Carotene이 비타민 A로 변화되는 반응이 일어나는 장기는?

① 위 장
② 비 장
③ 간 장
④ 소장 점막
⑤ 부신피질

59. 글리코겐 분해과정에서 에피네프린(Epinephrine)에 의한 활성 증가 효소는?

① Glycogen Phosphorylase
② Phosphoglucomutase
③ Glucose – 6 – Phosphatase
④ Glycogen
⑤ Glucokinase

60. 비타민 C의 과량 섭취 시 신장결석(Kidney Stone)의 우려가 있다. 어떠한 물질로 전환되기 때문인가?

① Citrate
② Succinate
③ Carbonate
④ Oxalate
⑤ Phosphate

2과목 | 영양교육, 식사요법 및 생리학

61. 영양교육의 의의로 옳은 것은?

① 영양과 건강에 대한 지식을 증가시킨다.
② 건강상태를 판정하기 위한 기술을 습득시킨다.
③ 식생활에 대한 관심을 유도한다.
④ 식품조리기술을 습득시킨다.
⑤ 식생활을 개선하고자 하는 태도로 변화시켜 스스로 실천하게 한다.

62. 고도비만으로 판정받은 후 3개월 동안 체중을 감량하고 있는 A 씨는 영양사와의 상담 후 간식으로 즐겨 마시던 콜라 대신 우유를 마시게 되었다. A 씨의 행동변화를 위해 영양사가 상담에 적용한 행동변화단계모델의 전략은?

① 환경재평가
② 자신방면
③ 대체조절
④ 사회적 방면
⑤ 극적인 안심

63. 사회인지이론에서 어떤 행동을 수행할 때 수행 능력에 대해 어느 정도 자신감을 갖고 있는지를 나타내는 구성요소는?

① 자아효능감
② 강 화
③ 관찰학습
④ 결과기대
⑤ 행동수행능력

64. 영양상담 시 내담자 스스로 애매모호 하거나 미처 깨닫지 못한 내용을 상담자가 명확하게 표현해주는 기술은?

① 반 영
② 명료화
③ 요 약
④ 직 면
⑤ 수 용

65. 초등학교 1학년 어머니들을 대상으로 하여 간식 마련에 대한 영양교육을 실시할 때 가장 효과적인 교육방법은?

① 사례연구
② 강 연
③ 원탁식 토의법
④ 연구집회
⑤ 시범교수법

66. 일상생활에서 일어나는 어떤 상황을 즉흥적으로 연기하여 이해를 도와주며, 끝난 후에 참가자들이 토의하고 비판 · 검토하는 방법은?

① 역할연기법
② 사례연구
③ 인형극
④ 견 학
⑤ 시범교수법

67. 사회적, 역학, 행위·환경적, 생태학적·교육적, 행정적·정책적 진단과정을 통해 대상집단의 요구를 파악하여 영양프로그램을 계획하고 실행·평가하는 것은?

① 사회인지론
② 사회마케팅
③ 합리적 행동이론
④ PRECEDE – PROCEED 모델
⑤ 행동변화단계모델

68. 당뇨병 환자에게 식품교환법에 대한 교육을 실시하는 데 가장 좋은 교육매체는?

① 유인물
② 포스터
③ 벽 보
④ 식품모형
⑤ 융판그림

69. 초등학교 5학년 여학생을 대상으로 조사한 각 식품별 편식 학생수를 도표로 나타내고자 한다. 가장 적합한 통계도표는?

① 상관도
② 다각형표
③ 점그래프
④ 막대도표
⑤ 시간경향선도

70. 현행 국민건강영양조사는 어떤 법을 근거로 시행되고 있는가?

① 국민건강증진법
② 식품위생법
③ 국민영양관리법
④ 정신보건법
⑤ 의료법

71. 제9기 국민건강영양조사에서 측정하는 신체계측 항목은?

① 엉덩이둘레
② 가슴둘레
③ 허리둘레
④ 팔뚝둘레
⑤ 허벅지둘레

72. '식사요법으로 만성질환 예방하기'라는 영양교육을 시행하고자 할 때, 교수–학습과정안 작성에서 학습목표 제시 및 동기유발이 해당하는 과정은?

① 도 입   ② 계 획
③ 전 개   ④ 정 리
⑤ 평 가

73. 영양교육 목표의 진행순서로 옳은 것은?

① 식행동의 변화 → 영양지식의 이해 → 식태도의 변화
② 식행동의 변화 → 식태도의 변화 → 영양지식의 이해
③ 영양지식의 이해 → 식행동의 변화 → 식태도의 변화
④ 영양지식의 이해 → 식태도의 변화 → 식행동의 변화
⑤ 식태도의 변화 → 영양지식의 이해 → 식행동의 변화

74. 영양표시제에 관한 설명으로 옳은 것은?

① 영양표시제를 실시함으로써 합리적인 식품선택이 어렵다.
② 농산물·임산물·수산물은 영양표시를 해야 한다.
③ 특수영양식품은 표시대상 식품에서 제외된다.
④ 트랜스지방, 포화지방, 콜레스테롤은 표시대상 영양성분에 속한다.
⑤ 즉석판매제조업 영업자가 제조하여 판매하는 식품은 영양표시를 해야 한다.

75. 영양불량의 위험이 있는 입원 환자를 간단하고 신속하게 가려내는 데 사용하는 방법은?

① 실링검사
② 영양스크리닝
③ 식사력조사법
④ 식사기록법
⑤ 생체전기저항측정법

76. 일반우유 1컵, 토마토 350g 1개, 식빵 35g 1쪽을 먹었을 때 식품교환표를 이용하여 산출한 총 에너지는?

① 215kcal
② 235kcal
③ 255kcal
④ 275kcal
⑤ 295kcal

77. 경관급식 영양액의 조건으로 옳은 것은?

① 삼투압이 높을 것
② 점성이 높을 것
③ 수분 공급을 적게 할 것
④ 열량밀도가 4kcal/mL 정도일 것
⑤ 위장 합병증 유발이 적을 것

78. 흡인의 위험이 높고 6주 이상 경관급식이 필요한 환자에게 적합한 영양공급 경로는?

① 비위관
② 위조루술
③ 비십이지장관
④ 비공장관
⑤ 공장조루술

79. 위산과다성 위염 환자에게 적합한 식단은?

① 토스트, 버터, 잼, 커피
② 오렌지주스, 달걀, 튀김, 오트밀
③ 흰죽, 가자미찜, 애호박나물
④ 흰죽, 고등어자반, 당근볶음
⑤ 라면, 꽁치구이, 시금치나물

80. 위절제 환자에게서 식후 구토, 설사, 복통 증상이 나타났을 때 적합한 식사요법은?

① 농축당을 제공한다.
② 액체 음식을 제공한다.
③ 단백질을 제한한다.
④ 지방을 제한한다.
⑤ 식사를 소량씩 자주 제공한다.

81. 위하수증의 식사요법 중 옳은 것은?

① 단백질은 부드러운 고기나 생선 등을 섭취한다.
② 저열량식을 섭취한다.
③ 위의 기능이 약하므로 식사 횟수를 줄인다.
④ 수분이 많은 식품을 섭취한다.
⑤ 향신료 사용은 피한다.

82. 지방변증 환자의 식사요법으로 옳은 것은?

① 저단백질 식사를 한다.
② 저열량 식사를 한다.
③ 중쇄지방 식사를 한다.
④ 칼슘과 철의 섭취를 감소시킨다.
⑤ 비타민 D와 K의 섭취를 감소시킨다.

83. 간성혼수 환자가 복수가 있을 때 제한해야 하는 것은?

① 비타민
② 나트륨
③ 지 방
④ 열 량
⑤ 분지아미노산

84. 췌장염 환자에게 가장 적합한 음식은?

① 닭튀김, 보리밥
② 생선구이, 쌀밥
③ 비프가스, 현미밥
④ 베이컨, 국수
⑤ 핫도그, 감자구이

85. 비만 환자의 식사요법으로 옳은 것은?

① 단순당을 제한한다.
② 총 섭취열량을 제한하지 않는다.
③ 식이섬유를 제한한다.
④ 비타민을 제한한다.
⑤ 무기질을 제한한다.

86. 비만에 대한 설명 중 옳은 것은?

① 소아비만이 성인비만으로 진행되지는 않는다.
② 소아비만은 지방세포수와 관계없이 조절하기 쉽다.
③ 연령 증가로 기초대사가 증가하여 비만이 생긴다.
④ Broca 지수가 120 이상일 때 비만이라 한다.
⑤ 복부비만은 허리둘레가 남자 95cm 이상, 여자 90cm 이상인 경우이다.

87. 담낭염 환자가 주의해야 할 식품은?

① 난 백
② 흰살생선
③ 샌드위치
④ 감자튀김
⑤ 탈지우유

88. 울혈성 심부전의 식사요법으로 옳지 않은 것은?

① 나트륨 제한
② 수분과 열량 제한
③ 식사량을 줄이고 횟수를 늘림
④ 양질의 단백질 공급
⑤ 지방의 공급 증가

89. 고혈압의 위험 인자로 옳은 것은?

① 저열량 식사
② 비 만
③ 우유불내증
④ 저체중
⑤ 빈 혈

90. 대한비만학회(2020년)에서 제시한 성인의 과체중 체질량지수(kg/m^2) 범위는?

① 18.5 미만
② 18.5 ~ 22.9
③ 23 ~ 24.9
④ 25 ~ 29.9
⑤ 35 이상

91. 간경변증 환자가 간성혼수를 일으킬 경우 올바른 식사요법은?

① 저단백식
② 고지방식
③ 저지방식
④ 고단백식
⑤ 저당질식

92. 철분결핍증에 의해서 가장 영향을 많이 받은 혈청 단백질의 지표는?

① 알부민(Albumin)

② 트랜스페린(Transferrin)

③ 프리알부민(Prealbumin)

④ 레티놀 바인딩 단백질(Retinol-Binding Protein)

⑤ 총 혈청 단백질(Total Protein)

93. 가스를 발생시키는 식품은?

① 딸 기 　　　② 당 근

③ 양배추 　　　④ 시금치

⑤ 호 박

94. 고혈압 환자를 위한 DASH 다이어트에서 권장하는 식품은?

① 케이크

② 통곡물

③ 버 터

④ 전지분유

⑤ 붉은색 육류

95. 콩팥부전 환자가 복막투석을 하는 경우 투석 전보다 섭취량을 늘려야 하는 것은?

① 단순당

② 인

③ 나트륨

④ 단백질

⑤ 동물성지방

96. 만성콩팥병(만성신부전)으로 인한 요독증 환자의 식사요법은?

① 저열량식

② 고섬유소식

③ 고칼륨식

④ 저지방식

⑤ 저단백식

97. 제2형 당뇨병 환자의 식사요법은?

① 탄수화물은 1일 100g 이하로 제한한다.

② 혈당지수가 높은 식품 위주로 섭취한다.

③ 인공감미료는 섭취를 금지한다.

④ 설탕 대신 과당을 사용한다.

⑤ 탄수화물의 1일 총 섭취량을 관리해야 한다.

98. 당뇨병 환자의 당질 대사에 관한 설명으로 옳은 것은?

① 말초조직에서 포도당 이용률 증가

② 당신생의 감소

③ 간 글리코겐의 합성 감소

④ 근육 글리코겐의 합성 증가

⑤ 말초조직으로의 포도당 유입 증가

99. 장티푸스 환자의 식사요법은?

① 고열량식
② 저단백식
③ 수분 제한
④ 고잔사식
⑤ 저당질식

100. 통풍(Gout)에 대한 설명 중 옳은 것은?

① 최근 발병률은 과거보다 매우 낮다.
② 특히 남성에게 많다.
③ 어린이에게 많이 나타난다.
④ 심한 육체노동을 하는 사람에게 많다.
⑤ 주로 채식 위주의 식사를 하는 사람에게 많다.

101. 사구체에서 여과된 포도당의 재흡수가 주로 일어나는 곳은?

① 보먼주머니
② 요 관
③ 집합관
④ 세뇨관
⑤ 신 우

102. 외상수술 후 환자의 대사변화는?

① 당신생이 감소한다.
② 나트륨 배설이 증가한다.
③ 지방 분해가 감소한다.
④ 체단백질 분해가 촉진된다.
⑤ 칼륨 배설이 감소한다.

103. 경구당부하검사에서 포도당 경구 투여 2시간 후 정맥혈당치가 190mg/dL인 경우 어떤 상태인가?

① 정 상
② 제1형 당뇨병
③ 제2형 당뇨병
④ 내당능장애
⑤ 공복혈당장애

104. 암을 예방하는 식습관으로 옳은 것은?

① 우유 및 유제품의 섭취 감소
② 염장식품의 섭취 증가
③ 가공식품의 섭취 증가
④ 녹황색 채소의 섭취 감소
⑤ 섬유소식품의 섭취 증가

105. 암 악액질 증상을 보이는 암환자의 대사변화는?

① 기초대사량 감소
② 지방 합성 증가
③ 인슐린 민감도 증가
④ 당신생 감소
⑤ 단백질 합성 감소

106. 통풍 환자에게 적합한 음식으로 구성된 것은?

① 쌀밥, 홍합탕, 연어구이, 시금치나물
② 잡곡밥, 소고기뭇국, 멸치볶음, 버섯볶음
③ 양송이스프, 비프스테이크, 아스파라거스 구이
④ 완두콩밥, 조갯국, 고등어찜, 콩자반
⑤ 모닝빵, 달걀프라이, 치즈, 우유

107. 음식을 삼키기 어려운 환자에게 제공할 수 있는
식품은?

① 비스킷
② 달걀찜
③ 북엇국
④ 가래떡
⑤ 보리차

108. 급성사구체신염 환자가 핍뇨 및 부종을 동반할
때 제한하는 영양소는?

① 당질, 단백질
② 나트륨, 지방
③ 지방, 수분
④ 나트륨, 단백질
⑤ 당질, 수분

109. 신장에서 합성되고 골수에서 적혈구 생성을 촉
진하는 것은?

① 에피네프린
② 프로스타글란딘
③ 부신피질자극호르몬
④ 바소프레신
⑤ 에리트로포이에틴

110. 급성감염성 질환자의 대사변화는?

① 체온이 저하된다.
② 체단백질 합성이 증가한다.
③ 나트륨과 칼륨의 배설이 감소한다.
④ 기초대사량이 증가한다.
⑤ 글리코겐 저장량이 증가한다.

111. 조절되지 않는 소아 뇌전증 환자에게 제공하는
식사요법은?

① 고단백식
② 고식이섬유식
③ 고당질식
④ 저지방식
⑤ 고지방식

112. 폐포와 혈액 및 조직세포 사이에서 가스가 교환
되는 현상은?

① 분압차에 의한 삼투현상
② 용해도차에 의한 삼투현상
③ 용해도차에 의한 확산현상
④ 분압차에 의한 확산현상
⑤ 분압차에 의한 여과현상

113. 폐결핵 환자의 식사요법은?

① 수분 섭취 제한하기
② 열량 섭취 제한하기
③ 칼슘 섭취 제한하기
④ 지방 섭취 제한하기
⑤ 단백질 섭취 늘리기

114. 철결핍성 빈혈인 사람에게 권장하는 음식은?

① 삼겹살, 깍두기
② 소간전, 부추무침
③ 닭튀김, 녹차
④ 갈치구이, 배추김치
⑤ 두부구이, 콩나물국

115. 체순환 순서로 옳은 것은?

① 우심방 → 대동맥 → 조직 → 대정맥 → 좌심실
② 우심실 → 대정맥 → 조직 → 대동맥 → 좌심실
③ 우심실 → 대동맥 → 조직 → 대정맥 → 좌심방
④ 좌심방 → 대정맥 → 조직 → 대동맥 → 우심실
⑤ 좌심실 → 대동맥 → 조직 → 대정맥 → 우심방

116. 대사증후군 환자의 식사요법은?

① 생과일 대신 과일주스 섭취하기
② 쇼트닝 대신 마가린 섭취하기
③ 육류 대신 햄 섭취하기
④ 백미 대신 현미 섭취하기
⑤ 설탕 대신 꿀 섭취하기

117. 항체의 주성분은 무엇인가?

① Glucoside
② γ – Globulin
③ Albumin
④ Lymphokine
⑤ Rennin

118. 체중감량 프로그램에 참여한 대상자가 복부비만 인지를 판정하기 위해 사용할 수 있는 방법은?

① 밀도측정법
② 허리둘레
③ 체질량지수
④ 삼두근
⑤ 엉덩이둘레

119. 뼈에 칼슘이 침착되는 데 관여하는 호르몬은?

① 바소프레신
② 갑상샘호르몬
③ 부갑상샘호르몬
④ 프로락틴
⑤ 칼시토닌

120. 페닐케톤뇨증 환자의 혈액 내에서 증가하는 것은?

① 호모시스틴
② 갈락토스
③ 페닐알라닌
④ 티로신
⑤ 메티오닌

1과목 | 식품학 및 조리원리

01. Cellulose가 이루고 있는 결합의 형태는?

① α-1,4 글리코시드 결합
② α-1,6 글리코시드 결합
③ β-1,4 글리코시드 결합
④ β-1,6 글리코시드 결합
⑤ α-1,1 글리코시드 결합

02. 호화전분과 노화전분의 X선 회절도는?

	호화전분	노화전분
①	A형	B형
②	B형	C형
③	C형	A형
④	B형	V형
⑤	V형	B형

03. 단당류 중 ketose에 속하는 것으로 옳은 것은?

① Arabinose
② Glucose
③ Galactose
④ Fructose
⑤ Rhamnose

04. 다음 중 환원당에 해당하는 것은?

① Sucrose
② Lactose
③ Raffinose
④ Stachyose
⑤ Gentianose

05. 다음과 같은 특징을 나타내는 다당류는?

- 홍조류, 녹조류에서 얻을 수 있는 다당류이다.
- 겔 형성 능력이 강하여 냉수에 녹지 않는다.
- 미생물 배지로 이용된다.

① 한 천
② 펙 틴
③ 구아검
④ 아라비아검
⑤ 글루코만난

06. 유지의 변향(Flavor Reversion)에 대한 설명으로 옳은 것은?

① 대두유 등 리놀렌산 함량이 많은 유지에서 잘 일어난다.
② 금속이온은 변향을 억제한다.
③ 자외선에 의해 억제된다.
④ 변향이 일어나기 위해서는 많은 산소량이 필요하다.
⑤ 온도가 낮을수록 잘 일어난다.

07. 다음 중 유지의 가수분해에 의한 산패에 대한 설명으로 옳은 것은?

① 리파아제에 의해 일어난다.
② 산 첨가에 의해 일어나지 않는다.
③ 알칼리 첨가에 의해 일어나지 않는다.
④ 유지 중에 녹아있는 산소에 의해 일어난다.
⑤ 고급지방산 함량이 높은 유지에서 잘 일어난다.

08. 유지의 발연점을 저하시키는 요인으로 옳은 것은?

① 기름의 표면적이 좁을 때
② 정제도가 높을 때
③ 유리지방산 함량이 적을 때
④ 튀김 횟수가 많을 때
⑤ 가열시간이 짧을 때

09. 단백질의 2차 구조 중 병풍구조를 형성하는 중요한 힘은?

① 정전기적 인력
② 소수성 결합
③ 이황화 결합
④ 수소 결합
⑤ 이온 결합

10. 조리법 중 비타민 B_1의 손실이 가장 큰 것은?

① 삶 기
② 튀 김
③ 구 이
④ 찜
⑤ 볶 음

11. 저열량 대체 감미료로 사용되는 단당류의 유도체는?

① 키 틴
② 티오글루코오스
③ 글루쿠론산
④ 소르비톨
⑤ 글루코사민

12. 단백질의 등전점에서 일어나는 변화로 옳은 것은?

① 탁도가 최소가 된다.
② 용해도가 최대가 된다.
③ 점도가 최대가 된다.
④ 흡착력과 기포력이 최대가 된다.
⑤ 삼투압이 최대가 된다.

13. 다음 중 효소에 의한 식품의 변색현상에 해당하는 것은?

① 사과를 잘라서 공기 중에 두었을 때 갈변하는 것
② 게나 가재를 가열했을 때 적색으로 되는 것
③ 빵을 구울 때 갈색으로 변하는 것
④ 김이 저장 중에 색깔을 잃는 것
⑤ 오이지의 색깔이 숙성 중에 녹황색으로 변하는 것

14. 전분의 비환원성 말단부터 $\alpha-1,4$ 글리코시드 결합을 maltose 단위로 가수분해하는 효소는?

① $\alpha-$amylase
② $\beta-$amylase
③ peptidase
④ isoamylase
⑤ glucoamylase

15. 단백질의 열변성에 대해 바르게 설명한 것은?

① 전해질은 열변성을 억제한다.
② 수분은 열변성을 촉진한다.
③ 식품의 종류와 상관없이 열변성의 온도는 동일하다.
④ 등전점에서 열변성이 억제된다.
⑤ 설탕은 열변성을 촉진한다.

16. 두부 제조 시 염류에 의해 응고되는 콩단백질은?

① 글리시닌
② 글루테닌
③ 오리제닌
④ 글리아딘
⑤ 제 인

17. 햄이나 소시지 제조 시에 질산염을 처리하여 생성되는 적색물질은 무엇인가?

① 헤모글로빈(Hemoglobin)
② 옥시헤모글로빈(Oxyhemoglobin)
③ 메트헤모글로빈(Methemoglobin)
④ 메트미오글로빈(Metmyoglobin)
⑤ 니트로소미오글로빈(Nitrosomyoglobin)

18. 성분이 분리된 마요네즈를 재생시킬 때 첨가하는 것은?

① 식 초
② 물
③ 난 황
④ 전 분
⑤ 설 탕

19. 감자의 갈변현상에 주로 관여하는 것은?

① 타닌의 갈변
② 폴리페놀옥시다아제에 의한 갈변
③ 티로시나아제에 의한 갈변
④ 아스코르브산 산화에 의한 갈변
⑤ 마이야르 반응에 의한 갈변

20. 고구마 절단 시 백색 점액성분은?

① 얄라핀(jalapin)
② 이포메인(ipomein)
③ 베타카로틴(β-carotene)
④ 투베린(tuberin)
⑤ 글리시닌(glycinin)

21. 세균의 세포에 기생해서 세균을 용균하는 바이러스(Virus)는?

① Mold
② Yeast
③ Bacteriophage
④ Rickettsia
⑤ Bacteria

22. 완자전을 만들 때 넣는 달걀의 주된 역할은?

① 결합제
② 농후제
③ 청정제
④ 팽창제
⑤ 유화제

23. 요구르트 제조에 이용하는 미생물은?

① Lactobacillus bulgaricus
② Acetobacter aceti
③ Aspergillus niger
④ Trichoderma koningii
⑤ Saccharomyces ellipsoideus

24. 날콩에 있는 단백질의 소화작용을 방해하는 것은?

① 트립신저해제(trypsin inhibitor)
② 헤마글루티닌(hemagglutinin)
③ 오보뮤코이드(ovomucoid)
④ 글리시닌(glycinin)
⑤ 리폭시게나아제(lipoxygenase)

25. 우유와 토마토를 섞어서 스프를 만들었더니 응고물이 형성되었다. 응고된 우유단백질은?

① 면역글로불린
② 라이소자임
③ α – 락트알부민
④ 카세인
⑤ β – 락토글로불린

26. 수중유적형 유화식품에 해당하는 것은?

① 우유, 아이스크림
② 우유, 버터
③ 마요네즈, 버터
④ 아이스크림, 마가린
⑤ 아이스크림, 버터

27. 비트에 함유된 적색 색소는?

① 피코에리트린
② 안토크산틴
③ 클로로필
④ 베타레인
⑤ 델피니딘

28. 생강의 매운맛 성분은?

① 쇼가올(shogaol)
② 차비신(chavicine)
③ 캡사이신(capsaicin)
④ 알리신(allicin)
⑤ 황화알릴(allyl sulfide)

29. 고구마를 구울 때 어떤 효소의 작용으로 단맛이 강해지는가?

① 티로시나아제
② 아스코르비나아제
③ 펙티나아제
④ β – 아밀라아제
⑤ 프로테아제

30. 열의 전달에 대한 설명 중 옳은 것은?

① 복사가 전도보다 열전도율이 빠르다.
② 전도가 대류보다 열전도율이 빠르다.
③ 복사는 열이 직접 닿아 있는 물체에 접촉되어 전달된다.
④ 대류는 중간매체 없이 열이 직접 전달된다.
⑤ 전도는 공기의 밀도차에 의해서 열이 전달된다.

31. 말린 콩류를 조리할 때 시간을 단축시킬 수 있는 방법이 아닌 것은?

① 압력솥을 이용한다.
② 경수보다 연수를 사용한다.
③ 적당량의 식초를 조리하는 물에 첨가한다.
④ 적당량의 베이킹소다를 조리수에 첨가한다.
⑤ 찬물보다는 뜨거운 물에 담갔다가 조리한다.

32. 오징어를 먹은 직후 식초나 밀감을 먹었을 때 쓴 맛을 느끼는 현상은?

① 상 승
② 억 제
③ 변 질
④ 변 조
⑤ 대 비

33. 유화제가 첨가된 쇼트닝의 특성과 관련된 설명으로 가장 적절한 것은?

① 튀김 시 지방의 흡수를 방해한다.
② 튀김 시 거품의 형성을 방해한다.
③ 튀김기름의 발연점을 높인다.
④ 케이크 반죽 시 글루텐 형성을 촉진한다.
⑤ 케이크의 질감을 부드럽게 한다.

34. 고기의 숙성에 관한 설명으로 옳은 것은?

① pH의 영향을 받지 않는다.
② 경도가 증가한다.
③ 고기가 숙성하면 보수성이 증가한다.
④ 고기가 숙성하면 아미노산의 함량이 감소한다.
⑤ 육색이 선홍색에서 적자색으로 변한다.

35. 육류의 사후강직을 설명한 것으로 옳은 것은?

① 육류의 보수성이 좋아진다.
② 육질이 연해진다.
③ 근섬유가 액토미오신을 형성하여 근육이 수축되는 상태이다.
④ 도살 후 글리코겐이 호기적 상태에서 젖산을 생성하여 pH가 저하된다.
⑤ 이노신산(inosinic acid)이 생성된다.

36. 파인애플에 함유된 단백질 분해효소는?

① 액티니딘
② 브로멜린
③ 파파인
④ 피 신
⑤ 프로테아제

37. 근대나 시금치 같은 채소에 함유되어 칼슘의 흡수를 방해하는 것은?

① Citric Acid
② Malic Acid
③ Succinic Acid
④ Acetic Acid
⑤ Oxalic Acid

38. 어묵 제조에 사용되는 섬유상 단백질로 어묵 결합조직으로 옳은 것은?

① 미오겐
② 엘라스틴
③ 글로불린
④ 콜라겐
⑤ 액토미오신

39. 그림과 같이 11% 소금물에 달걀을 넣었다. 가장 산란일이 오래된 것은?

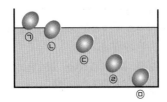

① ㉠
② ㉡
③ ㉢
④ ㉣
⑤ ㉤

40. 우유를 균질처리하는 목적은?

① 응고력 감소
② 미생물 사멸
③ 산패 억제
④ 크림층 방지
⑤ 영양가 향상

2과목 | 급식, 위생 및 관계법규

41. 영양사가 식품창고의 재고관리 업무를 조리사에게 맡김으로써 동기부여 효과를 기대할 수 있는 조직화의 원칙은?

① 권한위임의 원칙
② 전문화의 원칙
③ 계층단축화의 원칙
④ 명령일원화의 원칙
⑤ 감독한계 적정화의 원칙

42. 다음 중 병원에서 중앙배선방법에 비해 병동배선방법이 유리하다고 생각되는 이유는?

① 식기소독과 보관이 잘된다.
② 인건비가 적게 든다.
③ 영양사가 감독하기 쉽다.
④ 적온급식이 잘 된다.
⑤ 인력관리가 효율적이다.

43. 식기를 세척하는 방법으로 옳은 것은?

① 비눗물에 닦아 흐르는 물에 헹구고, 자연건조시킨다.
② 비눗물에 닦아 흐르는 물에 헹구고 행주로 깔끔하게 닦는다.
③ 비눗물을 푼 통에 두세 번 헹궈 낸다.
④ 세정제를 푼 물에 삶아 헹군다.
⑤ 세제 없이 뜨거운 물로 계속 닦아낸다.

44. 예비저장식 급식체계에 대한 설명으로 옳은 것은?

① 전통적 급식체계보다 초기 투자비용이 적게 든다.
② 음식의 생산과 소비가 시간적으로 분리되어 있다.
③ 전통적 급식체계보다 미생물적 품질 유지가 쉽다.
④ 전통적 급식체계보다 노동경비가 높다.
⑤ 완전 조리된 식품을 구매하여 최소한의 조리작업을 거쳐 배식한다.

45. 단체급식에서 채소의 분산조리 목적을 설명한 것은?

① 신속하게 채소요리를 만들 수 있는 방법이다.
② 채소를 여러 번 나누어 소규모로 조리하는 방법이다.
③ 채소의 관능적, 영양적 품질을 높이기 위해 조리하는 방법이다.
④ 신선한 요리를 제공한다.
⑤ 채소의 배식시간을 늘리기 위한 조리방법이다.

46. 위탁급식의 기대효과로 가장 옳은 것은?

① 급식비 일부를 기업·기관에서 보조함
② 서비스 향상
③ 원가 통제가 신속함
④ 급식품질 통제가 쉬움
⑤ 수익보다는 복지 차원에서 운영됨

47. 6개월에 1회 정기건강진단을 받아야 하는 조리 종사자는?

① 병 원
② 군 대
③ 학 교
④ 산업체
⑤ 사회복지시설

48. 식당을 지하에 정할 경우에 가장 문제가 되는 것은?

① 식당의 전망이 나쁘다.
② 급식대상자의 왕래가 불편하다.
③ 음식의 운반, 배달이 불편하다.
④ 습도, 환기 등 위생상의 문제가 있다.
⑤ 재료의 반입, 오물의 배출이 불편하다.

49. 조리장 구역에서 조도가 가장 밝아야 하는 곳은?

① 배선구역
② 전처리구역
③ 검수구역
④ 조리구역
⑤ 세정구역

50. 대량조리 시 음식의 수분손실과 건조에 따른 중량 변화를 최소화하기 위한 품질관리 요소는?

① 제품평가
② 산출량
③ 배식량
④ 검 식
⑤ 온도와 시간

51. 임금의 결정요인 중 외적요인으로 옳은 것은?

① 직무가치
② 단체교섭
③ 인센티브
④ 생계비
⑤ 직무평가결과

52. 노동조합의 기능 중 단체교섭에 대한 설명으로 옳은 것은?

① 어떤 형태든지 종업원이 기업의 의사결정에 참여토록 하는 것이다.
② 노동조합에 의한 경영참가로 노사 상호협력을 위해 갖는 모임이다.
③ 구성원의 사회적·경제적 복지를 촉진시키고 증진시키기 위해 조직을 설계하는 것이다.
④ 기업의 대표(사용자) 측이 근로자의 대표(고용자) 측과 만나서 어떤 협약을 체결해 가는 과정이다.
⑤ 쌍방이 상대방의 입장을 수용하고 근로자의 문제와 기업의 생산성 문제를 해소시키기 위해 함께 노력하는 것이다.

53. 다음 중 급식 생산성이 가장 낮은 것은?

① 군대 급식
② 도시형 중학교 급식
③ 상급종합병원 환자식
④ 대학교 급식
⑤ 대기업공장 급식

54. 마케팅 활동 단계 중 상이한 욕구, 행동 및 특성을 가지고 있는 소비자들을 분류하는 것은?

① 시장세분화
② 표적시장 선정
③ 관계 마케팅
④ 포지셔닝
⑤ 마케팅 믹스

55. 단체급식소의 3월 31일 현재의 물엿 재고 현황이다. 최종구매가법으로 재고자산을 평가한 결과는?

입고일	구입량 (병)	구매단가 (원/병)	현재재고 (병)
3.11.	30	2,200	5
3.25.	20	2,000	5

① 10,000원
② 11,000원
③ 15,000원
④ 18,000원
⑤ 20,000원

56. 경영관리기능(Management Function) 중 조직 (Organizing)기능에 대한 설명으로 옳은 것은?

① 기업활동의 목적을 설정하고 필요한 활동의 방향과 방침을 결정하는 기능이다.
② 경영목적을 달성하기 위해 조직구성원의 행동을 유효하게 동기를 부여시키는 기능이다.
③ 일정한 목표달성을 위해 조직구성원의 활동을 통일하고 서로 조화되게 결합시키는 기능이다.
④ 조직구성원에게 일정한 직무를 분담하고 직무수행에 필요한 권한과 책임을 할당하는 기능이다.
⑤ 최초의 계획과 비교하여 실적을 측정하고, 계획과 실적 간의 차이를 수정하는 기능이다.

57. 식품 검수 시 우선적으로 확인해야 하는 것은?

① 식단표
② 발주방식
③ 식품의 수량과 품질
④ 기기관리 대장
⑤ 재고량

58. 통계적 수법을 적용하여 작업자의 작업요소가 하루 일과시간 중 어느 정도의 비율로 발생하는지를 관측·기록하여 시간을 설정하는 작업측정법은?

① 워크샘플링법
② 표준자료법
③ 시간연구법
④ 실적자료법
⑤ PTS법

59. 공식 조직과 비공식 조직에 대한 설명으로 옳은 것은?

① 비공식 조직은 인위적으로 형성된 조직이다.
② 공식 조직은 개인적 접촉으로 우연히 형성된 조직이다.
③ 공식 조직은 자연발생적으로 형성된다.
④ 공식 조직의 중요성은 호손실험을 통해 입증되었다.
⑤ 비공식 조직은 구성원에게 심리적인 만족을 준다.

60. 학교급식의 메뉴 검식 시 이물질이 발견되었다. 메뉴 폐기를 최종적으로 승인하고 사후조치의 결정권한을 가진 사람은?

① 교 장
② 보건교사
③ 위생사
④ 조리사
⑤ 영양사

61. 다음 중 구매명세서 작성이 단점으로 작용할 수 있는 경우는?

① 품질의 균일성을 유지하고자 할 때
② 정확한 품질검사를 하려고 할 때
③ 구매하고자 하는 물품이 적을 때
④ 검사에 필요한 시간을 절약하고자 할 때
⑤ 많은 납품업자에게 경쟁입찰을 시키려고 할 때

62. 다음 설명에 해당하는 구매계약 방법은?

- 공고부터 개찰까지 수속이 복잡함
- 구매의 투명성이 확보되고 새로운 업자를 발굴할 수 있음
- 공고로 응찰자를 모집하고 상호경쟁을 통해 낙찰자를 선정함

① 일반경쟁입찰
② 수의계약
③ 분할수의계약
④ 단독계약
⑤ 지명경쟁입찰

63. 급식업체 A는 인접지역에 소재한 10개의 학교에서 급식을 위탁받았다. 이때 식재료 및 물품의 적합한 구매유형은?

① 독립구매　　　② 공동구매
③ 창고클럽구매　④ 중앙구매
⑤ 단독구매

64. 고객과의 지속적 상호작용을 통해 고객의 충성도와 만족도를 극대화하며, 서비스과정을 중요시하는 마케팅은?

① 전통적 마케팅
② 차별적 마케팅
③ 거래 마케팅
④ 집중적 마케팅
⑤ 관계마케팅

65. 전수검사법을 설명한 것 중 옳은 것은?

① 검사하기 쉬운 물품을 대상으로 한다.
② 부분적으로 검사하는 방법이다.
③ 불량품만 검사를 한다.
④ 하나하나 전부 검사하는 방법이다.
⑤ 통계처리 판정하는 것이다.

66. 경비의 하나로 건물이나 설비의 고정자산의 가격 감소를 보상하기 위한 비용은?

① 수선비　　　　② 보험료
③ 관리비　　　　④ 감가상각비
⑤ 대손상각비

67. 단체급식소에서 저장할 수 있는 식품재료를 구입할 때 정확한 구매수량을 결정하려면 가장 먼저 무엇을 조사하는가?

① 급식 인원수의 조사
② 식단표 조사
③ 사용량 및 가식부 조사
④ 시장가격 조사
⑤ 재고량 조사

68. 식품의 원가 통제관리를 위한 재고조사의 한 방법으로 영구 재고조사(Perpetual Inventory)를 사용할 수 있다. 이에 대한 설명으로 적절한 것은?

① 현재의 잔고 재고품의 수량을 헤아리는 것이다.
② 각 품목의 입고량과 출고량이 같은 서식에 기록되는 방법이다.
③ 물품의 회전속도가 빠른 것에 주로 적용된다.
④ 저가 품목의 재고조사에 주로 적용된다.
⑤ 재고의 총 가치를 정확히 알 수 있다.

69. 급식일지는 어디에 속하는가?

① 이동성 장부
② 집합성 전표
③ 고정성 장부
④ 분리성 전표
⑤ 이동성 전표

70. 다음 중 좋은 식품 선택으로 옳은 것은?

① 밀가루 – 건조 상태가 좋고 덩어리가 있는 것이 좋다.
② 토란 – 자른 단면이 끈적끈적한 것은 상한 것이다.
③ 쌀 – 광택이 있고 투명하며 반질반질한 것이 좋다.
④ 건어물 – 잘 건조된 건어물은 약간 냄새가 난다.
⑤ 난류 – 껍질이 매끄럽고 광택이 있는 것이 좋다.

71. 식당을 차리려는데 동일 업종이 없는 것은 SWOT 분석 중 어느 요인에 해당하는가?

① 강점요인
② 약점요인
③ 목표요인
④ 위협요인
⑤ 기회요인

72. 음식별로 준비를 해 놓은 후 급식자가 메뉴를 선택하고 그 선택한 것에 대한 금액을 지불하는 급식방법은?

① 따블 도우떼
② 카페테리아
③ 부분식 급식
④ 알라 카르테
⑤ 뷔 페

73. 부하직원에게 권한을 주어 의사결정에 참여할 수 있도록 하는 리더십은?

① 전제적 리더십
② 민주적 리더십
③ 독재형 리더십
④ 섬기는 리더십
⑤ 지시적 리더십

74. 허즈버그(Herzberg)의 이론 중 동기요인은?

① 직무에 대한 성취감
② 기업정책과 경영
③ 감독자
④ 고용안정성
⑤ 작업조건

75. 노동조합의 기능 중 조합원의 노동력이 상실되는 경우를 대비하여 기금을 설치하는 활동은?

① 정치적 기능
② 경제적 기능
③ 공제적 기능
④ 단체교섭 기능
⑤ 임금교섭 기능

76. 경영관리 기능의 기본순환 순서는?

① 계획 → 조직 → 통제 → 조정 → 지휘
② 계획 → 조직 → 조정 → 지휘 → 통제
③ 계획 → 조정 → 조직 → 통제 → 지휘
④ 계획 → 조정 → 지휘 → 조직 → 통제
⑤ 계획 → 조직 → 지휘 → 조정 → 통제

77. 민츠버그의 경영자 역할 중 사람들과의 관계에 초점을 두는 것은?

① 협상자
② 혼란중재자
③ 연결자
④ 대변인
⑤ 정보탐색자

78. Penicillium citreoviride이 생성하는 곰팡이 독소로, 신경독을 일으키는 것은?

① 시트레오비리딘(citreoviridin)
② 루테오스키린(luteoskyrin)
③ 시큐톡신(cicutoxin)
④ 시트리닌(citrinin)
⑤ 시구아톡신(ciguatoxin)

79. 결핵의 병원체로 옳은 것은?

① Mycobacterium tuberculosis
② Francisella tularensis
③ Bacillus anthracis
④ Coxiella burnetii
⑤ Erysipelothrix rhusiopathiae

80. 다음 중 육류로부터 감염되는 기생충은?

① 회 충
② 편 충
③ 간흡충
④ 무구조충
⑤ 아니사키스

81. 과일통조림으로부터 용출되어 다량 섭취 시 중독 증상인 구토, 설사, 복통 등을 유발할 가능성이 있는 물질은?

① 안티몬(Sb)
② 망간(Mn)
③ 주석(Sn)
④ 구리(Cu)
⑤ 크롬(Cr)

82. 식품의 살균처리에 사용되는 방사선원은?

① Co-60
② I-131
③ H-3
④ C-14
⑤ S-36

83. 불규칙적인 발열이 특징이며, 가축 유산의 원인이 되기도 하는 인수공통감염병은?

① 리스테리아병
② 살모넬라병
③ 브루셀라증
④ 파상풍
⑤ 결 핵

84. 빵이나 과자를 만들 때 재료를 부풀게 할 목적으로 넣는 식품첨가물은?

① 팽창제
② 이형제
③ 소포제
④ 증점제
⑤ 밀가루개량제

85. 그람양성, 편성혐기성균으로 신경독소(neurotoxin)를 생성하는 식중독균은?

① Morganella morganii
② Enterococcus faecalis
③ Staphylococcus aureus
④ Clostridium botulinum
⑤ Bacillus cereus

86. 단체급식에서처럼 대형 용기에 조리된 식품에서 발생하기 쉬운 식중독균은?

① Morganella morganii
② Clostridium perfringens
③ Enterococcus faecalis
④ Staphylococcus aureus
⑤ Bacillus cereus

87. 집단생활을 하는 유아에게서 감염률이 높은 기생충은?

① 회 충
② 편 충
③ 십이지장충
④ 요 충
⑤ 동양모양선충

88. 고기를 태울 때나 훈연제품에서 발견되는 발암물질은?

① 히스타민
② 벤조피렌
③ 아크릴아마이드
④ 트리할로메탄
⑤ 나이트로소아민

89. 테트로도톡신과 유사증상을 가진 중독은?

① 아플라톡신
② 무스카린
③ 솔라닌
④ 삭시톡신
⑤ 리 신

90. 유해성 감미료 중 감미도가 가장 큰 것은?

① 둘 신
② 시클라메이트
③ 파라니트로올소토루이딘
④ 페릴라틴
⑤ 에틸렌글리콜

91. HACCP 적용을 위한 12절차 중 준비단계에 속하는 것은?

① 개선조치방법 수립
② 모니터링체계 확립
③ 공정흐름도 작성
④ 위해요소 분석
⑤ 중요관리점 결정

92. 「식품위생법」상 건강진단 대상자는?

① 식품 조리자
② 완전 포장된 식품첨가물 판매자
③ 기구 등의 살균·소독제 제조자
④ 완전 포장된 식품 운반자
⑤ 화학적 합성품 제조자

93. 「식품위생법」상 집단급식소에서 조리·제공한 식품의 매회 1인분 분량을 보관하는 기준은?

① −18℃, 144시간
② −5℃, 144시간
③ 0℃, 120시간
④ 5℃, 120시간
⑤ 10℃, 96시간

94. 「식품위생법」상 집단급식소에 종사하는 영양사의 교육 주기는?

① 1년마다 3시간
② 1년마다 6시간
③ 2년마다 3시간
④ 2년마다 6시간
⑤ 3년마다 5시간

95. 「식품위생법」상 집단급식소에 근무하는 조리사의 직무가 아닌 것은?

① 구매식품의 검수 지원
② 식단에 따른 조리
③ 식재료의 전처리
④ 종업원에 대한 영양 지도 및 식품위생교육
⑤ 급식설비 및 기구의 위생·안전 실무

96. 「식품위생법」상 업무정지기간 중 조리사 업무를 한 조리사의 행정처분으로 옳은 것은?

① 면허취소
② 업무정지 1개월 연장
③ 업무정지 2개월 연장
④ 업무정지 3개월 연장
⑤ 시정명령

97. 「학교급식법」상 학교급식시설의 위생·안전관리 기준 이행여부의 확인은 연 몇 회 이상 실시해야 하는가?

① 1회
② 2회
③ 3회
④ 4회
⑤ 5회

98. 「국민건강증진법」상 영양조사원의 업무에 해당하지 않는 것은?

① 영양지도의 기획·분석 및 평가
② HACCP 준수 확인
③ 집단급식시설에 대한 현황 파악
④ 영양교육자료의 개발
⑤ 지역주민에 대한 영양상담

99. 「국민영양관리법」상 영양·식생활 교육의 내용이 아닌 것은?

① 공중위생에 관한 사항
② 질병 예방 및 관리
③ 식품의 영양과 안전
④ 식생활 지침 및 영양소 섭취기준
⑤ 생애주기별 올바른 식습관 형성·실천에 관한 사항

100. 「식품 등의 표시·광고에 관한 법률」상 나트륨 함량 비교 표시 대상 식품은?

① 과자류
② 식육가공품 중 햄류
③ 즉석섭취식품 중 김밥
④ 즉석섭취식품 중 햄버거
⑤ 식육가공품 중 소시지류

성공한 사람은 대개 지난번 성취한 것 보다 다소 높게,
그러나 과하지 않게 다음 목표를 세운다.
이렇게 꾸준히 자신의 포부를 키워간다.

-커트 르윈-

실제시험보기

6회

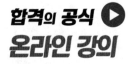

1과목 | 영양학 및 생화학

01. 어떤 영양소의 섭취가 부족할 때 단백질로부터 포도당이 생성되는가?

① 콜레스테롤
② 탄수화물
③ 수 분
④ 비타민 A
⑤ 엽 산

02. 엽록소의 구성성분으로, 근육의 이완에 관여하는 무기질은?

① 칼 슘
② 황
③ 아 연
④ 코발트
⑤ 마그네슘

03. 에너지필요추정량이 1,600kcal인 사람에게 권장되는 탄수화물 섭취량은?

① 140 ~ 180g
② 180 ~ 220g
③ 220 ~ 260g
④ 260 ~ 300g
⑤ 300 ~ 340g

04. 단식 등으로 인해 포도당을 모두 소진했을 경우 뇌세포는 무엇을 에너지원으로 사용하는가?

① lactose
② sucrose
③ thiamine
④ galactose
⑤ ketone body

05. 근육 글리코겐은 근육에 어떠한 효소가 없어서 혈당을 증가시킬 수 없는가?

① glucokinase
② aldolase
③ glucose − 6 − phosphatase
④ glycogen phosphorylase
⑤ pyruvate dehydrogenase

06. 다음에 해당하는 당질은?

- 세포 안으로 유입될 때 인슐린에 의존하지 않는다.
- 아세틸 CoA로 전환되는 속도가 빨라 혈중 중성지방의 농도를 높일 수 있다.

① 아라비노스
② 갈락토스
③ 자일로스
④ 올리고당
⑤ 과 당

07. 혈액 속의 칼슘의 농도가 정상치보다 높을 때 그 양을 저하시키는 작용을 하는 호르몬은?

① 인슐린
② 칼시토닌
③ 티록신
④ 알도스테론
⑤ 프로게스테론

08. 담낭을 수축시켜 담즙을 분비하고, 췌장소화효의 분비를 촉진하는 호르몬은?

① 에피네프린
② 갑상샘호르몬
③ 항이뇨호르몬
④ 콜레시스토키닌
⑤ 부갑상샘호르몬

09. 우유와 모유의 영양성분을 비교했을 때 모유에 더 많이 함유된 것은?

① 페닐알라닌
② 칼 슘
③ 리놀레산
④ 인
⑤ 카세인

10. 단당류가 글리코시드 결합으로 3~10개 연결되어 있으며 정장작용을 하는 당질은?

① 전 분
② 펙 틴
③ 덱스트린
④ 헤미셀룰로스
⑤ 올리고당

11. 지질 섭취 직후 상승하는 지단백은?

① 킬로미크론
② IDL
③ VLDL
④ LDL
⑤ HDL

12. 리보오스와 NADPH를 생성하며, 유선조직에서 활발히 진행되는 탄수화물 대사는?

① 알라닌회로
② TCA회로
③ 코리회로
④ 해당과정
⑤ 오탄당인산경로

13. 체내에서 DHA와 EPA를 합성할 수 있는 불포화 지방산은?

① 올레산
② 리놀레산
③ 아라키돈산
④ 스테아르산
⑤ 리놀렌산

14. 간이 나쁜 사람은 지방소화가 잘 안 되는데 그 이유는?

① 간에서 지방소화를 돕는 리파아제 효소를 배출하기 때문이다.
② 간에서 지방합성이 이루어지기 때문이다.
③ 간에서 지방소화를 돕는 담즙 생성이 잘 안 되기 때문이다.
④ 간에서 엔테로가스트론과 콜레시스토키닌 호르몬을 분비하기 때문이다.
⑤ 간에 항지방간성 인자가 있기 때문이다.

15. 지방산의 β-산화에 대한 내용으로 옳은 것은?

① 아세틸 CoA를 생성한다.
② 세포질에서 일어난다.
③ 카르니틴에 의해 억제된다.
④ 지방산은 탄소수가 1개 적은 아실 CoA가 된다.
⑤ 트랜스형 불포화지방산은 시스형으로 전환된 후 일어난다.

16. 단백질을 장기간 섭취하지 않을 때 나타날 수 있는 증상은?

① 소변으로 칼슘 배설 증가
② 글리코겐 합성 증가
③ 간의 지방 축적 감소
④ 근육량의 증가
⑤ 혈청 알부민 감소

17. 핵단백질의 가수분해 순서는?

① 핵산 → base → nucleoside → nucleotide
② 핵산 → base → nucleotide → nucleoside
③ 핵산 → nucleotide → base → nucleoside
④ 핵산 → nucleoside → nucleotide → base
⑤ 핵산 → nucleotide → nucleoside → base

18. 동물성 단백질 과잉섭취 시 체내에서 일어나는 현상은?

① 혈당 감소
② 체지방 감소
③ 요소 합성 감소
④ 칼슘 손실
⑤ 근육 손실

19. 질소평형이 음(-)이 되는 경우로 옳은 것은?

① 건강한 성인남자
② 수술 후 회복기에 있는 남자
③ 임산부
④ 근육의 증가를 위해 힘쓰는 성인
⑤ 장기간 굶는 경우

20. 경쟁적 저해의 특징으로 옳은 것은?

① V_{max}, K_m 모두 감소
② V_{max} 증가, K_m 일정
③ V_{max} 감소, K_m 일정
④ V_{max} 일정, K_m 감소
⑤ V_{max} 일정, K_m 증가

21. 옵신과 결합하여 로돕신을 형성하는 비타민은?

① 비타민 B_1
② 비타민 A
③ 비타민 C
④ 비타민 D
⑤ 비타민 E

22. 기아 시 간에서 포도당을 생성하기 위해 사용되는 젖산이 주로 공급되는 조직으로 옳은 것은?

① 지방조직
② 간조직
③ 근육조직
④ 두뇌조직
⑤ 모든 조직

23. 임신 시 속쓰림 증상 완화 방법으로 가장 옳은 것은?

① 과일을 많이 섭취한다.
② 기름진 음식을 섭취한다.
③ 식사 중 물을 많이 마신다.
④ 단 음식을 섭취한다.
⑤ 소량씩 자주 섭취한다.

24. 기초대사량이 낮아지는 경우는?

① 갑상샘 기능 항진
② 체온 상승
③ 추운 날씨
④ 임 신
⑤ 근육량 감소

25. 나트륨 배설을 촉진하여 혈압을 낮출 수 있는 무기질은?

① 황
② 마그네슘
③ 칼 슘
④ 염 소
⑤ 칼 륨

26. TCA회로에 관여하는 효소가 있으며, 호기성 진핵세포의 ATP 생성장소는?

① 골지체
② 소포체
③ 리소좀
④ 미토콘드리아
⑤ 핵

27. 글루타티온 과산화효소의 필수성분으로 항산화작용을 하는 무기질은?

① 아 연
② 칼 슘
③ 마그네슘
④ 크 롬
⑤ 셀레늄

28. 인슐린의 작용을 보조하여 포도당 내성요인으로서의 역할을 담당하는 무기질로 옳은 것은?

① 아연(Zn)
② 크롬(Cr)
③ 철(Fe)
④ 칼슘(Ca)
⑤ 마그네슘(Mg)

29. 당질대사에서 피루브산의 탈탄산반응 보조효소로 작용하는 비타민은?

① 니아신
② 리보플라빈
③ 비타민 C
④ 비타민 B_{12}
⑤ 티아민

30. 권장량 책정 시 단백질 섭취량에 의해 그 양을 결정하는 비타민은?

① 비타민 A
② 비타민 B_1
③ 비타민 B_2
④ 비타민 B_6
⑤ 비타민 D

31. 수분평형을 조절하는 물질과 분비기관의 연결이 옳은 것은?

① 안지오텐신 – 췌장
② 인슐린 – 췌장
③ 항이뇨호르몬 – 부갑상샘
④ 알도스테론 – 부신피질
⑤ 코르티솔 – 부신수질

32. 부갑상샘호르몬에 의해 활성화되며, 자외선 차단제 사용 시 합성이 저해되는 비타민은?

① 비타민 A
② 비타민 C
③ 비타민 K
④ 비타민 E
⑤ 비타민 D

33. 「2020 한국인 영양소 섭취기준」 중 상한섭취량이 제시된 비타민은?

① 판토텐산
② 리보플라빈
③ 비오틴
④ 티아민
⑤ 비타민 C

34. 튀긴 음식을 섭취하면 분비되는 소화액으로 옳은 것은?

① 담 즙
② 트립신
③ 가스트린
④ 세크레틴
⑤ 뮤 신

35. 곁가지 아미노산(BCAA)에 해당하는 것은?

① 메티오닌
② 트레오닌
③ 티로신
④ 세 린
⑤ 이소류신

36. 분만 수 주일 전부터 출혈 방지를 위해 공급해야 할 비타민은?

① 티아민
② 비타민 A
③ 비타민 B_6
④ 비타민 K
⑤ 엽 산

37. 월경주기의 난포기에 분비가 증가되어 자궁내막을 증식시키고, 자궁근을 수축하여 분만에 도움을 주는 호르몬은?

① 프로게스테론
② 황체형성호르몬
③ 태반락토겐
④ 프로락틴
⑤ 에스트로겐

38. 초유에 들어있는 신생아 감염 예방인자로 옳은 것은?

① 비타민 D
② 락트알부민
③ 락토페린
④ 페리틴
⑤ 갈락토스

39. 필수지방산이 혈압 및 혈액응고 등의 체내기능 조절을 하는 호르몬처럼 작용하는 물질은?

① 염류코르티코이드
② 스테로이드
③ 에이코사노이드
④ 에르고스테롤
⑤ n−6계 지방산

40. 생후 6~12개월 된 영아는 신생아보다 체내수분 비율이 감소하는데 그 주요 원인은?

① 체지방량의 감소로 인함
② 근육량의 증가로 인함
③ 단위체중당 체표면적의 증가로 인함
④ 세포외액의 감소로 인함
⑤ 골격량의 증가로 인함

41. 식사 4시간 후 체내 혈당 유지를 위해 먼저 사용되는 것은?

① 지방산
② 글리코겐
③ 케톤체
④ 글리세롤
⑤ 아미노산

42. 노인기에 변화되는 것으로 옳은 것은?

① 피부의 반점과 지방이 감소한다.

② 침 분비량이 늘어 연하곤란이 나타난다.

③ 짠맛과 단맛에 대한 역치가 높아진다.

④ 신혈류량, 사구체 여과율 및 세뇨관 분비율이 증가한다.

⑤ 심장이 작아지고 심장박동이 약화된다.

43. 노인의 고호모시스테인혈증을 방지하는 비타민은?

① 비타민 B_6, 비타민 B_{12}, 비타민 C

② 티아민, 리보플라빈, 비타민 K

③ 엽산, 비타민 B_{12}, 비타민 D

④ 비타민 B_6, 엽산, 비타민 B_{12}

⑤ 비타민 B_{12}, 비타민 D, 비타민 E

44. 임신부가 영양가는 거의 없고 때로 비위생적인 이물질에 강하게 집착하여 지속적으로 섭취하는 행동을 행하는 것으로 옳은 것은?

① 입 덧

② 신경성 식욕부진증

③ 이식증

④ 신경성 탐식증

⑤ 과행동증

45. 아미노기 전이반응에 사용되는 보조효소로 옳은 것은?

① TPP(Thiamine pyrophosphate)

② FMN(Flavin mononucleotide)

③ NAD(Nicotinamide adenine dinucleotide)

④ PLP(Pyridoxal Phosphate)

⑤ THF(Tetrahydrofolate)

46. 해당과정(Glycolysis)에서 조절작용을 담당하는 다른자리 조절효소(Allosteric Regulatory Enzymes) 3가지로 알맞은 것은?

① Glucokinase, Phosphofructokinase, Pyruvate kinase

② Hexokinase, Aldolase, Pyruvate kinase

③ Hexokinase, Dehydrogenase, Enolase

④ Phosphofructokinase, Enolase, Pyruvate kinase

⑤ Aldolase, Phosphofrutokinase, Pyruvate kinase

47. 다당류에 대한 설명으로 옳은 것은?

① 간세포에서 Glycogen의 합성전구체 및 분해 물질은 UDP-Glucose이다.

② Polysaccharide는 단당류가 2개에서 10개까지 결합된 Polymer이다.

③ Glycogen은 합성효소 및 분해효소와 결합되어 있다.

④ Cellulose는 β-1,4 결합으로 되어 있어서 β-Amylase에 의해 분해된다.

⑤ Glycogen과 Starch는 α-Amylase에 의해 직접 Glucose로 분해된다.

48. 혈당 저하 시 간에서 2차 전령으로 작용하는 cAMP를 합성하는 효소는?

① 글루코키나아제(glucokinase)

② 글리코겐인산화효소(glycogen phosphorylase)

③ 아데닐산고리화효소(adenylate cyclase)

④ cAMP 포스포디에스터라아제(cAMP phosphodiesterase)

⑤ 포도당-6-인산 가수분해효소(glucose-6-phosphatase)

49. 지방산 β−산화 시 지방산 활성화에 필요한 비타민은?

① 리보플라빈
② 엽 산
③ 판토텐산
④ 비타민 K
⑤ 니아신

50. 장기간 알코올을 섭취한 사람에게 나타나는 체내변화는?

① 위산 분비가 감소한다.
② 간에서 중성지방 합성이 증가한다.
③ 소장에서 티아민 흡수가 증가한다.
④ 간에서 알부민 합성이 증가한다.
⑤ 혈중 HDL 콜레스테롤 수치가 증가한다.

51. 지방조직이나 근육 등의 모세혈관 내벽에 존재하며, 지단백질의 중성지방을 분해하는 효소는?

① 지단백 리파아제(lipoprotein lipase)
② 피루브산 키나아제(pyruvate kinase)
③ 헥소키나아제(hexokinase)
④ 단백질 키나아제(protein kinase)
⑤ 이성화효소(isomerase)

52. 아세틸−CoA는 포도당으로부터 생성된 이것이 없으면 TCA회로에 들어갈 수 없어 케톤증을 유발하게 된다. 이 물질은?

① 아세토아세트산
② 옥살로아세트산
③ β−하이드록시뷰티르산
④ 젖 산
⑤ 아세톤

53. 영아기 중 철분이 고갈되어 철분 섭취를 충분히 해줘야 하는 시기는?

① 0 ~ 1개월
② 2 ~ 3개월
③ 4 ~ 6개월
④ 7 ~ 9개월
⑤ 10 ~ 12개월

54. 노인을 위한 식사관리는?

① 부드럽고 촉촉하게 조리한다.
② 단백질 섭취를 줄인다.
③ 칼슘 섭취를 줄인다.
④ 과일 섭취를 줄인다.
⑤ 더 달게 조리한다.

55. 식물성 식품에 함유된 비헴철의 흡수율을 증가시키기 위해 함께 섭취하면 좋은 것은?

① 시금치
② 커 피
③ 홍 차
④ 오렌지
⑤ 우 유

56. 콜레스테롤의 생합성 중간체는?

① 메발론산
② 트롬복산
③ 콜 산
④ 아라키돈산
⑤ 프로게스테론

57. 12~14세 여자가 남자보다 철분 결핍이 높은 이유로 가장 적절한 것은?

① 월 경
② 골격의 발달
③ 호르몬 분비 활발
④ 빈 혈
⑤ 근육량 증가

58. 효소 단백질의 인산화가 일어나는 아미노산 잔기는?

① Lysine
② Tyrosine
③ Serine
④ Cystine
⑤ Glucoamylase

59. 이유식을 시작할 때 주의할 점은?

① 이유식의 간은 싱겁게 한다.
② 만복상태에서 기분이 안 좋을 때 이유식을 준다.
③ 이유식은 눕혀서 먹인다.
④ 유동식은 아기에게 익숙한 젖병에 넣어 먹인다.
⑤ 한 번에 다양한 식품을 혼합하여 제공한다.

60. 운동 시 가장 마지막에 사용되는 에너지원은?

① 지방산
② 포도당
③ 크레아틴인산
④ ATP
⑤ 글리코겐

2과목 │ 영양교육, 식사요법 및 생리학

61. 효율적인 개인 영양상담을 하기 위한 의사소통 방법으로 옳은 것은?

① 상대의 의견에 동조하는 태도를 피한다.
② 감정이 상하더라도 필요한 조언은 반드시 한다.
③ 상대방의 시선을 피하여 자유롭게 의사를 표시하도록 한다.
④ 상대방의 이야기를 적절히 요약해 준다.
⑤ 상담내용에 대해 되도록 질문하지 않는다.

62. 영양상담 결과에 영향을 미치는 상담자의 요인으로 옳은 것은?

① 영양문제의 심각성
② 상담에 대한 동기
③ 경험과 숙련성
④ 상담에 대한 높은 기대
⑤ 자아강도

63. 초등학교 1학년 아이를 대상으로 영양교육을 하고자 한다. 가장 적합한 교육방법은?

① 강의(Lecture)
② 인형극(Puppet Play)
③ 연구 집회(Work Study)
④ 시범교수법(Demonstration)
⑤ 역할 연기법(Role Playing)

64. 비만 초등학생에게 적용한 다음의 영양교육 이론은?

> • 개인적 요인 – 건강 체중과 1일 섭취 에너지 인식 교육
> • 행동적 요인 – 긍정적 행동에 대한 보상 제공
> • 환경적 요인 – 학교급식 시 단맛을 줄인 조리법 사용

① 개혁확산 모델
② 건강신념 모델
③ 사회인지론
④ 사회마케팅
⑤ 합리적 행동이론

65. 제9기 국민건강영양조사 중 영양조사 항목은?

① 영양지식
② 흡 연
③ 비만 및 체중조절
④ 음 주
⑤ 이상지질혈증

66. 다음은 어떤 매체의 특징인가?

> • 그림을 미리 만들 수 있다.
> • 이야기를 진행하면서 자유롭게 그림을 붙이고 뗄 수 있다.
> • 그림의 위치를 이동하기 쉽다.
> • 휴대가 간편하고 비용이 적게 든다.

① 슬라이드(Slide)
② 팸플릿(Pamphlet)
③ 융판그림(Flannel Graph)
④ 포스터(Poster)
⑤ 리플릿(Leaflet)

67. 식사섭취조사 방법 중 실측법에 관한 설명으로 옳은 것은?

① 지난 하루 동안 섭취한 식품의 종류와 양을 기억하여 조사자가 기록한다.
② 식품이나 음식목록이 적힌 조사지에 섭취한 횟수와 양을 기록한다.
③ 섭취한 식품의 종류와 양을 저울로 측정해서 기록한다.
④ 일련의 목록으로 제시된 개별식품 또는 음식을 일정 기간에 걸쳐 평균적으로 섭취하는 빈도를 조사한다.
⑤ 식품을 섭취할 때마다 종류와 양을 스스로 기록한다.

68. 다음과 같은 특징을 갖는 영양조사방법은?

> • 편리하다.
> • 응답률이 높다.
> • 양적인 결과를 얻을 수 있다.
> • 조사자의 편견이 개입될 수 있다.

① 개인조사
② 우편조사
③ 자료조사
④ 전화조사
⑤ 특수조사

69. 영양정보에 관한 커뮤니케이션을 효과적으로 수행하기 위한 절차로 옳은 것은?

① 계획 → 의사소통 경로 선택 → 메시지 개발 → 실행 → 평가
④ 계획 → 메시지 개발 → 의사소통 경로 선택 → 실행 → 평가
③ 의사소통 경로 선택 → 계획 → 실행 → 메시지 개발 → 평가
④ 의사소통 경로 선택 → 메시지 개발 → 계획 → 실행 → 평가
⑤ 메시지 개발 → 계획 → 실행 → 의사소통 경로 선택 → 평가

70. 성인 대상의 영양상담 시 하루에 섭취해야 할 적절한 식품군의 횟수를 교육하기 위한 도구는?

① 식생활지침
② 식품교환표
③ 식품성분표
④ 식사구성안
⑤ 영양섭취기준

71. 국민의 영양 및 건강 증진을 도모하기 위한 「국민영양관리법」의 소관 부처는?

① 농림축산식품부
② 행정안전부
③ 보건복지부
④ 문화체육관광부
⑤ 식품의약품안전처

72. 영양판정법에서 간접평가에 해당하는 것으로 옳은 것은?

① 임상조사
② 신체계측법
③ 생화학적 검사
④ 식생태조사
⑤ 식사조사

73. 지역사회 영양사업에서 영양교육이 계획대로 진행되었는지를 확인하는 평가는?

① 과정평가
② 효과평가
③ 비용평가
④ 자원평가
⑤ 결과평가

74. 개인 영양상담을 위한 의사소통 방법 중 내담자의 말과 행동을 상담자가 부연해 주는 것은?

① 수 용
② 반 영
③ 조 언
④ 제 시
⑤ 명료성

75. 비만아동의 식습관 영양교육 지도 내용으로 옳은 것은?

① 가족의 식습관에 맞추도록 한다.
② 아동이 스트레스를 받을 수 있으니, 습관적으로 섭취하는 식품은 관여하지 않는다.
③ 보호자의 역할이 크므로 보호자에게 중점적 교육을 실시한다.
④ 식사횟수를 줄여서 최대한 적게 섭취하도록 돕는다.
⑤ 아동이 스스로 습관을 검토하여 문제점을 파악할 수 있도록 유도한다.

76. 영양관리과정 중 영양중재에 해당하는 것은?

① 간식의 과다 섭취로 인한 에너지 과다가 문제다.
② 가족력으로 당뇨병이 있고, 고혈압약을 복용 중이다.
③ 설탕 대신 대체감미료를 사용하도록 한다.
④ 입원 당시 체중이 평균 체중의 80% 수준이다
⑤ 한 달 전보다 총에너지 섭취가 20% 감소하였다.

77. 영양사가 건강신념모델을 이용하여 편식 아동에게 기름기 많은 육류만 섭취 시 심혈관질환에 걸릴 가능성에 관한 교육하였다. 이때 적용한 구성요소는?

① 인지된 민감성
② 인지된 장애
③ 인지된 이익
④ 행동의 계기
⑤ 자기효능감

78. 영양불량 환자나 영양불량 위험 환자를 선별하는 과정은?

① 영양판정
② 영양모니터링
③ 영양중재
④ 영양진단
⑤ 영양검색

79. 위 절제 수술을 받은 환자의 덤핑증후군을 예방하기 위한 식사요법은?

① 식사는 하루 3회 이하로 하기
② 단백질 공급을 위해 유제품 섭취하기
③ 식사 도중 물 마시기
④ 비타민 B_{12} 보충하기
⑤ 단순당의 함량이 높은 식품 제한하기

80. 비열대성 스프루 환자에게 줄 수 있는 음식으로 옳은 것은?

① 돈가스
② 햄버거
③ 만 두
④ 쌀 밥
⑤ 어 묵

81. 경련성 변비 환자에게 적합한 음식은?

① 풋고추
② 고구마줄기볶음
③ 흰 밥
④ 통밀빵
⑤ 탄산음료

82. 160cm, 75kg인 40세 여성이 지방간이 있을 때 적절한 영양치료는?

① 식이섬유는 하루에 10g 미만으로 제한한다.
② 지방은 하루 총 에너지의 10% 미만으로 제한한다.
③ 단백질은 하루에 체중 1kg당 2g 이상 섭취한다.
④ 체중은 점차적으로 5~10kg 정도 감량한다.
⑤ 탄수화물은 하루 총 에너지의 70% 이상 섭취한다.

83. 1일 에너지 필요량이 3,000kcal인 과체중 청소년 남자가 식사요법으로 체중을 한 달에 4kg 감량하고자 한다. 하루에 몇 kcal 정도의 에너지를 섭취하는 것이 적합한가?

① 1,500kcal
② 1,600kcal
③ 1,800kcal
④ 2,000kcal
⑤ 2,500kcal

84. 소아비만의 특징으로 옳은 것은?

① 지방세포의 크기와 수가 모두 증가한다.
② 기초대사량의 저하가 주요 원인이다.
③ 체중감량 후 요요현상이 적다.
④ 성인비만에 비해 유전적 인자가 적게 관여한다.
⑤ 성인이 되면 자연스럽게 체중이 감량된다.

85. 만성췌장염 환자의 식사요법으로 옳은 것은?

① 저지방식　　② 저열량식

③ 저단백식　　④ 저당질식

⑤ 고섬유식

86. 신장 180cm, 체중 100kg 성인 남자의 혈중 총 콜레스테롤 농도가 270mg/dL이다. 이 남자에게 적합한 식사요법은?

① 포화지방산 섭취 늘리기

② 탄수화물 섭취 늘리기

③ 불포화지방산 섭취 줄이기

④ 식이섬유 섭취 줄이기

⑤ 총 에너지 섭취 줄이기

87. 암 환자의 영양소 대사변화는?

① 인슐린 민감도가 증가한다.

② 근육단백질 합성이 증가한다.

③ 당신생이 증가한다.

④ 기초대사량이 감소한다.

⑤ 지방분해가 감소한다.

88. 다음과 같은 식사요법이 필요한 질병은?

> • 수분대사의 평형을 유지하기 위하여 수분을 충분히 공급한다.
> • 열량을 보충하기 위하여 농축 열량 식품을 이용한다.
> • 대사의 증가와 질소 손실의 보충을 위하여 단백질 식품을 충분히 공급한다.

① 네프로제　　② 비만증

③ 담석증　　　④ 변 비

⑤ 급성감염성 질환

89. 단식 초기에 나타나는 급격한 체중감소의 주된 원인은?

① 회분 손실　　② 체수분 손실

③ 체지방 손실　④ 나트륨 손실

⑤ 체단백질 손실

90. 나트륨(Na)의 엄격한 제한식이로 옳은 것은?

① 가공식품은 사용할 수 있다.

② 소금은 5g 정도 쓸 수 있다.

③ 우유는 자유로이 사용한다.

④ 근대, 시금치, 셀러리 등의 채소는 자유로이 사용한다.

⑤ 소금은 엄격히 제한하고 나트륨 함량이 많은 채소도 금한다.

91. 담낭염 환자에게 적합한 음식은?

① 약 과

② 케이크

③ 잣 죽

④ 삼겹살

⑤ 쌀 밥

92. 담석증 환자의 식사요법으로 옳은 것은?

① 고에너지식
② 저당질식
③ 저지방식
④ 저비타민식
⑤ 저단백질식

93. 고지혈증 환자의 혈중 중성지방을 증가시키는 요인은?

① 아연 섭취가 적을 경우
② 칼륨 섭취가 적을 경우
③ 비타민 A 섭취가 적을 경우
④ 콜레스테롤을 과잉으로 섭취했을 경우
⑤ 당질을 과잉으로 섭취했을 경우

94. 뇌혈관의 손상으로 음식물을 삼키기 어려운 환자에게 적합한 식품은?

① 호상 요구르트
② 비스킷
③ 견과류
④ 맑은 콩나물국
⑤ 건포도

95. 수산칼슘결석 환자에게 제한해야 하는 비타민은?

① 비타민 A
② 비타민 C
③ 비타민 B_1
④ 비타민 B_2
⑤ 비타민 B_6

96. 네프로제 증후군과 관계가 없는 것은?

① 단백뇨
② 고지혈증
③ 저단백혈증
④ 비만증
⑤ 부 종

97. 오랫동안 제산제를 복용한 노인에게 부족한 영양소는?

① 엽 산
② 비타민 B_1
③ 인지질
④ 니아신
⑤ 칼 슘

98. 당질을 극도로 제한하면 일어날 수 있는 증상은?

① 염기성증
② 산독증
③ 부 종
④ 고혈압
⑤ 저혈압

99. 심한 운동을 한 당뇨병 환자가 쓰러졌을 때 올바른 처치는?

① 꿀, 설탕, 사탕 등 단순당을 공급한다.
② 혈당강하제를 복용시킨다.
③ 인슐린을 주사로 투여한다.
④ 물이나 시원한 음료를 공급한다.
⑤ 소금이나 식염을 소량 공급한다.

100. 당뇨병 환자가 하루 100g 이상의 당질을 섭취해야 하는 이유는?

① 고지혈증을 예방한다.
② 케톤증을 예방한다.
③ 에너지를 공급한다.
④ 단백뇨가 감소한다.
⑤ 고혈압을 예방한다.

101. 위암 수술을 받은 환자의 식사진행은?

① 맑은유동식 → 연식 → 진밥 → 전유동식
② 연식 → 맑은유동식 → 전유동식 → 진밥
③ 전유동식 → 맑은유동식 → 연식 → 진밥
④ 진밥 → 전유동식 → 연식 → 맑은유동식
⑤ 맑은유동식 → 전유동식 → 연식 → 진밥

102. 위액의 성분에 해당하는 것은?

① 내적인자
② 엔테로키나아제
③ 세크레틴
④ 콜레시스토키닌
⑤ 디펩티다아제

103. 통풍 환자에게 권장할 수 있는 식품은?

① 조 개
② 달 걀
③ 고깃국물
④ 멸 치
⑤ 정어리

104. 식품 알레르기 체질인 사람에게 주어도 되는 식품끼리 묶은 것은?

① 아스파라거스, 배추, 복숭아
② 오이, 호박, 사과, 인절미
③ 초콜릿, 고등어, 우유, 쌀
④ 시금치, 딸기, 밀, 새우
⑤ 조개류, 게, 코코아, 돼지고기

105. 암 예방을 위한 식사요법으로 옳은 것은?

① 체중을 증가시킨다.
② 지방은 1일 총 열량의 40% 이하로 한다.
③ 비타민이 풍부한 식품을 매일 섭취한다.
④ 흡연, 알코올은 매일 조금씩 해도 된다.
⑤ 도정한 곡류 섭취를 늘린다.

106. 제2형 당뇨병 환자가 비만과 고혈압을 동반할 때 식사요법은?

① 저지방식, 저칼륨식
② 고지방식, 저칼륨식
③ 저열량식, 저나트륨식
④ 저열량식, 고나트륨식
⑤ 저단백식, 저나트륨식

107. 알레르기(Allergy)와 관계 깊은 현상은?

① 신장의 이상반응
② 항원 항체의 이상반응
③ 호르몬과 수용체의 이상반응
④ 심장기능의 이상반응
⑤ 혈액형 상호 간의 이상반응

108. 용혈에 관한 설명으로 옳은 것은?

① 백혈구가 파괴되는 현상

② 헤모글로빈이 적혈구로 농축되는 현상

③ 혈액으로부터 적혈구가 분리되는 현상

④ 적혈구 속의 혈색소가 혈구 밖으로 나오는 현상

⑤ 적혈구와 백혈구의 일시적 응집현상

109. 사구체 여과율 감소 시 혈중 농도가 감소하는 것은?

① 칼 륨

② 요 소

③ 크레아티닌

④ 인 산

⑤ 칼 슘

110. 다음 중 혈액 속에 가장 많이 존재하는 것으로 옳은 것은?

① 백혈구

② 적혈구

③ 혈소판

④ 혈청 단백질

⑤ 섬유소원

111. 고칼륨혈증이 있는 만성신부전 환자가 섭취를 제한해야 하는 식품은?

① 오 이

② 당 면

③ 쌀 밥

④ 꿀

⑤ 바나나

112. 콩팥에서 나트륨 재흡수를 촉진하여 혈액량을 증가시키는 호르몬은?

① 에피네프린

② 카테콜아민

③ 에리트로포이에틴

④ 알도스테론

⑤ 칼시토닌

113. 결핍 시 가장 마지막에 낮아지는 지표는?

① 트랜스페린 포화도

② 혈청 철 함량

③ 헤모글로빈 농도

④ 혈청 페리틴 농도

⑤ 적혈구 프로토포르피린

114. 울혈성 심부전 환자의 식사요법으로 옳은 것은?

① 고열량식 공급

② 나트륨 섭취 제한

③ 불포화지방산 섭취 제한

④ 단백질 섭취 제한

⑤ 이뇨제 사용 시 칼륨 제한

115. 혈압을 낮추는 요인으로 옳은 것은?

① 혈액 점도의 증가

② 혈관 수축력의 증가

③ 혈관 직경의 감소

④ 혈관 저항의 증가

⑤ 심박출량의 감소

116. 골격근에서 칼슘과 결합하여 근필라멘트의 결합을 촉진하는 단백질로 옳은 것은?

① 액 틴
② 미오신
③ 트로포미오신
④ 칼모듈린
⑤ 트로포닌

117. 당뇨병 환자가 콩팥부전 합병증이 발생하였다면, 평소 식단에서 섭취량을 줄여야 하는 것은?

① 당 질
② 에너지
③ 단백질
④ 지 질
⑤ 칼 슘

118. 혈중 콜레스테롤을 증가시키는 요인은?

① 수용성 식이섬유
② 포화지방산
③ 카페인
④ 타우린
⑤ 불포화지방산

119. 45세 여성의 제2형 당뇨병의 위험인자에 해당하는 것은?

① HDL – 콜레스테롤 : 60mg/dL
② 중성지방 : 130mg/dL
③ LDL – 콜레스테롤 : 90mg/dL
④ 체질량지수 : 28.5kg/m^2
⑤ 혈압 : 110/70mmHg

120. DASH 식이요법에서 권장하는 식품은?

① 두유, 소시지
② 꿀, 소고기
③ 버터, 요구르트
④ 감자칩, 호밀빵
⑤ 양상추, 저지방우유

1과목 | 식품학 및 조리원리

01. TBA(Thiobarbituric acid) 시험은 무엇을 측정하고자 하는 것인가?

① 필수지방산의 함량
② 지방의 함량
③ 유지의 산패도
④ 유지의 불포화도
⑤ 유지의 경화도

02. 메밀전분을 갈아서 만든 유동성이 있는 액체성 물질을 가열하고 난 뒤 냉각하였더니 반고체 상태(묵)가 되었다. 이 묵의 교질상태는?

① 거 품
② 졸(sol)
③ 겔(gel)
④ 유 화
⑤ 염 석

03. 결합수에 대한 설명으로 옳은 것은?

① 식품 건조 시 제거되기 힘들다.
② 비중이 4℃에서 최고이다.
③ 미생물의 번식, 발아에 이용된다.
④ 모두 자유롭게 분자운동을 하고 있다.
⑤ 0℃ 이하에서 쉽게 동결된다.

04. 미생물이 생장하는 데 수분활성이 영향을 준다. 높은 수분활성을 필요로 하는 것부터 순서대로 표시한 것은?

① 세균 > 곰팡이 > 효모
② 세균 > 효모 > 곰팡이
③ 곰팡이 > 효모 > 세균
④ 효모 > 세균 > 곰팡이
⑤ 곰팡이 > 세균 > 호모

05. 동물성 식품에 함유된 저장 탄수화물은?

① 갈락탄(galactan)
② 글루칸(glucan)
③ 글리코겐(glycogen)
④ 글루코스(glucose)
⑤ 글루타티온(glutathione)

06. 전분의 노화를 억제하는 방법은?

① 유화제 첨가하기
② 황산염 첨가하기
③ 수분 30~60%로 유지하기
④ pH 5~7로 유지하기
⑤ 0~5℃에서 보관하기

07. 유지의 불포화도를 나타내는 척도로 건성유, 불건성유, 반건성유를 분리하는 것은?

① 요오드가
② 검화가
③ 과산화물가
④ 산 가
⑤ 비누화값

08. 단백질의 정색반응 중 펩타이드 결합을 확인하는 것은?

① 뷰렛 반응
② 베네딕트 반응
③ 사카구치 반응
④ 홉킨스 콜 반응
⑤ 밀론 반응

09. 제한아미노산에 대한 설명으로 옳은 것은?

① 인체에 유해하여 섭취를 제한해야 할 아미노산
② 필수아미노산 이외에 제한적으로 섭취해야 할 아미노산
③ 식품 내에 아미노산 중 함량이 가장 많아 섭취량의 한계를 결정하는 필수아미노산
④ 식품 내 아미노산 중 함량이 적어 전체 효율을 결정하는 필수아미노산
⑤ 인체 내에서 제한적으로 합성이 되는 아미노산

10. 천연단백질을 물리적 · 화학적으로 처리하여 얻은 유도단백질은?

① 젤라틴
② 프롤라민
③ 히스톤
④ 글로불린
⑤ 알부미노이드

11. 새우, 게 등을 가열하면 생기는 빨간 색소로 옳은 것은?

① 멜라닌
② 크립토잔틴
③ 아스타신
④ 플라빈
⑤ 안토시아닌

12. 커피의 주된 타닌성분은?

① ellagic acid
② chlorogenic acid
③ catchin
④ phloroglucinol
⑤ shibuol

13. 밀가루를 황갈색으로 변하게 하는 것은?

① 덱스트린
② 아밀로펙틴
③ 아밀라아제
④ 프로테아제
⑤ 펙티나아제

14. 난황에 들어 있고, 기름의 유화제 역할을 하는 성분은?

① FeS
② ovalbumin
③ ovoglobulin
④ ovomucoid
⑤ lecithin

15. 다음 보기의 괄호에 들어갈 내용은?

> 당면은 감자, 고구마, 녹두가루에 첨가물을 혼합 · 성형하여 (   )한 후 건조 · 냉각하여 (   )시킨 것으로 반드시 열을 가해 (   )하여 먹는다.

① α화 − α화 − β화
② α화 − β화 − β화
③ α화 − β화 − α화
④ β화 − α화 − α화
⑤ β화 − β화 − α화

16. 밀가루의 종류와 용도가 바르게 연결된 것은?

① 강력분 − 튀김옷
② 강력분 − 스폰지케이크
③ 강력분 − 식빵
④ 박력분 − 국수면
⑤ 박력분 − 만두피

17. 감자튀김을 할 때 기름흡수량을 감소시킬 수 있는 조건은?

① 재료를 작게 잘라 표면적을 크게 한다.
② 빵가루를 입혀 다공질로 만든다.
③ 튀김옷을 두껍게 입힌다.
④ 낮은 온도에서 오랜 시간 튀긴다.
⑤ 재료의 수분을 제거한다.

18. 덱스트란 형성 및 김치의 발효 초기에 주된 역할을 하는 젖산균은?

① Lactobacillus plantarum
② Lactobacillus brevis
③ Leuconostoc mesenteroides
④ Pediococcus halophilus
⑤ Bacillus megaterium

19. 참기름에 있는 천연 항산화 성분은?

① 세안토시아닌　② 블랙커런트
③ 세사몰　　　　④ 루테인
⑤ 카테킨

20. 미생물의 생육에 중요한 환경인자로 옳은 것은?

① 온도, 산소, 단백질
② 산소, 광선, 아미노산
③ 온도, 산소, pH
④ 질소, 단백질, 아미노산
⑤ pH, 온도, 단백질

21. 두부응고제로 사용하는 것은?

① 황산칼슘　　　② 염화암모늄
③ 황산칼륨　　　④ 염화나트륨
⑤ 황산암모늄

22. 껍질을 벗긴 연근의 갈변을 가장 효과적으로 억제할 수 있는 방법은?

① 공기에 노출하기
② 식소다물에 담그기
③ 작게 자르기
④ 식초물에 담그기
⑤ 실온에 두기

23. 오징어와 낙지의 먹물 성분은?

① 멜라닌
② 구아닌
③ 베타라인
④ 오모크롬
⑤ 페오포르바이드

24. 녹색채소를 데칠 때 유의해야 할 성분은?

① 단백질과 무기질
② 엽록소와 단백질
③ 비타민 C와 엽록소
④ 당분과 단백질
⑤ 철분과 효소

25. 우유는 장시간 광선에 노출 시 루미크롬이 생성되는데, 이와 관련된 비타민은?

① 티아민　　　　② 피리독신
③ 니아신　　　　④ 리보플라빈
⑤ 엽 산

26. 우유에 과당을 넣어 가열할 때 일어나는 갈변의 주된 원인은?

① 마이야르 반응
② 캐러멜화 반응
③ 당의 가열분해 반응
④ 티로신에 의한 갈변
⑤ 아스코르브산의 산화작용

27. 조미료의 침투속도를 고려할 때 그 사용 순서가 옳은 것은?

① 소금 → 식초 → 설탕
② 설탕 → 소금 → 식초
③ 소금 → 설탕 → 식초
④ 식초 → 소금 → 설탕
⑤ 설탕 → 식초 → 소금

28. 감귤류의 껍질과 과육에 설탕을 넣어 졸인 것은?

① 컨저브(conserve)
② 잼(jam)
③ 프리저브(preserve)
④ 마멀레이드(marmalade)
⑤ 젤리(jelly)

29. 동일한 수분활성도에서 흡수과정과 탈수과정의 수분함량이 서로 다르게 나타나는 현상은?

① 이장현상
② 경화현상
③ 녹변현상
④ 이력현상
⑤ 갈변현상

30. 설탕을 단맛의 표준물질로 삼는 가장 큰 이유는?

① 설탕에 대해 기호도가 높기 때문
② 가장 쉽게 구할 수 있는 당류이기 때문
③ 단맛이 가장 강하기 때문
④ 이성질체가 없기 때문
⑤ 용해도가 크기 때문

31. 다음 중 신선한 달걀은?

① 달걀을 흔들어서 소리가 나는 것
② 깨보면 많은 양의 난백이 난황을 에워싸고 있는 것
③ 껍질이 매끈하고 윤기 있는 것
④ 삶았을 때 난황의 표면이 암녹색으로 쉽게 변하는 것
⑤ 11% 소금물에서 둥둥 뜨는 것

32. 유지의 경화(hardening)에 대한 설명으로 옳지 않은 것은?

① 유지의 융점 상승
② 가소성 부여
③ 요오드가 저하
④ 불포화지방산이 수소 첨가로 포화지방산이 됨
⑤ 알칼리에 의해 가수분해

33. 계량방법으로 옳은 것은?

① 된장, 흑설탕은 꼭꼭 눌러 담아 수평으로 깎아서 계량한다.
② 우유는 투명기구를 사용하여 액체 표면의 윗부분을 눈과 수평으로 하여 계량한다.
③ 저울은 살짝 기운 곳에서 0으로 맞추고 사용한다.
④ 마가린은 냉장고에서 바로 꺼내어 계량컵의 눈금까지 담아 계량한다.
⑤ 밀가루를 잴 때는 측정 직전에 체로 친 뒤 눌러서 담아 직선 스패튤라로 깎아 측정한다.

34. 다음 중 두부 응고 단백질은?

① 글리시닌(glycinin)
② 락토글로불린(lactoglobulin)
③ 미오신(myosin)
④ 오리제닌(oryzenin)
⑤ 제인(zein)

35. 근육섬유를 형성하는 주된 단백질은?

① 미오겐(myogen)
② 미오신(myosin)
③ 미오글로빈(myoglobin)
④ 콜라겐(collagen)
⑤ 엘라스틴(elastin)

36. 육류의 조리법 중 습열 조리에 속하는 것은?

① 브로일링
② 브레이징
③ 로스팅
④ 베이킹
⑤ 프라잉

37. 다음 중 쇼트닝성이 가장 좋은 지방산은?

① 고급 포화지방산
② 저급 포화지방산
③ 이중결합이 세 개인 불포화지방산
④ 이중결합이 두 개인 불포화지방산
⑤ 이중결합이 한 개인 불포화지방산

38. 양배추, 오이, 당근 등 식물성 식품에 많이 함유되어 있는 효소는?

① maltase
② pectinase
③ lipase
④ lipoxidase
⑤ ascorbic acid oxidase

39. 부제탄소 원자가 4개인 단당류의 입체이성질체 수는?

① 2개
② 4개
③ 6개
④ 8개
⑤ 16개

40. 다음 엽록소에서 파톨과 마그네슘이 제거된 구조는?

① porphyrin
② porphytin
③ pheophytin
④ pheophorbide
⑤ chlorophyllide

2과목 | 급식, 위생 및 관계법규

41. 검식에 관한 설명으로 옳은 것은?

① 검식내용은 위생점검일지에 작성·보관한다.
② 조리된 음식을 배식하기 전에 검사한다.
③ 식단작성 과정에서 음식의 조화를 미리 검토한다.
④ 식중독 사고에 대비하여 검사용으로 음식을 남겨두는 것이다.
⑤ 영하 18도 이하에서 144시간 이상 보관한다.

42. 단체급식소에서 단일식단에서 선택식단으로 바뀔 때의 내용으로 옳은 것은?

① 식수 예측의 어려움
② 재고관리의 간편성
③ 고객만족도의 감소
④ 발주작업의 단순화
⑤ 조리와 배식 업무량의 감소

43. 1일 3식의 음식을 공급할 때 일반적으로 각 끼니별 주식과 부식의 비율로 가장 알맞은 것은?

① 주식 1 : 2 : 3, 부식 1 : 2 : 3
② 주식 1 : 1.5 : 1.5, 부식 1 : 2 : 2
③ 주식 1 : 1 : 1, 부식 1 : 1 : 1
④ 주식 1 : 1 : 1, 부식 1 : 1.5 : 1.5
⑤ 주식 1 : 2 : 1, 부식 1 : 2 : 3

44. 식단의 작성 순서로서 옳은 것은?

① 급여 영양량 결정 → 주식 결정 → 부식 결정 → 3식 영양량 배분
② 3식 영양량 결정 → 급여 영양량 배분 → 주식 결정 → 부식 결정
③ 급여 영양량 결정 → 3식의 영양량 배분 → 주식 종류와 양의 결정 → 부식 결정
④ 3식 영양량 배분 → 주식 결정 → 부식 결정 → 급여 영양량 계산
⑤ 주식 종류와 양의 결정 → 부식 종류와 양의 결정 → 3식의 영양량 배분 → 급여 영양량 산출

45. 학교급식의 식단작성 시 주의할 점으로 옳은 것은?

① 학생들의 기호나 좋아하는 식품을 식단에 반영하기보다는 급식소의 기기, 인력 여건의 제약에 맞춰 식단을 작성하는 것이 옳다.
② 가공식품이나 인스턴트식품이라도 선호도가 좋고 시간을 절약할 수 있다면 자주 사용하는 것이 바람직하다.
③ 식단은 영양계획과 식품구성계획에 근거하여 식품 선택, 기호, 비용, 인력, 기기, 설비 등의 다양한 측면을 함께 고려해야 한다.
④ 선호도가 떨어지는 식품인 경우 영양적으로 필요한 음식이라면 잔반이 많이 남더라도 반드시 식단에 포함시켜야 한다.
⑤ 식단작성 시 영양교육적 의미를 염두에 두기는 어려우므로 별개로 영양교육을 실시하는 것이 좋다.

46. 급식관리를 급식경영 전문업체에 위탁하였을 때의 기대효과는?

① 투자자본 회수로 급식품질이 향상된다.
② 급식비를 식재료비에 전부 사용할 수 있다.
③ 영양관리와 영양교육, 급식서비스를 쉽게 통제할 수 있다.
④ 조리종사자와 관련된 노사문제에서 벗어날 수 있다.
⑤ 위탁급식 전문업체의 급식원가를 신속하게 통제할 수 있다.

47. 다음에 해당하는 작업구역은?

> • 저장구역과 조리구역에서 접근이 쉬워야 한다.
> • 세미기와 구근탈피기 등의 기기를 설치해야 한다.

① 배식구역
② 배선구역
③ 검수구역
④ 전처리구역
⑤ 세척구역

48. 1990년 초등학교 급식에 도입된 공동조리방식의 급식제도는?

① 전통식 급식제도
② 중앙공급식 급식제도
③ 레디프리페어드 급식제도
④ 조합식 급식제도
⑤ Meals on Wheels 급식제도

49. 어느 집단급식소의 5월 재고액과 식품비 총액이 다음과 같다. 재고회전율은?

- 5월 초 재고액 30,000,000원
- 5월 말 재고액 20,000,000원
- 5월에 소요된 식품비 총액 75,000,000원

① 2
② 3
③ 4
④ 5
⑤ 10

50. 배수의 형식 중 곡선형에 해당하는 것은?

① S 트랩
② 관 트랩
③ 실형 트랩
④ 그리스 트랩
⑤ 드럼 트랩

51. 공장이나 사업장의 주방 면적은 어느 정도가 이상적인가?

① 식당 면적×1/4
② 식당 면적×1/3
③ 식당 면적×1/2
④ 식당 면적과 동일하게
⑤ 식당 면적보다 크게

52. 산업체의 식재료 비율로 옳은 것은?

① 30%
② 50%
③ 70%
④ 80%
⑤ 90~100%

53. 급식시설의 실내 바닥 마감재의 조건에 대한 설명으로 옳은 것은?

① 내구성과 탄력성이 없는 것이 좋다.
② 내구성이 좋으면 유지비가 많이 들어도 좋다.
③ 습기와 기름기가 잘 스며들어야 한다.
④ 영구적으로 색상을 유지할 수 있어야 한다.
⑤ 미끄럽지 않고 산, 염, 유기 용액에 약해야 한다.

54. 식사계획 시 활용되는 식사구성안의 영양목표로 옳은 것은?

① 에너지 – 100% 상한섭취량
② 식이섬유 – 100% 권장섭취량
③ 지방 – 총 에너지의 7~20%
④ 단백질 – 총 에너지의 15~30%
⑤ 탄수화물 – 총 에너지의 55~65%

55. 급식체계는 투입, 변형, 산출 3대 기본요소로 구성된 예방체계 모형이다. 산출에 해당하는 요소는?

① 노동력
② 고객만족
③ 식재료
④ 기 술
⑤ 급식시설

56. 최고경영층에게 가장 많이 필요로 하는 경영능력은?

① 개념적 능력(Conceptual Skill)
② 구매 관리 능력(Procurement Skill)
③ 인간관계 관리 능력(Human Skill)
④ 기술적 능력(Technical Skill)
⑤ 직능적 관리 능력(Functional Skill)

57. 집단급식소에서 총 450분의 메뉴를 150인분씩 3회로 나누어 식재료를 미리 준비하고, 수요에 맞게 순차적으로 조리했을 때의 장점은?

① 인건비를 절감할 수 있다.
② 배식시간을 단축할 수 있다.
③ 조리시간을 단축할 수 있다.
④ 재료비를 절약할 수 있다.
⑤ 맛과 품질을 유지할 수 있다.

58. 물품 구매명세서에 대한 설명으로 옳은 것은?

① 구매청구서, 요구서라고도 한다.
② 물품 수령 시 검수에 사용되므로 자세하게 작성한다.
③ 상품명과 무게, 개수 등을 기재한다.
④ 공급업체의 상호를 정확히 기재한다.
⑤ 2부씩 작성하여 원본은 구매부서에 보낸다.

59. 송장(Invoice)에 대한 설명으로 옳은 것은?

① 구매하고자 하는 물품의 품질, 특성에 대한 기록양식이다.
② 검수한 물건의 품질이 구매명세서와 다를 때 작성한다.
③ 거래명세서 또는 납품서라고도 한다.
④ 검수원이 작성하며 같은 내용을 2부 작성한다.
⑤ 검수확인 도장을 찍어 구매부서에 제출한다.

60. 경쟁입찰에 대한 설명으로 옳은 것은?

① 절차가 간편하다.
② 물품 납품업자가 적을 때 적합하다.
③ 긴급을 요하는 조달품의 구입에 유리하다.
④ 새로운 업자를 발견하기에 용이하다.
⑤ 구매량이 적을 때 적합하다.

61. 여러 개의 체인점을 소유하고 있는 패밀리 레스토랑의 경우 다음 중 어떤 구매유형이 가장 적합한가?

① 독립구매
② 중앙구매
③ 창고클럽구매
④ 공동구매
⑤ 단독구매

62. 발주량을 산출하는 데 필요한 방법으로 옳지 않은 것은?

① 표준레시피에 기록된 1인분의 양을 결정
② 급식될 식단의 수요인원 예측
③ 조리과정 중의 식품 폐기율을 고려
④ 영구재고조사 방법에서 기록된 재고량을 계산
⑤ 필요한 식품의 순사용량을 계산

63. 단체급식의 식재료 구입에 대한 설명으로 옳지 않은 것은?

① 구매자의 기호에 맞는 식품을 구매한다.
② 저렴한 가격으로 영양가가 높은 것을 구매한다.
③ 계절에 다량 출하되는 식품을 구입한다.
④ 신선도가 높고 가식부가 많은 식품을 구입한다.
⑤ 영양적으로 우수하고 지역적인 특성을 고려한다.

64. 구입가격이 10,000,000원, 잔존가격이 1,000,000원이고, 내용연수가 3년인 가스레인지의 감가상각비를 정액법으로 계산할 때 1년의 감가상각비는?

① 1,000,000원
② 2,000,000원
③ 3,000,000원
④ 6,000,000원
⑤ 8,000,000원

65. 식품 검수 시 확인해야 하는 사항은?

① 재고량
② 출고계수
③ 표준레시피
④ 식품의 폐기율
⑤ 식품의 품질

66. 단체급식소에서 재고회전율이 표준 재고회전율보다 높을 때 나타나는 현상으로 옳은 것은?

① 식품이 부정유출될 가능성이 있다.
② 자본이 동결되므로 이익이 줄어든다.
③ 식품이 낭비되는 양이 많다.
④ 고가로 물품을 긴급히 구매해야 되는 경우가 많다.
⑤ 작업자의 사기가 증진된다.

67. 칭찬이나 좋은 보상을 함으로써 동기를 유발할 수 있다는 이론은?

① 브룸의 기대이론
② 드러커의 목표관리법
③ 스키너의 강화이론
④ 알더퍼의 E.R.G 이론
⑤ 매슬로우의 욕구계층 이론

68. 메뉴엔지니어링 분석 결과 가격인하나 품목명 변경 전략이 필요한 메뉴는?

① 인기도와 수익성이 높은 메뉴
② 인기도와 수익성이 낮은 메뉴
③ 인기도와 노동생산성이 낮은 메뉴
④ 인기도는 높고 수익성이 낮은 메뉴
⑤ 인기도는 낮고 수익성이 높은 메뉴

69. 재고비용을 지출하면서도 재고자산을 보유하는 가장 근본적인 이유는?

① 물품의 수요가 발생했을 때 신속하고 경제적으로 적응하기 위해서
② 물품부족으로 인한 생산계획의 차질을 없애기 위해서
③ 최소의 가격으로 최상의 물품을 구매해 두었다가 사용하기 위해서
④ 투자가치가 높은 물건을 보유하여 경제성을 높이기 위해서
⑤ 물품 부족 시를 대비하여 다소 비용이 들어도 감수해야 하므로

70. 식수 및 영향 요인들 간의 관계를 다중 회귀분석을 이용하여 식수를 예측하는 객관적 예측법은?

① 델파이기법
② 지수평활법
③ 인과형 예측법
④ 이동평균법
⑤ 시장조사법

71. 허즈버그(Herzberg)의 이론 중 위생요인은?

① 직무에 대한 성취감
② 성취에 대한 인정
③ 성장 가능성
④ 임 금
⑤ 책임감

72. 민츠버그의 경영자 역할 중 정보제공에 초점을 두는 것은?

① 협상자
② 대변인
③ 연결자
④ 혼란중재자
⑤ 지도자

73. 기존의 팀을 유지하면서 프로젝트 구성원의 역할도 동시에 수행하는 조직형태는?

① 매트릭스 조직
② 네트워크 조직
③ 라인 스태프 조직
④ 팀형 조직
⑤ 사업부제 조직

74. 식품의 구매 중 필요할 때마다 구매를 해서 사용해야 하는 식품은?

① 고구마, 냉동 돈가스
② 쌀, 건어물
③ 돼지고기, 조미료
④ 미역, 통조림
⑤ 고등어, 상추

75. 작업관리 방법을 가공·운반·정체·검사로 분류하여 기존 생산과정의 문제점을 조사·연구하는 것은?

① 인과형예측법
② 동작연구
③ 공정분석
④ 직업연구
⑤ 워크샘플링

76. 집단급식소의 안전수칙으로 옳은 것은?

① 칼날은 항상 무디게 유지한다.
② 떨어지는 물체는 잡아서 깨지지 않게 한다.
③ 뜨거운 액체가 담긴 그릇 뚜껑은 빠르게 개방한다.
④ 세제는 항상 높은 선반에 보관한다.
⑤ 가열된 냄비를 옮길 때는 뚜껑을 열어 김을 뺀후 옮긴다.

77. 급식원가에 대한 설명으로 옳은 것은?

① 임대료는 변동비에 속한다.
② 재료구입을 위한 종업원의 출장비는 인건비에 속한다.
③ 시간제 종업원의 임금은 고정비이다.
④ 인건비 원가율은 총 공헌이익 중 인건비가 차지하는 비율이다.
⑤ 판매가격은 총원가와 이익의 합계이다.

78. 여름철 생선회 섭취 후 급성위장염이 발생하였다. 검사 결과 그람음성의 호염성균으로 밝혀졌는데, 이 식중독의 원인균은?

① Campylobacter속
② Yersinia속
③ Listeria속
④ Vibrio속
⑤ Salmonella속

79. 겨울철 식중독 발생의 주요 원인으로, 굴, 조개 등을 익히지 않고 섭취할 경우 발생하는 식중독 균은?

① 살모넬라균
② 바실러스균
③ 노로바이러스
④ 로타바이러스
⑤ 장염비브리오균

80. 아플라톡신에 대한 설명으로 옳은 것은?

① 주 오염원은 탄수화물이 풍부한 곡류이다.
② 독성은 아플라톡신 G_1이 가장 강하다.
③ 90℃에서 10분간 가열하면 분해된다.
④ 수분활성도를 높이면 생성을 방지할 수 있다.
⑤ Bacillus속 곰팡이가 생성하는 독소이다.

81. 덜 익은 매실(청매)의 유독물질은?

① 고시폴(Gossypol)
② 에르고톡신(Ergotoxin)
③ 리신(Ricin)
④ 사포닌(Saponin)
⑤ 아미그달린(Amygdalin)

82. 간디스토마의 제1, 제2중간숙주 순서로 옳은 것은?

① 왜우렁이 – 게, 가재
② 크릴새우 – 고등어, 청어
③ 왜우렁이 – 붕어, 잉어
④ 다슬기 – 게, 가재
⑤ 물벼룩 – 송어, 농어

83. 황색의 염기성 타르색소로 단무지, 카레가루 등에 사용되었으나 독성이 강하여 현재 사용이 금지된 색소는?

① 로다민 B
② 파라니트로아닐린
③ 실크 스칼렛
④ 인디고카르민
⑤ 아우라민

84. 황변미 중독의 원인독소는?

① 이슬란디톡신(Islanditoxin)
② 에르고톡신(Ergotoxin)
③ 오크라톡신(Ochratoxin)
④ 엔테로톡신(Enterotoxin)
⑤ 아마니타톡신(Amanitatoxin)

85. 다음 원인균의 특징에 해당하는 식중독은?

> • 그람음성 간균이다.
> • 포자를 생성하지 않는다.
> • 유당을 분해하여 산과 가스를 생성한다.

① 클로스트리듐 퍼프린젠스
② 리스테리아
③ 병원성대장균
④ 바실러스 세레우스
⑤ 황색포도상구균

86. 두통, 현기증, 구토, 설사 등과 시신경 염증을 초래하여 실명의 원인이 되는 화학물질은?

① 사에틸납
② 유기인제
③ 롱갈리트
④ 비소화합물
⑤ 메탄올

87. 식품의 외인성 위해요소에 해당하는 것은?

① 니트로사민
② 패류독
③ 복어독
④ 유지의 과산화물
⑤ 유해첨가물

88. 산분해간장의 가수분해제인 염산에 다량 혼입되어 문제가 되었던 중금속은?

① 수 은
② 납
③ 비 소
④ 크 롬
⑤ 안티몬

89. 농장 폐수, 폐광, 농산물로 인해 골연화증을 일으키는 것은?

① 구 리
② 납
③ 수 은
④ 카드뮴
⑤ 안티몬

90. 그람음성, 통성혐기성 간균으로 사람의 적혈구를 용혈시키는 식중독균은?

① Vibrio parahaemolyticus
② Salmonella typhimurium
③ Escherichia coli
④ Campylobacter jejuni
⑤ Clostridium botulinum

91. HACCP 지정 집단급식소에서 조도가 가장 높아야 하는 곳은?

① 조리구역
② 전처리구역
③ 선별 및 검수구역
④ 세정구역
⑤ 식기보관구역

92. 「식품위생법」상 식품안전관리인증기준 대상 식품은?

① 커피류
② 요구르트
③ 특수용도식품
④ 냉동고구마
⑤ 오이지

93. 「식품위생법」상 영업에 종사하지 못하는 질병은?

① 감염성 결핵
② 수 두
③ B형간염
④ 풍 진
⑤ 인플루엔자

94. 「식품위생법」상 식중독 환자를 진단한 의사는 누구에게 보고하여야 하는가?

① 보건복지부장관
② 국무총리
③ 질병관리청장
④ 보건소장
⑤ 특별자치시장 · 시장 · 군수 · 구청장

95. 「식품위생법」상 식품 제조 원료로 사용할 수 있는 것은?

① 곰 취
② 섬 수
③ 천 오
④ 백선피
⑤ 마 황

96. 「식품위생법」상 집단급식소를 설치·운영하는 자가 받아야 하는 식품위생교육 시간은?

① 1시간
② 2시간
③ 3시간
④ 6시간
⑤ 8시간

97. 「학교급식법」상 영양교사의 직무에 해당하는 것은?

① 식생활 지도
② 구매식품의 검수 지원
③ 기구의 위생·안전 실무
④ 식단에 따른 조리업무
⑤ 조리실무에 관한 사항

98. 「국민건강증진법」상 영양조사의 세부내용 중 식생활에 관한 사항은?

① 의료 이용 정도
② 식사 횟수 및 외식 빈도
③ 경제활동상태
④ 섭취 식품의 종류 및 섭취량
⑤ 흡연·음주 행태

99. 「국민영양관리법」상 다른 사람에게 영양사의 면허증을 빌려주거나 빌린 자에 대한 벌칙은?

① 300만원 이하의 벌금
② 1년 이하의 징역 또는 1천만 원 이하의 벌금
③ 2년 이하의 징역 또는 1천만 원 이하의 벌금
④ 3년 이하의 징역 또는 1천만 원 이하의 벌금
⑤ 5년 이하의 징역 또는 1천만 원 이하의 벌금

100. 「식품 등의 표시·광고에 관한 법률」상 영양표시 대상성분은?

① 식이섬유
② 단백질
③ 불포화지방
④ 비타민
⑤ 무기질

SDEDU

합격의
공식
시대에듀

우리 모두 리얼리스트가 되자.
그러나 가슴 속엔 불가능한 꿈을 갖자.

-체 게바라-

영양사 면허증 취득은
시대에듀와 함께!

- 과년도 시험을 반영한 핵심이론
- 시험에서 만나볼 적중예상문제
- 최종 실력점검을 위한 모의고사 1회분
- 최신 식품·영양관계법규 반영
- 2020 한국인 영양소 섭취기준 반영
- 빨리보는 간단한 키워드
- 47회 출제키워드 분석

- 출제예상 모의고사 6회분 수록
- 핵심만 콕콕 짚은 해설
- 최신 식품·영양관계법규 반영
- 빨리보는 간단한 키워드
- 47회 출제키워드 분석

시대에듀 영양사 한권으로 끝내기

| 가격 | 45,000원

시대에듀 영양사 실제시험보기

| 가격 | 26,000원

Since 2002 · 21년간 11.3만 독자들의 선택

Nutritionist

시대에듀

영양사

실제시험보기

안심도서
항균 99.9%

편저
만점해법저자진

주관 및 시행
한국보건의료인국가시험원

정답 및 해설

시대에듀

이 책의 목차 CONTENTS

〈책 속의 책〉 정답 및 해설

실제시험보기
정답 및 해설

정답	01	02	03	04	05	06	07	08	09	10	11	12	13	14	15	16	17	18	19	20
	④	②	①	②	②	③	①	②	③	①	①	⑤	①	④	④	②	②	⑤	①	④
	21	22	23	24	25	26	27	28	29	30	31	32	33	34	35	36	37	38	39	40
	③	③	④	④	②	③	③	①	②	⑤	③	⑤	③	⑤	⑤	③	④	③	②	⑤
	41	42	43	44	45	46	47	48	49	50	51	52	53	54	55	56	57	58	59	60
	①	④	⑤	④	②	①	⑤	②	⑤	②	①	①	④	①	⑤	⑤	④	③	①	①
	61	62	63	64	65	66	67	68	69	70	71	72	73	74	75	76	77	78	79	80
	⑤	⑤	⑤	⑤	①	①	③	②	①	②	⑤	③	④	①	①	⑤	②	①	⑤	①
	81	82	83	84	85	86	87	88	89	90	91	92	93	94	95	96	97	98	99	100
	③	①	①	⑤	③	②	⑤	④	⑤	①	③	⑤	④	①	⑤	③	⑤	④	③	①
	101	102	103	104	105	106	107	108	109	110	111	112	113	114	115	116	117	118	119	120
	⑤	④	④	④	①	⑤	⑤	⑤	①	⑤	⑤	②	①	⑤	①	②	③	②	②	④

01

④ 유당 : 1분자의 Glucose와 1분자의 Galactose로 구성
① 전분 : Amylose(Glucose $\alpha-1,4$ 결합)와 Amylopectin (Glucose $\alpha-1,4 \cdot \alpha-1,6$ 결합구조)으로 구성
② 글리코겐 : Glucose $\alpha-1,4$, $\alpha-1,6$ 결합구조
③ 맥아당 : 2분자의 Glucose로 구성
⑤ 덱스트린 : $\alpha-1,4$ 결합 이외에 $\alpha-1,6$ 결합으로 연결된 몇 개의 Glucose 단위들로 구성

02

콜레스테롤

성호르몬(에스트로겐, 테스토스테론, 프로게스테론 등), 부신피질호르몬(알도스테론, 글루코코르티코이드 등), 7-dehydrocholesterol(비타민 D_3의 전구체), 담즙산의 전구체이다.

03

상한섭취량이 설정된 영양소

비타민 A, 비타민 D, 비타민 E, 비타민 C, 니아신, 비타민 B_6, 엽산, 칼슘, 인, 마그네슘, 철, 아연, 구리, 불소, 망간, 요오드, 셀레늄, 몰리브덴

04

제한아미노산

필수아미노산의 표준필요량 중 가장 부족하여 영양가를 제한하는 아미노산을 말한다. 옥수수의 제한아미노산은 트립토판으로 식물단백질 중 대표적이다.

05

② 자당(서당, 설탕)은 매우 달고 효율적인 에너지원이다.

06

음의 질소평형

• 음의 질소평형 : 신체의 소모, 체중감소, 질환, 기아, 위장병, 발열, 감염, 신장병, 화상, 수술 후
• 양의 질소평형 : 성장기, 임신, 질환 · 수술 후 회복기, 운동훈련 시, 인슐린 · 성장호르몬 · 남성호르몬 분비 증가 시

07

유당불내증은 유당 분해효소인 락타아제(Lactase)가 결핍되어 유당의 분해와 흡수가 충분히 이뤄지지 않는 증상을 말한다. 분해되지 않은 유당이 대장에서 미생물에 의해 분해되어 가스를 형성하고 복통, 설사, 복부경련을 유발한다.

08

호르몬처럼 작용하는 물질로 전환되는 필수지방산을 에이코사노이드라고 한다.

09

구운 감자의 혈당지수는 85로, 대표적인 고혈당 지수 식품에 해당한다.

10

단위식품당(g) 콜레스테롤 함량
달걀 노른자(날것)는 콜레스테롤을 12.8mg, 닭고기(날것)는 0.75mg 함유하고 있으므로 혈중 콜레스테롤 수준이 높은 사람은 피해야 할 식품이다.

11

콜레스테롤은 acetyl-CoA로부터 HMG-CoA를 거쳐 합성된다.

12

① 카이모트립신(chymotrypsin) - 췌장
② 수크라아제(sucrase) - 소장
③ 리파아제(lipase) - 췌장
④ 말타아제(maltase) - 소장

13

아미노산
- 케톤 생성 아미노산 : 류신, 라이신
- 케톤 생성 및 포도당 생성 아미노산 : 티로신, 트립토판, 이소류신, 페닐알라닌
- 포도당 생성 아미노산 : 알라닌, 세린, 시스테인, 글리신, 아스파르트산, 아스파라긴, 글루탐산, 아르기닌, 글루타민, 히스티딘, 트레오닌, 발린, 메티오닌, 프롤린

14

불용성 식이섬유
물에 녹지 않고 물을 흡수함으로써 대장 내 박테리아에 의해서도 분해되지 않고 배설되므로 배변량을 증가시킨다. 흡착효과가 뛰어나 장 내에 남아있는 발암물질에 달라붙어 대장을 빨리 통과하도록 도와 몸 밖으로 배출시켜 대장암을 예방하는 데 효과적이다.

15

인의 기능
- 완충작용, 혈액과 세포에서 인산으로 산과 염기의 평형 조절
- 신체 구성성분, DNA · RNA 등 핵산의 구성성분, 모든 세포막과 지단백질의 형성에 필요한 인지질을 구성하는 필수 요소
- 비타민 및 효소의 활성화, 골격 구성(골격, 치아), 에너지 대사 등

16

비타민 K는 오스테오칼신. 프로트롬빈 등의 GLA(γ-carboxyglutamate)를 함유하는 단백질에서 GLA 형성과정에 필수적인 요소이다.

17

단백질이 부족하면 저단백혈증의 혈장 알부민 감소로 인하여 혈중의 수분이 조직으로 빠져나가 부종을 유발한다. 알부민은 주로 간에서 생성되어 신체 내의 삼투압 유지에 중요한 역할을 한다.

18

불활성 단백질 분해효소인 펩시노겐은 염산에 의해 펩신으로 활성화되고, 활성화된 펩신은 음식물이 위에 들어왔을 때만 작용함으로써 위의 자가소화를 예방한다.

19

담 즙
간에서 생성되고 담낭에서 저장 · 농축되었다가 십이지장으로 분비된다. 주기능은 지방의 유화이고 지방 분해효소인 리파아제의 작용을 쉽게 받도록 하며, 장벽에서 생성되는 콜레시스토키닌이라는 호르몬의 자극을 받아 담즙의 분비가 이루어진다.

20

호흡계수

일정 시간에 생성된 이산화탄소량을 소모된 산소량으로 나눈 값으로, 탄수화물 1, 단백질 0.8, 지방 0.7이다.

21

1일 열량 필요량은 기초대사량, 특이동적 대사량과 활동대사량을 합한 양으로, 일반식의 특이동적 대사량은 섭취열량의 10%로 잡는다. 따라서 1일 에너지 필요량은 (기초대사량 + 활동대사량)을 1.1로 곱한 것이다.

22

세포외액 Na : K = 28 : 1, 세포내액 Na : K = 1 : 10 일 때 삼투압이 정상으로 유지된다.

23

보통 식사 시 철의 흡수율은 15% 정도이다.

24

세룰로플라스민은 혈액 내에서 구리를 운반하는 물질로, 철을 흡수하는 과정에서 소장세포의 세포막을 통과하려면 2가의 철이온이 3가로 산화되어야 하는데, 이 과정에서 구리가 주성분인 세룰로플라스민이 작용한다.

25

세포 내로 들어간 포도당(glucose)은 hexokinase의 촉매 작용으로 ATP에 의해서 인산기를 받아 glucose-6-phosphate가 된다.

26

기초대사량은 생명을 유지하기 위해 필요한 최소 에너지로, 식후 12~14시간 경과 후 잠에서 깬 상태에서 일어나기 전에 측정한다.

27

Thiamin(B₁)

당질대사의 보조효소로 사용되는 것으로 결핍 시 식욕저하, 구토, 부종, 각기병 등이 나타난다. 마늘에는 알리신이 많은데 티아민과 함께 섭취를 하면 알리티아민이 되어 체내 중금속 제거와 항산화 효과가 있다.

28

비타민 B_{12}가 흡수되기 위해서는 IF(Intrinsic Factor)가 꼭 필요하다. IF는 선천적으로 결핍된 경우 또는 노인이 되면 체내에서 IF 합성능력이 떨어져 비타민 B_{12}의 흡수가 감소한다.

29

비타민 E(토코페롤)는 항산화 작용을 하며, 이에 따라 세포막을 구성하고 있는 불포화지방산의 산화를 억제함으로써 세포막의 손상을 방지한다.

30

피루브산(pyruvate)은 미토콘드리아에 존재하는 Pyruvate carboxylase에 의해 CO_2와 결합해서 옥살로아세트산(Oxaloacetate)이 되며, 최후에 CO_2와 H_2O로 완전 산화된다. 이때 비오틴(Biotin)이 관여한다.

31

① 젖병으로 이유식 섭취 시 편식, 발육부진, 우유병우식증 등의 부작용이 나타나므로 숟가락으로 먹여야 한다.
② 공복 상태에서 기분이 좋을 때 이유식을 제공한다.
④ 이유식을 먼저 주고 이후에 모유나 우유를 준다.
⑤ 하루 한 가지 식품을 한 숟갈 정도로 시작하여 차츰 증량시킨다.

32

단식한 지 4일 정도 지나면 케톤체 합성이 증가하게 되고, 뇌조직은 케톤체 합성으로 생성된 케톤체를 에너지원으로 사용한다.

33

③ ADH : 항이뇨호르몬, 수분의 재흡수
① TSH : 갑상샘자극호르몬, 티록신 분비 촉진
② LH : 황체형성호르몬, 프로게스테론 분비 촉진
④ ACTH : 부신피질자극호르몬, 당질 Corticoid 분비 촉진
⑤ LTH : 황체자극호르몬(프로락틴), 성숙한 유선에만 작용하여 젖분비 조절

34

노인기에 나타나는 혈관계의 특징은 수축기 혈압의 증가, 이완기 혈압의 감소, 1회 심박출량의 감소이다.

35

불포화지방산

혈중 LDL과 전체 콜레스테롤 수치를 낮추고 동시에 HDL 콜레스테롤 생산을 높이는 역할을 한다. 주로 식물성 기름에 많이 함유되어 있다.

36

엽산은 수용성 비타민 B군 중 하나로서 세포 형성에 관여한다. 엽산 부족 시 저체중아 출산, 조산, 태아의 성장지연이 발생할 확률이 높다.

37

레닌(Rennin)

위에서 우유의 응고를 일으키는 효소로 유즙이 위를 너무 빨리 통과시키지 않도록 한다. 칼슘이 있으면 이 효소는 카제인을 파라카제인으로 바꾸고, 펩신에 의한 파라카제인의 소화를 돕는다. 성인의 위에는 없다.

38

영아기에는 단위체중당 필요한 단백질의 양이 일생 중 가장 높은데 성장, 면역기능 증가, 효소 합성, 호르몬 생성, 단백질 합성 등에 이용된다.

39

K_m은 미카엘리스-멘텐 상수로, 반응속도가 최대속도의 절반이 될 때의 기질농도이다.

40

신경성 식욕부진증(거식증)

- 자신의 실제 모습이 말랐음에도 불구하고 살이 쪘다고 느끼며, 자신의 행동이 비정상적임을 부정한다.
- 증상 : 피로감, 무기력증, 집중 감소, 월경 중지, 서맥 (1분당 맥박수 60회 이하), 과장된 행동, 구토, 피하지방 감소, 체표면에 솜털 증가

41

운동 시 에너지원 사용순서

ATP → 크레아틴인산 → 포도당 · 글리코겐 → 지방산

42

골다공증은 활동량 감소와 장기간의 칼슘 부족, 에스트로겐 감소, 저체중 등으로 나타난다.

43

아연 결핍 시 식욕 감퇴, 미각의 변화, 성장지연, 면역기능의 저하 등이 나타난다. 아연은 굴, 육류, 게, 새우, 전곡류, 콩류 등에 많이 함유되어 있다.

44

지방산의 β-산화

미토콘드리아 기질에서 일어나는 연속적인 4단계 반응에 의해 지방산의 탄소가 2개씩 짧아지면서 $FADH_2$, NADH, acetyl-CoA를 생성하는 과정(산화 → 수화 → 산화 → 분해 반응)이다.

45

① 프로게스테론 : 자궁 수축을 억제하여 임신을 유지시킨다.

③ 테스토스테론 : 사춘기 골격과 근육의 성장 촉진과 남성의 제2차 성징 발현, 기초대사량 증진 등을 한다.

④ 바소프레신 : 뇌하수체 후엽에서 분비하며 강력한 혈관 수축으로 혈압을 증가시킨다.

⑤ 안드로겐 : 남성호르몬으로 정소의 발육을 촉진한다.

46

하나의 포도당 분자는 2Pyruvate로 된다. 해당경로는 포도당이 산화되는 대사반응을 포함한다. 이 과정엔 두 가지의 반응경로가 있는데 먼저 1ATP 분자가 포도당의 대사작용을 하기 위해 가수분해된다. 가수분해된 2ATP로부터 에너지가 방출된다. 그리고 다른 두 가지의 반응에서 2ADP가 Phosphorylation을 통해 2ATP를 생성하게 된다. 그리고 총 4ATP가 생성된다. 결과적으로 2개의 ATP가 가수분해되고 4개의 ATP가 생성되므로 총 2개의 ATP가 생성된다.

47

요소회로(urea cycle)

탈아미노반응 생성물인 암모니아가 간으로 이동하여 이산화탄소와 반응하고 그 생성물이 오르니틴과 반응하여 시트룰린이 되면서 요소 생성경로를 통해 콩팥으로 배설되는 대사이다.

48

지방산의 생합성은 세포의 세포질에서 일어나며, malonyl-CoA를 통해 지방산 사슬이 2개씩 증가되는 과정으로, NADPH를 조효소로 사용한다.

49

오탄당인산경로(Pentose Phosphate Pathway, HMP 경로)

- glucose-6-phosphate의 호기적 분해
- 핵산 합성에 필요한 ribose-5-phosphate의 생성
- 지방산의 생합성에 필요한 NADPH의 생성
- 간, 유선조직, 부신 중 지질 생합성이 활발한 부분의 소포체에서 진행

50

유당에 함유된 갈락토스는 두뇌성장의 필수성분으로, 출생 후 30개월까지 뇌가 빠르게 성장하는 시기에는 유당을 충분히 섭취해야 한다.

51

지방산은 CoA와 결합해 Acetyl-CoA로 된 뒤 미토콘드리아 내로 운반되어 산화분해된다. Acetyl-CoA는 미토콘드리아내막을 통과할 수 없는데 카르니틴(Carnitine)이 담체가 되어 아세틸 카르니틴 형이 되면 미토콘드리아 내로 진입할 수 있다.

52

콩에는 파이토에스트로겐(식물성 에스트로겐)인 이소플라본(Isoflavone)이 많이 있어 갱년기 증세를 완화시켜준다. 또한 골다공증, 유방암, 심장질환 등의 예방 및 치료에도 효과적이다.

53

코리회로(Cori Cycle, Lactic Acid Cycle)

심한 운동을 할 때 근육은 많은 양의 젖산을 생성함 → 이 폐기물인 젖산은 근육세포에서 확산되어 혈액으로 들어감 → 휴식하는 동안 과다한 젖산은 간세포에 의해 흡수되고 당신생 과정을 거쳐 글루코스로 합성

54

2020 한국인 영양소 섭취기준에서 나트륨에는 심혈관질환과 고혈압 등 만성질환과의 관계를 검토하여 과학적 근거를 확보하여 만성질환위험감소섭취량을 제정하였다.

55

리보솜 RNA(rRNA)는 세포의 전 RNA의 약 80%를 차지한다. rRNA는 핵 속의 인에서 전사되는데, 인은 rRNA와 단백질을 합쳐서 리보솜을 합성하는 장소이다.

56

초저밀도지단백(VLDL, very low density lipoprotein)

간에서 합성된 중성지질에 의해 VLDL이 합성되어 간 이외의 지방조직이나 근육에 중성지질을 전달하고 중간저밀도지단백(IDL)이 되며 다시 저밀도지단백(LDL)로 전환된다.

57

① 임신 중에는 혈장량이 증가하고, 이러한 혈장량의 증가는 일반적으로 헤모글로빈과 헤마토크리트 수치의 감소로 반영된다.
② 임신 중에는 위장관 통과시간이 증가한다.
③·⑤ 임신 후기에 해당한다.

58

초유는 성숙유와 비교하면 단백질, 글로불린, 무기질, β-카로틴이 많으며, 유당, 지방, 에너지 함량은 적다.

59

베타카로틴은 체내에 흡수되면 비타민 A로 전환되는데 당근은 녹황색 채소 가운데 베타카로틴 함량이 가장 높다.

60

모유의 숙주방어요소

- 라이소자임 : 미생물 분해효소로 우유보다 모유에 300배 많다. 직접적으로 세균을 파괴시키는 효소이며, 항생물질의 효율성을 간접적으로 증가시키는 역할을 한다.
- 락토페린 : 철과 결합하여 세균의 증식을 억제하고 미생물 분해작용과 연쇄상구균과 대장균 생장 억제, 위장관 상피층의 안정성 유지, 장 내 바이러스 방어의 역할을 한다.
- 인터페론 : 항바이러스성 물질이다.
- 비피더스인자 : 아미노당으로서 인체에 유리한 비피더스의 성장을 자극하고 유해한 장세균의 생존을 막는다.
- 락토페록시다제 : 연쇄구균을 물리치는 성분이다.
- 프로스타글란딘 : 해로운 물질이 장 내에 들어왔을 때 위장관에 있는 상피층의 안정성을 유지한다.

61

동기부여를 위해 비만으로 생겨날 수 있는 여러 가지 성인병 등 건강 위험에 대해 충분히 설명해주는 것이 좋다.

62

영양교육은 질병 예방과 체력 향상, 즉 건강 증진에 최종목표를 두고 있다.

63

결과 목표(Outcome objective)
영양프로그램으로 도달하고자 하는 최종목표로 구체적이고 타당하게 설정되어야 한다.

64

코호트 연구
연구시작 시점에서 질환 요인에 노출된 집단과 노출되지 않은 집단을 구성하고 이들을 일정기간 동안 추적하여 특정 질병의 발생 여부를 관찰하는 연구이다.

65

매스미디어를 활용한 영양교육의 이점

- 주의집중과 동기부여가 강하게 유발되어 다수인에게 다량의 정보를 신속하게 전달할 수 있다.
- 시간적 · 공간적 문제를 초월하여 구체적인 사실까지 전달할 수 있다.
- 지속적인 정보의 제공으로 행동변화를 쉽게 유도할 수 있다.
- 신문이나 잡지의 경우 높은 경제성과 광범위한 파급효과를 가져올 수 있다.

66

② 원탁식 토의 : 참가자는 같은 수준의 동격자로 전원이 발언하며 공동의 문제를 해결하는 토의방법이다.
③ 강단식 토의 : 공개토론의 한 방법으로 한 가지 주제에 대해 여러 각도에서 전문경험이 많은 강사(4~5명)의 의견을 듣고 일반청중과 질의응답하는 방법이다.
④ 강의식 토의 : 강사가 1명인 것이 공론식 토의법과 다르고, 강연 후 그 주제를 중심으로 일반청중과 함께 추가 토론을 하는 점이 강연과의 차이점이다.
⑤ 배석식 토의 : 청중 중에서 4~8명을 등단시켜 전문가들이 안건에 대해 토의한 후 질의응답한다. 전문가들 간의 좌담식 토의를 내용으로 하여 사회자, 전문가, 참가자가 실시하는 대중토의방법이다.

67

효과평가
교육 후 계획과정에서 설정된 목표달성 여부에 대한 평가로 대상자의 영양지식, 식태도, 식행동의 변화 등을 알아보는 것이다.

68

상담은 개인 혹은 가족과 같은 소집단을 대상으로 한다.

69

영양검색(영양스크리닝)

영양불량 환자나 영양불량 위험환자를 발견하는 간단하고 신속한 과정이다. 입원한 모든 환자를 대상으로 입원 후 24~72시간 내에 실시하는 것이 이상적이지만 인력과 자원이 제한된 상황에서 이를 시행한다는 것은 매우 어렵다. 따라서 몇 가지 위험요인을 선정하여 단시간에 많은 환자를 대상으로 한 영양검색을 시행하여 환자를 선별한 후 체계적인 영양평가를 하는 방법을 권하고 있다.

70

행동변화단계모델

- 고려 전 단계 : 문제에 대한 인식이 부족하고, 향후 6개월 이내에 행동변화를 실천할 예정이 없는 단계
- 고려 단계 : 문제에 대해 인식하고, 향후 6개월 이내에 행동변화를 실천할 의도가 있는 단계
- 준비 단계 : 향후 1개월 이내에 행동변화를 실천할 의도가 있으며, 변화를 계획하는 단계
- 실행 단계 : 행동변화를 실천한 지 6개월 이내인 단계
- 유지 단계 : 행동변화를 6개월 이상 지속하고 바람직한 행동을 지속적으로 강화하는 방법을 찾는 단계

71

영양지도원의 업무

- 영양지도의 기획 · 분석 및 평가
- 지역주민에 대한 영양상담 · 영양교육 및 영양평가
- 지역주민의 건강상태 및 식생활 개선을 위한 세부 방안 마련
- 집단급식시설에 대한 현황 파악 및 급식업무 지도
- 영양교육자료의 개발 · 보급 및 홍보
- 그 밖에 규정에 준하는 업무로서 지역주민의 영양관리 및 영양개선을 위하여 특히 필요한 업무

72

영양상담의 기술

- 직면 : 내담자가 인정하고 싶어 하지 않는 생각이나 느낌에 대해서 주목하도록 하는 것
- 해석 : 내담자가 보이는 행동들 간의 관계 및 의미를 추론해서 말하는 것
- 반영 : 내담자의 생각이나 말 등을 상담자가 요약하고 반응해줌으로써 내담자 감정의 의미를 명료하게 해주는 것
- 수용 : 내담자가 말한 것을 이해하고 받아들이고 있다는 상담자의 태도를 나타내는 것
- 요약 : 내담자의 생각과 말 등을 매회 상담이 끝날 때쯤 정리하는 것

73

맞춤형 방문건강관리사업

- 지역별 담당 방문간호사가 대상자 가정을 방문, 찾아가는 통합의료서비스 제공
- 만성질환관리(고혈압, 당뇨, 심 · 뇌혈관질환, 관절염 등), 혈압 · 혈당 등 기초검사, 건강문제 상담 및 보건교육
- 금연, 절주, 영양, 비만, 운동 등 건강생활 실천 지도
- 노인 건강관리, 허약노인 낙상예방, 구강관리 상담, 치매관리, 관절 예방 운동요법교육 등 대상별 건강 요구도에 맞는 건강관리 및 보건교육

74

식사기록법

- 하루 동안 섭취하는 모든 음식의 종류와 양을 섭취할 때마다 스스로 기록하는 방법이다.
- 장점 : 식품섭취에 대한 정확한 양적 정보를 제공하며 많은 수의 조사원이 필요 없다.
- 단점 : 심리적 부담을 주고 시간소비가 많아 기록자의 협조가 필요하며 교육수준이 높아야 한다.

75

텃밭교육을 통해 채소의 형태, 맛, 냄새에 대한 선호도가 높아지며, 어린이가 채소와 친해지는 데 기여하고 나아가 잘 먹도록 도와주는 데 효과가 있다.

76

영양교육의 실시과정

실태파악(현재의 영양상태) → 문제발견 → 문제진단(분석) → 대책수립(경제성, 긴급성, 실현가능성) → 영양교육실시(계획적, 조직적, 반복적 지도) → 효과판정

77

생화학적 검사

다른 방법들에 비해 가장 객관적이고 정량적인 영양판정법이다. 성분검사(혈액, 소변, 조직 내 영양소와 그 대사물 농도 측정)와 기능검사(효소활성, 면역기능 분석)로 분류된다.

78

영양플러스사업

• 영양상태에 문제가 있는 임부, 수유부 및 영유아에게 건강증진을 위한 영양교육을 실시하고, 영양불량 문제를 해소하기 위한 특정식품들을 일정기간 동안 지원하여 스스로 식생활 관리 능력을 향상시키고자 하는 사업이다.
• 개별상담과 집단교육을 병행하여 영양교육을 한다.

79

위산 저하성 환자의 식사요법

• 위점막 보호, 위선의 위축 억제, 위액 분비 촉진 및 위점막 회복을 원칙으로 한다.
• 위산 분비를 촉진시키기 위하여 고기수프, 과즙, 알코올, 향신료 등을 적당히 섭취한다.

80

맑은 유동식은 수분 공급을 목적으로 하는 상온에서 맑은 액체 음료로 보리차, 녹차, 옥수수차, 맑은 과일 주스를 공급한다. 수술 후 가스나 가래가 나오면 공급해야 한다.

81

지방변증

지방의 흡수 결함, 담즙 부족, 지방분해효소 부족, 회장 절제, 스프루 및 장염으로 지방이 소화·흡수가 되지 않아 과량의 지방이 대변으로 배출되는 질환이다. 지방 제한식을 하되 중쇄지방(MCT 오일)을 이용하여 공급하도록 한다.

82

췌장액에는 중탄산염이 포함되어 있어서 위에서 십이지장으로 넘어온 산성 상태의 유미즙을 중화시킨다.

83

지방간의 원인

• 알코올 과음, 비만 시 간에서 중성지방 합성 증가
• 항지방간 인자(Lecithin, Methionine, Choline)의 감소
• 단백질 결핍으로 지단백(VLDL) 형성에 필요한 Apolipoprotein 합성이 감소되므로 간에 중성지방을 저장, 지방조직으로 이동시키지 못하게 되어 지방간이 나타남

84

저잔사식

• 목적 : 장의 움직임을 최소화하고, 변의 생성을 억제함으로써 장의 휴식을 도움
• 잡곡(보리, 현미, 콩) 대신 쌀밥, 생과일 대신 과일통조림, 과일주스 섭취하기
• 육류·가금류의 결체조직이 많은 부위 피하기
• 연한 육류·달걀·생선·닭고기를 섭취하되, 기름기를 제거하고 부드럽게 조리하기
• 가스생성 식품(콩류, 옥수수, 양파, 양배추, 브로콜리, 탄산음료, 커피 등) 피하기
• 생야채, 해조류 제한하기
• 우유, 유제품 하루 2컵 이하로 제한하기

85

BMI(대한비만학회기준치, kg/m²)

- 18.5 미만(저체중)
- 18.5~22.9(정상)
- 23~24.9(비만 전 단계, 과체중)
- 25~29.9(1단계 비만)
- 30~34.9(2단계 비만)
- 35 이상(3단계 비만, 고도비만)

86

① 양질의 식물성 단백질과 동물성 단백질을 골고루 섭취한다.
③ 식이섬유를 충분히 섭취한다.
④ 지질은 총 에너지의 15~20% 정도 섭취한다.
⑤ 수분을 충분히 섭취한다.

87

연식은 강한 향신료, 튀긴 음식, 견과류, 건조과일, 고춧가루, 카레가루, 겨자, 생강, 파이 등의 식품을 피해야 한다.

88

부종이 있는 심부전 환자는 소금이나 고춧가루, 식초 등 자극성 있는 식품을 제한하며 저염식의 맛을 돕기 위하여 부드러운 향신료인 계피, 정향과 후추, 생강은 중환을 제외하고 소량 사용할 수 있다.

89

칼륨 함량이 높은 식품

도정이 덜 된 잡곡류, 감자, 고구마, 옥수수, 밤, 팥, 은행, 근대, 무말랭이, 쑥갓, 참외, 토마토, 바나나, 천도복숭아, 키위, 호두, 땅콩, 잣, 초콜릿, 코코아

90

동맥경화증 환자는 정상체중을 유지하면서 복합당질과 식이섬유를 충분히 섭취하며 동물성 지방, 염분, 콜레스테롤 섭취를 제한한다.

91

간경변증 환자의 식사요법

- 고열량식, 고단백질식, 고당질식, 고비타민식을 한다.
- 지방은 20% 내외로 중쇄지방산을 주며 알코올은 금한다.
- 복수와 부종 시에는 나트륨을 제한한다.
- 식도정맥류 시에는 딱딱하거나 거친 음식(잡곡류, 견과류, 마른과일 등), 섬유질이 많은 생채소 섭취를 제한한다.

92

성인 여성의 헤모글로빈이 12.0g/dL 이하이면 철결핍성 빈혈이다. 철결핍성 빈혈의 주요원인은 철 필요량 증가, 철의 소실, 그리고 철분 섭취 및 흡수량 저하이다. 특히 월경량이 많은 여성의 경우 지속적인 출혈로 체내의 철이 과하게 손실되어 철결핍성 빈혈이 나타날 수 있다. 그러므로 철결핍성 빈혈 환자는 철 함유량이 높은 소고기, 간, 두부, 굴, 난황, 땅콩, 녹색채소(부추, 시금치), 당밀, 건포도 등을 섭취하도록 한다.

93

급성신부전 환자는 저단백질식, 저나트륨식, 고칼슘식을 해야 하며, 사구체여과율 감소로 칼륨 배설이 저하되어 고칼륨혈증을 유발하므로 칼륨을 1일에 60mEq 이하로 제한한다.

94

수산칼슘결석증 환자는 칼슘과 수산 함량이 높은 식품(아스파라거스, 시금치, 무화과, 자두, 우유, 코코아, 초콜릿, 커피 등)과 비타민 C를 제한 및 금지한다.

95

소아성 당뇨병의 치료

- 인슐린 투여가 필수적이며, 인슐린의 종류에 따라 식사량, 식사 시간, 운동 등을 조절한다.
- 운동 중 또는 운동 후 저혈당 증세를 대비하여 정기적인 식사와 간식으로 혈당을 조절해야 한다.
- 가벼운 운동 전에는 10~15g, 격한 운동 전에는 20~30g의 당질을 섭취해야 한다.

96

① 정상 공복혈당 수치는 100mg/dL 미만이며, 100~125mg/dL이면 공복혈당장애, 126mg/dL 이상이면 당뇨병이다.
② 식후 2시간 후면 혈당이 정상 수치로 회복된다.
③ 인슐린, 글루카곤, 갑상샘호르몬, 성장호르몬, 부신피질호르몬, 부신수질호르몬 등이 혈당조절에 관여한다.
④ 고혈당 시 인슐린이 혈액으로 분비되어 혈액 내 포도당을 간과 근육 세포 내로 이동시켜 혈당을 정상범위로 낮춰준다. 이렇게 혈액에서 조직으로 이동된 포도당은 일부 에너지원으로 사용되고, 나머지는 글리코겐이나 지방으로 저장된다.

97

③ 과다운동, 장기여행, 공복 시에 저혈당이 되어 인슐린 쇼크가 일어나게 되면 즉시 흡수되기 쉬운 당질 음료를 주어야 한다.

98

페닐케톤뇨증(phenylketonuria, PKU)
페닐알라닌 수산화효소의 결핍으로 페닐알라닌이 체내에 축적되어 경련 및 발달장애를 일으키는 질환이다. 신생아 시기부터 저페닐알라닌 특수분유와 일반분유를 알맞게 섞어 먹이며, 이후 아이의 나이가 증가함에 따라 식사제한을 약간 느슨하게 할 수는 있으나 완전히 중단해서는 안 된다.

99

소량의 퓨린함유 식품은 곡류, 국수, 옥수수, 비스킷, 과자, 달걀, 우유, 치즈, 아이스크림, 커피, 홍차, 케이크, 스파게티, 기름, 흰빵 등이다.

100

화상 환자의 식사요법
- 감퇴기(초기 단계) : 물, 전해질 공급 중요
- 유출기
  - 고열량(3,500~5,000kcal/일), 고단백질(125~150g/일)
  - 고비타민(특히 비타민 C, 비타민 B 복합체)
  - 고무기질(특히 Na, K, Ca, Zn, Mg 충분히 공급)

101

버터에도 소량의 유제품이 함유되어 있으며 유제품이 함유되어 있지 않은 것은 마요네즈이다.

102

혈압 상승 요인
아드레날린 · 노르아드레날린 · 카테콜아민 · 알도스테론 분비, 레닌 - 안지오텐신계 활성화, 심박출량 상승, 혈액 점성의 증가 등이 있다.

103

저지방 어육류군
돼지고기 · 쇠고기 40g(로스용 1장), 가자미 · 동태 50g(소 1토막), 건오징어채 · 북어채 15g, 멸치 15g(잔 것 1/4컵), 물오징어 50g(몸통 1/3등분), 새우(중하) 50g(3마리), 굴 70g(1/3컵)

104

식욕부진과 구토 증세를 보이는 암 환자의 경우 소량씩 자주 섭취하고, 자극적인 음식과 고지방 식품을 피해야 한다.

105

수박은 당지수(GI)가 72로 높기 때문에 혈당이 **빠르게** 상승할 수 있으므로 당뇨병 환자에게 제한해야 한다.

106

가스트린은 위의 G세포에서 분비되는 호르몬으로, 위산(gastric acid) 분비, 이자액 생성을 유도하고 위의 움직임도 촉진한다.

107

통풍은 체내 퓨린(핵산의 구성물질 중 하나) 대사이상으로 혈중 요산치가 증가하고 요산 배설량이 감소하여 요산이 체내에 축적되는 것이다.

108

단풍당뇨증은 류신, 이소류신, 발린과 같은 측쇄아미노산(BCAA)의 산화적 탈탄산화를 촉진시키는 단일효소가 유전적으로 결핍된 것이다.

109

당분을 과잉 섭취하면 체내에서 중성지방으로 합성된다. 혈중 중성지방 수치를 낮추기 위해서는 탄수화물의 섭취량을 제한하고 총 지방과 단백질을 적정하게 섭취하여, 표준체중을 유지하여야 한다.

110

암 환자의 영양소 대사 변화

기초대사량 증가, 에너지 소비량 증가, 당신생 증가, 인슐린 민감도 감소, 고혈당증, 근육단백질 합성 감소, 지방분해 증가, 수분과 전해질 불균형

111

간질 치료에 쓰이는 케톤성 식사요법은 고지방 · 저당질 식사로, 지방의 불완전연소를 일으켜 체내에 과다한 케톤체를 생성하게 함으로써 발작을 억제한다.

112

게실염

• 원인 : 장기간의 변비와 압력으로 대장의 벽에 생기는 주머니로 대개 'S'자 결장 또는 좌측 대장에 생기며, 50세 이상의 연령층에서 주로 발생한다.
• 식사요법 : 충분한 수분(2~3L/일), 고섬유질 식사를 권장한다.

113

혈액투석 시 식사요법

• 충분한 열량과 양질의 단백질을 공급한다.
• 나트륨, 수분, 칼륨, 인을 제한한다.
• 수용성 비타민과 무기질의 보충이 필요하다.

114

결핵 환자의 식사요법

• 고열량식, 고단백식이를 한다.
• 칼슘, 철, 구리 등을 충분히 보충한다(우유, 달걀, 육류, 생선, 닭고기, 녹황색 채소).
• 비타민 C, A, D, B_6 등의 섭취는 충분히 하여야 한다.

115

고VLDL혈증(제4형)은 당질의 과잉 섭취에 기인하므로 당질의 섭취를 제한한다.

116

IgE(면역글로불린 E)

• 식품 알레르기가 있는 사람이 식품 알레르겐을 섭취할 경우 IgE 항체가 매우 많은 양의 히스타민 및 기타 염증전달 물질을 빠르게 체조직으로 방출한다. 이 염증전달 물질에 의해 알레르기반응을 유발하는 염증이 발생한다.
• 아토피피부염 환자의 대부분은 음식물이나 공기 중의 항원에 대한 특이 IgE 항체가 존재해서 항원에 노출되면 양성 반응을 보여 아토피 증상을 보인다.

117

엽산은 DNA의 합성을 촉진하여 적혈구의 합성과 성숙에 관여하므로 엽산 결핍 시 적혈구는 크고 정상적으로 성숙하지 못하여 거대적아구를 형성한다.

118

요독증 환자에게 저단백질 식사를 권장하는 이유는 단백질을 많이 섭취하면 요소의 합성이 많아지고 이것이 콩팥(신장)에 부담을 주기 때문이다.

119

부신수질호르몬

• 에피네프린 : 생체가 위급한 경우 분비되며 글루카곤 분비를 자극하고 인슐린 분비를 억제하며 인슐린 작용을 손상시킨다. 결국 글리코겐 분해를 촉진하여 혈당을 증가시키는 작용을 하고 심박동수를 증가시키는 작용을 한다.
• 노르에피네프린 : 혈압 상승, 심박출량 및 박동수 증가, 동공 산대, 소화선 분비 억제 등의 역할을 한다.

120

에리트로포이에틴(Erythropoietin)

콩팥(신장)에서 생성되는 적혈구 조혈 호르몬으로, 골수에서 적혈구의 생성을 조절하고 있다. 결핍 시 빈혈이 발생한다.

01

조개를 깨끗이 씻은 후에 약 2% 농도의 소금물에 1~2시간 담가 놓으면 입을 벌리고 모래나 흙 등이 나오게 된다.

02

② 초기에는 효소의 농도에 비례하여 반응이 직선적으로 증가하나, 반응이 진행함에 따라 기질이 소모되므로 반응속도는 점차 늦어지게 된다.
③ 반응생성물이 축적됨에 따라 반응속도가 느려진다.
④ 모든 효소에는 최적 pH가 있는데 대체로 중성 pH 범위에 있다.
⑤ 온도가 상승함에 따라 반응속도가 증가하지만 일정 온도 이상 상승하면 효소단백질이 열변성되어 반응속도는 감소한다.

03

아밀로오스(Amylose)는 나선형 구조를 하고 있으므로 그 내부의 공간에 다른 화합물이 들어가서 내포화합물을 형성할 수 있다. 특히 요오드분자들과 내포화합물을 형성하여 특유한 정색반응을 나타낸다.

04

Glucose의 산화형에는 세 가지가 있는데, Glucose의 Aldehyde기가 산화된 당은 Gluconic Acid, C_6에 결합되어 있는 OH기가 산화된 당은 Glucuronic Acid, Aldehyde와 C_6에 결합되어 있는 OH기가 둘 다 산화된 당은 Glucosaccharic Acid이다.

05

엽록소 분자는 1개의 마그네슘(Mg) 원자를 함유하고 있으며 마그네슘(Mg)을 함유하는 분자는 약알칼리에 안정하나, 약산에서는 쉽게 분해되어 마그네슘(Mg)이 이탈되어 다갈색의 페오피틴으로 된다. 클로로필(엽록소)은 알데하이드(−CHO)기를 함유하고 있다.

06

카로티노이드계 색소 중에서 프로비타민 A가 되는 것은 구조상 α−카로틴, β−카로틴, γ−카로틴 및 크립토잔틴이다. 이들 중 비타민 A로서의 효력은 β−카로틴이 가장 크나, 일반적으로 카로티노이드의 이용률은 30% 정도에 불과하다.

07

발연점을 넘긴 기름에서는 글리세롤이 분해되어 발암물질인 아크롤레인을 생성하면서 자극적인 냄새가 난다.

08

중간단계에서는 Amadori 전위에서 형성된 생성물이 산화 및 분해가 일어나서 Osone류를 비롯한 각종 고리화합물, Furfural류, Reductone류가 형성되고 무색 내지 담황색의 색깔을 띠게 된다.

09

식품의 쓴맛 성분

- 차 · 커피 : Caffeine
- 코코아 · 초콜릿 : Theobromine
- 감귤 : Naringin
- 오이 : Cucurbitacin
- 양파 : Quercetin
- 맥주 : Humulone
- 쑥 : Thuzone

10

① 호정화 – 누룽지
③ 호정화 – 팝콘
④ 노화 – 찬밥
⑤ 당화 – 조청

11

해산어류의 비린내는 주로 트리메틸아민 산화제로부터 생성되는 트리메틸아민에 의하며, 담수어의 비린내는 주로 라이신으로 생성되는 피페리딘에 의한다.

12

Rhizopus nigricans는 고구마 연부병(고구마를 저장할 때 발생하는 피해가 심한 병해)을 유발한다.

13

과일을 우유와 함께 조리할 때 과일의 유기산이 우유의 응고를 촉진시킨다.

14

겔(Gel)화

전분에 물을 가하여 가열시킨 후 냉각 시 겔을 형성하는 것으로 묵, 푸딩, 양갱 등이 해당한다.

15

미생물의 생육곡선 중 대수기에는 세포수가 대수적(기하급수적)으로 증식하고 세대시간이 가장 짧다. 세포의 크기가 일정하며 세균이 이분법에 의해 가장 빠르게 증식하는 시기로 세포의 생리적 활성이 가장 강한 시기이다.

16

식물성유

- 건성유 : 들기름, 아마인유, 오동나무기름 등
- 반건성유 : 채종유, 면실유, 참기름, 콩기름, 미강유, 옥수수기름 등
- 불건성유 : 동백기름, 올리브유, 피마자유, 땅콩기름 등

17

오이를 김치로 담갔을 때 시간이 흐름에 따라 갈색을 띠게 된다. 그 이유는 발효에 의하여 생성된 젖산이나 초산이 클로로필에 작용하여 페오피틴을 형성하기 때문이다.

18

신선한 고기는 미오글로빈에 의해 적자색을 나타내나 고기를 절단하여 공기가 접촉되면 선홍색의 옥시미오글로빈이 된다.

19

바삭한 튀김 만드는 방법

- 박력분을 사용한다.
- 달걀을 약간 첨가한다.
- 0.2%가량의 식소다를 첨가한다.
- 설탕을 약간 첨가한다.
- 물의 온도는 15℃가 좋다.

20

콩에는 지방산화효소인 리폭시게나아제(lipoxygenase)가 있어 비린내가 난다.

21

식품의 계량법

- 흑설탕 : 꼭꼭 눌러 계량한다(쏟으면 컵모양이 남아 있을 정도로).
- 액체 : 수평으로 된 바닥에 용기를 놓고 액체 표면의 밑선과 눈높이를 일치시켜 측정한다.
- 지방 : 실온에서 부드럽게 한 후 계량컵에 꼭꼭 눌러 담은 후 주걱이나 칼로 깎아 측정한다.
- 고체식품의 부피 측정
  - 물에 담글 수 있는 것 : 달걀, 감자, 당근 등 물에 담글 수 있는 식품은 눈금이 있는 유리기구에 일정량의 물을 넣고 식품을 넣어 물의 용량이 높아진 만큼의 부피를 읽는다.
  - 물에 넣을 수 없는 것 : 떡, 빵 등 물에 넣기 곤란한 식품은 일정 그릇에 쌀, 콩 등의 종실을 넣은 후 일부를 들어내고 측정할 식품을 넣고 들어낸 종실로 구석구석을 채운 다음 남아 있는 종실의 부피를 재면 된다.

22

자유수의 성질

- 보통 형태의 물의 성질을 나타낸다.
- 용질에 대하여 용매로 작용한다.
- 건조시키면 쉽게 제거되며, 100℃에서 증발한다.
- 0℃ 이하로 냉각시키면 동결된다.
- 미생물의 번식, 발아에 이용 가능한 물이다.
- 비열, 표면장력, 점성이 크다.
- 비중은 4℃에서 제일 크다.
- 화학반응에 관여한다.

23

스쿠알렌(squalene)은 일반적으로 상어의 간에서 얻을 수 있는 트리테르페노이드(triterpenoid)계 불포화 탄화수소이다.

24

① 당류는 노화를 억제한다.
② 노화의 최적 온도는 0~5℃이다.
④ 아밀로오스의 함량이 높을수록 노화가 촉진된다.
⑤ 수분함량 30~60%에서 노화가 잘 일어난다.

25

밀가루는 글루텐(Gluten)의 양으로 품질을 결정하는데, 글루텐 양은 강력분 13% 이상, 중력분 10~13%, 박력분 10% 이하이다. 글루텐은 밀가루의 점탄성과 관계있다.

26

에피머(epimer)

부제탄소에 의해 생기는 입체이성질체 중에서 1개의 탄소원자에만 원자단이 다르게 배치되어 있는 2개의 당을 의미한다.

27

곡류의 구성성분

- 배유 : 대부분 전분
- 배아 : 비타민, 효소, 단백질, 지질
- 외피 : 조섬유, 회분, 단백질 등

28

갈락탄은 탄수화물과 단백질이 결합한 복합다당체로 혈중 중성지방 및 콜레스테롤 감소에 효과적이다.

29

티오프로파날-S-옥시드는 최루 성분으로 양파를 자를 때 눈물을 나게 하고, 휘발성이며 수용성이다.

30

연근, 콩, 밀, 쌀, 감자 등의 흰색이나 노란색 채소는 플라보노이드계 색소가 함유되어 있다. 플라보노이드계 색소는 산에 안정하여 식초를 넣은 물에 데치면 변색을 방지할 수 있다.

31

채소 조직의 가열에 따른 연화현상은 식물 세포벽 구성 물질인 펙틴질의 분해에 기인된다. 가열되는 동안에 총 펙틴질이 손실되고, 불용성 프로토펙틴이 감소하는 데 반해, 수용성 펙틴은 증가된다.

32

두부

대두로 만든 두유를 70℃ 정도에서 황산칼슘, 황산마그네슘, 염화칼슘, 염화마그네슘, 글루코노델타락톤을 가하여 응고시킨다.

33

난백의 기포성이란 달걀흰자를 저어주면 거품이 형성되는 것을 말한다. 기포성은 식품의 질감을 가볍게 해주는 역할을 한다. 달걀의 기포성을 응용한 조리로는 스펀지 케이크, 케이크의 장식, 머랭 등이 있다.

34

쇼트닝성이란 유지가 반죽의 표면을 둘러싸서 글루텐 망상구조를 형성하지 못하게 함으로써 조직감을 바삭하고 부드럽게 하는 성질이다.

35

다시마 육수 내는 법

• 다시마의 흰 가루를 닦는다.
• 찬물에 담가두었다가 그 물을 끓인다.
• 물이 끓으면 다시마를 건져내고 5분 정도 더 끓인다.

36

결체조직이 많은 육류 부위의 조리법으로는 장조림, 탕, 찜 등이 알맞다. 결체조직은 교원섬유와 탄성섬유로 이루어져 있는데 교원(Collagen)섬유는 습열로 장시간 가열하면 젤라틴으로 변한다.

37

① 파 – 황화알릴
③ 마늘 – 알리신
④ 고추 – 캡사이신
⑤ 메밀 – 루틴

38

요오드가

유지 100g에 결합되는 요오드의 g수이며, 유지의 불포화도를 나타내는 척도이다. 요오드가가 높은 기름은 융점이 낮고, 반응성이 풍부하고, 산화되기 쉽다.

39

신선란의 감별법

• 외관상 : 표면에 이물질이 없고 흔들리지 않으며, 거칠거칠한 큐티클이 많아야 한다.
• 조사법 : 광원에 비춰 반투명하고, 혈란 · 곰팡이가 없어야 하며 난황이 둥글어야 한다.
• pH
  – 신선난백의 pH 7.5~8.0, 노후난백의 pH 9.5~9.6
  – 신선난황의 pH 6.0~6.2, 노후난황의 pH 6.8
• 난황 · 난백계수
  – 신선란 : 난백계수 0.16 이상, 난황계수 0.36~0.44
  – 노후란 : 난백계수 0.10 이하, 난황계수 0.25 이하

40

생선의 근섬유를 주체로 하는 섬유상 단백질(미오신 · 액틴 · 액토미오신)은 전체 단백질의 약 70%를 차지하고 소금에 녹는 성질이 있어 어묵 형성에 이용된다.

41

서비스의 특성

• 무형성 : 보거나 만질 수 없다.
• 비일관성 : 품질이 일정하지 않다.
• 동시성 : 생산과 소비가 분리되지 않는다.
• 소멸성 : 남은 용량의 서비스는 저장되지 않는다.

42

병동배선 방식

- 중앙취사실에서 병동단위로 보온고에 넣어 음식을 배분하여 병동취사실에서 상차림 후 환자에게 공급한다.
- 취사실의 크기가 크지 않아도 된다.
- 음식의 적온급식이 중앙배선보다 효율적이다.
- 정확한 급식이 어렵고 비용의 낭비가 있다.

43

세끼 영양량의 분배 결정

- 전체 열량에 대한 주식 대 부식 비율 → 6 : 4
- 1일 3식의 배분 : 주식 → 0.9 : 1 : 1 또는 1 : 1 : 1로 배분, 부식 → 1 : 1.5 : 1.5

44

식단에서 영양면을 평가하는 첫째 기준은 각 식품군의 식품이 고르게 배합되었는가를 알아보는 것이다.

45

식품구성자전거

한국인 영양소 섭취기준에서 권장식사패턴을 반영한 균형 잡힌 식단과 규칙적인 운동이 건강을 유지하는 데에 중요함을 전달하기 위해, 많은 사람이 이해하기 쉽게 제시하고 있는 식품모형이다.

46

① 식빵 35g, ② 버섯 30g, ④ 콩나물 70g, ⑤ 바나나 100g이다.

47

특정 다수인을 대상으로 계속적으로 식사를 공급하는 곳은 단체급식소이고 영리를 목적으로 불특정인에게 급식을 제공하는 곳은 대중음식점이다.

48

주조리장소에서 조리기기 등의 작업공간을 배치할 때 고려하여야 할 기본원칙 중 첫 번째는 십자교차와 같은 길을 되돌아가게 하는 반복동선을 최소화하는 것이다.

49

급식시설의 내장 마감재료의 조건

- 감촉이 좋고 피로하지 않을 것
- 내구성과 탄성이 있어야 할 것
- 미끄럽지 않고 습기, 산, 염, 유기 용매에 강할 것
- 습기나 기름기, 음식오물이 스며들지 않을 것
- 색상이 변하지 않을 것
- 유지비가 낮을 것
- 값이 쌀 것

50

- 주방면적을 결정하는 요인에는 식단의 종류, 배식 인원수, 조리기기의 종류, 조리인원 등이 있다.
- 급식실의 면적을 결정하는 요인에는 요리의 종류, 급식인원, 작업조건, 배선방법 등이다.

51

최고경영층은 개념적 능력, 중간관리층은 인간관계 관리능력, 하위관리층은 기술적 능력이 가장 많이 요구된다.

52

① 관계 마케팅 : 고객과 지속적으로 유대관계를 형성·유지하면서 상호 간의 이익을 극대화할 수 있는 다양한 마케팅활동
② 차별적 마케팅 : 세분시장마다 차별적 마케팅활동 수행
③ MOT(moment of truth marketing) 마케팅 : 소비자 일상생활의 공간 어느 곳에서나 제품의 이미지를 심어주는 마케팅
④ 비차별적 마케팅 : 세분시장의 차이를 무시하고 단일 마케팅활동으로 전체시장 공략

53

OJT(On the Job Training) 장단점

장 점	• 훈련이 현실적으로 이루어질 수 있다. • 훈련과 생산이 직결되어 경제적이다. • 장소 이동이 불필요하다.
단 점	• 지도자나 환경이 훈련에 반드시 적합할 수 없다. • 작업수행에 지장을 준다. • 원재료의 낭비가 있다.

54

작업기준을 만들어 표준화하는 절차는 문제 발견 → 현상분석 → 문제의 중점 발견 → 개선안 작성 → 실시 → 결과 평가의 순이다.

55

임금체계

- 연공급 : 임금이 근속을 중심으로 변하는 것으로 일반적으로 낮은 임금에서 시작하여 정년에 이르기까지 정기승급 제도를 통하여 증액이 행하여지며 종신 고용을 전제로 하고 있다.
- 직능급 : 직무수행 능력에 따라 임금의 격차를 두는 체계이다.
- 직무급 : 동일노동, 동일임금의 원칙에 입각하여 직무의 중요성과 난이도 등에 따라서 각 직무의 상대적 가치를 평가하고 그 결과에 의거하여 임금액을 결정하는 체계이다.

56

섬기는 리더십

서번트 리더십으로도 불리는 섬기는 리더십은 인간존중을 바탕으로, 다른 사람의 요구에 귀를 기울이는 하인이 결국은 모두를 이끄는 리더가 된다는 것이 핵심이다. 구성원들이 잠재력을 발휘할 수 있도록 앞에서 이끌어주는 리더십이라 할 수 있다.

57

종합적 품질경영(TQM)

경영자가 소비자 지향적인 품질방침을 세워 최고경영진은 물론 전 종업원이 전사적으로 참여하여 품질향상을 꾀하는 활동이다. 제품이나 서비스의 품질뿐만 아니라 경영과 업무, 직장환경, 조직 구성원의 자질까지도 품질 개념에 넣어 관리해야 한다.

58

사기조사 방법

- 통계적 방법 : 노동이용률 측정, 1인당 생산량 측정, 결근 · 지각률 측정, 사고율 측정, 불평의 빈도 측정
- 태도조사 방법 : 면접법, 질문서법

59

권한위임의 원칙은 각 구성원에게 직무를 위양함에 있어서 그 직무를 수행할 수 있는 권한도 위양하여야 한다는 것이다.

60

직무 삼면등가의 원칙

기업이 목적을 능률적으로 달성하기 위해서는 각 구성원에게 분담된 업무상의 권한과 책임, 의무의 크기가 대등하게 부여되어야 한다는 원칙이다.

61

보존식

- 식중독 사고에 대비하여 그 원인을 규명할 수 있도록 검사용으로 음식을 남겨두는 것으로, 조리 · 제공한 식품의 매회 1인분 분량을 섭씨 영하 18도 이하로 144시간 이상 보관해야 한다.
- 7월 16일 금요일 오전 11시에서 144시간(6일) 이후면 7월 22일 목요일 오전 11시이다.

62

중앙공급식 급식체계

중앙의 공동조리장에서 식품의 구입과 생산이 이루어지고, 각 단위급식소로 운반된 후 배식이 이루어지는 급식 형태로서 생산과 소비가 시간적 · 공간적으로 분리되는 방법이다.

63

음식생산을 계획할 때는 1인분의 양을 기준으로 급식인원을 계산하고 소요되는 재료분량을 계산하며 다량조리의 방법 및 소요시간, 식품취급 시의 손실, 조리 시의 손실, 1인분씩 분배하는 방법 등을 고려한다.

64

식단표

급식업무에 가장 중심적인 기능을 담당하며, 급식사무의 기본 계획표로 급식담당자에 의해 작성된다. 관리자의 승인을 받으면 관리자의 급식지시서로 쓰이고 급식 작업이 끝나면 급식업무의 실시보고서로 보존된다.

65

일반공개입찰

신문 또는 게시와 같은 방법으로 입찰 및 계약에 관한 사항을 일정기간 동안 일반에게 널리 공고하여 응찰자를 모집하고, 입찰에 있어서 상호경쟁을 시켜 가장 타당성 있는 입찰가격을 제시한 사람을 낙찰자로 정하는 방법이다.

66

발주량

$$발주량 = \frac{1인분당\ 중량}{100 - 폐기율} \times 100 \times 예상식수$$

67

발췌검사법

- 납품된 물품 중에서 일부의 시료를 뽑아서 검사하는 방법이다.
- 대량구입 품목으로 어느 정도 불량품이 혼입되어도 무방한 경우에 실시하는 방법이다.

68

선입선출법은 먼저 입고된 물품부터 출고시켜야 한다는 것이다.

69

카페테리아(Cafeteria)

음식을 다양한 종류로 진열하고 진열된 음식 뒤의 안내인이 음식 선택에 도움을 주는 방법으로 가장 바람직한 급식 서비스 형태이다. 선택한 음식별로 금액을 지불한다.

70

직무분석

특정 직무의 특성을 파악하여 그 직무를 수행하는 데 필요한 경험, 기능, 지식, 능력, 책임 등과 그 직무가 다른 직무와 구별되는 요인을 명확하게 분석하여 명료하게 기술하는 작업과정을 말한다.

71

급식시설의 작업구역

- 일반작업구역 : 검수구역, 전처리구역, 식재료저장구역, 세정구역, 식품절단구역(가열 · 소독 전)
- 청결작업구역 : 조리구역, 정량 및 배선구역, 식기보관구역, 식품절단구역(가열 · 소독 후)

72

직무설계

- 직무 단순 : 작업절차를 단순화하여 전문화된 과업을 수행
- 직무 순환 : 다양한 직무를 순환하여 수행함
- 직무 교차 : 직무의 일부분을 다른 사람과 함께 수행함
- 직무 확대 : 과업의 수적 증가, 다양성 증가(양적 측면)
- 직무 충실 : 과업의 수적 증가와 함께 책임과 통제 범위를 수직적으로 늘려 직원에게 동기부여를 줄 수 있음(질적 측면)

73

인사고과의 오류

- 현혹효과 : 종업원의 호의적, 비호의적 인상이 고과내용의 모든 항목에 영향을 주는 오류
- 논리오차 : 어떤 요소가 우수하게 평가되면 다른 요소도 우수하다고 인식하고 평가하는 오류
- 대비오차 : 어떤 특성에 대해 평가자가 자신을 원점으로 하여 비평자를 자기와 반대 방향으로 평가하는 오류
- 관대화 경향 : 실제보다 관대하게 평가되어 평가결과의 분포가 위로 편중. 평정자가 부하직원과의 비공식적 유대관계의 유지를 원하는 경우 발생
- 중심화 경향 : 평가 대상자를 '중' 또는 '보통'으로 평가한 결과, 분포도가 중심에 집중하는 경향

74

원가의 3요소

- 재료비 : 식재료비, 반제품비, 급식재료 운반비 등
- 노무비 : 임금, 급료, 상여금, 복리후생비 등
- 경비 : 수도광열비, 소모품비, 감가상각비, 보험료 등

75

1식당 원가

1식당 원가 = 원가(재료비+노무비+경비)/제공 식수
$$= (2,000만원+1,000만원+500만원)/10,000$$
$$= 3,500원$$

76

자산은 자본+부채로,
자본(2억 원)+부채(5천만 원) = 2억 5천만 원이다.

77

세척제

- 1종 세척제 : 채소 · 과일용
- 2종 세척제 : 식기류용
- 3종 세척제 : 식품의 가공 · 조리기구용
- 용해성 세제 : 기름때 제거용
- 연마성 세제 : 바닥 · 천장의 오염물질 제거용

78

① 수수 – 듀린
② 복어 – 테트로도톡신
③ 청매 – 아미그달린
④ 고사리 – 프타퀼로시드

79

리스테리아증(Listeriosis)

- 소, 양 등의 가축과 가금류에 많이 감염
- 병원체 : Listeria monocytogenes
- 감염 : 사람은 감염동물과의 직접 접촉에 의해 감염, 오염된 식육, 유제품 등
- 증상 : 뇌척수막염, 자궁 내 패혈증, 태아 사망

80

아급성 독성시험

실험동물 수명의 1/10 정도(흰쥐 1~3개월)의 기간에 걸쳐 연속 경구투여하여 증상을 관찰하며, 만성 독성시험에 투여하는 양을 단계적으로 결정하는 자료를 얻는 것이 목적이다.

81

역성비누

보통 사용되는 비누(양성비누)와는 다르게 살균 목적으로 만들었고 세정력이 없는 비누이다. 양이온계활성제를 사용하여 수중에서는 양이온이 된다. 주로 사급암모늄염, 염화벤잘코늄이나 염화벤제토늄의 양이온계면활성제를 사용한다.

82

① 과산화벤조일, ③ 모르폴린지방산염, ④ 아질산나트륨, ⑤ 디히드로초산을 첨가물로 사용한다.

83

Enterococcus faecalis

장내구균 속에 속하는 그람양성 구균으로, 식품의 동결과 건조 시 잘 죽지 않는다는 점이 냉동식품과 건조식품의 분변오염 지표균으로 이용된다.

84

장염비브리오 식중독

- 식중독의 원인균은 Vibrio parahaemolyticus로 3~5% 식염농도에서 잘 발육하며 그람음성의 무포자, 간균으로 통성혐기성균이다.
- 감염형 식중독으로 7~9월에 집중적으로 발생하며, 원인식품은 해산어패류로 생선회나 초밥 등이다.
- 이 균은 열에 약하여 60℃에서 30분간 가열로 사멸되므로 가열조리된 식품은 안전하다.

85

Escherichia coli O-157균은 베로톡신(Verotoxin)을 생성하여 용혈성요독증후군을 유발한다. 주로 덜 익힌 고기를 먹었을 때 발생하며, 햄버거병이라고도 불린다.

86

세균성 식중독

- 감염형 식중독 : 살모넬라, 장염비브리오, 병원성 대장균, 캠필로박터, 여시니아, 리스테리아
- 독소형 식중독 : 보툴리누스, 황색포도상구균, 바실러스 세레우스

87

② · ③ · ④ · ⑤ 외부로부터 오염 · 혼입된 외인성 인자에 해당한다.

88

① · ② · ④ 콜레라 증상(경련, 헛소리, 탈진, 혼수상태), ⑤ 중추신경 장애를 보인다.

89

① 테물린 – 독보리
② 아트로핀 – 미치광이풀
④ 리신 – 피마자
⑤ 사포닌 – 대두 · 팥

90

어패류에 의해 감염되는 기생충으로는 간디스토마, 폐디스토마, 아니사키스, 요코가와흡충, 광절열두조충, 유극악구충 등이 있다.

91

HACCP 준비단계
해썹팀 구성 → 제품설명서 작성 → 용도 확인 → 공정흐름도 작성 → 공정흐름도 현장확인 순으로 진행한다.

92

판매 등이 금지되는 병든 동물 고기 등(시행규칙 제4조)
- 축산물 위생관리법 시행규칙에 따라 도축이 금지되는 가축전염병
- 리스테리아병, 살모넬라병, 파스튜렐라병 및 선모충증

93

식품이란 모든 음식물(의약으로 섭취하는 것은 제외한다)을 말한다(법 제2조 제1호).

94

식품의약품안전처장은 식품 등의 공전을 작성 · 보급하여야 한다(법 제14조).

95

집단급식소의 모범업소 지정기준(시행규칙 별표 19)
- 식품안전관리인증기준(HACCP) 적용업소로 인증받아야 한다.
- 최근 3년간 식중독이 발생하지 않아야 한다.
- 조리사 및 영양사를 두어야 한다.
- 그 밖에 일반음식점이 갖추어야 하는 기준을 모두 갖추어야 한다.

96

집단급식소를 설치 · 운영하려는 자는 특별자치시장 · 특별자치도지사 · 시장 · 군수 · 구청장에게 신고하여야 한다. 신고한 사항 중 총리령으로 정하는 사항을 변경하려는 경우에도 또한 같다(법 제88조 제1항).

97

식품보관실은 환기 · 방습이 용이하며, 식품과 식재료를 위생적으로 보관하는 데 적합한 위치에 두되, 방충 및 쥐막기 시설을 갖추어야 한다(시행령 제7조 제2호).

98

보건복지부장관은 국민건강증진정책심의위원회의 심의를 거쳐 국민건강증진종합계획을 5년마다 수립하여야 한다. 이 경우 미리 관계중앙행정기관의 장과 협의를 거쳐야 한다(법 제4조 제1항).

99

질병관리청장은 보건복지부장관과 협의하여 영양정책 및 영양관리사업 등에 활용할 수 있도록 식품 및 영양에 관한 통계 및 정보를 수집 · 관리하여야 한다(법 제12조 제1항).

100

배추김치(배추김치가공품을 포함한다)의 원료인 배추(얼갈이배추와 봄동배추를 포함한다)와 고춧가루는 원산지의 표시대상이다(시행령 제3조 제5항 제7호).

01	02	03	04	05	06	07	08	09	10	11	12	13	14	15	16	17	18	19	20
①	②	④	③	③	④	⑤	⑤	①	④	③	④	②	①	②	②	④	③	⑤	②
21	22	23	24	25	26	27	28	29	30	31	32	33	34	35	36	37	38	39	40
②	①	②	④	⑤	③	⑤	④	⑤	⑤	⑤	②	⑤	①	④	③	③	⑤	④	⑤
41	42	43	44	45	46	47	48	49	50	51	52	53	54	55	56	57	58	59	60
②	①	⑤	④	⑤	③	④	③	④	①	③	⑤	③	④	③	④	⑤	③	②	④
61	62	63	64	65	66	67	68	69	70	71	72	73	74	75	76	77	78	79	80
⑤	⑤	①	③	⑤	②	③	③	④	⑤	⑤	⑤	⑤	④	①	⑤	④	③	⑤	②
81	82	83	84	85	86	87	88	89	90	91	92	93	94	95	96	97	98	99	100
⑤	②	④	④	②	⑤	④	⑤	②	③	⑤	④	④	④	①	③	①	③	①	④
101	102	103	104	105	106	107	108	109	110	111	112	113	114	115	116	117	118	119	120
②	⑤	③	④	③	①	⑤	③	⑤	②	⑤	③	③	⑤	④	③	⑤	①	①	④

01

당질은 에너지원의 급원, 단백질의 절약작용, 지질대사의 조절, 혈당 유지, 감미료, 섬유소의 공급기능이 있다. 그중에 포도당은 뇌의 주 에너지원이다. 자당의 감미도가 1.0이면 포도당은 0.6이다.

02

포도당은 뇌의 주 에너지 급원이다. 아침 식사로 혈당을 유지해야 뇌에 에너지가 공급되어 수험생의 학습에 도움이 되지만 그렇지 못하다면 포도주스와 같이 포도당이 많은 식품을 섭취하도록 한다.

03

식이섬유

- 불용성 식이섬유 : 셀룰로오스, 헤미셀룰로오스, 리그닌, 키틴
- 수용성 식이섬유 : 펙틴, 검, 헤미셀룰로오스 일부, 뮤실리지, 해조다당류

04

① 육탄당은 오탄당보다 빠르게 흡수된다.
② 단당류는 소장 내벽 융털에 있는 모세혈관으로 흡수된다.
④ 갈락토스는 능동수송에 의해 흡수된다.
⑤ 과당은 촉진확산에 의해 흡수된다.

05

아연(Zn)

효소 및 호르몬의 구성성분으로 인슐린 합성(당질대사)과 면역기능에 관여한다. 구리와 길항작용이고 혈청 단백질과 함께 알코올을 분해한다. 결핍 시 성장장애, 성기능 부전, 기형 유발, 미각 감퇴가 발생한다.

06

TCA회로

옥살로아세트산 + 아세틸 CoA → 시트르산 → 숙신산 → 푸마르산 → 말산 → 옥살로아세트산

07

중성지방의 기능

주요 에너지원, 필수지방산의 공급, 세포막의 유동성, 유연성, 투과성을 정상적으로 유지, 두뇌발달과 시각기능 유지, 효율적인 에너지 저장, 지용성 비타민의 흡수 촉진과 이동, 장기보호 및 체온조절

08

인슐린의 작용

- 글리코겐 합성, 해당과정, 지방 합성, 단백질 합성을 증가시킨다.
- 글리코겐 분해, 당신생 과정, 지방 분해, 케톤체 생성을 억제시킨다.

09

비타민 A는 성장발육, 시력, 세균에 대한 저항력, 상피세포 정상화, 모유 분비에 관여한다. 이에 따라 수유부는 비임신여성보다 비타민 A 섭취를 +490μg RAE/일 권장한다.

10

저밀도지단백(LDL)

혈관 내에서 VLDL로부터 전환된 지단백으로 콜레스테롤 함량이 약 45%로 지단백질 중 콜레스테롤 비율이 가장 높다. 혈중 LDL 콜레스테롤 농도가 높으면 동맥경화의 위험이 높고 뇌졸중의 위험이 크다.

11

케톤증(Ketosis)

- Ketosis : 탄수화물의 섭취 부족, 체내 이용이 어려운 상태(기아, 당뇨병), 지방의 과잉 섭취 등으로 지방이 불완전 산화될 때 혈액이나 오줌 속에 케톤체(Ketone Body)가 정상량 이상 함유되는 상태를 말하는 것이다. 이 케톤체는 강산으로 체액을 산성으로 기울게 한다(Acidosis).
- Ketone Body : Acetone, Acetoacetate, β-Hydroxybutyrate

12

① 밀 : Glutenin, Gliadin
② 보리 : Hordein
③ 대두 : Glycinin
⑤ 옥수수 : Zein

13

구리(Cu)

철의 흡수를 돕는 세룰로플라스민과 세포의 산화적 손상을 방지하는 슈퍼옥사이드 디스뮤타아제(SOD)의 구성성분이다. 구리의 대사 이상 시 간·뇌·각막·신장 및 적혈구에 구리가 침착되어 생기는 윌슨병이 생길 수 있다.

14

생물가는 몸 안에 흡수된 질소를 체내에 보유된 질소량으로 나누어 100을 곱한 수치로 달걀(94), 우유(90), 소고기(76), 쌀(75), 콩(75), 감자(67), 밀(67)이다.

15

제1제한아미노산이란 평가하고자 하는 식품의 단백질의 필수아미노산 구성을 기준 단백질의 조성과 비교하여 가장 낮은 비율의 아미노산으로, 쌀의 제1제한아미노산은 라이신(Lysine)이다.

16

영아는 어른에 비해 설사가 자주 일어나며, 이에 따른 탈수가 올 수 있다. 설사가 심하면 수유를 중단하고 끓인 보리차, 엷은 포도당액 등을 먹여 탈수를 방지한다.

17

페닐케톤뇨증은 간의 페닐알라닌 수산화효소의 유전적인 결함에 의해 페닐알라닌이 티로신으로 전환되지 못하고 혈액이나 조직에 축적되는 질환이다.

18

모유의 85%는 수분이다. 평균 1일 600~750mL의 모유를 분비하는 수유부가 수분이 부족하면 모유 분비에 지장을 받게 된다.

19

기초대사량에 영향을 주는 요소

인체 구성, 신체크기, 내분비, 성별, 나이, 수면, 체온, 기후 등이 영향을 받는다. 대사체중이 적을수록 기초대사량이 적고, 근육을 많이 가지고 있는 사람은 피하지방을 많이 가지고 있는 사람보다 기초대사량이 크다. 체표면적이 크면 기초대사량도 증가한다. 또한 남자가 여자보다, 체온이 상승할수록, 극심한 운동 시에 기초대사량이 높다.

20

생리적 열량가란 실제로 우리 체내에서 발생하는 열량을 말하는 것이므로 생리적 열량가를 계산할 때에는 흡수율로 곱해 주어야 한다. 각 영양소의 생리적 열량가는 탄수화물이 4kcal, 단백질이 4kcal, 지방이 9kcal이므로, $(200 \times 4) + (80 \times 4) + (50 \times 9) = 1,570$(kcal)이다.

21

① 위산 분비가 증가한다.
③ 소장에서 티아민 흡수가 감소한다.
④ 간에서 알부민 합성이 감소한다.
⑤ 혈중 HDL 콜레스테롤 수치가 감소한다.

22

칼슘 흡수 증진과 방해 요인

• 흡수 증진 요인 : 비타민 C, 비타민 D, 유당(Lactose), 소화관 내의 산도, 부갑상샘호르몬
• 흡수 방해 요인 : 피트산, 수산, 섬유소, 과잉 지방, 높은 알칼리성 환경, 과량의 인

23

헴(Heme)철이 비헴(Non-Heme)철보다 흡수율이 높다. 헴철은 육류에 많이 들어 있고 식물성 식품에는 주로 비헴철이 들어 있다. 비헴철의 흡수는 식사에 존재하는 다른 성분들의 영향을 받는다. 비타민 C는 강력한 환원제이므로 제2철을 제1철로 환원하여 철의 흡수를 증가시키므로 철 섭취 시에 함께 섭취하는 것이 좋다.

24

황(S)

황은 함황단백질, Coenzyme A의 구성성분으로 골격, 피부, 손톱, 머리카락 등의 구성요소이다. 이것을 함유하는 조효소는 산화·환원작용에 중요하다. 또한, 페놀, 크레졸 등과 결합하여 해독작용을 하며, 항응고제인 헤파린의 구성성분으로 작용한다.

25

나트륨의 작용

• 혈액의 알칼리성 유지
• 수분대사와 삼투압 유지
• 신경의 흥분성 억제
• 근육 수축작용의 조절 등

26

상한섭취량이 설정된 영양소

비타민 A, 비타민 D, 비타민 E, 비타민 C, 니아신, 비타민 B_6, 엽산, 칼슘, 인, 마그네슘, 철, 아연, 구리, 불소, 망간, 요오드, 셀레늄, 몰리브덴

27

1NADH는 전자전달계로 들어가 2.5ATP로, 1FADH₂는 1.5ATP를 생성한다.

28

①·② 과잉분은 간과 지방조직에 저장되어 쉽게 배설되지 않는다. 따라서 그 저장량이 지나치거나 섭취량이 과할 때는 독성이 나타날 수 있다.
③ 혈액 내에서 운반체와 함께 이동한다.
⑤ 결핍증이 서서히 나타난다.

29

비타민 D_3는 간에서 $25-OH-D_3$로 대사되고 콩팥에서 활성형인 $1,25-(OH)_2-D_3$로 전환된다.

30

① 엽산 : 거대적아구성빈혈
② 비타민 D : 구루병
③ 비타민 C : 괴혈병
④ 비타민 A : 야맹증, 안구건조증

31

비타민 E 부족 시 용혈성 빈혈이 발생하며, 급원식품은 식물성 기름, 곡물의 배유이다.

32

② 운동 시 체온이 과도하게 상승하는 것을 낮춰주기 위해 땀이 배출된다.

수분의 기능
- 영양소와 노폐물 운반
- 체온 조절
- 외부로부터 충격에 대한 신체보호(뇌척수액)
- 체조직의 구성성분(60%)
- 삼투압 조절
- 윤활작용(관절액, 타액)
- 전해질의 평형
- 갈증 해소 등

33

프로락틴은 최유호르몬으로서 유선조직의 선세포에 작용하여 유즙 분비를 촉진한다.

34

콜레시스토키닌
소화관 작용을 조절하는 호르몬으로, 담낭을 수축시켜 소장 상부로 담즙을 분비하고 췌장효소의 분비를 자극한다.

35

입덧 시 식사관리
변비를 예방하고 소화되기 쉽고, 영양가 높은 식품으로 소량씩 자주 먹는다. 기호에 맞는 음식, 담백한 음식, 신 음식, 찬 음식 등을 먹는다. 공복 시 증상이 심해지므로 속이 비지 않도록 하고 식사 후 30분간 안정하고, 수분은 식사와 식사 사이에 섭취한다.

36

에이코사노이드(eicosanoid)
- 탄소수가 20개인 필수지방산(아라키돈산, EPA)이 산화되어 생체에서 합성되는 화합물로, 프로스타글란딘, 트롬복산, 프로스타사이클린, 류코트리엔 등이 있다.
- 리놀레산은 아라키돈산의 전구체이며, 리놀렌산은 EPA의 전구체이다.

37

모유가 우유보다 우수한 영양성분
유당(Lactose), 락트알부민, 비타민 A, 비타민 C, 비타민 E, 타우린, 리놀레산

38

식사성 발열효과
- 식사 후 영양분이 소화, 흡수되어 대사되는 과정에 필요한 에너지 소비량이다.
- 탄수화물 섭취 시 상승되는 대사율은 5~10%, 지방은 약 0~5%, 단백질은 20~30%(특수아미노산 작용, 요소형성 등)이다.
- 균형된 식사를 섭취할 경우 하루 총 에너지 소비량의 약 10%에 해당한다.

39

식품알레르기로 진단되고 원인식품이 확인되면, 현재로서는 가장 확실하고 유일한 치료법은 원인식품을 식단에서 제거하는 것이다.

40

신경성 식욕부진증
청소년기의 신체에 대한 왜곡된 태도로 인해 음식 섭취를 거부하고 체중 감량을 일종의 즐거움으로 생각하며 극도의 마른 몸매 유지를 추구하는 심리적·신체적 질환의 일종이다. 심하면 탈모, 근육 소모, 무월경, 저혈압, 피부 건조 등 신체 발달에 큰 지장을 초래한다.

41

폐경 후 에스트로겐 결핍은 HDL 콜레스테롤을 감소시키고 LDL 콜레스테롤을 증가시키며 이러한 변화는 관상동맥 경화, 심장마비, 뇌졸중 등을 유발한다.

42

굵은 상태에서 일어나는 체내 대사

혈당을 상승시키기 위해 근육조직에서 단백질이 글리코 겐으로 분해되어 당이 아닌 물질(젖산, 아미노산, 글리세롤)로부터 당이 생성된다.

43

리놀레산($C_{18:2}$, $\omega-6$)

필수지방산으로 아라키돈산의 전구체이다. 습진성 피부염을 예방하고, 성장을 촉진하는 기능이 있으며 식물성 기름(콩기름)에 함유되어 있다.

44

크레아틴인산

크레아틴의 구아니딘기가 인산화된 고에너지 인산화합물로, 크레아틴키나아제의 작용에 의하여 근육 속에서 ATP와 평형으로 존재하면서 근육 수축 시에 필요한 ATP를 공급한다.

45

비타민 C가 우리 몸에 들어오면 대사과정을 거쳐 수산(oxalate)으로 바뀐다. 수산은 신장결석을 일으키는 인자로, 비타민 C를 너무 많이 먹으면 신장(콩팥)에서 수산이 축적돼 신장결석을 일으킬 수 있다.

46

① · ③ · ④ 6탄당($C_6H_{12}O_6$), ② 4탄당($C_4H_8O_4$)이다.

47

비타민 D의 충분섭취량은 성인기는 $10\mu g$이나 65세 이상부터는 $15\mu g$이다.

48

임신기간 중에 프로게스테론은 지방 합성 및 유방의 발달을 촉진시키고, 위장운동을 저하시키며 자궁의 평활근을 이완시키고, 요를 통한 나트륨 배설을 증가시킨다.

49

출생 후 1년까지는 뇌세포의 형성과 중추신경조직이 급격히 발달하므로 필요한 영양소를 충분히 공급해야 한다.

50

우리딘 삼인산(UTP ; uridine triphosphate)은 포도당-1-인산과 반응해서 글리코겐 합성에 관여한다.

51

킬로미크론(chylomicron)은 소장점막에서 합성된다.

52

해당과정에서 생성된 피루브산은 미토콘드리아의 기질로 들어가 아세틸-CoA가 된 후 구연산회로를 거치면서 CO_2로 분해된다.

53

기초대사율이 감소되면 체내 지방 저장량이 늘어나므로 대사증후군 발생의 위험요인이 될 수 있다.

54

단백질 합성 과정(대장균)

• 아미노산의 활성화 : 20여 종의 아미노산, 20종의 아미노아실 tRNA 합성효소, 20종 이상의 tRNA, ATP 및 Mg^{2+}→ 아미노산은 아미노아실 tRNA 합성효소에 의해 tRNA로 아실화된다.
• 폴리펩타이드 사슬의 합성 개시 : mRNA 및 그의 개시 Codon(AUG), Methionyl tRNAF, Transformylase, 리보솜, 30S 및 50S Subunit, GTR, Mg^{2+}, 개시인자(IF-1, IF-2, IF-3) → Transformylase에 의해 Met부분을 Formyl화
• 폴리펩타이드 사슬의 신장(연장) : 개시복합체, 각 Codon에 특이적인 아미노아실
• 종결 : mRNA의 종결, Codon, GTP, Polypeptide 유리인자(EF), Signal Peptide에 대한 특이적인 Peptidase
• 폴리펩타이드 사슬의 접힘, 처리 과정 : 특이적인 효소 및 당 등의 보조인자

55

아미노산

- 케톤 생성 아미노산 : 류신, 라이신
- 케톤 생성 및 포도당 생성 아미노산 : 티로신, 트립토판, 이소류신, 페닐알라닌
- 포도당 생성 아미노산 : 알라닌, 세린, 시스테인, 글리신, 아스파르트산, 아스파라긴, 글루탐산, 아르기닌, 글루타민, 히스티딘, 트레오닌, 발린, 메티오닌, 프롤린

56

RNA와 DNA의 구성성분

- RNA : 리보스, 인산, 염기(아데닌, 구아닌, 우라실, 시토신)
- DNA : 데옥시리보스, 인산, 염기(아데닌, 구아닌, 티민, 시토신)

57

요산(uric acid)은 체내 퓨린(purine) 분해대사의 최종 생성물로, 잔틴 산화효소(xanthine oxidase)에 의해 생성되며 주로 콩팥을 통해 소변으로 배설되고 나머지는 장을 통해 배설된다.

58

콰시오커는 단백질 결핍증으로 이유기 이후의 아동에게 나타나며, 탈지분유를 먹이는 것은 콰시오커 증상에서 가장 효과적인 치료법이다.

59

비타민 B_{12}는 동물의 간, 콩팥에 많고, 근육, 젖, 치즈, 달걀에도 있다. 그러나 식물계에는 거의 존재하지 않는다. 단, 미생물로부터 만들어질 수 있으므로 발효식품이나 장내세균에 의하여 어느 정도 공급이 가능하다.

60

① NAD – 니아신
② CoA – 판토텐산
③ FAD – 리보플라빈
⑤ PLP – 비타민 B_6

61

영양표시제

- 영양성분 표시와 영양성분 강조 표시가 있다.
- 표시대상 영양성분 : 열량, 나트륨, 탄수화물, 당류, 지방, 트랜스지방, 포화지방, 콜레스테롤, 단백질
- 열량, 트랜스지방은 1일 영양성분 기준치에 대한 비율(%) 표시에서 제외된다.
- 1일 영양성분 기준치는 영양성분의 평균적인 1일 섭취기준량을 말한다.

62

건강신념모델의 구성요소

- 인지된 민감성 : 자신이 어떤 질병에 걸릴 위험이 있다고 지각하는 것으로 인지한 정도에 따라 특정 행위를 실천할 가능성은 달라짐
- 인지된 심각성 : 상태나 후유증이 얼마나 심각한가에 대한 지각으로 의학적 결과(통증, 불구, 죽음 등)와 사회적 결과(가족 및 직장생활 등)를 포함
- 인지된 이익 : 특정 행위를 함으로써 얻을 수 있는 혜택과 유익에 대해 인지한 정도
- 인지된 장애 : 제안된 특정 행위에 대한 부정적 측면에 대한 인식
- 행위의 계기 : 사람들로 하여금 특정행위에 참여하도록 자극을 줄 수 있는 중재
- 자아효능감 : 어떤 결과를 생산하기 위해 요구되는 행동을 성공적으로 수행할 수 있는 자기확신

63

강연회의 장단점

장 점	• 짧은 시간에 많은 양의 지식과 정보를 전달시킬 수 있다. • 같은 시간에 많은 사람을 교육하여 경제적이다. • 준비가 쉬우며, 간편하고, 편리하다.
단 점	• 일방적인 설명과 강의를 학습하게 되며, 목적을 달성하는 데 소극적이 될 수 있다. • 개인차를 무시한 획일적인 학습방법이 될 수 있다. • 추상적으로 전달되어, 이해가 힘들고 종합적으로 효과를 파악할 수 없다.

64

지역사회 영양활동 과정

지역사회 영양요구 진단 → 지역사회 영양지침 및 기준 확인 → 사업의 우선순위 결정 → 목적 설정 → 목적 달성을 위한 방법 선택 → 집행계획 → 평가계획 → 사업 집행 → 사업평가

65

6 · 6식 토의법은 6명이 한 그룹이 되어 1명이 1분씩 6분간 토의하여 종합하는 방식이다. 주로 2가지 의견에 대해 찬 · 반을 물을 때 많이 사용한다.

66

주부들 스스로 조리실습에 참여함으로써 식습관의 변화, 영양의 개념을 터득할 수 있는 기회가 되므로 영양교육 효과를 높일 수 있다.

67

행동변화단계

- 고려 전 단계 : 문제에 대한 인식이 부족하고, 향후 6개월 이내에 행동변화를 실천할 예정이 없는 단계
- 고려 단계 : 문제에 대해 인식하고, 향후 6개월 이내에 행동변화를 실천할 의도가 있는 단계
- 준비 단계 : 향후 1개월 이내에 행동변화를 실천할 의도가 있으며, 변화를 계획하는 단계
- 실행 단계 : 행동변화를 실천한 지 6개월 이내인 단계
- 유지 단계 : 행동변화를 6개월 이상 지속하고 바람직한 행동을 지속적으로 강화하는 방법을 찾는 단계

68

융판그림은 영양에 관한 지식을 전달하는 과정 중에서 참가자들에게 직접 붙이도록 함으로써 흥미를 일으킬 수 있고, 움직이는 자료이므로 여러 가지 주제를 필요에 따라 바꿀 수 있다. 또한, 비용이 적게 들고 누구나 이용할 수 있으며 소수집단에서 효과적으로 사용할 수 있다.

69

과정평가

영양교육이 진행되는 과정에 대해 평가하는 것으로, 영양교육을 진행하는 과정에서 시행상의 문제점을 파악하고 그 개선방안을 탐색하는 것을 목적으로 한다.

70

식사기록법

- 하루 동안 섭취하는 모든 음식의 종류와 양을 섭취할 때마다 스스로 기록하는 방법이다.
- 장점 : 식품섭취에 대한 정확한 양적 정보를 제공하며 많은 수의 조사원이 필요 없다.
- 단점 : 심리적 부담을 주고 시간소비가 많아 기록자의 협조가 필요하며 교육수준이 높아야 한다.

71

과거 한국보건사회연구원, 한국보건산업진흥원, 질병관리본부 등 여러 기관에서 나누어 실시하던 것을 제4기 조사에서부터는 질병관리청에서 통합 시행하고 있다.

72

⑤ 교육 및 생태학적 진단은 개인이나 집단의 건강행위에 영향을 주는 성향요인, 촉진요인, 강화요인을 규명하는 것이다.

프리시드-프로시드(PRECEDE-PROCEED) 모형

- 프리시드(PRECEDE) : 사회적 진단(1단계) → 역학, 행위 및 환경적 진단(2단계) → 교육 및 생태학적 진단(3단계) → 행정 및 정책적 진단(4단계)
- 프로시드(PROCEED) : 수행(5단계) → 과정평가(6단계) → 영향평가(7단계) → 결과평가(8단계)

73

보건소 영양사는 지역주민을 대상으로 영양교육 및 상담 역할을 수행하는데, 비만 청소년을 위한 건강캠프 운영 역시 영양교육의 일종으로 볼 수 있다.

74

아동의 식습관에 가장 영향을 미치는 것은 가정에서의 식사환경으로 부모의 식습관이 주원인이다.

75

리보플라빈(비타민 B$_2$) 결핍 시 구각염, 구순염, 설염, 지루성 피부염, 안구건조증 등이 나타난다.

76

영양관리과정(NCP ; Nutrition Care Process)
- 양질의 영양관리를 위한 표준화된 모델로서 개인 또는 집단을 대상으로 양질의 영양관리를 시행하여 임상경과의 예측이 가능하도록 설계되었다.
- 단계 : 영양판정 → 영양진단 → 영양중재 → 영양모니터링 및 평가

77

철 결핍증 지표
- 초기 단계 : 페리틴 농도 감소
- 결핍 2단계 : 트랜스페린 포화도 감소, 적혈구 프로토포르피린 증가
- 마지막 단계 : 헤모글로빈과 헤마토크리트의 농도 감소

78

불활성 단백질 분해효소인 펩시노겐은 염산에 의해 펩신으로 활성화되고, 활성화된 펩신은 음식물이 위에 들어왔을 때만 작용함으로써 위의 자가소화를 예방한다.

79

식품교환표 식품군의 1교환단위당 열량
- 곡류군 : 100kcal
- 어육류군 : 저지방 50kcal, 중지방 75kcal, 고지방 100kcal
- 채소군 : 20kcal
- 지방군 : 45kcal
- 우유군 : 일반우유 125kcal, 저지방우유 80kcal
- 과일군 : 50kcal

80

소화성 궤양 환자의 식사요법
- 위염의 식사요법에 준하여 식이를 하고 궤양의 치료를 위해 단백질, 철분, 비타민 C 등을 섭취한다.
- 강한 자극성 식품은 위산 분비 촉진, 위장관점막 손상을 가져오므로 피한다.
- 유화된 지방은 위산 분비 억제효과가 있으므로 적당량 섭취한다.
- 우유, 크림, 중화제가 주원료인 시피식이(Sippy Diet)는 위산 분비가 촉진되며, 빈혈을 막기 위해 철 함유 식품을 공급한다.

81

급성장염 환자의 식사요법

급성장염 시 탈수를 예방하기 위하여 보리차나 이온음료를 제공하며, 증상이 개선되면 두부, 달걀, 흰살생선 등의 단백질 식품과 버섯, 호박, 가지 등의 부드러운 채소를 섭취한다. 유제품, 카페인, 지방이 많은 식품 등은 섭취를 제한한다.

82

췌장염은 알코올 중독, 고지방식의 과식, 소화성 궤양, 담석증 등이 원인이 되고 상복부 통증, 구토, 설사, 멀미, 복부팽만, 발열, 식욕부진 등의 증상이 나타난다. 단백질은 초기에만 억제하고 증세가 호전되면 늘리고 지방은 흡수가 좋은 중쇄지방산(MCT 오일)을 공급한다.

83

글루텐 과민성 장질환
- 원인 : 유전적 결함에 의해 글리아딘이 흡수장애를 일으키는 병이다. 글리아딘은 밀의 글루텐에 들어 있는 단백질이다.
- 증상 : 증세가 심하면 지질, 탄수화물, 철, 비타민류까지도 흡수장애를 일으킨다(지방변, 악취가 심하고, 빈혈과 비타민 결핍 증세도 나타난다).
- 식사요법 : 글루텐 성분이 들어 있는 밀, 보리, 호밀, 오트밀 등을 금하고, 주식으로는 쌀이나 잡곡 등으로 한다.

84

만성신부전 증상

빈혈, 고혈압, 동맥경화, 심전도 장애, 부종, 피로, 가려움증, 식욕부진, 오심, 구토, 호흡곤란, 경련, 혼수, 혈액 산성, 신장성 골형성장애 등

85

담석증 환자의 식사요법

무자극성 식이, 저에너지식(주로 당질로 공급), 저지방식을 하고 단백질은 정상 공급하며, 비타민, 무기질을 보충한다.

86

체지방의 열량가는 1kg당 7,700kcal, 하루 1,100kcal 섭취 감소 → 1주일에 1kg 체중 감소

∴ 600kcal × 30일 = 18,000kcal

→ 18,000kcal ÷ 7,700kcal ≒ 2.34

87

정맥영양

구강이나 위장관으로 영양공급이 어려울 때 정맥주사에 의하여 영양요구량을 공급하는 방법이다.

88

고등어는 불포화지방산인 EPA가 풍부하여 고혈압 예방에 유익하지만, 고등어자반은 염분이 많으므로 섭취를 제한해야 한다.

89

HDL 콜레스테롤은 혈관벽에 있는 나쁜 콜레스테롤인 LDL 콜레스테롤을 간으로 끌어들여 회수하는 혈관 청소부와 같은 역할을 하는 관상동맥질환의 방어인자로 중요한 역할을 한다.

90

달걀 알레르기 증상이 있으면 달걀이 포함된 어떤 식품도 섭취하지 말아야 한다. 요구르트는 달걀이 포함되지 않은 식품이다.

91

철은 헤모글로빈과 미오글로빈을 형성하기 때문에 보조효소로 중요한데 남자는 근육증가로, 여자는 월경으로 인해 철의 요구량이 증가한다(골격 성장 목적).

92

나트륨과 칼륨을 제한하고, 체중 유지를 위해 충분한 에너지를 공급한다. 열량 보충으로 지방과 당질을 이용하고, 수분 섭취량은 1일 소변 배설량에 500mL를 추가한다.

93

급성사구체신염

폐렴, 편도선염, 감기, 중이염 등을 앓고 난 후 연쇄상구균이나 포도상구균, 바이러스 등에 감염되어 발생하는 경우가 많다. 열량은 충분히 공급하되 단백질은 초기(부종, 핍뇨)에 제한하며, 부종과 고혈압 시 나트륨을 제한한다. 또한, 핍뇨 시 수분은 1일 800~1,000mL로 제한하되 회복기에는 증가시키고, 칼륨의 섭취도 제한한다.

94

만성신부전 환자의 경우 단백질 분해산물이 체외로 배설되지 못하고 신체 내에 쌓여 요독증을 일으킬 수 있으며, 과다한 단백질은 콩팥에 부담을 주어 콩팥 기능을 빨리 악화시킬 수 있으므로 적절한 제한이 필요하다.

95

역류성 식도염은 위 내용물의 역류를 방지하는 것이 치료의 기본이기 때문에, 과식을 금지하고 식후 바로 눕지 않는 것이 좋다. 또한, 고지방식, 초콜릿, 알코올, 커피, 산도가 높은 음식 및 자극적인 음식은 피하는 것이 좋다.

96

① 수용성 식이섬유는 음식물을 위장에 오래 머물게 해 혈당을 천천히 상승시키며, 인슐린이 한꺼번에 분비되는 것을 방지하므로 권장한다.
② 혈당지수가 낮은 식품을 제공해야 한다.
③ 총에너지의 10~20%를 단백질로 섭취할 것을 권장한다.
④ 알코올 섭취는 고혈당이나 저혈당을 초래하므로 제한한다.
⑤ 단맛을 원하는 경우 설탕 대신 인공감미료를 사용한다.

97

발열 시 대사작용의 변화
- 체온 1℃ 증가 → 대사속도 13% 상승
- 단백질 대사 증가
- 글리코겐 저장량 감소
- 수분 손실 증가
- 나트륨, 칼륨 배설 증가
- 영양소 흡수력 감소

98

갈락토스혈증 어린이에게는 유당이나 갈락토스가 없는 식품을 주어야 하므로 우유나 유제품 등을 피하고 조제분유도 피하여 대신 두유를 먹여야 한다.

99

통풍 환자의 식사요법
- 표준체중 유지
- 극단적인 고지방·고단백질 금지
- 충분한 수분 섭취
- 알칼리성 식품 섭취
- 퓨린 성분이 적은 음식 섭취
- 알코올 금지
- 나트륨 제한

100

악성종양
- 성장속도가 빠르고 저절로 없어지는 경우가 드물다.
- 피막이 없어 주위 조직에 침윤하며 크기가 성장한다.
- 인접 조직에 침범하여 혈관으로 들어가 타 장기로 전이된다.
- 수술 후 재발 가능하다.

101

복수 시에는 나트륨과 수분을 제한하며, 간성혼수 시에는 단백질을 제한해야 한다.

102

맑은 유동식은 수분 공급을 목적으로 한다. 상온에서 맑은 액체음료로, 보리차, 녹차, 옥수수차, 맑은 과일주스(토마토 주스, 넥타 제외) 등이며, 수술 후 가스나 가래가 나오면 공급해야 한다.

103

암 환자는 인슐린에 대한 저항(Insulin Resistance)이 증가하여 말초혈관에서 포도당의 흡수가 감소되고 글리코겐 생성이 저하됨과 동시에 당신생(Gluconeogenesis)이 증가한다.

104

급성설사 시 영양 관리
- 심할 때는 24~48시간 절식(휴식)
- 정맥주사로 손실된 전해질과 수분을 보충
- 저섬유소식, 저잔사식, 무자극성식, 저지방식
- 회복되면 고열량, 고단백질식

105

케톤식 식사요법
케톤체가 발작을 억제하는 효과가 있어 뇌전증(간질)에 사용하는 식사요법이다. 당질을 극도로 제한함으로써 뇌세포가 당을 에너지원으로 사용하지 못하고, 지방으로부터 공급되는 케톤체를 에너지원으로 사용하게 만든다.

106

- 요요현상은 식이요법으로 체중 감량을 하였지만 기초대사량의 저하로 감량했던 체중이 다시 원래의 체중으로 돌아가는 현상이다.
- 갈색지방은 열발산을 증가시켜 기초대사량을 높이고, 백색지방은 에너지를 저장하여 비만을 유발한다.

107

연수에 존재하는 중추

- 호흡중추
- 심장중추 및 혈관운동중추
- 소화기중추(타액분비중추, 저작반사중추, 연하중추, 구토중추, 위액분비중추)
- 발한중추 및 눈 보호중추

시상하부에 존재하는 중추

- 포만중추 및 공복중추
- 혈당조절중추
- 체온조절중추
- 삼투압조절중추

108

철결핍성 빈혈

- 원인 : 식사성 철 섭취 부족, 철 흡수 장애, 철 필요량 증가, 철 배설량 증가
- 증상 : 권태감, 피로, 안색 창백, 귀울림, 현기증
- 식사요법 : 고열량, 고단백, 고철, 고비타민 등 균형 있는 식사. 철 함유량이 높은 소고기, 간, 두부, 굴, 난황, 땅콩, 녹색 채소, 당밀, 건포도 등을 섭취

109

트롬보키나아제

혈액 응고에 관여하는 인자로, 프로트롬빈을 활성효소인 트롬빈으로 전환한다. 체내에 흐르고 있는 혈액 속에는 존재하지 않고 출혈 때에 혈액 속에 나타난다.

110

체질량지수(BMI)

- 성인의 비만판정에 유효하다.
- 18.5 미만(저체중), 18.5~22.9(정상), 23~24.9(과체중), 25~29.9(비만 1단계), 30~34.9(비만 2단계), 35 이상(비만 3단계)

111

수용성 식이섬유는 음식물을 위장에 오래 머물게 해 혈당을 천천히 상승시키며, 인슐린이 한꺼번에 분비되는 것을 방지한다.

112

폐포 내에서의 가스 교환

- O_2 교환 : 폐포 내 O_2 분압이 100mmHg이고 모세혈관 내 정맥혈 O_2 분압은 40mmHg이므로, 약 60mmHg 분압 차로 정맥혈액 속으로 O_2가 이동
- CO_2 교환 : 폐포 내 CO_2 분압이 40mmHg이고 정맥혈 CO_2 분압은 46mmHg이므로, 분압차 6mmHg가 생겨 혈액에서 폐포로 확산 이동

113

호흡계수(RQ)

- 탄수화물 : 1.0
- 지방 : 0.7
- 단백질 : 약 0.8

114

고중성지방혈증이란 혈중에 중성지방과 VLDL이 증가된 상태를 말한다. n−3 지방산은 지단백질지방분해효소(LPL) 활성을 증가시켜 지방산 분해를 촉진하고, 간에서 VLDL과 중성지방 합성을 줄이고 장으로 분비를 늘려 혈중 중성지방을 감소시킨다.

115

임신당뇨병

- 원래 당뇨병이 없던 사람이 임신 중 인슐린 저항성이 생겨 발생한다.
- 태아에게 포도당보다 지방을 에너지로 공급하여 선천적 기형, 거대아, 심한 저혈당 등이 발생한다.
- 모체는 유산, 고혈압 등이 발생한다.
- 임신기간 중 조절을 잘하면 출산 후 정상으로 되돌아가지만 당뇨병이 재발할 수 있다.
- 장기적으로 다음번 임신에서 임신당뇨병의 재발 가능성이 높다.

116

소화효소

- 단백질 소화효소 : 트립신, 키모트립신, 펩티다아제
- 탄수화물 소화효소 : 말타아제, 락타아제, 수크라아제, 아밀라아제
- 지방 소화효소 : 리파아제

117

화상 환자에게는 비타민 A, 비타민 C를 충분히 공급해야 하며, 나트륨과 칼륨의 저하가 나타나지 않도록 해야 한다. 또한, 칼슘, 인, 아연 등을 보충이 필요하다.

118

갑상샘 기능

- 갑상샘 기능 항진 : 그레이브스병, 바제도병, 안구돌출성 갑상샘종, 심박동 증가, 감정 불안, 식욕이 왕성하나 이화작용이 촉진되어 체중 감소, 혈당 상승 등
- 갑상샘 기능 저하 : 심장박동 저하, 피부 건조, 무감동적, 점액수종, 크레틴병 등

119

부신피질에서 분비되는 스테로이드호르몬은 당질코르티코이드, 무기질코르티코이드 및 성호르몬으로 크게 구분된다. 당질코르티코이드의 대표적인 것으로 코르티솔이 있으며, 주로 당질 및 지방대사에 영향을 미친다. 특히 코르티솔의 과잉 분비는 쿠싱증후군(Cushing's Syndrome)으로 골다공증, 여드름, 다모증, 우울증, 정신 이상, 당뇨, 고혈압 증세를 나타낸다.

120

폐순환과 체순환

- 폐순환의 순서 : 우심실 → 폐동맥 → 폐의 모세혈관 → 폐정맥 → 좌심방
- 체순환의 순서 : 좌심실 → 대동맥 → 동맥 → 모세혈관 → 정맥 → 대정맥 → 우심방

2회 | 2교시 정답 및 해설

정답	01	02	03	04	05	06	07	08	09	10	11	12	13	14	15	16	17	18	19	20
	②	④	④	④	②	③	②	②	②	⑤	①	③	⑤	③	④	①	⑤	①	⑤	①
	21	22	23	24	25	26	27	28	29	30	31	32	33	34	35	36	37	38	39	40
	⑤	②	③	⑤	①	①	④	④	⑤	①	③	④	②	③	①	②	③	③	③	④
	41	42	43	44	45	46	47	48	49	50	51	52	53	54	55	56	57	58	59	60
	③	①	④	④	①	④	④	①	④	②	①	②	②	④	①	④	①	①	①	①
	61	62	63	64	65	66	67	68	69	70	71	72	73	74	75	76	77	78	79	80
	④	④	⑤	①	④	②	③	④	①	③	⑤	②	①	④	⑤	③	⑤	②	②	⑤
	81	82	83	84	85	86	87	88	89	90	91	92	93	94	95	96	97	98	99	100
	①	②	④	⑤	④	①	①	①	④	⑤	①	①	③	④	②	⑤	⑤	③	⑤	②

01

극초단파의 특징

- 데우기 등 가열 시 편리함
- 조리시간이 짧음
- 식품 중량이 감소함
- 갈변현상이 일어나지 않음
- 유리, 도자기 등의 비금속 재질 용기를 사용해야 함
  (금속용기 사용 불가)

02

적외선 온도계

내장된 적외선 감지센서가 물체에서 방사되는 에너지를 감지하여 온도를 표시하는 비접촉 방식의 온도계로, 식품의 오염을 방지하고 신속하게 온도를 측정할 수 있다.

03

설탕은 α, β의 이성질체가 존재하지 않으며 온도변화에 의한 감미변화가 적어서 단맛의 표준물질로 사용된다.

04

산란일이 오래된 달걀일수록 수분 증발과 이산화탄소의 배출로 인하여 기실이 커진다. 흔들었을 때 출렁거리거나 물에 뜨는 달걀을 신선하지 않은 달걀이라고 판별하는 것은 기실에 공기가 차서 발생하는 현상을 이용한 것이다.

05

마이야르 반응

아미노산, 아민, 펩티드, 단백질 등이 당류, 알데하이드류, 케톤류 등과 반응하여 갈색물질을 생성한다. 아미노기와 카르보닐기에 의한 갈색화 반응이므로 아미노카르보닐 반응이라 하며, 비효소적 갈색반응이라 한다.

06

필수지방산 중 리놀레산과 리놀렌산은 주로 식물성 기름에, 아라키돈산은 주로 동물성 기름에 함유되어 있다.

07

레시틴은 두 개의 지방산을 함유하며, 양성물질이므로 유화제로 사용된다. 에테르, 뜨거운 알코올에 잘 녹으나 아세톤에는 거의 녹지 않는다.

08

지방의 유화

물속에 기름의 입자가 분산되어 있는 수중유적형(O/W ; Oil in Water Type)으로 우유 · 아이스크림 · 마요네즈가 있다. 기름 속에 물이 분산되어 있는 유중수적형(W/O ; Water in Oil Type)으로 버터, 마가린 등이 있다.

09

변성단백질의 성질
- 생물학적 기능 상실
- 용해도 감소
- 반응성 증가
- 분해효소에 의한 분해 용이
- 결정성의 상실
- 점도 증가, 등전점 변화

10

세레브로시드(Cerebroside)

세라미드에 1개의 당이 연결된 스핑고지질을 말하는데, 신경조직 세포의 원형질막에는 갈락토스가 들어 있는 것을, 그 이외 조직세포의 원형질막에는 글루코스가 들어 있는 것을 볼 수 있다.

11

엿기름은 보리에 싹을 틔어 말린 것으로 엿과 식혜 제조 시 사용된다.

12

- Aspergillus oryzae : 황국균으로 청주나 간장, 된장 제조 시 사용
- Aspergillus kawachii : 백국균으로 탁주 제조 시 사용

13

맥주는 라거(Lager)용의 하면발효효모(Saccharomyces pastorianus)와 에일(Ale)용의 상면발효효모(Saccharomyces cerevisiae)가 있다.

14

계량단위
- 1작은술 = 5mL
- 1큰술 = 15mL = 3작은술
- 1컵 = 200mL = 약 13큰술

15

내삼투압성 효모
- Saccharomyces rouxii : 간장에 독특한 향미를 낸다.
- Saccharomyces mellis : 간장의 맛을 떨어뜨린다.

16

② 아르기닌 : 염기성 아미노산
③ 시스테인 : 함황 아미노산
④ 글루탐산 : 산성 아미노산
⑤ 알라닌 : 중성 아미노산

17

① 식품의 수분활성도는 1 이하이다.
② 효모의 생육 최저 수분활성도는 0.88이다.
③ 임의의 온도에서 식품이 나타내는 수증기압에 대하여 그 온도에서 순수한 물의 수증기압의 비율이다.
④ 곰팡이의 생육 최저 수분활성도는 0.80이다.

18

감자를 절단하면 티로신(tyrosin)이 티로시나아제(tyrosinase)에 의해 멜라닌 색소가 되어 갈변한다.

19

① Sucrose(Glucose + Fructose)
② Raffinose(Galactose + Glucose + Fructose)
③ Stachyose(2Galactose + Glucose + Fructose)
④ Inulin(Fructose의 중합체)

20

육류의 사후강직

- 액틴과 미오신이 액토미오신을 생성한다.
- 육류의 보수성이 감소한다.
- phosphatase 작용으로 ATP가 분해된다.
- 근육이 수축하여 육질이 단단해진다.
- 글리코겐이 혐기적으로 분해되어 젖산을 생성하며, pH가 저하된다.

21

캐러멜(caramel)화 반응

당류를 고온으로 가열했을 때 산화 및 분해산물의 중합 또는 축합으로 생성되는 갈색물질에 의해 착색되는 갈변현상이다.

22

카로티노이드 관련 현상으로 청록색의 아스타크산틴(Astaxanthin)에 열을 가하게 되면 붉은색의 아스타신(Astacin)으로 변한다.

23

전분의 호화에 영향을 미치는 인자

- 전분의 입자크기가 클수록 호화 촉진
- 수분함량이 높을수록 호화 촉진
- 호화가 일어날 수 있는 최저 한계온도(대략 60℃ 전후) 이상에서는 온도가 높으면 호화 촉진
- 알칼리성 조건에서는 전분의 팽윤과 호화 촉진
- 염류는 수소결합에 영향을 주어 팽윤과 호화 촉진(황산염은 호화를 억제)
- 당류는 탈수효과에 의한 호화 지연
- 지방은 호화 지연

24

①·④ 호정화, ②·③ 당화에 의한 식품이다.

25

설탕은 보수성이 높기 때문에 반죽에 포함된 물을 경쟁적으로 빼앗음으로써 글루텐 형성을 억제한다.

26

② 엘라그산 : 밤 내피의 떫은맛
③ 알리신 : 마늘·양파의 매운맛
④ 진저론 : 생강의 매운맛
⑤ 테타닌 : 녹차의 떫은맛

27

산패에 영향을 주는 인자

산소분압, 효소(특히 lipoxygenase), 클로로필, 금속이온(특히 Cu, Mn, Fe), 햇빛(특히 자외선), 온도, 수분(A_w에서 0.2~0.3 안정), 헴화합물

28

흑겨자의 매운맛은 시니그린(sinigrin)이 미로시나아제(myrosinase)에 의해 분해되어 생성되는 알릴이소티오시아네이트(allyl isothiocyanate)에 의한다.

29

바삭한 튀김 만드는 방법

- 박력분을 사용한다.
- 달걀을 약간 첨가한다.
- 0.2%가량의 식소다를 첨가한다.
- 설탕을 약간 첨가한다.
- 반죽물의 온도는 15℃가 좋다.
- 재료를 조금씩 넣고 튀긴다.

30

아밀로오스

- α-1,4 결합, 직선형
- 요오드 반응 청색, 수용액에서 노화
- 용해도 높음, 호화·노화 쉬움, 가열 시 불투명

31

유지의 용도와 종류

- 식탁용 : 버터, 마가린
- 볶음용 : 라드, 쇼트닝, 올리브유
- 튀김용 : 대두유, 채종유, 옥수수유, 면실유
- 풍미용 : 참기름
- 샐러드유 : 올리브유, 옥수수유

32

두부

대두로 만든 두유를 70℃ 정도에서 응고제인 황산칼슘 ($CaSO_4$) 또는 염화마그네슘 ($MgCl_2$)을 가하여 응고시킨 것이다.

33

프로토펙틴

펙틴의 모체로 덜 익은 과일에 존재한다. 과실이 숙성함에 따라 프로토펙티나아제에 의해 펙틴으로 변한다.

34

끓는 물에 삶아야 외부의 단백질 변성으로 인한 근육 내의 수용성 추출물의 손실이 방지된다. 찬물에서 익히면 익히는 동안 단백질의 변성으로 근육 내의 수용성 추출물의 손실이 크다.

35

알긴산(alginic acid)은 미역, 다시마 등 갈조류 세포벽의 점액질 다당류 성분이다.

36

콜라겐은 대부분의 동물, 특히 포유동물에서 많이 발견되는 섬유상 단백질로, 피부와 연골 등 체내의 모든 결합조직의 대부분을 차지한다.

37

어취 성분

- 트리메틸아민(TMA) : 해수어의 주요 어취성분
- 피페리딘 : 담수어의 주요 어취성분
- 암모니아 : 홍어의 코를 찌르는 냄새

38

기름, 우유, 설탕, 달걀노른자는 기포 형성을 방해하고, 산은 기포 형성을 도와준다.

39

비린내를 제거하는 방법

- 비린내 성분인 TMA는 수용성이므로 물에 여러 번 씻는다.
- 식초와 레몬을 넣으면 냄새가 제거되고, 살이 단단해지며, 가시가 연해진다. 또한 어육의 보존성이 높아진다.
- 조리 직전 우유에 담그면 비린내가 약해진다.
- 간장의 염분은 비린내를 제거하고 단백질 응고를 촉진하여 텍스처가 좋아진다.
- 술과 미림을 이용하여 비린내를 제거한다.
- 후추, 마늘, 파, 생강 등 각종 향신료를 이용하여 비린내를 제거한다.

40

차비신(chavicine)은 후추의 매운맛 성분으로, 육류 및 어류의 냄새를 감소시키며, 살균작용도 한다.

41

벤치마킹

조직의 업적 향상을 위해 최고수준에 있는 다른 조직의 제품, 서비스, 업무방식 등을 서로 비교하여 새로운 아이디어를 얻고 경쟁력을 확보해나가는 체계적이고 지속적인 개선활동 과정이다.

42

전통식 급식제도

모든 음식준비가 한 주방에서 이루어져서 같은 장소에서 소비되는 제도이다.

장 점	• 배식 직전에 음식이 생산되므로 영양적, 관능적으로 좋은 품질을 유지한다. • 가격변동이 심하고 계절적 요인을 받을 때 더욱 유리하다. • 식단작성 시 탄력성이 있어 독창적인 음식을 만들 수 있다. • 저장 및 배달 비용을 줄일 수 있다.
단 점	• 음식 수요가 과다할 때 그에 응할 수 없다. • 작업의 분업이 일정치 못하여 생산성 저하를 초래하며 노동비용이 높아진다. • 음식 생산을 위해 숙련된 조리원이 장시간 동안 필요하다.

43

분산식 배식방법(Decentralized Meal Assembly)
많은 양의 음식을 한 곳에서 만들어 냉동차나 보온차를
이용해 여러 곳에 정해진 수량만큼 배분하고 쟁반에 담
아 피급식자에게 배식하는 방법이다.
- 장점 : 적온급식에 유리하여 음식의 질을 높일 수 있다.
- 단점 : 식기 저장장소 및 냉동·보온차가 필요하며 종
  업원과 감독자 등의 인력이 많이 필요하다.

44

① 주기식단의 식단주기가 짧으면 식단의 내용이 단조
롭고 잔식량은 많아지는 현상이 발생한다.

45

발주량
- $\dfrac{1인분당\ 중량}{100-폐기율} \times 100 \times 예상식수$
- $\dfrac{90}{100-10} \times 100 \times 500 = 50kg$

46

표준레시피에는 메뉴명, 재료명, 재료량, 조리방법, 총
생산량, 1인분량, 생산식수, 조리기구 등을 기재한다.
발주 시 표준레시피에서 식품의 폐기율을 고려하여 재
료의 발주량을 계산한다.

47

합리적인 식단운영의 기본은 영양량의 확보로, 한국인
영양섭취기준을 기준으로 급식대상자의 연령, 성별, 활
동 정도에 따라 1인 1일당 평균 급여영양량을 산출하게
된다. 정해진 급여영양량은 개인차가 고려되지 않지만
대개의 신체 생리적인 요구량을 충족시키면서 건강을
유지하는 데 알맞은 영양량이다.

48

찌꺼기가 많은 오수는 수조형이 효과적이며, 유지가 많
은 오수는 그리스 트랩이 효과적이다.

49

식당의 식탁 배치 및 폭
- 통로폭 : 1.0~1.5m
- 식탁폭 : 0.65m 이상
- 식탁 사이 : 1.2m 이상
- 식탁 높이 : 0.7m 내외
- 의자 간격 : 0.5~0.65m

50

메뉴엔지니어링
- Stars : 인기도와 수익성 모두 높은 품목(유지)
- Plowhorses : 인기도는 높지만, 수익성이 낮은 품목
  (세트메뉴 개발, 1인 제공량 줄이기)
- Puzzles : 수익성은 높지만, 인기도는 낮은 품목(가격
  인하, 품목명 변경, 메뉴 게시위치 변경)
- Dogs : 인기도와 수익성 모두 낮은 품목(메뉴 삭제)

51

관능평가(sensory evaluation)
미리 계획된 조건하에 훈련된 검사원의 시각, 후각, 미
각, 청각, 촉각 등을 이용하여 식품의 외관, 풍미, 조직
감 등 관능적 요소들을 평가하고 그 결과를 통계적으로
분석하고 해석하는 것이다. 관능평가 결과는 제품의 특
성을 파악하고 소비자 기호도에 미치는 영향력을 평가
하는 데 이용되고 있으며 신제품 개발, 제품 안전성, 품
질관리, 가공공정, 판매 등 다양한 분야에서 널리 활용
되고 있다.

52

손익분기점
- 손익분기점 매출액 = 고정비용 / 공헌이익률
- 손익분기점 판매량 = 고정비용 / (판매가격 – 변동비)
  $$= 10,000,000 / (4,000-3,000)$$
  $$= 10,000$$

53

직무명세서는 직무수행에 필요한 인적 특성, 즉 육체
적·정신적 능력, 지식, 기능 등 인적 자격요건을 명시
한 서식이다.

54

경영관리 기능

- 계획 : 기업의 목적 달성을 위한 준비활동이며 경영활동의 출발점
- 조직 : 기업의 목적을 효과적으로 달성하기 위해 사람과 직무를 결합하는 기능
- 지휘 : 업무 담당자가 책임감을 갖고 업무를 적극 수행하도록 지시 · 감독하는 기능
- 조정 : 업무 중 일어나는 수직적 · 수평적 상호 간 이해관계, 의견대립 등을 조정하는 기능
- 통제 : 활동이 계획대로 진행되는지 검토 · 대비 평가하여 차이가 있으면 처음 계획에 접근하도록 개선책을 마련하는 최종단계의 관리 기능

55

매매참가인

슈퍼마켓, 체인스토어와 같은 대량수요자로서 도매시장 거래품목을 정기적으로 구입하는 자이다. 시장개설자들에게 등록하여 승인을 받은 후, 지정도매인이 행하는 경매에 참여하여 상품을 사들이는 전문소매상 또는 대규모 수요자로서, 중매인과 같이 소비자 측의 일익을 담당하고 있다.

56

과업 지향형 지도자는 인간적 요소를 배제하고 과업을 최고로 중시하며 냉정하게 처리하는 행동유형을 가진다.

57

비공식 조직은 자연발생적 조직으로 혈연, 지연, 학연, 취미 등의 관습과 감정을 기초로 한 현실상의 조직으로 내면적이며 온정적인 인간관계 중심의 조직이다.

58

작업관리는 생산활동의 여러 과정 중에서 작업요소를 조사 · 연구하여 합리적 방법을 종업원에게 지도하는 관리 활동으로 인건비를 절약시킨다.

59

기능화의 원칙이란 경영조직은 인간본위가 아닌 업무를 중심으로 즉, 기능본위로 형성하고 그 후에 합당한 요건을 갖춘 적임자를 배치해야 합리적이고 능률적으로 운영된다는 원칙이다.

60

음식물 쓰레기 감량방안

- 식단계획 : 기호도를 반영한 식단을 작성한다.
- 발주 : 정확한 식수인원을 파악하고, 표준레시피를 활용한다.
- 구매 : 선도가 좋고 폐기율이 낮은 식재료를 구매한다.
- 검수 : 정확한 검수관리를 하고, 실온에 방치하는 시간을 최소화한다.
- 보관 : 선입선출을 하고, 보관방법을 정확히 하여 버리는 것을 최소화한다.
- 전처리 : 신선도와 위생을 고려해 전처리한다.
- 조리 : 대상자의 만족도를 높일 수 있는 조리법을 연구한다.
- 배식 : 정량배식보다는 자율배식이나 부분자율배식을 실행한다.
- 퇴식 : 퇴식구에서 '잔반 줄이기 운동'을 한다.

61

급식 예정수 결정법은 일반적으로 평균 급식수보다 10% 적게 하거나, 전체 종업원수보다 20% 적게 한다.

62

손익분기점(Break - Even Point)은 총비용과 총수익이 일치하여 이익도 손해도 발생되지 않는 지점이다.

63

계절식품

재배에 특별한 시설이 필요하지 않아 값이 저렴할 뿐 아니라 맛과 향이 좋고 영양이 풍부하여 고객만족도에 긍정적 영향을 줄 수 있다.

64

식품의 구매 계약기간별 분류

- 주간 단위 : 채소류, 어패류, 육류, 과실류, 난류 등
- 월간 단위 : 설탕, 식용유, 밀가루, 단무지, 오이지 등
- 3개월 단위 : 조미료, 고춧가루, 깨 등

65

채소·생선·육류 등 비저장품목은 그때그때 필요량만큼만 구입해야 하므로 수의계약 방식이 유리하고, 쌀·콩·통조림과 같은 저장성이 높은 품목은 경쟁입찰계약으로 정기구매하는 것이 유리하다.

66

구매 주체에 따른 구매

- 분산구매(독립구매) : 각 부서 또는 각 업장마다 필요한 물품을 따로 구매
- 중앙구매(집중구매) : 구매부서가 각 부서에서 필요한 물품을 집중하여 구매
- 공동구매 : 운영자나 소유주가 모여서 공동으로 물품을 구매

67

전수검사

납입된 물품을 하나하나 전부 검사하는 방법으로 식품 등 위생과 관계된 경우, 손쉽게 검사할 수 있는 물품, 불량품이 조금이라도 들어가서는 안 되는 고가품목인 경우에 실시한다.

68

- 노동시간당 식수
  = 일정기간 제공한 총 식수/일정기간의 총 노동시간
  = 1,800(식)/10(명)×6(시간) = 30식/시간
- 1식당 노동시간
  = 일정기간의 총 노동시간(분)/일정기간 제공한 총 식수
  = 10(명)×6(시간)×60(분)/1,800(식) = 2분/식

69

저장관리의 효율적인 원칙

- 선입선출의 원칙 : 먼저 입고된 물품이 먼저 출고되어야 함
- 품질보존의 원칙 : 납품된 상태 그대로 품질의 변화 없이 보존해야 함
- 공간활용 극대화의 원칙 : 확보된 공간의 활용을 극대화함으로써 경제적 효과를 높여야 함
- 분류저장 체계화의 원칙 : 가나다(알파벳)순으로 진열하여 출고 시 시간과 노력이 줆
- 저장위치 표시의 원칙 : 저장해야 할 물품은 분류한 후 일정한 위치에 표식화하여 저장

70

직접비와 간접비는 제품 생산과의 관련성으로 분류한다. 직접비는 특정 제품에 사용이 확실한 비용이고, 간접비는 여러 제품에 공통 또는 간접으로 소비되는 비용이다.

71

급식시설의 작업구역

- 일반작업구역 : 검수구역, 전처리구역, 식재료저장구역, 세정구역, 식품절단구역(가열·소독 전)
- 청결작업구역 : 조리구역, 정량 및 배선구역, 식기보관구역, 식품절단구역(가열·소독 후)

72

급식시설의 시설·설비의 기준

- 조리실 바닥의 기울기는 1/100이 적당하다.
- 검수구역의 조명은 540룩스 이상으로 한다.
- 조리실 콘센트는 바닥에서 1m 이상 위치에 설치한다.
- 조리실 창문은 조리실 바닥면적의 20~30% 정도가 적당하다.
- 후드의 크기는 조리기구보다 15cm 이상 넓어야 하고, 후드 외각의 크기는 35~45°형이 이상적이다.

73

일반경쟁입찰

- 신문 또는 게시와 같은 방법으로, 입찰 및 계약에 관한 사항을 일정기간 일반에게 널리 공고하여 응찰자를 모집하고, 입찰에서 상호 경쟁시켜 가장 타당성 있는 입찰가격을 제시한 사람을 낙찰자로 정하는 방법이다.
- '공고 → 응찰 → 개찰 → 낙찰 → 체결'의 계약절차를 따른다.

74

교차오염이 발생하지 않도록 '채소류 → 육류 → 어류 → 가금류' 순으로 세척한다.

75

용해성 세제는 기름기가 많은 가스레인지나 오래된 기름때가 묻은 싱크대에 사용하기에 적합하다.

76

발주서는 보통 3부를 작성하며, 원본은 판매업자, 사본 1부는 구매부서, 사본 1부는 회계부서에서 보관한다.

77

의사결정의 유형과 관리층

- 업무적 의사결정 : 하위 경영층
- 관리적 의사결정 : 중간 경영층
- 전략적 의사결정 : 최고 경영층

78

맥각독

- 맥각균(Claviceps purpurea)이 라이맥의 씨방에 기생하여 만드는 일종의 알칼로이드(맥각알칼로이드)이다.
- 독성분은 에르고톡신(Ergotoxin), 에르고타민(Ergotamine) 등이 있다.
- 증상은 교감신경마비, 자궁수축에 의한 유산, 지각 이상, 괴저, 경련 등이다.

79

유기염소제는 대부분 자연계에서 매우 안정하며 잔류성이 길고 인체의 지방조직에 축적되어 신경독 증상을 나타낸다. 그중에서도 DDT는 특히 안정하여 잔류성이 가장 강하다.

80

채소류에서 감염되는 기생충은 회충, 구충(십이지장충), 편충, 요충, 동양모양선충 등이다.

81

Bacillus속

쌀밥 보관 중에 바실러스균이 증식하여 독소를 생산하면 조리하여도 독소는 불활성화되지 않으므로, 이 독소를 사람이 먹고 식중독이 발생한다.

82

비브리오 불니피쿠스(Vibrio vulnificus)

- 호염성 해수세균
- 그람음성, 간균, 무포자(무아포)

83

반수치사량(LD$_{50}$; Lethal Dose 50)

실험동물 집단의 50%를 죽일 수 있는 독성물질의 양으로, 값이 낮을수록 독성이 강하며 급성 독성실험에 이용된다.

84

방사선조사 처리

- 침투력이 강하므로 포장 용기 속에 식품이 밀봉된 상태로 살균할 수 있다.
- ^{60}CO의 γ - 선을 이용한다.
- 발아 억제, 숙도 지연, 보존성 향상, 기생충 · 해충 사멸 등의 효과가 있다.
- 식품의 온도 상승 없이 냉살균이 가능하다.

85

결 핵

인수공통감염병으로, 소결핵균에 감염된 소에서 나온 살균되지 않은 우유를 생식으로 섭취하게 되면 사람도 감염되므로 철저한 우유 살균이 필요하다.

86

Clostridium botulinum

보툴리누스 식중독의 원인균으로, 그람양성, 간균, 주모성 편모, 내열성의 포자 형성, 편성혐기성의 특징을 갖는다. 살균이 불충분한 통조림과 병조림, 소시지, 햄 섭취 시 발생할 수 있다.

87

원핵세포생물은 대부분 단세포로 되어있다. 이 생물들은 핵산이 막으로 둘러싸이지 않고 분자 상태로 세포질 내에 존재하며, 미토콘드리아 등이 없는 것이 특징이다. 바이러스, 세균 등이 속한다.

88

Yersinia enterocolitica는 그람음성, 무포자, 간균, 주모성 편모, 통성혐기성으로, 저온과 진공포장에서도 증식하여 식중독을 일으킬 수 있다.

89

식품 위해요소의 유기성 인자는 식품의 제조 · 가공 · 저장 · 운반 등의 과정 중에 유해물질이 생성되거나 섭취 후 체내에서 생성되는 유해물질을 의미한다. 벤조피렌, 아크릴아마이드, 니트로사민 등이 이에 해당한다.

90

세균수가 식품 1g 또는 1mL당 10^5인 때를 안전한계, $10^{7\sim8}$인 때를 초기부패 단계로 본다.

91

HACCP 시스템이 효과적으로 운영되는지를 평가하는 검증 단계에 대한 설명이다.

92

집단급식소에 영양사를 두지 않아도 되는 경우(법 제52조 제1항)

• 집단급식소 운영자 자신이 영양사로서 직접 영양 지도를 하는 경우
• 1회 급식인원 100명 미만의 산업체인 경우
• 조리사가 영양사의 면허를 받은 경우

93

조리사가 되려는 자는 국가기술자격법에 따라 해당 기능 분야의 자격을 얻은 후 특별자치시장 · 특별자치도지사 · 시장 · 군수 · 구청장의 면허를 받아야 한다(법 제53조 제1항).

94

식품위생감시원의 직무(시행령 제17조)

• 식품 등의 위생적인 취급에 관한 기준의 이행 지도
• 수입 · 판매 또는 사용 등이 금지된 식품 등의 취급 여부에 관한 단속
• 식품 등의 표시 · 광고에 관한 법률에 따른 표시 또는 광고기준의 위반 여부에 관한 단속
• 출입 · 검사 및 검사에 필요한 식품 등의 수거
• 시설기준의 적합 여부의 확인 · 검사
• 영업자 및 종업원의 건강진단 및 위생교육의 이행 여부의 확인 · 지도
• 조리사 및 영양사의 법령 준수사항 이행 여부의 확인 · 지도
• 행정처분의 이행 여부 확인
• 식품 등의 압류 · 폐기 등
• 영업소의 폐쇄를 위한 간판 제거 등의 조치
• 그 밖에 영업자의 법령 이행 여부에 관한 확인 · 지도

95

식품안전관리인증기준 대상 식품(시행규칙 제62조)

어묵 · 어육소시지, 냉동 어류 · 연체류 · 조미가공품, 냉동식품 중 피자류 · 만두류 · 면류, 과자 · 캔디류 · 빵류 · 떡류, 빙과, 음료류(다류 및 커피류는 제외한다), 레토르트식품, 김치, 초콜릿류, 생면 · 숙면 · 건면, 특수용도식품, 즉석섭취식품, 순대, 식품제조 · 가공업의 영업소 중 전년도 총 매출액이 100억원 이상인 영업소에서 제조 · 가공하는 식품

96

병든 동물 고기 등의 판매 등 금지를 위반한 자는 10년 이하의 징역 또는 1억원 이하의 벌금에 처하거나 이를 병과할 수 있다(법 제94조 제1항 제1호).

97

조리장의 조명은 220룩스(lx) 이상이 되도록 한다. 다만, 검수구역은 540룩스(lx) 이상이 되도록 한다(시행규칙 별표 1).

98

보건복지부장관은 국민건강증진정책심의위원회의 심의를 거쳐 국민건강증진종합계획을 5년마다 수립하여야 한다. 이 경우 미리 관계중앙행정기관의 장과 협의를 거쳐야 한다(법 제4조 제1항).

99

영양사가 면허정지처분 기간 중에 영양사의 업무를 하는 경우 1차 위반에서 면허취소가 된다(시행령 별표).

100

국내에서 배추김치를 조리하여 판매·제공하는 경우에는 "배추김치"로 표시하고, 그 옆에 괄호로 배추김치의 원료인 배추(절인 배추를 포함한다)의 원산지를 표시한다. 이 경우 고춧가루를 사용한 배추김치의 경우에는 고춧가루의 원산지를 함께 표시한다(시행규칙 별표 4).

3회 | 1교시 정답 및 해설

01

핵(nucleus)

이중막으로 이루어진 세포의 생명중추로 유전정보 (DNA)를 함유하고 있으며, 세균이나 남조류를 제외한 대부분의 세포에 있다.

02

포도당과 갈락토스는 능동수송에 의해 소장점막 세포로 흡수된다.

03

혈액에 운반된 포도당은 근육에서 글리코겐으로 합성된 다. 근육에는 포도당−6−인산을 분해하는 효소인 포도 당−6−인산 가수분해효소가 없으므로 근육 글리코겐은 포도당으로 분해되지 않아 혈당에 영향을 미치지 않는다.

04

식이섬유는 사람의 체내 소화효소에 의해 가수분해되지 않는 고분자 화합물로, 음식물의 위장통과를 지연시켜 혈당 상승속도를 낮춘다.

05

② 당질의 섭취가 충분할 때 에너지를 생성하고 남은 포 도당은 글리코겐합성효소에 의해 간과 근육에 글리 코겐으로 전환되어 저장된다.

①·③·④·⑤ 당질 섭취가 불충분할 때 간 글리코겐 분해와 포도당 신생작용인 케톤체 생성, 글루코스− 알라닌회로, 코리회로 등이 일어난다.

06

고밀도지단백질(HDL)은 간 이외의 조직에 있는 콜레스 테롤을 간으로 운반하여 동맥경화를 예방하는 효과가 있다.

07

콜레스테롤은 동물성 식품에만 존재하고 간에서 분해되 며, 담즙산을 생성하여 지질의 소화와 흡수에 관여한다.

08

프로스타글란딘은 필수지방산, 특히 아라키돈산에서 만들어지며, EPA에서도 만들어진다. C_{20}의 불포화지방산으로 되어 있다.

09

혈당은 식후에는 췌장에서 분비되는 인슐린에 의해서 낮아지고, 공복 시는 글루카곤에 의해서 상승되어 혈청 농도로 유지하게 된다.

10

다불포화지방산(PUFA ; PolyUnsaturated Fatty Acid)
식물성 유지, 어유에 함유되어 있고, PUFA 중 리놀레산, 리놀렌산, 아라키돈산은 필수지방산이며, 식물성 기름에는 비타민 E가 다량 존재하여 항산화작용을 한다. 과량의 PUFA 섭취는 비타민 E의 요구량을 증가시키고 동맥경화를 예방할 수 있으나 발암을 유도할 수도 있다.

11

리놀렌산은 시스형 이성질체로 존재하며 3번째 탄소에 이중결합을 갖는 불포화지방산이다. 필수지방산으로 들기름, 아마인유에 많이 들어있다.

12

완전단백질이란 동물의 성장에 필요한 모든 필수아미노산을 골고루 갖춘 단백질로 보통 동물성 단백질이 여기에 속한다.

13

쌀에는 라이신이나 트레오닌이 부족하고 콩류에는 함유황 아미노산이 부족하기 쉬우므로 상호보충하면 단백질의 질을 상승시킬 수 있다. 젤라틴은 대부분의 필수아미노산이 부족하고 옥수수는 트립토판과 라이신, 밀은 쌀과 같이 라이신과 트레오닌이 부족하므로 이들을 상호보충하는 것은 바람직하지 않다.

14

아미노기 전이반응
α−아미노산의 아미노기가 다른 α−케토산으로 이동하여 새로운 아미노산과 케토산을 생성하는 반응이다. 아미노기 전이반응의 첫 단계에서 인산피리독살은 피리독사민으로 전환된다. 효소와 결합한 피리독사민은 피루브산, 옥살로아세트산, 알파케토글루타레이트와 반응하여 각각 알라닌, 아스파르트산, 글루탐산을 생성한다.

15

질소평형
• 양(+) : 성장기 어린이, 임산부, 회복기 환자, 근육의 증가를 위해 힘쓰는 성인
• 음(−) : 질병, 기아, 외상, 소모성 질환

16

필수아미노산
발린, 류신, 이소류신, 트레오닌, 메티오닌, 페닐알라닌, 트립토판, 라이신
※ 영유아의 경우에는 히스티딘을 포함한다.

17

비타민 B_{12}는 코발트를 함유한 비타민으로 코발아민이라고도 하며, 결핍 시 거대적아구성빈혈 증세와 신경증세를 동반한 악성빈혈이 발생한다.

18

생체계에서 분비되는 단백질 분해효소는 모두 불활성형태이며, 소장으로 분비된 후 활성형으로 바뀐다.
• Trypsinogen은 활성화효소 Enterokinase에 의해 Trypsin으로 된다.
• Chymotrypsinogen은 Trypsin으로 인해 Chymotrypsin으로 된다.

19

소화흡수율
탄수화물(98%) > 지방(95%) > 단백질(92%)

20

아미노산 풀(Amino Acid Pool)

- 식이섭취와 단백질 분해 등으로 세포 내에 유입되는 아미노산의 양을 아미노산 풀이라고 한다. 아미노산 풀의 크기는 식이섭취량, 체내 함량, 재활용 등에 의해 결정된다.
- 단백질 합성대사 : 아미노산 풀의 크기가 지나치게 클 경우 과잉의 아미노산들이 에너지, 포도당, 지방 생성에 사용된다.
- 단백질 분해대사 : 단백질 섭취의 부족으로 아미노산 풀이 감소하면 부족한 아미노산은 세포 내 단백질을 분해하여 만든다.

21

근육에서 생성되는 암모니아는 피루브산으로 넘겨져 알라닌이 되고, 알라닌은 혈류를 통해 간으로 운반되어 거기서 암모니아를 유리하여 피루브산이 된다. 피루브산은 포도당신생합성을 거쳐 포도당이 되고, 혈류를 매개로 다시 근육으로 되돌아가 해당경로를 지나 피루브산을 생성한다.

22

기초대사량(BMR)

- 남자＝1.0kcal×체중(kg)×24시간
- 여자＝0.9kcal×체중(kg)×24시간

23

단백질 절약작용

단백질의 주기능이 조직 구성 및 보수인데 탄수화물 부족 시 단백질이 탄수화물 기능을 하므로 당질을 단백질 절약물이라 한다.

24

칼시토닌(Calcitonin)은 사람의 갑상샘에서 생성되는 호르몬으로 체내의 칼슘 이온농도의 항상성을 조절하는 데 관여한다. 칼시토닌이 분비되면 칼슘의 흡수와 손실을 막는 골대사가 이루어지고, 부갑상샘호르몬이 분비되면 뼈로부터 칼슘이 이동하여 혈중 함량을 높인다.

25

① 요오드(I) : 해조류
② 마그네슘(Mg) : 채소, 전곡류
③ 철(Fe) : 동물성 식품
⑤ 아연(Zn) : 굴, 전곡류, 콩류

26

아미노산과 생리활성물질

- 티로신 : 카테콜아민
- 히스티딘 : 히스타민
- 트립토판 : 세로토닌
- 시스테인, 메티오닌 : 타우린
- 글루탐산, 시스테인, 글리신 : 글루타티온

27

콜린(choline)

- 비타민 B 복합체의 일종이다.
- 체내에서도 합성되지만, 평소 식사에서 적당히 섭취하는 것이 중요하다.
- 메티오닌 합성과정에서 콜린은 메틸기 공여체로 작용한다.
- 아세틸콜린, 지단백, 세포막, 레시틴의 구성물질이다.
- 콜린 결핍 시 지방간이 발생할 수 있다.

28

Glucose를 100으로 봤을 때, Galactose는 110, Fructose는 43, Mannose는 19, Xylose는 15의 순이 된다.

29

엔테로키나아제는 트립시노겐을 트립신으로 전환시키는 데 관여한다. 음식물의 단백질을 직접 분해하는 것이 아니고, 이자액의 트립신을 활성화시키는 작용이 있다. 트립신이 이자액에서 분비될 때는 비활성형인 트립시노겐으로 있다가, 이자액이 장에 도달하면 트립시노겐 분자의 질소 N의 말단에서 6번째의 류신과 7번째의 이소류신과의 사이의 펩티드결합이 엔테로키나아제에 의해 절단되어 활성형인 트립신이 생긴다. 일부가 활성화되면 그 이후의 활성화는 자가촉매적으로 급속히 진행된다.

30

담 즙

- 약알칼리성(pH 7.8)이다.
- 간에서 콜레스테롤로부터 합성되어 담낭에 저장되었다가 십이지장으로 분비된다.
- 콜레시스토키닌에 의해 분비가 촉진된다.
- 지방과 지용성 비타민을 흡수한다.

31

비타민 K

간에서 혈액응고 인자의 합성에 관여하며, 항출혈성 비타민으로 불린다.

32

니아신(Niacin)

- 소장에서 흡수되어 문맥을 통해 간에서 NAD로 전환한다.
- 트립토판(60mg)이 니아신(1mg)으로 전환한다.
- 소변을 통해 배설된다.
- 전자전달계작용{NAD(H), NADP(H)} 에너지 대사에 관여한다.
- 결핍증으로는 펠라그라, 신경장애 등이 있다.

33

아세토아세트산

케톤체(아세토아세트산, β-하이드록시 부티르산, 아세톤 등)의 일종으로, 당질 섭취가 부족하게 되면(1일 100g 이하) 지방의 불완전 연소로 케톤체가 생성되어 케톤증을 일으킨다.

34

테타니는 혈중 마그네슘이 감소하면 세포외액의 무기질 불균형에 의해 신경성 근육경련을 보이는 증상으로, 알코올 중독자에게서 잘 일어난다.

35

임신기간 중에 프로게스테론은 지방 합성 및 유방의 발달을 촉진시키고, 위장운동을 저하시키며 자궁의 평활근을 이완시키고, 요를 통한 나트륨 배설을 증가시킨다.

36

갱년기에 도움이 되는 식품으로는 콩이 가장 대표적이며, 콩에는 파이토에스트로겐(식물성 에스트로겐)인 아이소플라본이 많아 갱년기 증세를 완화하며 골다공증, 유방암, 심장질환 등의 예방 및 치료에도 효과적이다.

37

① 안드로겐 : 남성호르몬으로 정소의 발육 촉진
③ 옥시토신 : 분만 시 자궁 수축, 유즙 분비
④ 프로락틴 : 유즙 분비
⑤ 프로게스테론 : 착상된 수정란 유지·보호

38

영아는 단위체중당 체표면적이 성인에 비해 크고, 체표면을 통한 열과 수분 발산이 많아 열량, 단백질, 당질 등 영양소 필요량이 많다.

39

비타민 A 결핍 시 상피조직의 각질화, 안구건조증, 야맹증 등이 발생한다. 이에 따른 예방 식품에는 생선간유, 난황, 버터, 녹황색의 채소 등이 있다.

40

신경성 폭식증

반복적으로 단시간 내에 많은 양의 음식을 먹고, 먹는 동안 섭취에 대한 통제를 하지 못한다. 체중 증가를 막기 위해 섭취한 음식을 토하거나 설사약, 복통, 고립 등을 하고, 체형과 체중에 집착을 한다.

41

아연은 상처 회복을 돕고 성장이나 면역기능을 원활하게 하는 데 필요한 영양소로 양질의 단백질 식품에 함께 존재하나, 아연의 흡수는 나이가 들어감에 따라 감소한다.

42

나이가 들면 맛을 담당하는 혀유두의 숫자와 기능이 50% 이상 줄어든다. 특히 단맛과 짠맛을 담당하는 혀의 미뢰 수가 감소하여 음식이 쓴맛으로 느껴지고 이는 식욕부진으로 이어진다.

43

베르니케-코르사코프 증후군

치매, 안구운동 이상, 보행장애를 일으키는 드문 뇌질환으로, 장기간의 알코올 중독으로 티아민 결핍 시 발생한다. 급격한 진행 속도를 보이며, 응급으로 치료하지 않으면 혼수나 사망까지 이를 수 있다.

44

염분결핍에 의한 탈수(물을 지나치게 많이 마시거나 염분이 결핍된 상태)에서는 모세혈관의 압력 상승으로 세포간질액이 증가한다.

45

Adrenaline에 의해 Adenylate Cyclase가 활성화되어 ATP로부터 cAMP가 만들어진다. 활성형 Protein Kinase는 비활성형 Phosphorylase Kinase를 활성형으로 바꾼다.

46

cAMP(고리형 아데노신 1인산)

cAMP는 세포막에 존재하는 아데닐산고리화효소(adenylate cyclase)에 의하여 ATP에서 만들어지는 물질이며, cAMP는 호르몬작용의 세포내전달인자가 된다. cAMP는 에피네프린, 글루카곤, ACTH, TSH, LH, 바소프레신, 갑상샘자극호르몬, 부갑상샘호르몬 등의 2차 전령(세포내전달인자)으로서 호르몬작용에 관여한다.

47

TCA회로를 조절하는 다른자리 입체성 조절효소에는 Citrate Synthetase와 Isocitrate Dehydrogenase가 있다. 이 두 효소가 모두 ATP와 NADH(저해적 조절인자)에 의해 저해를 받으며, 후자는 ADP(촉진적 조절인자)에 의해 촉진된다.

48

지방과 글리세롤로 결합된 Triglyceride(TG)는 알칼리 처리에 의해 비누와 Glycerol로 가수분해되는데 이런 반응을 비누화 반응(Saponification)이라고 한다.

49

자간전증

자간전증은 임신 20주 이후에 혈압상승, 단백뇨, 부종 등의 증상이 나타날 때 의심할 수 있다. 고혈압은 자간전증에서 가장 많이 나타나는 증상으로 갑자기 혹은 점차적으로 발생한다. 갑작스러운 체중 증가는 조직 내에 수분 축적으로 인하여 발생한다.

50

에스트로겐은 자궁내막을 두껍게 만드는 데 관여하며, 높은 에스트로겐 수치는 자궁내막암의 위험요인으로 작용한다. 또한 뼈의 칼슘방출을 저해하여 골다공증을 예방하는 데 도움을 준다.

51

Acyl Carrier Portein은 Pantothenic Acid를 포함하는 단백질로 Fatty Acid Synthase 복합체에 한 성분을 이루어 지방산의 사슬 연장에 중요한 역할을 한다.

52

에이코사노이드(eicosanoid)

탄소수 20개인 불포화지방산(아라키돈산, EPA)이 산화되어 생긴 물질들을 총칭한다. 이들은 고리산소화효소(cyclooxygenase)에 의해 프로스타글란딘, 트롬복산, 프로스타사이클린으로 전환되며, 지질산소화효소(lipoxygenase)에 의해 류코트리엔으로 된다.

53

림프조직(임파조직)은 학동기에 성인의 2배 정도 성장하다가 그 후 감소한다.

54

모유 분비 부족의 원인

• 한쪽 유방으로만 수유한 경우
• 유방을 완전히 비우지 않았을 경우
• 신생아기에 너무 일찍 혼합영양으로 이행한 경우
• 엄마가 정신적·육체적으로 스트레스가 쌓인 경우
• 엄마의 영양상태가 불량한 경우

55

어린이 충치 예방

불소를 섭취하고, 설탕 등 충치 유발식품의 섭취를 줄이며, 플라크의 pH를 5.5 이하로 낮추는 음식의 섭취도 줄인다. 특히 식품 내 성분 중 단백질, 지방, 칼슘, 불소, 비타민 A, 비타민 C, 비타민 D가 많으면 충치가 예방된다.

56

운동 시 에너지원 사용 순서

ATP → 크레아틴인산 → 글리코겐과 포도당 → 지방산

57

꿀에 들어 있는 클로스트리디움 보툴리누스 균이 독성문제를 유발할 수 있으므로 1세 미만에게는 제공하지 않는다.

58

임신 후기에는 인슐린 저항성이 증가하여 글리코겐과 지방의 분해가 이루어진다. 모체 내 포도당은 태아가 우선 사용하고 모체는 지방산이나 케톤체를 에너지원으로 사용한다.

59

비타민 B$_6$

주로 단백질 대사에서 아미노기 전이반응(비필수아미노산 합성), 탈탄산반응(카테콜아민, 세로토닌 등의 신경전달물질 형성) 등의 조효소로 작용한다.

60

코리회로와 포도당-알라닌회로

코리회로	포도당-알라닌회로
적혈구에서 생성된 젖산	근육 내 알라닌
혈액을 통해 간과 신장으로 이동	간에서 아미노기 제거
포도당 신생과정으로 포도당 생성	포도당 신생과정으로 포도당 생성
혈액을 통해 조직으로 이동	혈액을 통해 조직으로 이동

61

영양교육의 목표

- 영양에 대한 지식의 보급으로 영양수준 및 식생활의 향상을 꾀함
- 영양교육으로 질병예방과 건강증진을 도모
- 체력향상과 경제안정을 꾀하여 국민의 복지향상에 기여

62

행동변화단계

- 고려 전 단계 : 문제에 대한 인식이 부족하고, 향후 6개월 이내에 행동변화를 실천할 예정이 없는 단계
- 고려 단계 : 문제에 대한 인식을 하고, 향후 6개월 이내에 행동변화를 실천할 의도가 있는 단계
- 준비 단계 : 향후 1개월 이내에 행동변화를 실천할 의도가 있으며, 변화를 계획하는 단계
- 실행 단계 : 행동변화를 실천한 지 6개월 이내인 단계
- 유지 단계 : 행동변화를 6개월 이상 지속하고 바람직한 행동을 지속적으로 강화하는 방법을 찾는 단계

63

① 반영 : 내담자의 말과 행동(감정, 생각, 태도 등)을 상담자가 부연해 줌으로써 내담자가 이해받고 있다는 느낌이 들도록 하는 상담기법이다.
③ 수용 : 내담자에게 지속적으로 시선을 주어 관심을 표현하는 상담기법이다.
④ 요약 : 매회 상담이 끝날 때마다 상담의 내용을 지루하지 않게 간략히 요약해서 내담자에게 설명해 주는 상담기법이다.
⑤ 명료화 : 내담자가 애매모호하거나 깨닫지 못하는 내용을 상담자가 명확하게 표현해줌으로써 상담의 신뢰성을 주는 상담기법이다.

64

강단식 토의법(Symposium)

- 공개토론의 한 방법으로 한 가지 주제에 대해 여러 각도에서 전문경험이 많은 강사의 의견을 듣고 일반청중과 질의 응답하는 방법이다.
- 강사 상호 간에는 토의를 하지 않는 것을 원칙으로 하며, 발언내용이 중복되지 않도록 한다.
- 사회자는 논제설명, 강사소개, 참석자에게 진행방법을 설명한다.
- 사회자는 한 사람의 강사에게 질문이 집중되지 않도록 조절하며, 각 강사의 발언시간을 5~10분 정도로 조절한다.

65

질 문

- 개방형 질문 : 내담자의 관점, 의견, 사고, 감정까지 끌어내 친밀감을 형성할 수 있고 대화에의 참여를 유도한다. 심리적인 부담 없이 자기의 문제점을 드러내도록 유도한다.
- 폐쇄형 질문 : 신속히 질문한 사항에 대해 정확한 답변을 얻을 수 있지만 명백한 사실만을 요구하여 진행이 정지되기 쉽다.

66

영양플러스사업

- 지원대상 : 만 6세 미만의 영유아, 임산부, 출산부, 수유부
  - 소득수준 : 가구 규모별 최저생계비의 200% 미만
  - 영양위험요인 : 빈혈, 저체중, 성장부진, 영양섭취 불량 중 한 가지 이상 보유
- 지원내용
  - 영양교육 및 상담(월 1회, 개별상담과 집단교육 병행)
  - 보충식품패키지 6종 제공(가구소득이 최저생계비 대비 120~200%인 경우 10% 자부담)
  - 정기적 영양평가(3개월에 1회 실시)

67

전개 단계에서는 실제적인 학습활동을 한다.

68

내담자 중심의 상담요법은 내담자가 느끼는 생각, 의견 등을 상담에 충분히 반영하며 내담자 스스로 문제해결 능력을 키우도록 심리적 분위기를 만들어 강한 신뢰를 바탕으로 한 친밀관계를 조성하는 것이 중요하다.

69

팸플릿

- 내용을 대상과 배포방법에 맞춘다.
- 흥미를 갖도록 한다.
- 대상을 명확히 한다.
- 크기나 페이지를 적당히 한다.
- 활자크기나 색상 등을 통하여 친근감을 부여한다.

70

식품섭취빈도 조사법

일정기간 내에 각 식품을 섭취하는 횟수를 조사하는 방법으로 조사원의 동원이 거의 필요 없으며, 편견 없이 쉽게 자료를 모을 수 있고, 직접면담이 아닌 서신의 형태로도 조사가 가능하므로 경제적이다.

71

자아효능감

어떤 행동을 수행할 때 개인이나 집단이 수행능력에 대해 어느 정도 자신감을 느끼고 있는지를 의미한다.

72

효과평가

교육 후 계획과정에서 설정된 목표달성 여부에 대한 평가로 대상자의 영양지식, 식태도, 식행동의 변화 등을 알아보는 것이다.

73

건강신념 모델

건강행동의 실천 여부는 개인의 신념, 즉 여러 종류의 건강관련 인식에 따라 정해진다는 이론이다. 개인의 인지된 민감성, 인지된 심각성, 인지된 이익, 인지된 장애, 행위의 계기, 자기효능감에 따라 한 개인이 건강관련 행동을 할 것인가 여부를 예측할 수 있게 해준다.

74

보건소 영양사의 업무
- 생애주기별 영양교육 및 상담
- 임산부 · 영유아 대상 영양플러스 사업
- 맞춤형 방문 건강관리사업
- 대사증후군 관리
- 영양상태 조사 및 평가

75

영양교육의 실시과정

실태파악(현재의 영양상태) → 문제발견 → 문제진단(분석) → 대책수립(경제성, 긴급성, 실현가능성) → 영양교육 실시(계획적, 조직적, 반복적 지도) → 효과판정

76

경관급식은 위장관의 소화 · 흡수 능력은 있으나 구강으로 음식을 섭취할 수 없는 환자(구강수술, 연하 곤란, 의식 불명, 식도 장애 등)와 구강 섭취만으로 불충분한 환자에게 적용된다.

77

영양진단

영양판정에서 발견된 영양문제의 원인 및 증상 등을 고려하여 환자의 문제점을 확인하고 위험요인을 도출하는 단계이다.

78

생화학적 영양평가에서 알부민은 혈액검사로 쉽게 측정 가능하고 비용이 저렴하여 단백질 영양상태를 평가하는 핵심지표로 사용하고 있다.

79

위액의 분비 조절
- 위액 분비 촉진
  - 위액, 가스트린, 분노, 고기추출물, 알코올, 카페인, 조미료, 농축된 당, 고섬유소식, 흡연, 스트레스 등
  - 촉진 식품 : 육즙, 멸치국물, 토마토주스, 요구르트, 콘소메, 구운 고기, 날고기, 붉은살 생선, 닭고기 수프 등
- 위액 분비 감소
  - 유화지방, 고지방식, 저섬유소식, 운동 부족, 공포 등
  - 감소 식품 : 엽차, 설탕, 전분, 곡류, 감자, 우유, 달걀, 두부, 삶은 고기, 흰살 생선, 국 형태로 조리된 채소음식 등

80

급성위염 환자의 식사요법
- 절식 : 위를 쉬게 하고 위장관의 자극을 피하기 위해 내용물을 비운다.
- 위의 안정 및 점막 보호를 위해 절식 후 점진 병인식으로 처치한다.

4단계 무자극성 식이
- 1~2일간 : 절식, 물도 제한
- 3일 : 우유, 미음 등을 조금씩 30분 간격으로 주고 식사량을 늘림
- 4~5일 : 고깃국물, 흰죽, 달걀반숙, 토스트 섭취 가능
- 6~7일 후 : 완화식

81

급성감염성 질환 시 생리적 대사 변화
- 대표적인 증세가 발열이며 기초대사량은 증가한다.
- 탈수 및 전해질 손상이 나타난다.
- 단백질 대사가 항진되어 체단백의 붕괴가 나타난다.
- 호흡 및 맥박수가 증가한다.

82

혈당지수는 쌀밥 > 수박 > 고구마 > 우유 > 땅콩 순으로 높다.

83

급성설사 환자의 식사요법

- 저잔사식 · 무자극성식을 제공한다.
- 장을 자극하는 찬 음료는 제한한다.
- 수분과 전해질의 손실이 크므로 충분히 보충해야 한다.
- 고지방, 고섬유소 식품을 제한한다.
- 설사가 심한 경우 위장에 휴식을 주기 위해 1~2일간 금식한다.

84

간경변증 환자의 식사요법

고에너지, 고단백질, 고비타민식이, 지방 20% 이내 (MCT Oil 권장), 복수 · 부종 시 나트륨 제한, 간성 혼수 시에는 저단백질 또는 무단백질 식사, 알코올 제한 등

85

등푸른생선(고등어, 꽁치, 참치)은 오메가-3 지방산인 EPA가 풍부하여 혈액 속 콜레스테롤의 함량을 낮추고 혈전 형성을 억제하므로 동맥경화 및 심장병 등을 억제한다.

86

비만증 식사요법

- 섭취에너지를 제한하고 소비에너지를 증대시킨다.
- 저열량식으로 필요에너지를 섭취한다.
- 단백질 : 질소균형 유지를 위해 질 좋은 단백질을 공급한다.
- 지방 : 섭취 에너지의 15~20% 공급, 필수지방산을 공급한다.
- 당질 : 단백질의 에너지화, 지방의 불완전산화로 인한 케톤체 형성을 방지하기 위해 1일 100g을 공급한다.
- 비타민, 무기질 : 칼슘, 철분이 부족하지 않도록 유의한다.
- 식이섬유 : 충분히 공급한다.

87

체지방률

피하지방의 두께를 캘리퍼(Caliper)로 측정한 후 체성분 중 지방의 양이 전체 체중의 몇 %인가로 비만의 정도를 나타낸다.

88

궤양 부위의 빠른 상처 치유를 위해 비계가 없는 살코기, 껍질을 제거한 닭고기가 좋기 때문에 영계백숙, 닭곰탕 등을 제공한다. 생선의 경우 살코기 색이 짙을수록 위벽을 자극하는 성분이 많으므로 고등어, 꽁치 등의 생선은 가급적 사용하지 않으며 생선튀김도 제한한다.

89

협심증이나 심근경색 환자의 경우 원인이 되는 동맥경화를 예방하고 심장에 부담을 주지 않도록 에너지 제한과 특히 동물성 유지나 콜레스테롤을 많이 함유한 식품은 되도록 삼간다. 식사는 소량씩 자주 공급하고 온도가 너무 차거나 뜨겁지 않게 공급한다.

90

급성췌장염

- 혈액 검사상 아밀라아제와 리파아제 수치가 3배 이상 상승하고, 상복부 통증을 보인다.
- 당질은 비교적 소화가 잘되므로 당질을 중심으로 제공하며, 지방산은 췌액효소의 분비를 촉진하여 췌장에 자극을 주므로 지방은 증세가 호전되어도 여전히 제한하며 환자의 적응도에 따라 소량씩 증량한다.

91

동맥경화증 위험인자

고콜레스테롤 혈증, 고지혈증, 고혈압, 당뇨병, 스트레스, 흡연 등이며 식이인자로는 과다한 지방, 포화지방, 콜레스테롤 섭취 및 식이섬유가 적은 것 등이다.

92

혈중 콜레스테롤을 낮추는 방법

- 포화지방산의 섭취를 가급적 제한한다.
- 수용성 식이섬유를 충분히 섭취한다.
- 과량의 당질을 섭취하지 않는다.
- 적정한 체중을 유지하고, 운동을 한다.
- 흡연 및 절주한다.

93

만성폐쇄성폐질환(COPD)

- 고열량식, 고단백식을 한다.
- 탄수화물을 제한한다.
- 호흡률이 가장 낮은 지방을 주 에너지원으로 제공한다.
- 가스발생식품은 제한한다.

94

콩팥(신장)의 기능

콩팥은 수소이온을 배출시키고 중탄산염을 혈장과 세포
외액으로 되돌리는 과정을 통해 산·염기 균형을 유지
한다.

95

신증후군 환자의 식사요법

- 적절한 고단백질식 : 혈장 알부민 보충
- 저염식 : 나트륨 500mg 이하
- 중등지방 : 혈장 콜레스테롤 저하
- 고열량식 : 35~50kcal/kg

96

당뇨병성 케톤산증

인슐린 결핍에 의해 고혈당, 산증 및 케톤산혈증이 일어
나는 상태로, 아주 빠르게 진행해서 사망에까지 이르게
할 수 있다. 체내에 인슐린이 부족하면 포도당을 에너지
원으로 사용하지 못하고 포도당 대신 지방을 연료로 사
용하게 되는데 이때 부산물로 생성된 케톤체가 혈중에
많아져서 나타나는 것이 케톤산혈증이며, 이 경우 혈액
의 산성 정도가 높아지는 위험한 상태에 빠지게 되어 결
국 사망에 이르게 된다.

97

통풍 환자의 식사요법

- 표준체중을 유지하기 위해 열량 섭취를 조절한다.
- 극단적인 고단백질식, 고지방식을 피한다.
  - 단백질 : 퓨린 함량이 많은 멸치, 고등어, 연어, 육
    수, 간, 콩팥 등은 피함
  - 지방 : 불포화지방산의 섭취를 증가시킴
- 알코올의 섭취는 금하고 수분을 충분히 섭취한다.
- 알칼리성 식품을 섭취하고 소금 섭취를 제한한다.

98

제1형 당뇨병

- 인슐린 의존성 당뇨병으로 인슐린의 분비량이 부족해
  발생한다.
- 아동이나 30세 미만의 젊은 층에서 발병하므로 소아
  성 당뇨라고도 한다.

99

결핵 환자의 식사요법

- 고열량식, 고단백질식이를 한다.
- 무기질 : 칼슘, 철, 구리 등을 충분히 보충한다(우유,
  달걀, 육류, 생선, 닭고기, 녹황색 채소).
- 비타민 : 비타민 C, A, D, B_6 등을 충분히 섭취한다.

100

수술 후 이화작용이 항진되어 혈청 단백질 농도가 저하
되고 질소 배설이 증가된다. 상처의 빠른 회복, 빈혈 예
방, 항원과 효소 생성을 위해 단백질을 충분히 공급해야
한다.

101

정맥영양액의 구성

- 당질 : 덱스트로오스
- 단백질 : 아미노산(필수아미노산과 비필수아미노산
  적절히 혼합)
- 지질 : 지방유화액, MCT
- 비타민, 무기질 : 소화흡수를 거치지 않으므로 권장량
  보다 적게 공급

102

화상 환자의 식사요법

- 수분과 전해질 보충 : 일반 화상 7~10L/일
- 에너지 : 50~90kcal/kg(화상 전 체중 기준)
- 당질 : 주요 에너지급원
- 단백질 : 2~3g/kg
- 지질 : 에너지의 15% 이내, 필수지방산 공급
- 비타민 : 비타민 C(콜라겐 합성) 1~2g/일
- 무기질 : 아연(식욕 부진 치료와 손상된 상처 치유)

103

암 악액질

악성종양에서 볼 수 있는 고도의 전신쇠약 증세이다. 기초대사량 증가로 체중이 감소하며, 당질이 지방으로 잘 전환되지 않아 체지방량이 고갈된다. 체력 저하, 소화불량, 면역기능 저하, 식욕부진으로 인한 영양불량, 피부 색소 침착, 부종, 저단백혈증 등이 나타난다.

104

제2형 당뇨병 식사요법

- 복합당질을 섭취한다.
- 단순당인 설탕, 꿀, 사탕 등은 제한하고 대용품으로 인공감미료를 소량 이용한다.
- 단백질은 1일 에너지 필요량의 10~20% 섭취를 권장한다.
- 지방은 1일 에너지 필요량의 20~25% 섭취를 권장한다.
- 섬유소는 당의 흡수를 서서히 시키고 혈중 콜레스테롤치를 낮추며 만복감을 주므로 충분히 섭취한다.

105

단백질 조절식

- 고단백질식 : 만성간질환, 알코올성 간경변증
- 저단백질식 : 간성뇌질환, 신부전, 요독증
- 아미노산 조절식 : 요독증, 간성뇌질환

106

니트로소아민(Nitrosamine)

단백질 식품에 존재하는 아민이나 아미드가 질소화합물 등과 반응하여 제조과정 중 생성되는 발암 가능물질이다. 훈연가공육에 첨가되는 아질산나트륨은 단백질 속의 아민과 결합하여 니트로소아민을 생성한다.

107

뇌졸중의 식사요법

- 연하곤란 시 다소 걸쭉하게 점도를 높인 형태로 공급한다.
- 콜레스테롤, 포화지방산, 염분을 제한한다.
- 식이섬유소를 충분히 공급한다.

108

오메가-3 지방산은 지방 생성을 억제하고 지방 분해를 돕기 때문에 혈중 중성지방을 감소시킨다. 따라서 오메가-3 지방산을 적절히 섭취하면 이상지질혈증을 예방하는 데 도움이 된다.

109

비타민 B_{12}의 흡수장소는 회장으로, 회장 질환이나 회장 절제 시 비타민 B_{12}가 결핍되기 쉽다.

110

과립백혈구(적색골수에서 생산)

- 호중성 백혈구 : 강한 식균작용, 급성염증 시 증가
- 호산성 백혈구 : 알레르기 질환, 기생충 감염 시 증가
- 호염기성 백혈구 : 헤파린과 히스타민 함유, 혈액 응고 방지작용

111

단풍당뇨증

류신, 이소류신, 발린과 같은 측쇄아미노산(BCAA)의 산화적 탈탄산화를 촉진시키는 단일효소가 유전적으로 결핍된 것이다.

112

짠 음식을 섭취하면 뇌하수체 후엽에서 항이뇨호르몬인 ADH 분비를 자극하고, ADH는 신장에 작용하여 수분의 배출을 억제한다.

113

만성신부전 환자의 경우 사구체여과율이 저하되고 소변량이 감소하면 칼륨이 배설되지 않아 고칼륨혈증이 발생할 수 있으므로 칼륨의 섭취를 제한해야 한다.

114

저혈당증

인슐린이나 경구용 혈당강하제를 과량 투여하거나, 평소보다 음식 섭취량이 적을 때, 활동량이 과한 경우 식은땀, 창백, 현기증, 두통, 메스꺼움, 기운 없음 등을 보이는 증상이다. 따라서 기운이 없고 식은땀이 나면 저혈당이 더 진행되기 전에 혈당을 올릴 수 있는 음식인 오렌지주스, 사탕, 설탕 등을 섭취해야 한다.

115

신장에서 방사구체세포 자극으로 레닌이 분비되면 안지오텐신이 활성화되고, 구심성 및 원심성 소동맥 수축 및 알도스테론 분비가 촉진되어 Na^+ 재흡수 촉진으로 혈압이 정상 유지된다.

116

헤마토크리트(hematocrit, 혈구혈장 비율)란 전혈에서 적혈구가 차지하는 비율(40~45%)을 의미한다.

117

대사증후군

- 생활습관병으로 심근경색이나 뇌졸중의 위험인자인 비만, 당뇨, 고혈압, 고지혈증, 복부비만 등의 질환이 한 사람에게 한꺼번에 나타나는 것이다.
- 진단 기준(3개 이상 해당)
  - 허리둘레 : 남자 90cm 이상, 여자 85cm 이상
  - 혈압 : 130/85mmHg 이상
  - 공복혈당 : 100mg/dL 이상 또는 당뇨병 과거력, 약물복용
  - 중성지방(TG) : 150mg/dL 이상
  - HDL : 남자 40mg/dL 이하, 여자 50mg/dL 이하

118

철이 많은 식품으로는 소고기, 간, 굴, 난황, 시금치, 부추 등이 있다.

119

뇌졸중 환자는 포화지방산, 콜레스테롤의 섭취는 줄이고, 불포화지방산이 풍부한 참기름, 들기름, 올리브유 등을 섭취하는 것이 좋다.

120

총콜레스테롤과 LDL-콜레스테롤 수치가 모두 높은 경우 포화지방산과 콜레스테롤이 낮은 식품을 섭취해야 한다. 소갈비, 소시지, 닭껍질튀김, 케이크에는 포화지방이 많으므로 섭취를 제한하고, 육류는 기름기를 제거하고 살코기만 섭취한다.

3회 | 2교시 정답 및 해설

정답																			
01	02	03	04	05	06	07	08	09	10	11	12	13	14	15	16	17	18	19	20
①	①	②	⑤	①	④	④	①	④	③	③	④	⑤	①	②	②	①	①	①	②
21	22	23	24	25	26	27	28	29	30	31	32	33	34	35	36	37	38	39	40
④	⑤	④	③	②	①	③	③	⑤	⑤	②	③	⑤	③	④	①	⑤	①	①	④
41	42	43	44	45	46	47	48	49	50	51	52	53	54	55	56	57	58	59	60
⑤	④	②	②	④	③	①	④	②	④	③	③	③	⑤	④	④	①	②	②	①
61	62	63	64	65	66	67	68	69	70	71	72	73	74	75	76	77	78	79	80
④	②	①	⑤	⑤	②	⑤	②	②	①	①	①	③	④	③	②	④	③	②	④
81	82	83	84	85	86	87	88	89	90	91	92	93	94	95	96	97	98	99	100
②	③	④	②	⑤	①	⑤	⑤	③	②	①	④	⑤	①	⑤	②	②	①	④	①

01

결합수의 성질

- 용질에 대해서 용매로 작용하지 못한다.
- 보통의 물보다 밀도가 크다.
- 100℃ 이상 가열하여도 제거되지 않는다.
- 식품조직을 압착하여도 제거되지 않는다.
- 0℃ 이하의 저온에서도 잘 얼지 않는다(보통 −80℃에서 언다).
- 식품에서 미생물의 번식과 발아에 이용되지 않는다.
- 식품성분인 단백질, 탄수화물 등과 결합되어 있다.

02

② 0℃ 이하에서는 노화가 방지된다.

③ pH가 낮을수록 노화가 촉진된다.

④ 황산염은 노화를 촉진한다.

⑤ 전분농도가 높을수록 노화가 촉진된다.

03

지질의 분류

- 단순지질 : 중성지방, 왁스
- 복합지질 : 인지질(레시틴, 스핑고미엘린), 당지질, 지단백질, 황지질
- 유도지질 : 지방산, 스테롤(콜레스테롤, 에르고스테롤), 고급1가 알코올, 스쿠알렌, 지용성 비타민, 지용성 색소

04

① 펙틴 : 갈락투론산의 중합체

② 이눌린 : 과당의 중합체

③ 헤미셀룰로스 : 여러 종류의 당으로 구성

④ 글루코만난 : 포도당과 만노스의 중합체

05

유지의 자동산화 반응

- 초기 반응 : 유리기(Free Radical) 생성
- 연쇄 반응 : 과산화물(Hydroperoxide) 생성, 연쇄 반응 지속적
- 종결 반응
  - 중합 반응 : 고분자중합체 형성
  - 분해 반응 : 카르보닐 화합물(알데하이드, 케톤, 알코올 등) 생성

06

조미료는 분자량이 적은 것이 먼저 침투하므로 설탕, 소금, 식초 순으로 사용해야 식품이 연하고 맛있게 된다.

07

과산화물가

산가와 함께 유지의 산패 정도를 판정하는 지표로서 유지 1kg에서 생성된 과산화물의 mg당량으로 표시한다. 신선한 유지의 과산화물가는 10 이하이다.

08

② 호박산 : 청주, 조개의 감칠맛
③ 쿠쿠르비타신 : 오이꼭지부의 쓴맛
④ 쿼르세틴 : 양파껍질의 쓴맛
⑤ 진저롤 : 생강의 매운맛

09

일반적으로 두부 제조과정에서 생긴 거품을 제거하기 위하여 소포제를 넣는데, 소포제로는 휘발성이 적고 확산력이 큰 기름상의 물질을 사용한다.

10

① 종자유 : 토코페롤(Tocopherol)
② 감 : 갈산(Gallic acid)
④ 면실유 : 고시폴(Gossypol)
⑤ 미강유 : 오리자놀(Oryzanol)

11

카세인은 우유의 주요 단백질로, 등전점인 pH 4.6 부근에서 침전하는 등 산성의 pH 영역에서 용해도가 급격하게 감소한다.

12

아비딘(Avidin)은 달걀 흰자에 존재하는 난백 단백질로, 비오틴의 흡수를 방해한다. 비오틴의 결핍은 드물지만 생난백을 많이 먹게 되면 유발될 수 있으므로 주의해야 한다.

13

이포메아마론(Ipomeamarone)

흑반병(검은무늬병)에 걸린 고구마는 쓴맛이 나는 이포메아마론이라는 독소가 생긴다.

14

홍두깨살

우둔의 한 부분으로 넓적다리 안쪽에서 엉덩이 바깥쪽으로 이어지는 부위이며, 찢어지는 결을 가지고 있어 장조림용으로 적합하다.

15

밀 단백질은 주로 글루텐이며, 글루텐은 글리아딘과 글루테닌으로 구성된다.

16

비타민 B_6는 아미노산 대사의 조효소(PLP)로서 아미노기 전이반응에 관여한다. 비타민 B_1, B_2는 에너지 대사의 조효소(Coenzyme)이고, 비타민 B_1은 TPP의 부분으로 탈탄산 작용을 한다.

17

적양배추에 함유된 안토시아닌 색소는 화학적으로 불안정하여 pH에 따라서 색이 달라지는데 산성에서는 적색, 중성에서는 무색~자색, 염기성에서는 청색을 나타낸다.

18

우유를 74℃ 이상으로 가열하면 익은 냄새가 난다. 익은 냄새의 성분은 β-락토글로불린이나 지방구 피막단백 질의 열변성에 의해 활성화된 황화수소이다.

19

김이 햇빛을 받았거나 습기를 빨아들이면 녹색계 색소인 클로로필이 파괴되면서 적색계 색소인 피코에리트린의 붉은색이 부상하기 때문에 붉게 변한다.

20

경단

찹쌀가루를 끓는 물로 익반죽하여 둥글게 만들어서 끓는 물에 삶은 뒤 찬물에 넣어 따뜻한 기가 없어질 때까지 식힌 후 다양한 고물을 묻힌 떡이다.

21

세균의 증식곡선의 과정별 특징

- 유도기 : 균이 환경에 적응하는 시기
- 대수기 : 균이 대수적으로 증가하는 시기
- 정지기 : 세포수는 최대, 생균수는 일정한 시기
- 쇠퇴기(사멸기) : 생균수 감소, 세포가 사멸하는 시기

22

Saccharomyces ellipsoideus는 포도주 양조에 필수적인 효모이다.

23

전분이 호화되기 쉬운 조건

- 전분의 가열온도가 높을수록
- 전분입자의 크기가 클수록
- 가열 시 첨가하는 물의 양이 많을수록
- 가열하기 전 수침(물에 담그는) 시간이 길수록
- 아밀로오스 함량이 높을수록

24

호정화

전분에 수분 첨가 없이 고온(160℃ 이상)으로 가열하면 가용성 전분을 거쳐 호정(dextrin)으로 변하는 현상이다. 호화보다 분자량이 적고, 용해성도 크며, 소화도 잘된다. 호정화된 대표적인 식품으로 미숫가루, 뻥튀기, 누룽지, 토스트, 쿠키, 비스킷, 브라운 루 등이 있다.

25

② 오리제닌 : 쌀 함유 글루텔린 단백질
① 제인 : 옥수수 함유 프롤라민 단백질
② 글리시닌 : 대두 함유 글로불린 단백질
④ 엘라스틴 : 힘줄 함유 알부미노이드 단백질
⑤ 오브알부민 : 난백 함유 알부민 단백질

26

에르고스테롤

에르고스테린이라고도 하며 햇빛에 노출시키면 자외선의 작용으로 이성질화를 일으켜 비타민 D_2가 되므로 프로비타민 D라고 한다.

27

곡류의 구성

외피, 배아, 배유로 구성되어 있으며, 그중 전분의 비율은 다음과 같다.

- 쌀 : 외피 5~6%, 배유 92%, 배아 2~3%
- 밀 : 외피 15~16%, 배유 82%, 배아 2~3%

28

물의 이동

- 삼투 : 농도가 다른 두 용액 사이에 반투막이 있을 때, 물이 농도가 낮은 곳에서 높은 곳으로 이동하는 것(소금·설탕에 의한 채소·과일의 탈수)
- 확산(침투) : 농도가 다른 두 용액 사이에 투과성 막이 있을 때, 물이 농도가 낮은 곳에서 높은 곳으로, 용질이 높은 곳에서 낮은 곳으로 이동하는 현상(소금물에 의해 배추가 절여지는 것)
- 팽압 : 열에 의해 수분의 온도와 압력이 높아져 물이 세포 내로 이동하게 되는데 이때 압력에 의해 세포 원형질막이 늘어나는 현상

29

Acetobacter aceti는 식초의 주성분인 아세트산을 생성하는 세균으로, 식초를 제조하는 데 쓰인다.

30

① 숙성되면 유기산의 함량이 감소하여 신맛이 줄어든다.
② 핵과류는 열매 안에 단단한 핵을 품고 있는 것으로, 복숭아·자두·살구·매실 등이 해당한다.
③ 미숙한 과일에는 프로토펙틴이, 과숙한 과일에는 펙트산이 많이 존재한다.
④ 포도는 알칼리성 식품이다.

31

두부는 대두 단백질인 글리시닌이 Mg^{2+} 또는 Ca^{2+} 등의 염과 결합하여 응고되는 식품이다.

32

폴리페놀 화합물은 식물의 외부에서 내부로 침입한 물질을 방어하기 위해 생합성된 물질로서 식물 세포를 생장시키고 활성화시키는 물질이다. 폴리페놀 화합물은 페닐알라닌과 티로신으로부터 합성되는 2차 대사산물로서, hydroxyl기($-OH$)가 단백질 등의 거대분자들과 결합하여 항산화, 항암, 항염증, 항균, 면역증진 등의 생리활성을 갖는다.

33

발연점

유지를 가열할 때 온도가 상승하여 지방이 분해되어 푸른 연기가 나기 시작하는 시점을 말한다.

34

신선한 달걀

• 신선한 달걀은 11%의 식염수에 넣으면 가라앉는다.
• 표면에 이물질이 없고 흔들리지 않으며, 거칠거칠한 큐티클이 많아야 한다.
• 보관기간이 길어질수록 pH가 상승한다.
• 신선한 달걀의 난황계수는 0.361~0.442이다.
• 신선한 달걀보다 오래된 달걀이 쉽게 거품이 일어나지만 거품의 안정성은 낮다.

35

신선한 어류

• 아가미 : 색이 선명하고 선홍색이며 단단한 것
• 안구 : 투명하고 광채가 있으며 돌출되어 있는 것
• 생선의 표면 : 비늘이 고르게 밀착되어 있는 것
• 복부 : 탄력이 있고 팽팽하며 내장이 흘러나오지 않은 것
• 냄새 : 어류 특유의 냄새가 나며 비린내가 강한 것은 신선하지 못함
• 암모니아 및 아미노산, 트리메틸아민, pH의 변화, 휘발성 염기질소(5~10mg%) 등 측정

36

전자레인지 용기

• 사용 가능 : 파이렉스, 도자기, 내열성 플라스틱 등
• 사용 불가 : 알루미늄, 캔, 법랑, 스테인리스, 석쇠, 칠기, 도금한 식기, 크리스털 제품, 금테 등이 새겨진 도자기

37

레시틴

인지질의 일종으로, 친유성을 가진 지방산기와 친수성을 가진 인산과 콜린 부분을 가지고 있어서 물과 유지를 혼합시켜주는 유화제 역할을 한다.

38

육류의 사후강직

• 액틴과 미오신이 액토미오신을 생성한다.
• 육류의 보수성이 감소한다.
• phosphatase 작용으로 ATP가 분해된다.
• 근육이 수축하여 육질이 단단해진다.
• 글리코겐이 혐기적으로 분해되어 젖산을 생성하며, pH가 저하된다.
※ 이노신산은 육류 숙성 시 증가하는 감칠맛 성분이다.

39

② 튀김에 사용한 기름은 망에 거른 후 갈색 병에 담아 보관한다.
③ 글루텐 함량이 적은 밀가루가 오랫동안 바삭한 상태를 유지한다.
④ 얼음물에 반죽하면 점도를 낮게 유지하여 바삭하게 된다.
⑤ 수분이 많은 식품은 미리 어느 정도 수분을 제거한다.

40

니트로소미오글로빈

육류의 염지 시 아질산으로부터 생성된 산화질소(NO)와 환원형 미오글로빈이 결합해서 생성된 물질로 붉은색을 띤다.

41

목표관리법(MBO)
조직의 상하구성원들이 참여의 과정을 통해 조직단위와 구성원의 목표를 명확하게 설정하고, 그에 따라 생산활동을 수행한 후 업적을 객관적으로 측정·평가함으로써 관리의 효율화를 기하려는 포괄적 조직관리 체제이다.

42

④ 전처리된 식재료를 사용하였을 때 투여인력의 감소와 인건비 절감에 효과가 있다.
①·②·③·⑤ 생산성이 높아지는 상황이다.

43

급식대상자의 연령, 성별, 신체활동 정도에 따라 영양필요량을 산출한다.

44

전통적 급식제도
• 한 주방에서 모든 음식 준비가 이루어져 같은 장소에서 소비되는 제도로서 생산과정에서부터 소비되는 시간이 짧다.
• 직업의 분업이 일정치 못하여 생산성 저하를 초래하고 노동비용이 높아진다.

45

일반경쟁입찰
신문 또는 게시와 같은 방법으로, 입찰 및 계약에 관한 사항을 일정기간 일반에게 널리 공고하여 응찰자를 모집하고, 입찰에서 상호경쟁시켜 가장 타당성 있는 입찰가격을 제시한 사람을 낙찰자로 정하는 방법이다. '공고 → 응찰 → 개찰 → 낙찰 → 체결'의 계약절차를 따른다.

46

직영방식의 장단점
• 장점 : 급식시설의 설치 목적이나 영양 및 위생시설의 관리가 효과적이다.
• 단점 : 고용이 비교적 안정되어 있어 직업의욕이 떨어지고 조리기술 향상이나 작업개선이 결여되고 경비 절감의 실현이 어렵다.

47

조리기기의 선정 조건에는 조리방법, 조리기구의 능력, 내구성, 유지관리의 용이성 등이 있으며, 이 중에서 첫 번째로 고려해야 할 사항은 조리방법이다.

48

단체급식소 시설계획 순서
시설의 목적 → 전문가의 자문 → 예산 작성 → 평면도면 제시 → 설계자와 접촉 → 준공 후의 점검 → 기기관리 대장 작성 및 기기관리

49

변혁적(전환적) 리더는 구성원들의 신뢰와 카리스마를 갖고, 조직의 장기적인 비전과 공동목표를 구성원들이 이룰 수 있도록 교육하는 역할을 하며, 구성원 전체의 가치관과 태도를 변화시켜 성과를 이끌어낸다.

50

허즈버그의 동기-위생 이론
• 동기요인(만족요인) : 직무에 대한 성취감, 인정, 승진, 직무 자체, 성장 가능성, 책임감 등
• 위생요인(불만요인, 유지요인) : 작업조건, 임금, 동료, 회사정책, 고용 안정성 등

51

직무분석
특정 직무의 특성을 파악하여 그 직무를 수행하는 데 필요한 경험, 기능, 지식, 능력, 책임 등과 그 직무가 다른 직무와 구별되는 요인을 명확하게 분석하여 명료하게 기술하는 작업과정을 말한다.

52

검 식
배식하기 전 1인분 분량을 상차림하여 음식의 맛, 질감, 조리상태, 조리완성 후 음식온도, 위생 등을 종합적으로 평가하는 것이다. 검식내용은 검식일지에 기록한다(향후 식단 개선 자료로 활용).

53

작업일정표(작업시간표)의 효과
- 작업순서를 알 수 있다.
- 작업에 대한 책임 소재가 분명하다.
- 종업원에 대한 평가가 용이하다.
- 작업이 체계적으로 이루어진다.

54

비공식 조직
- 사회규제기관으로서의 기능 수행
- 인간관계가 중심과제
- 의사소통의 통로역할
- 부분적 질서
- 감정의 원리에 따라 구성
- 소집단 상태로 유지
- 권한은 상호 간의 양해와 승인으로 얻어짐

55

의사소통
- 하향적 의사소통 : 명령, 통보, 공문 발송, 업무지침 시달
- 상향적 의사소통 : 업무보고, 제안제도

56

작업기능
- 직접 작업기능 : 조리, 배선, 운반, 세척, 검수
- 간접 작업기능
  - 영양사 고유사무 : 식단작성 및 변경, 구매 및 발주, 작업일정 계획, 예산작성 등
  - 지시 및 감독 : 급식업무 감독 및 지시, 위생상태 검사
  - 회의 및 면담 : 외부인과의 면담, 회의 참석

57

②·③·④·⑤ 외부모집에 대한 설명이다.

내부모집

조직 내부에서 적합한 사람을 추천하여 채용하는 형태로, 모집비용과 시간이 단축되며 사기진작과 동기부여의 효과가 있다. 하지만 동일직위 지원 집중 시 경쟁이 치열하여 갈등을 초래할 수 있다.

58

테일러가 고안한 직능식 조직의 특징은 라인 조직에서 무시되었던 전문화의 원칙이다.

59

메뉴엔지니어링
- Stars : 인기도와 수익성 모두 높은 품목(유지)
- Plowhorses : 인기도는 높지만 수익성이 낮은 품목 (세트메뉴 개발, 1인 제공량 줄이기)
- Puzzles : 수익성은 높지만 인기도는 낮은 품목(가격 인하, 품목명 변경, 메뉴 게시위치 변경)
- Dogs : 인기도와 수익성 모두 낮은 품목(메뉴 삭제)

60

구매절차에 따른 장표의 순서

구매명세서 → 구매청구서 → 발주서 → 거래명세서(납품서)

61

직장 내 훈련(OJT = On the Job Training)

직무를 수행하면서 관리자가 직접 지도하고 훈련하는 방식으로 직무와 연관된 기술, 지식, 작업태도, 작업관습 등을 교육하는 것이다.

62

식당면적
- 급식자 1인의 필요한 면적×총 급식자 수(총 고객수/좌석회전율)
- $1.5m^2 \times (1,200/4) = 450m^2$

63

수의계약이 주로 이루어지는 경우
- 긴급을 요하는 조달물품과 즉각적인 배달이 요구될 때
- 시장과 가격의 안정성이 불확실할 때
- 구매 물량이 적을 때
- 시간이 많지 않을 때
- 업체의 규모가 작아 공식구매가 불필요할 때
- 물품에 관한 납품업자가 한정되어 있을 때

64

중앙구매는 물품을 1개소에 집중시켜 구매하는 방법으로 고가의 물품이나 공통적으로 사용하는 물품 또는 대량 사용물품이나 구매절차가 복잡한 물품의 경우에 이용된다.

65

구입식품을 검수할 때 발주서는 품목과 수량을 대조하기 위해, 구매명세서는 품질확인을 위해 필요하다.

66

창고에 입고 시 납품업자가 물품을 납입할 때 제출한 납품서를 이용하여 수입전표를 작성하거나, 수입전표를 생략하고 납품서를 그대로 수입전표로 하여 입고시킨다.

67

보존식
- 식중독 사고에 대비하여 그 원인을 규명할 수 있도록 검사용으로 음식을 남겨두는 것이다.
- 음식의 종류별로 각각 1인분 이상 독립보관하고, 완제품을 제공하는 경우 원상태(포장상태)로 보관한다.
- −18℃ 이하 144시간 이상 보존식 전용냉장고에 보관한다.

68

급식소에서 재고기록을 하는 목적
- 물품부족으로 인한 생산계획의 차질을 없게 하기 위해서
- 최소의 가격으로 좋은 질의 필요한 물품을 구매하기 위해서
- 물품의 도난 및 손실 방지를 위해서
- 보유하고 있는 재고량을 파악하기 위해서
- 식품 구매 시 필요량 결정을 위해서
- 식품원가 통제를 위해서

69

음식 선택 여부에 따른 메뉴형태
- 단일식단 : 음식의 선택 여지가 없이 고정시켜 놓은 식단
- 고정식단 : 일정하게 정해진 음식이 매일 똑같이 제공되는 식단
- 복수식단 : 매끼니 때마다 두 가지 또는 그 이상의 음식을 제공하여 피급식자가 자신의 식습관에 맞는 음식을 선택하도록 계획한 식단

70

식빵 35g, 당근 70g, 사과 100g, 우유 200g이 1인 1회 분량이다.

71

손익분기점 판매량
- 손익분기점 판매량 = 고정비 / 단위당 공헌마진
- 공헌마진 = 매출액 − 변동비
- 손익분기점 판매량 = (1,000,000 + 7,000,000) / (4,500 − 2,500) = 4,000

72

식품위생관리
- 사용하고 남은 통조림제품은 소독된 용기에 옮겨 담아 보관한다.
- 한 번 해동한 식품은 재동결하지 않는다.
- 달걀은 세척하지 않고 마른 타월로 닦아 저장한다.
- 냉기순환을 위해 냉장고 용량은 70% 정도가 적절하다.

73

중심화 경향은 평가 대상자를 '중' 또는 '보통'으로 평가한 결과, 분포도가 중심에 집중되어 있는 인사고과의 오류이다.

74

인건비에 속하는 것은 임금, 급료, 상여금, 퇴직금, 복리후생비 등이다.

75

손익계산서는 일정기간 동안의 기업의 경영성과를 나타내기 위하여 결산 시 작성하는 재무제표이고, 대차대조표는 일정시점에 있어서의 기업의 재무상태를 나타내는 재무제표이다.

76

순환식단
- 식자재의 효율적인 관리가 가능하다.
- 병원급식에 적합하다.
- 식단의 변화가 한정되어 섭취식품의 종류가 제한적이다.
- 식단주기가 너무 짧을 경우 고객은 단조로움을 느낄 수 있다.

77

최종구매가법은 간단하고 빠르게 계산할 수 있기 때문에 급식소에서 널리 사용하며, 가장 최근의 단가를 이용하여 산출하는 방법이다.

78

감염병의 분류
- 세균성 감염병 : 세균성이질, 파라티푸스, 장티푸스, 콜레라, 성홍열, 디프테리아, 결핵, 파상열, 백일해, 임질
- 바이러스성 감염병 : 급성회백수염(폴리오, 소아마비), 유행성간염, 유행성이하선염, 감염성설사증, 일본뇌염, 홍역, 천연두, 광견병
- 리케치아성 감염병 : 발진티푸스, 발진열, Q열
- 원충성 감염병 : 아메바성 이질

79

곰팡이독
- 신장독 : Penicillum속(citrinin)
- 신경독 : Aspergillus속(maltoryzine), Penicillum속(citreoviridin, patulin)
- 간장독 : Aspergillus속(aflatoxin, ocharatoxin, sterigmatocystin), Penicillum속(rubratoxin, islanditoxin, luteoskyrin)

80

요코가와흡충은 다슬기를 제1중간숙주로 담수어(잉어, 붕어, 은어)를 제2중간숙주로 하여 자란다.

81

테트라민 중독
소라 · 고둥 · 골뱅이 등의 타액선(침샘)과 내장에는 독소인 테트라민(tetramine)이 함유되어 있어, 제거하지 않고 섭취할 경우 식중독을 유발한다. 테트라민은 가열하여도 제거되지 않기 때문에 조리 시 반드시 독소가 있는 타액선(침샘)을 제거해야 한다.

82

서로 혼합하지 않는 두 종의 액체를 안정한 에멀션으로 만드는 제3의 물질을 유화제라고 한다.

83

에멘탈 치즈는 숙성과정 중에 혐기성 균인 Propionibacterium shermanii에 의해 프로피온산이 발효되어 가스 구멍이 생기게 된다.

84

장구균(Enterococcus)이나 대장균(E.coli)은 인축의 분변에서 검출되는 균으로, 식품위생검사의 분변오염 지표로 이용되고 있다. 특히 장구균은 냉동식품에서 잔존량이 크므로 냉동식품의 분변오염 지표균으로 이용된다.

85

탄저(Anthrax)

- 병원체 : Bacillus anthracis
- 목축업자, 도살업자, 피혁업자 등에게 피부 상처를 통하여 감염된다.

86

보툴리누스 식중독의 사망률은 30~80%(평균 40%)로 세균성 식중독 중에서 사망률이 가장 높다.

87

Staphylococcus aureus는 그람양성, 무포자, 통성혐기성, 내염성의 특징을 가지며, 화농성 질환의 대표적인 원인균이다. 장독소(enterotoxin)를 생성하는 데 내열성이 강해 120℃에서 30분간 처리해도 파괴가 안 된다.

88

Morganella morganii는 알레르기를 유발하는 히스타민을 생성하는 알레르기 식중독의 원인균이다.

89

유해감미료

- 둘신 : 설탕의 250배 감미, 혈액독, 간장장애
- 시클라메이트 : 설탕의 40~50배 감미, 발암성
- 파라니트로올소토루이닌 : 설탕의 200배 감미, 위통, 식욕부진, 메스꺼움, 권태
- 페릴라틴 : 설탕의 2,000배 감미, 신장염
- 에틸렌글리콜 : 엔진의 부동액

90

자비소독법은 대상 물품을 100℃가 넘지 않는 물에서 15~20분간 처리하는 방법으로, 끓는 물이 100℃를 넘지 않으므로 완전 멸균을 기대할 수는 없다.

91

② 한계기준 : 중요관리점에서의 위해요소 관리가 허용범위 이내로 충분히 이루어지고 있는지 여부를 판단할 수 있는 기준이나 기준치
③ 중요관리점 : HACCP을 적용하여 식품의 위해요소를 예방·제어하거나 허용 수준 이하로 감소시켜 당해 식품의 안전성을 확보할 수 있는 중요한 단계·과정 또는 공정
④ 검증 : HACCP 관리계획의 유효성과 실행 여부를 정기적으로 평가하는 일련의 활동
⑤ 개선조치 : 모니터링 결과 중요관리점의 한계기준을 이탈할 경우에 취하는 일련의 조치

92

"집단급식소"란 영리를 목적으로 하지 아니하면서 특정다수인(1회 50명 이상)에게 계속하여 음식물을 공급하는 급식시설을 말한다(법 제2조 제12호, 시행령 제2조).

93

집단급식소에 근무하는 영양사의 직무(법 제52조 제2항)

- 집단급식소에서의 식단 작성, 검식 및 배식관리
- 구매식품의 검수 및 관리
- 급식시설의 위생적 관리
- 집단급식소의 운영일지 작성
- 종업원에 대한 영양 지도 및 식품위생교육

94

한시적으로 인정하는 식품 등의 제조·가공 등에 관한 기준과 성분의 규격에 관하여 필요한 세부 검토기준 등에 대해서는 식품의약품안전처장이 정하여 고시한다(시행규칙 제5조 제4항).

95

영업에 종사하지 못하는 질병의 종류(시행규칙 제50조)

- 결핵(비감염성인 경우는 제외한다)
- 콜레라, 장티푸스, 파라티푸스, 세균성이질, 장출혈성 대장균감염증, A형간염
- 피부병 또는 그 밖의 고름형성(화농성) 질환
- 후천성면역결핍증(성매개감염병에 관한 건강진단을 받아야 하는 영업에 종사하는 사람만 해당한다)

96

제3조(식품 등의 취급)를 위반한 자에게는 500만 원 이하의 과태료를 부과한다(법 제101조 제2항 제1호).

97

학교급식을 위한 식품비는 보호자가 부담하는 것을 원칙으로 한다(법 제8조 제3항).

98

국민에게 건강에 대한 가치와 책임의식을 함양하도록 건강에 관한 바른 지식을 보급하고 스스로 건강생활을 실천할 수 있는 여건을 조성함으로써 국민의 건강을 증진함을 목적으로 한다(법 제1조).

99

결격사유(법 제16조)

다음의 어느 하나에 해당하는 사람은 영양사의 면허를 받을 수 없다.

- 정신질환자. 다만, 전문의가 영양사로서 적합하다고 인정하는 사람은 그러하지 아니하다.
- 감염병환자 중 보건복지부령으로 정하는 사람
- 마약 · 대마 또는 향정신성의약품 중독자
- 영양사 면허의 취소처분을 받고 그 취소된 날부터 1년이 지나지 아니한 사람

100

교육 · 보육시설 등 미성년자를 대상으로 하는 영업소 및 집단급식소의 경우에는 원산지가 적힌 주간 또는 월간 메뉴표를 작성하여 가정통신문으로 알려주거나 교육 · 보육시설 등의 인터넷 홈페이지에 추가로 공개하여야 한다(시행규칙 별표 4).

4회 | 1교시 정답 및 해설

01	02	03	04	05	06	07	08	09	10	11	12	13	14	15	16	17	18	19	20
③	⑤	②	③	①	⑤	④	①	⑤	④	④	②	②	⑤	④	④	①	③	⑤	⑤
21	22	23	24	25	26	27	28	29	30	31	32	33	34	35	36	37	38	39	40
③	⑤	①	⑤	⑤	④	③	④	④	⑤	④	②	⑤	①	⑤	⑤	⑤	②	①	④
41	42	43	44	45	46	47	48	49	50	51	52	53	54	55	56	57	58	59	60
③	③	⑤	⑤	④	③	④	④	④	④	②	④	④	①	③	②	①	④	④	④
61	62	63	64	65	66	67	68	69	70	71	72	73	74	75	76	77	78	79	80
②	②	②	⑤	③	⑤	②	④	⑤	①	①	③	③	②	②	③	③	⑤	⑤	④
81	82	83	84	85	86	87	88	89	90	91	92	93	94	95	96	97	98	99	100
②	①	①	⑤	②	⑤	③	④	②	①	①	③	⑤	①	⑤	④	⑤	③	④	④
101	102	103	104	105	106	107	108	109	110	111	112	113	114	115	116	117	118	119	120
①	②	①	⑤	②	④	④	①	②	②	②	①	③	⑤	③	④	④	①	⑤	⑤

01

타액 중에 있는 α-아밀라아제(프티알린)는 전분(starch)을 덱스트린(dextrin)이나 맥아당(maltose)으로 분해하는 기능을 한다.

02

세룰로플라스민은 혈장 중에 있는 구리와 결합하는 단백질이다. 슈퍼옥사이드 디스뮤타아제(SOD)는 구리·망간·아연을 구성성분으로 하며 세포를 산화적 손상으로부터 보호하는 작용을 한다.

03

코리회로(Cori cycle)
근육에서 생성된 젖산이 간으로 이동하여 포도당으로 전환되는 과정으로, 활동하고 있는 근육의 대사적 부담 일부분을 간으로 전가한다.

04

혈당이 높을 때는 인슐린이 분비되고, 혈당이 낮을 때는 글루카곤, 에피네프린, 갑상샘호르몬, 성장호르몬, 글루코코르티코이드가 분비된다.

05

당질 섭취가 부족하게 되면 지방의 불완전 연소로 케톤체(ketone body)가 생성되어 산독증(acidosis)을 일으키므로 지방질의 완전연소를 위해서는 적어도 1일 100g 이상의 당질 섭취가 필요하다.

06

수용성 식이섬유는 소장 내에서 지방과 콜레스테롤의 흡수를 억제하고, 회장에서 담즙산의 흡수를 억제함으로써 혈중 콜레스테롤 농도를 낮춘다.

07

인지질(Phospholipid)
친수성기(극성)와 소수성기(비극성)가 있어 지질의 유화 복합지방은 분자 내에 지방이 아닌 물질을 포함하는 것으로 세포막의 구성성분인 인지질은 복합지방이다. 세포막에서 물질수송의 조절 등 중요한 기능을 한다.

08

필수지방산

- 리놀레산 : 항피부병인자, 성장인자 – 일반식물성유, 채소, 콩기름
- 리놀렌산 : 성장인자 – 아마인유, 들기름
- 아라키돈산 : 항피부병인자 – 동물의 지방, 간유

09

중성지방의 기능

필수지방산의 공급, 세포막의 유동성·유연성·투과성을 정상적으로 유지, 혈청콜레스테롤 감소, 두뇌발달과 시각기능 유지, 에너지원, 효율적인 에너지 저장, 지용성비타민의 흡수촉진, 장기보호 및 체온조절

10

콜레스테롤

성호르몬(에스트로겐, 테스토스테론, 프로게스테론 등), 부신피질호르몬(알도스테론, 글루코코르티코이드 등), 7–dehydrocholesterol(비타민 D_3의 전구체), 담즙산의 전구체이다.

11

알코올은 간에서 알코올탈수소효소에 의해 아세트알데하이드로 분해되는데, 이 물질이 독성을 나타내어 두통, 구토 등의 숙취를 일으킨다.

12

대두유와 옥수수유 같은 식용유에는 Linoleic Acid가 많이 들어 있고, 들기름에는 α–Linolenic Acid가 많이 함유되어 있다. 야자유에는 탄소길이가 짧은 포화지방산이 많이 들어 있고, 생선유에는 EPA나 DHA같은 고도의 불포화지방산이 다른 유지에 비해 비교적 많이 함유되어 있다.

13

셀레늄은 글루타티온 과산화효소의 촉매 활성에 필요한 구성성분이며, 비타민 E와의 상호보완, 상승작용을 통해 항산화 작용을 한다.

14

진핵세포의 DNA에는 단백질의 합성정보를 갖는 부분인 엑손과 단백질의 합성정보를 갖지 않는 부분인 인트론이 존재한다.

15

① 신장과 단백질 대사율은 관련이 없다.
② 단백질 섭취 부족 시 혈장의 삼투압 조절에 기여하는 알부민 등의 부족으로 혈관 내에 있어야 할 수분이 세포조직에 저류하는 부종이 생긴다.
③ 크레아틴은 신장과 간을 거치면서 생성되는데 이것이 근육에서 인산기와 합쳐져서 크레아틴인산(Creatine Phosphate)을 형성하게 된다. 크레아티닌은 크레아틴의 최종 분해산물로서, 크레아티닌의 양은 식사량이 아닌 근육량과 비례하게 된다.
⑤ 요소회로는 간에서 일어난다.

16

①·②·③·⑤ 음의 질소평형 상태이다.

질소평형

조직단백질을 둘러싸고 있는 체액 속의 아미노산과 조직단백질의 아미노산 사이에 계속적인 교환이 일어난다. 이때 음식으로 섭취한 질소량과 배설량이 같은 것을 말한다.

17

Urea Cycle은 NH_3가 CO_2와 반응하고 그 생성물은 Ornithine과 반응하여 Citrulline이 되며, Aspartic Acid와 반응하여 Arginino Succinic Acid를 경유하여 Arginine을 생성한다. → Arginase에 의해 가수분해되어 요소와 Ornithine으로 된다.

18

단백질의 영양가 평가방법 중 체중 증가를 이용한 평가법은 단백질 효율과 진정단백질률이 있다. 단백질 효율은 섭취한 단백질 1g에 대한 체중 증가량으로 'PER = 증가한 체중의 양(g) / 섭취한 단백질의 양(g)'이다.

19

인(P)

- 세포막, 핵산, ATP를 구성하는 무기질이다.
- 혈청 칼슘과 인의 균형을 정상으로 유지하기 위해서 식사 내 칼슘과 인의 섭취비율은 1 : 1을 권장한다.

20

유당불내증

소장의 유당 분해효소인 락타아제(Lactase)의 부족으로 나타나는 현상으로 소화되지 않은 유당이 대장에서 미생물에 의해 분해가 되어 산과 가스를 발생해서 나타난다. 복통, 설사, 복부팽만 등의 증상이 나타난다.

21

담즙은 간에서 콜레스테롤로부터 합성된 후 담낭에 저장된다.

22

뇌하수체 전엽에서 분비되는 호르몬인 프로락틴과 뇌하수체 후엽에서 분비되는 옥시토신은 유즙의 생성과 방출을 촉진하여 유즙 분비를 도우며, 영아의 흡인력에 의해 호르몬 분비가 자극된다.

23

비타민 B_2라고도 불리는 리보플라빈은 결정성 가루로 약간의 냄새가 있고 쓴맛을 가진 영양강화제이다. 건조효모, 우유, 치즈, 달걀, 육류, 맥아, 시금치 등에 많이 들어 있다.

24

생물가

- (체내에 보유된 N량/흡수된 N량)×100
- 체내에 보유되어진 질소량이 높을수록 단백질 영양가가 높다.
- 달걀 : 93.7%, 쌀 : 64.0%, 대두 : 72.8%, 생선 : 76%, 우유 : 84.5%

25

① 미토콘드리아에서 일어난다.
② TCA회로의 시작물질은 피루브산이다.
③ 탄수화물, 지방, 단백질 모두 TCA회로를 거친다.
④ 비타민 B_2, 니아신 등이 관여한다.

26

철 흡수

- 촉진인자 : 헴철, 체내 필요량 증가, 비타민 C, 위산, 구연산, 젖산
- 억제인자 : 수산, 피트산, 타닌, 식이섬유, 다른 양이온(Ca, Mg, Cu)의 존재, 감염, 위액 분비 저하

27

① 리보플라빈 – FAD
② 비타민 B_6 – PLP
③ 티아민 – TPP
④ 엽산 – THF

28

해당 중간체인 피루브산이 탈수소화되어 acetyl–CoA를 생성하고 비오틴 효소인 acetyl–CoA carboxylase에 의해서 malonyl–CoA로 전환되어 지방산 합성이 개시된다. 즉, 탄소고정 카복실기 전이에 작용한다.

29

식사성 발열효과(TEF)

식품 섭취에 따른 영양소의 소화·흡수·이동·대사·저장 과정에서 발생하는 자율신경계 활동 증진 등에 따른 에너지 소비량이다. 식사성 발열효과는 영양소 조성에 따라 달라지며, 20~30%는 단백질, 5~10%는 탄수화물, 0~3%는 지방으로부터 발생된다.

30

지방산 생합성

아세틸–CoA를 출발 물질로 하여 아세틸–CoA 카르복실화효소에 의한 ATP의 분해로 CO_2와 결합하고 말로닐–CoA를 생성함으로써 개시된다. 지방산 생합성은 시트르산에 의해 조절된다.

31

비타민 K는 프로트롬빈 형성에 관여하여 혈액 응고를 촉진하며, 시금치, 양배추, 순무, 케일 등 푸른 잎채소에 다량 들어 있다.

32

초유는 성숙유와 비교하면 단백질, 글로불린, 무기질, β-카로틴이 많으며, 유당, 지방, 에너지 함량은 적다.

33

영아의 지방 소화

- 췌장 리파아제 함량이 적으며, 담즙산이 적어 지방분해 능력이 약하지만 구강과 위에 리파아제가 있어 이를 보완한다.
- 불포화지방산은 포화지방산에 비하여 소화와 흡수가 용이한데 모유에는 우유보다 불포화지방산의 함량이 많으므로, 모유가 우유보다 지방의 흡수가 더 용이하다.

34

② 능동수송 : 농도차에 역행하여 운반체와 에너지를 필요로 한다.

③ 식세포작용 : 미생물이나 세포 조각같이 크기가 큰 고형 물질을 세포 안으로 끌어들이는 작용이다.

④ 여과 : 압력차에 의해 압력이 높은 곳에서 낮은 곳으로 운반되거나, 모세혈관막 또는 신사구체막을 통한 물질의 이동이다.

⑤ 촉진확산 : 농도가 높은 곳에서 낮은 곳으로 운반되므로 에너지는 필요 없으나 운반체가 필요하다.

35

호흡계수(RQ)

일정한 시간에 생산된 이산화탄소량을 그 기간 동안 소모된 산소량으로 나눈 값이다.

즉, RQ=생산된 CO_2 양/소모된 O_2 양

36

모유 지방의 총량은 일정하지만 수유부의 식사구성으로 지방의 구성은 바뀔 수 있다.

37

엽산 부족 시 유산, 임신중독증, 저체중아, 조산아, 신경장애아 등이 나타나며, 임신 시 $220\mu g$ DEF/일 추가 섭취해야 한다. 시금치, 깻잎, 오렌지 등이 급원식품이다.

38

모유가 우유보다 우수한 영양성분

유당, 락트알부민, 비타민 A, 비타민 C, 비타민 E, 타우린, 리놀레산

39

황(S)

글루타티온의 구성성분으로, 적혈구 안에 많이 들어 있으며 체내에서 산화환원 반응에 관여한다. 또한, 간에서 약물의 해독작용을 관여하여 소변으로 배설시키는 작용을 한다.

40

영아는 성인에 비해 설사가 자주 일어나며, 이에 따른 탈수가 올 수 있다. 설사가 심하면 수유를 중단하고 끓인 보리차, 엷은 포도당액 등을 먹여 탈수를 방지한다.

41

태반을 통해 공급받은 저장철은 생후 3개월부터 줄어들기 시작하여 6개월이면 대부분 고갈되기 때문에 생후 5~6개월부터는 균형 있는 이유식을 통해 철을 공급해야 한다.

42

노화의 생리적 변화

- 기초대사율이 감소하고 열량 필요량도 감소한다.
- 근육은 감소하고 지방조직은 증가한다.
- 위액 분비량이 감소하고 체내 칼륨(K)이 감소한다.
- 체내 수분의 양이 감소하고 혈압은 증가한다.
- 면역능력이 감소하고 호르몬 분비가 저하된다.
- 위와 장의 소화액 분비, 운동성과 간의 영양대사율 등이 저하되어 소화흡수능력이 떨어진다.
- 시력, 청력, 맛, 냄새감각 등이 모두 둔화된다.
- 나이가 들수록 타액의 분비가 감소하여 점막이 건조해지고 충치의 발생이 증가한다.

43

『2020 한국인 영양소 섭취기준』 중 학령기(9~11세) 남녀 간 권장섭취량에 차이가 있는 무기질은 철과 구리이다. 철은 남자 11mg/일, 여자 10mg/일이며, 구리는 남자 600μg/일, 여자 500μg/일이다.

44

운동 중의 체내 변화

운동에 따른 열량의 소비 증대, 근세포·근단백질의 분해, 활동근 산소요구량의 증대, 산소섭취량의 증대, 체온 상승과 피부혈류의 증대, 활동근의 혈류량 증가, 발한, 근육 글리코겐 감소, 혈중 젖산 농도의 상승, 인슐린 분비 감소, 혈당 감소 등이 있다.

45

나트륨(Na)

주로 세포외액에 존재하며, 포도당, 아미노산과 함께 세포막 운반체에 결합한 후 이들 영양소를 세포 내로 이동하는 능동수송에 관여한다.

46

① 대장암 : 지질 섭취량 줄이기
② 골다공증 : 비타민 D 섭취량 늘리기
④ 고혈압 : 염분 섭취량 줄이기
⑤ 과체중 : 당질 섭취량 줄이기

47

ATP 생성 반응

- Phosphoglyceratekinase 단계(1,3−Diphosphoglycerate → 3−Phosphoglycerate)
- Pyruvatekinase 단계(Phosphoenol pyruvate → Pyruvate)

48

① Lactate까지의 대사는 혐기적이다.
② Lactate Dehydrogenase에 의해 일어난다.
③ 해당과정에 필요한 NAD 공급을 위해 일어날 수 있다.
⑤ 근육에서는 Lactate로부터 직접 Glucose를 만들 수 없다.

49

지방산의 합성경로에서 NADPH에 의한 환원, 탈수, 환원반응을 거쳐 Acetoacetyl−CoA로부터 환원반응을 반복하면서 Palmitic Acid가 생성된다.

50

지방의 β−산화

미토콘드리아에서 acyl−CoA의 탄소가 2개씩 짧아지면서 $FADH_2$, NADH, acetyl−CoA를 생성하는 과정이다.

51

글루코스-알라닌 회로

근육에서 생성되는 암모니아는 피루브산으로 넘겨져 알라닌으로 되고, 알라닌은 혈류를 통해 간으로 운반되어 거기서 암모니아를 유리하여 피루브산으로 된다. 피루브산은 글루코스 신생합성경로를 거쳐 글루코스가 되고, 혈류를 매개로 다시 근육으로 되돌아가 해당경로를 지나 피루브산을 생성한다.

52

칼슘 흡수를 도와주는 비타민에는 비타민 C와 비타민 D가 있다. 문제에서 칼슘과 인의 흡수라 했으니 답은 비타민 D이다. 비타민 C는 칼슘과 철분의 흡수를 돕는다.

53

아미노산의 종류

- 중성 아미노산 : 글리신, 알라닌, 발린, 류신, 이소류신
- 하이드록시 아미노산 : 세린, 트레오닌
- 함황 아미노산 : 메티오닌, 시스테인, 시스틴
- 산성 아미노산 : 아스파르트산, 글루탐산
- 염기성 아미노산 : 아르기닌, 라이신, 히스티딘
- 방향족 아미노산 : 페닐알라닌, 티로신
- 헤테로고리 아미노산 : 프롤린, 하이드록시프롤린, 트립토판, 히스티딘

54

리보솜(Ribosome)

RNA와 단백질로 이루어진 복합체로서 세포질 속에서 단백질을 합성하는 역할을 한다.

55

이유식의 시기

이유식의 시기는 생후 5개월 전후, 출생 체중의 약 2배에 가까워졌을 때가 적절하다. 너무 이른 시기에 시작할 경우 영아 비만이나 알레르기를 유발하고, 지연될 경우 편식 · 빈혈 · 성장지연을 유발할 수 있다.

56

아미노산의 분해대사에서 생성된 암모니아는 글루타민을 생성하여 세포막을 통과하거나, 알라닌을 생성하여 간으로 운반한다.

57

콩에는 파이토에스트로겐(식물성 에스트로겐)인 이소플라본이 많이 있어 갱년기 증세를 완화시켜준다. 또한, 골다공증, 유방암, 심장질환 등의 예방 및 치료에도 효과적이다.

58

리보핵산가수분해효소(Ribonuclease)

리보핵산 분자 속에 있는 뉴클레오티드 사이의 인산디에스터 결합을 가수분해하는 효소이다.

59

티아민의 활성화된 형은 Thiamine – Pyrophosphate로서 당질 대사 중 Pentose – Phosphate 경로의 Transketolase에 작용함이 잘 알려졌다. 그 외에도 Pyruvate → Acetyl – CoA의 반응을 촉매하는 Pyruvate dehydrogenase에도 작용한다.

60

① 불감증산은 스스로 느끼지 못하는 사이 피부나 몸속 점막 등에서 수분이 증발 · 발산하는 현상을 말한다.
② 수분 손실량이 2%가 되면 갈증을 느끼고, 4%가 되면 근육 피로를 느낀다.
③ 혈액 삼투압이 상승하면 갈증을 느낀다.
⑤ 혈액이 너무 농축되어 있으면 항이뇨호르몬이 분비되어 콩팥에서 수분손실을 가급적 적게 만들고 수분 재흡수를 촉진한다.

61

계획적 행동이론

- 합리적 행동이론이 확대된 이론으로, 행동수행과 관련된 인지된 행동통제 개념을 추가하였다.
- 구성요소
  - 합리적 행동이론의 구성요소인 행동의도, 행동에 대한 태도, 주관적 규범은 동일하다.
  - 인지된 행동통제력 : 어떻게 하면 행동실천을 용이하게 할 수 있는지에 대해 개인이 인식하는 것

62

영양교육의 실시 과정

- 실태 파악 : 영양 상태를 명확하게 파악한다.
- 문제 발견 및 진단
- 대책 수립 : 경제성, 긴급성, 실현 가능성 기준으로 수립한다.
- 영양교육 실시 : 영양교육은 계획적이고 조직적으로 실시해야 하며 반복 지도를 필수조건으로 한다.
- 효과 판정 : 교육방법의 적부 파악을 위해 한 가지 방법 사용 후 반드시 효과를 판정해야 하며, 효과를 얻지 못했을 경우에는 문제를 다시 진단해서 새로운 계획으로 실시한 후 효과 판정을 되풀이한다.

63

개혁확산모델

- 개념 : 지역사회 내에서 개혁적인 성향이 있는 구성원이 먼저 새로운 개념의 건강행위를 수용함으로써 다른 구성원이 그 효과를 확인하고 따라서 행동하도록 유도하는 모델이다.
- 개혁확산의 구성요소 : 상대적 이점, 적합성, 복잡성, 시험가능성, 관찰가능성

64

건강신념 모델

건강행동의 실천 여부는 개인의 신념, 즉 여러 종류의 건강관련 인식에 따라 정해진다는 이론이다. 개인의 인지된 민감성, 인지된 심각성, 인지된 이익, 인지된 장애, 행위의 계기, 자기효능감에 따라 한 개인이 건강관련 행동을 할 것인가 여부를 예측할 수 있게 해준다.

65

강단식 토의

한 주제를 가지고 다른 각도에서 연구한 전문가 4~5인이 의견을 발표한 후 청중과 질의응답하지만 강사 상호 간에 토의하지 않는 것을 원칙으로 한다.

66

매스미디어

- 주의집중, 동기부여가 강하게 유발되어 다수인에게 다량의 정보를 신속하게 전달할 수 있다.
- 시간적·공간적인 문제를 초월하여 구체적인 사실까지 전달할 수 있다.
- 지속적인 정보의 제공으로 행동변화를 쉽게 유도할 수 있다.
- 신문이나 잡지의 경우 높은 경제성과 광범위한 파급 효과를 가져올 수 있다.

67

TV, Radio, 인터넷 등은 전자매체이다.

68

식품섭취빈도 조사법

일정기간 내에 각 식품을 섭취하는 횟수를 조사하는 방법으로 조사원의 동원이 거의 필요 없다. 편견 없이 쉽게 자료를 모을 수 있고, 직접면담이 아닌 서신의 형태로도 조사가 가능하므로 경제적이다.

69

① 총 내용량 섭취 시 에너지는 2,036kcal이다.
② 총 내용량 섭취 시 당류는 1일 기준량을 초과한다.
③ 100g 섭취 시 콜레스테롤 1일 권고량의 3%이므로 권고량 이내이다.
④ 1회 제공량 섭취 시 나트륨은 530mg이고, 만성질환 위험감소섭취량은 2,300mg이므로 1일 기준을 초과하지 않는다.

70

영양문제 가운데 우선순위를 정할 때는 경제적 손실이 큰 문제, 이환율이 높은 문제, 개선 가능성이 높은 문제, 긴급성이 높은 문제, 심각성이 높은 문제 등을 고려한다.

71

식사력 조사법은 장기간의 식사섭취 형태를 조사하는 방법으로 개인의 기억력에 의존해야 하므로 정확한 양적 측정이 어려우며, 조사하는 데 시간이 많이 걸리고, 훈련된 조사원을 필요로 한다.

72

질병관리청은 2007년부터 전문조사수행팀을 구성하여 국민건강영양조사를 실시하고 있다.

73

효율적인 영양상담을 위해서는 기본적으로 상담자가 경청하는 자세를 가져야 한다.

74

진단에 따른 식사처방은 의사가 한다.

75

영양검색(영양스크리닝)

영양불량 환자나 영양불량 위험 환자를 발견하는 간단하고 신속한 과정이다. 입원한 모든 환자를 대상으로 입원 후 24~72시간 내에 실시하는 것이 이상적이지만 인력과 자원이 제한된 상황에서 이를 시행한다는 것은 매우 어렵다. 따라서 몇 가지 위험요인을 선정하여 단시간에 많은 환자를 대상으로 한 영양검색을 시행하여 환자를 선별한 후 체계적인 영양평가를 하는 방법을 권하고 있다.

76

임상조사

영양불량에 의해서 나타나는 신체적 징후를 시각적으로 진단하는 주관적인 영양판정방법이다.

77

병원에서 사용되는 병인식의 종류

- 일반 병인식 : 일반식, 경식, 연식, 유동식 등
- 특별 병인식 : 열량 조절식, 당질 조절식, 지방 조절식 등
- 검사식 : 레닌 검사식, 당내응력 검사식, 지방변 검사식, 5-HIAA 검사식 등

78

정맥영양액의 구성

- 당질 : 덱스트로오스
- 단백질 : 아미노산(필수아미노산과 비필수아미노산 적절히 혼합)
- 지질 : 지방유화액, MCT
- 비타민, 무기질 : 소화흡수를 거치지 않으므로 권장량보다 적게 공급

79

식도염 환자의 경우 저지방·고단백 식사하기, 소량씩 여러 번 나누어 식사하기, 자극적인 음식 피하기, 식후 바로 눕는 행동 피하기 등을 해야 한다. 연하통증을 호소할 경우에는 무자극 연식을 제공한다.

80

경련성 변비의 식사요법

장관의 점막을 흥분시키지 않는 것으로 정제된 곡류, 잘게 다진 고기, 생선, 가금류, 저섬유소의 채소, 과일 등을 권장한다. 카페인, 알코올, 탄산가스가 많은 음료 및 강한 향신료를 사용한 음식은 장을 자극하므로 금한다.

81

간성혼수 시 저단백식을 하며 분지아미노산(류신, 이소류신, 발린)이 많고 방향족 아미노산이 적게 함유된 식품을 공급하는 것이 좋다.

82

간염 환자의 식사요법

- 고열량식 : 1일 3,000kcal 이상을 섭취한다.
- 고단백질식 : 1일 100g 이상을 취하고, 간세포의 재생과 지단백질 합성 및 촉진을 위한 식사이며, 지방간을 예방한다.
- 고당질식 : 간에 글리코겐을 충분히 저장하여 간을 보호한다.
- 중등지방 : 황달과 위장장애가 있는 급성 초기에만 제한하고, 회복됨에 따라 적당량으로 증가시킨다.
- 비타민을 충분히 섭취하고 알코올을 금지한다.

83

간경변증 환자의 식사요법

- 고열량식, 고단백질식, 고당질식, 고비타민식을 한다.
- 지방은 20% 내외로 중쇄지방산을 주며 알코올은 금한다.
- 복수와 부종 시에는 나트륨을 제한한다.
- 식도정맥류 시에는 딱딱하거나 거친 음식(잡곡류, 견과류, 마른과일 등), 섬유질이 많은 생채소 섭취를 제한한다.

84

비만의 원인

- 단순성 비만 : 과식, 식습관과 식사행동, 사회환경 인자
- 유전(체질) : 양쪽 부모가 모두 비만일 경우 자녀의 80%, 한쪽 부모일 경우는 40%, 양쪽 부모 모두 정상일 경우는 10% 비만
- 운동 : 육체적 활동이 적은 사람(열량 소모가 적기 때문)
- 내분비성 : 갑상샘 기능저하증(Hypothyroidism), 부신피질호르몬 분비 증가, 갱년기 후, 인슐린 분비 증가 등
- 정신·심리적 인자 : 시상하부의 종양 손상, 섭식중추의 항진, 만복중추 장애, 정서 불안, 욕구 불만 등

85

체적지표(BMI)는 현재 비만도의 판정에 매우 유용하게 쓰이는 지표이며, 이의 계산 방식은 체중/신장^2(kg/m^2)이므로 $60/(1.6)^2$을 계산하면 약 23.4가 된다.

86

당뇨병 환자의 단백질 대사

- 간, 근육의 단백질 분해 증가, 체단백 감소
- 아미노산은 당신생에 의해 포도당으로 전환되어 혈당을 상승시킴(간의 알라닌이 분해되어 소변 중 질소 배설량 증가)
- 혈중 분지아미노산(valine, leucine, isoleucine) 농도 증가

87

고혈압 1기 환자로, 비만을 동반하고 있다. 정상체중을 유지하도록 열량을 제한하며, 탄수화물은 케톤증 예방을 위해 최소 100g/일을 섭취한다. 단순당의 섭취는 줄이고, 소금은 1일 6g 이하로 제한한다. 식이섬유는 체내의 나트륨을 흡착해 대변으로 배설시키는 작용을 통해 혈압 상승을 억제하므로, 50세 여자의 1일 충분섭취량인 20g을 섭취한다.

88

비만 환자의 식사요법

- 동일 에너지라도 여러 번 나누어 섭취하면 체중 감소에 효과적이다.
- 질소균형 유지를 위해 질 좋은 단백질을 공급한다.
- 케톤체 형성을 방지하기 위해 1일 100g의 당질을 공급한다.
- 당질·지질 흡수의 지연, 공복감 완화를 위해 식이섬유를 충분히 공급한다.

89

고지혈증 중 제4형은 당질의 과잉 섭취에 기인하므로 당질의 섭취를 제한하고 제3형과 제5형은 당질과 지방의 과잉 섭취가 원인이 되므로 총열량, 탄수화물, 지방의 섭취량을 적절하게 제한한다.

90

식이와 혈중 콜레스테롤의 관계

- 다가불포화지방산이 풍부한 식물성 기름은 혈장 콜레스테롤을 낮추는 반면, 동물성 식품에 많은 포화지방산은 이를 높이는 역할을 한다. 포화지방산은 육류, 치즈, 버터, 우유제품 등에 많이 함유되어 있고 불포화지방산은 참기름, 콩기름, 옥수수기름 등 식물성 기름에 많이 들어 있다. 식물성 기름 중 올리브유는 단일불포화지방산이 많고 코코넛유, 야자유 등은 포화지방산이 많다.
- 체내 대부분의 콜레스테롤은 당질, 지방, 단백질 대사의 중간 산물에서 합성되며 그 나머지는 식사 내 콜레스테롤에서 유입된다.

91

철 함량이 많은 식품으로는 간, 콩팥, 소고기, 난황, 말린 과일, 내장, 녹색채소, 땅콩, 완두콩, 강낭콩 등이 있다.

92

당화혈색소

지난 2~3개월 동안의 혈당 평균치를 평가하는 것으로 당화된 A1c형 혈색소의 농도를 측정하여 시행하는 검사이다. 혈중 포도당 수치가 높을수록 더 많은 당화혈색소가 생성된다.

93

비타민 D

장점막에서 칼슘 결합 단백질을 합성하여 장관에서 칼슘 흡수를 촉진시키고, 신장의 세뇨관에서 칼슘의 재흡수를 증가시킨다. 또한 뼈에서 칼슘의 용해를 촉진시켜서 혈중 칼슘 농도를 증가시킨다.

94

만성콩팥병(만성신부전) 환자는 일반적으로 수분을 제한하지 않으나 핍뇨 시 섭취하는 수분량을 전날 소변량 +500mL로 제한하며, 혈압이 높은 경우에는 염분섭취를 1일 소금 5g 이하(나트륨 2,000mg 이하)로 제한한다.

95

소아성 당뇨로 제1형 인슐린 의존성 당뇨병이다. 혈당이 160~180mg/dL 이상이 되면 요 중으로 빠져 당뇨가 된다. 증상으로는 산독증, 탈수, 당뇨성 케톤산증, 혼수가 나타난다. 인슐린이 분비되지 않으므로 인슐린 주사가 필요하다.

96

제2형 당뇨병(NIDDM)의 식사요법
• 표준체중을 유지할 정도의 열량만 공급한다.
• 당질 : 케토시스를 예방하기 위해 최소 100g을 섭취해야 하고 복합당질로 섭취하는 것이 좋다. 섬유소는 당의 흡수를 서서히 시키고 혈중 콜레스테롤치를 낮추며 만복감을 준다.
• 지방 : 당뇨병 환자는 동맥경화증, 고혈압 등 심장우려 때문에 P/S의 비율은 2 : 1 정도가 바람직하며 지방은 총 열량의 20~25% 정도가 좋다.
• 단백질 : 세포 형성, 합병증 예방, 호르몬 합성 등에 매우 중요하므로 양질의 단백질을 1일 체중 kg당 1~1.5g 공급한다.

97

고혈압 환자에게는 나트륨은 제한하고 칼륨은 충분히 공급해야 한다. 칼륨이 풍부한 식품에는 어육류(정어리, 연어, 고등어), 과일류(딸기, 바나나, 참외, 아보카도), 채소류(시금치, 우엉, 토마토, 케일), 견과류(땅콩, 잣) 등이 있다.

98

글루텐 과민성 장질환(비열대성 스프루)

글리아딘(글루텐의 주요성분)의 소화 · 흡수 장애로 인해 장점막이 손상되어 모든 영양소의 흡수불량이 일어나는 질환이다. 글루텐이 함유된 밀, 보리, 호밀, 귀리, 맥아 등을 제한하며, 옥수수가루, 쌀, 감자 등을 섭취한다.

99

갈락토스혈증
• 원인 : 갈락토스-1-인산염 유리딜 전이효소의 결핍으로 갈락토스가 글루코스로 전환되지 못해 체내에 다량의 갈락토스 축적
• 증상 : 설사, 식욕부진, 구토, 황달, 백내장, 정신지체
• 식사요법 : 갈락토스를 함유한 우유 및 유제품을 제한하고, 두유나 카세인 가수분해물, 특수조제분유 섭취

100

통풍 환자에게 퓨린 함량이 적은 곡류, 국수, 옥수수, 비스킷, 과자, 감염, 우유, 치즈, 아이스크림, 커피, 홍차, 케이크, 스파게티, 흰빵, 달걀, 과일, 채소 등을 제공한다.

101

암 악액질은 악성종양에서 볼 수 있는 고도의 전신쇠약 증세이다. 기초대사량 증가로 체중이 감소하며, 당질이 지방으로 전환이 잘 되지 않아 체지방량이 고갈된다. 또한 암세포는 코리회로를 통해 당신생을 증가시키며, 고혈당증이 발생한다.

102

알레르기 식사요법
• 식품재료는 신선한 것 선택
• 가공식품은 피하고, 사용 시 첨가내용 확인
• 채소류는 향이 강한 것을 피하고 가열 조리할 것
• 신선한 기름 사용
• 향신료 제한
• 소화 흡수가 잘되는 것을 섭취(특히 저녁식사)
• 어린이의 간식, 음료 중에 알레르겐 유무를 확인
• 해조류는 섬유질이 적은 것을 선택

103

유방암

- 위험 요인 : 고지방식, 고열량식, 저섬유소식
- 억제 요인 : 저지방식, 저열량식, 채소 및 과일 위주의 식사

104

급성사구체신염

폐렴, 편도선염, 감기, 중이염 등을 앓고 난 후 연쇄상구균이나 포도상구균, 바이러스 등에 감염되어 급성사구체신염이 발생하는 경우가 많다. 열량은 충분히 공급하되 단백질은 제한하며, 부종과 고혈압 시 나트륨을 제한한다. 핍뇨 시 수분은 전날 소변량+500mL로 제한하되 회복기에는 증가시키고, 칼륨의 섭취도 제한한다.

105

비타민 D는 대부분 햇빛을 통해 생성되는데, 주로 실내에서 생활하는 사람은 비타민 D 결핍이 발생할 수 있다. 비타민 D가 부족하면 골다공증으로 이어질 수 있으므로, 실내에서 활동하는 사람은 비타민 D를 섭취해야 한다.

106

단풍당뇨증은 류신, 이소류신, 발린과 같은 측쇄아미노산(BCAA)의 산화적 탈탄산화를 촉진시키는 단일효소가 유전적으로 결핍된 것이다.

107

비타민 D는 간에서 $25-OH-D_3$로 대사되고 신장에서 활성형 비타민 D인 $1,25-(OH)_2-D_3$로 전환된다. 하지만 만성신부전 환자의 경우 활성형 비타민 D인 $1,25-(OH)_2-D_3$의 합성에 손상이 와서 비타민 D 결핍 상태가 되고, 칼슘 흡수에 지장을 주어 골질환을 초래하게 된다.

108

곤약에 함유된 수용성 식이섬유는 혈청 콜레스테롤과 LDL 콜레스테롤을 낮추므로 동맥경화증 환자에게 적합하다.

109

① 적혈구는 무핵세포이다.
③ 혈장의 설명으로 혈소판은 혈액 응고에 관여한다.
④ 호중성 백혈구가 약 40~70% 정도로 많다.
⑤ 황달은 혈중 빌리루빈의 농도가 높아져 나타나는 현상이다.

110

이완성 변비 시에는 섬유소를 권장하고 경련성 변비 시에는 제한한다.

111

혈액 응고 관여물질

- 혈소판
- 칼슘이온
- 섬유소원
- 트롬빈
- 피브리노겐
- 트롬보플라스민

혈액 응고 억제물질

- 플라즈민
- 헤파린
- 옥살산나트륨
- 구연산소다

112

B-림프구는 백혈구의 일종으로서 체액성 면역에 관여하고 항체를 생성하는 세포로 골수의 줄기세포에서 형성된다.

113

감마글로불린은 혈액을 구성하는 단백질인 글로불린의 한 종류로 항체에 존재하여 우리 몸의 면역 기능에 중요한 역할을 한다.

114

콩팥질환자가 요독증을 동반할 때 혈액의 인산, 요소, 칼륨, 질소의 수치는 증가하고, 칼슘의 수치는 감소한다.

115

칼륨은 과일과 채소의 종류에 따라 그 함량이 다르다. 바나나, 참외, 토마토, 키위보다는 포도, 오렌지, 사과에 칼륨이 적고, 채소도 옥수수, 버섯, 호박, 미역, 시금치, 쑥, 부추, 상추 등에는 칼륨이 많고, 가지, 당근, 배추, 콩나물, 오이, 깻잎에는 칼륨이 상대적으로 적다.

116

수뇨관

신장의 신우에 모아진 오줌을 방광까지 운반해주는 가늘고 긴 관으로, 오줌관 또는 요관이라고 한다.

117

죽상동맥경화증 환자에게는 불포화지방산이 높은 식물성 지방(들기름, 콩기름)이나, EPA가 많아 혈소판 응집을 억제하는 등푸른생선(참치, 고등어, 정어리 등)이 좋다.

118

비만 환자가 식사요법과 운동을 병행했을 경우 열량 및 지방 소모, 체중 감소, 기초대사량 감소 둔화, 비만 관련 위험인자의 조절 등 효과를 들 수 있다.

119

울혈성심부전 환자의 식사요법

- 열량 : 신체 생리 기능을 유지할 정도의 저열량식 (1,000~1,200kcal)
- 단백질 : 정상 기능을 유지하기 위하여 양질의 단백질 공급
- 지방 : 지방은 제한하되 불포화지방산은 증가
- 나트륨 : 부종이 생기기 쉬우므로 부종을 줄이기 위해 나트륨 섭취 제한
- 수분 : 부종이 있는 경우 1일 소변량에 따라 수분 섭취 제한
- 수용성 비타민 보충

120

호르몬 분비 이상 시 나타나는 증상

- 성장호르몬 : 과다 → 거인증, 결핍 → 난쟁이
- 갑상샘호르몬 : 과다 → 바제도병, 갑상샘종, 결핍 → 크레틴병, 점액수종
- 부갑상샘호르몬 : 과다 → 골다공증, 결핍 → 테타니병
- 부신수질호르몬 : 에피네프린, 노르에피네프린 → 혈당 상승, 혈압 상승
- 부신피질호르몬 : 당류코르티코이드 중 코르티솔 과다 → 쿠싱증후군, 결핍 → 애디슨병

01	02	03	04	05	06	07	08	09	10	11	12	13	14	15	16	17	18	19	20
③	④	①	④	④	⑤	②	①	⑤	③	④	①	④	③	⑤	②	②	③	②	⑤
21	22	23	24	25	26	27	28	29	30	31	32	33	34	35	36	37	38	39	40
⑤	⑤	①	⑤	②	⑤	④	①	③	①	⑤	④	③	③	⑤	⑤	②	④	①	③
41	42	43	44	45	46	47	48	49	50	51	52	53	54	55	56	57	58	59	60
①	④	②	①	②	④	④	④	①	④	③	②	④	⑤	⑤	②	①	④	④	⑤
61	62	63	64	65	66	67	68	69	70	71	72	73	74	75	76	77	78	79	80
②	③	③	②	③	③	④	⑤	①	④	⑤	③	①	⑤	③	④	③	⑤	⑤	④
81	82	83	84	85	86	87	88	89	90	91	92	93	94	95	96	97	98	99	100
④	⑤	②	③	②	②	④	①	④	③	③	⑤	③	②	④	③	③	①	④	

01

알긴산(Alginic Acid)

복합다당류인 알긴산은 해초산이라고도 하며, 나트륨, 칼슘 등과 결합해 좋은 칼슘 공급원이며 유해물질 제거에 효과가 있다.

02

과일 속에 있는 과당은 α형과 β형이 같이 있고 이 둘은 온도 변화에 따라 농도가 변하게 된다. 온도가 내려가면 β형 과당의 양이 증가하고, 온도가 올라가면 α형 과당이 증가하는데 β형 과당이 α형 과당보다 3배 정도 단맛이 강하다.

03

부제탄소에 결합된 수산기가 오직 1개만 다른 방향일 때 에피머(Epimer)라고 한다.

04

복합지질

• 인지질 : 레시틴, 스핑고미엘린
• 당지질 : 세레브로시드, 강글리오시드
• 지단백질
• 황지질

05

단백질의 구조

• 1차 구조 : 펩타이드 결합
• 2차 구조 : 수소 결합
• 3차 구조 : 수소 결합, 이온 결합, 소수성 결합, 이황화 결합 등

06

라이신과 트레오닌이 제한아미노산인 쌀과 메티오닌이 제한아미노산인 콩을 섞어서 먹을 경우에는 이들 간의 상호보충 효과를 낼 수 있다.

07

좋은 튀김기름 조건

요오드가 · 발연점↑, 굴절률 · 산가 · 과산화물가 · 검화가↓

08

산패를 촉진하는 인자는 온도, 산소, 광선, 수분, 불포화도, 헤마틴 화합물 등이다. 유지의 산화를 촉진시키는 기능을 가진 물질을 산화촉진제라고 하며 금속, 금속염, 유기금속 화합물, 광선, 온도, 수분, 산소분압, 헤모글로빈과 같은 생체촉매 등이 이에 해당한다.

09

포화지방산은 상온에서 대부분 고체상태이며, 탄소수가 증가할수록 융점이 높아지고 물에 녹기 어렵게 된다.

10

① 보리 : 호르데인(hordein)
② 고구마 : 이포메인(ipomein)
④ 감자 : 투베린(tuberin)
⑤ 밀 : 글루텐(gluten)

11

자동산화는 상온에서 공기 중의 산소를 흡수하여 서서히 산화하는 것을 말한다.

12

단백질의 정색반응
• 뷰렛 반응 : 분자 중에 펩타이드 결합이 존재할 때에 일어남
• 밀론 반응 : 티로신에 기인한 반응
• 유황반응 : 함황아미노산 확인
• 홉킨스 콜 반응 : 트립토판에 기인한 반응
• 닌히드린 반응 : α−아미노산 정량법

13

1작은술(tea spoon ; ts) = 5mL로, 간장 45mL는 9작은술이다.

14

① 양파, ② 마늘, ④ 담수어, ⑤ 무에 해당한다.

15

마이야르(Maillard) 반응의 메커니즘
• 초기단계 : 당과 아미노산이 축합반응에 의해 질소배당체 형성, 아마도리 전위 반응
• 중간단계 : 아마도리 전위에서 형성된 생산물이 산화, 탈수, 탈아미노반응 등에 의해 분해되어 오손, HMF(hydroxy tmethyl furfural) 등을 생성하는 반응
• 최종단계 : 알돌 축합반응, 스트레커 분해반응, 멜라노이딘 색소 형성

16

Aspergillus niger(흑국균)는 유기산 발효공업, amylase와 pectinase 생산에 이용되며 Asp.niger가 생산하는 hesperidinase에 의해서 오렌지 주스 등의 백탁을 방지한다.

17

카라기난은 홍조류에서 추출한 콜로이드상의 물질로 식품이나 화장품, 약품 등에서 재료들을 잘 혼합하게 하고 점도를 높이며 저장성을 높이는 용도로 사용한다. 아이스크림, 젤리, 가공유, 잼, 햄, 소시지, 소스 등에 사용되고 있다.

18

① 클로로겐산 : 커피의 떫은맛
② 진저론 : 생강의 매운맛
④ 테아닌 : 녹차의 떫은맛, 감칠맛
⑤ 타우린 : 문어, 오징어의 감칠맛

19

갈변반응
과실에 함유된 폴리페놀이 산화효소와 반응해 갈색 물질을 만드는 현상이다.

20

당화란 전분을 당화효소 또는 산의 작용으로 가수분해하여 맥아당 등의 당으로 바꾸는 반응으로, 식혜, 엿, 고추장 등이 해당한다.

21

물엿은 전분을 산 또는 효소로 가수분해하여 만든 당이다. 쌀, 보리, 옥수수, 고구마 등 전분을 함유하는 곡류를 제조원료로 사용하며, 주성분은 맥아당이다.

22

알루미늄 조리기구는 열전도율이 뛰어나 빠르게 가열되고 열이 팬 전체에 고르게 분산되는 특징이 있다.

23

전분의 호정화

- 전분에 물을 가하지 않고 160~170℃ 이상으로 가열하여 다양한 길이의 Dextrin이 생성되는 현상을 호정화라 하며, 호정화된 전분은 노화현상이 일어나지 않는다.
- 이때 생성된 Dextrin을 Pyrodextrin이라 하며 황갈색으로 물에 용해되나 점성은 약하며 소화가 잘 된다.
- 미숫가루, 누룽지, 토스트, 뺑튀기, 비스킷, 브라운루 등이 해당된다.

24

청국장 발효 시 관련된 미생물로 Bacillus subtilis, Bacillus natto 등의 납두균이 사용된다.

25

② 현탁액 : 액체 속에 미세한 고체의 입자가 분산해서 떠 있는 것

① 졸(sol) : 연속상인 물에 젤라틴 분자가 분산되어 있는 상태로 미립자가 약 1μm 이하인 경우

③ 유화액 : 분산질과 분산매가 둘 다 액체인 교질 상태

④ 교질용액 : 콜로이드 상태에서 미립자의 크기가 1nm~0.1μm인 경우

⑤ 진용액 : 용질이 콜로이드 상태가 아니고 분자나 이온의 상태로 균일하게 섞여 있는 용액

26

청경채를 데친 후에는 조직의 연화, 떫은맛·쓴맛 제거, 휘발성 유기산 감소, 수용성 성분 감소, 티아민(비타민 B₁) 감소의 변화를 나타낸다.

27

밀가루 반죽 시 소금을 첨가하면 글루텐의 점탄성이 좋아지고, 단백질 분해효소인 프로테아제의 활성을 억제시켜 글루텐의 입체적 망상구조를 치밀하게 한다.

28

티아민은 황(thio)을 함유하고 있는 비타민으로, 돼지고기에는 티아민의 함량이 0.4~0.6mg/100g 정도로 다량 함유되어 있는데, 이는 소고기(0.07mg/100g)의 약 10배 정도 많은 양이다.

29

색소의 변화에는 클로로필의 페오피틴화, 안토시안 색소의 산화(갈변), 플라본 색소의 황변, 타닌 색소의 갈변 등이 있다.

30

밀가루 제품에 있어서 유지의 작용

- 크리밍성 : 공기흡입에 의한 부풀림성(팽창성)
- 쇼트닝성 : 글루텐 구조의 팽창과 전분 분자의 결합을 억제하여 부드럽고 바삭거리는 작용
- 유화성 : 밀가루 반죽 시 수분과 유화되어 질감을 좋게 함
- 가소성 : 가소성 유지의 밀가루 반죽형태 유지(파이, 패스트리의 층 형성)

31

조미료 넣는 순서

설탕 → 소금 → 식초 → 간장 → 고추장 → 참기름

32

④ 식품재료의 표면적이 클수록 흡유량이 증가한다.

33

베타글루칸(β-glucan)

D-포도당이 β-글루코사이드 결합을 통해 형성된 다당류로서, 보리와 귀리에 많이 들어있다. 높은 점성을 가지고 있어 혈중 콜레스테롤 함량을 낮추고, 식후 당류의 소화흡수를 지연시키며 인슐린의 분비를 조절할 뿐 아니라 혈당 농도를 낮추는 작용을 한다.

34

불포화지방산이 수소첨가로 포화지방산이 되면 융점이 상승하고 요오드가가 저하되어 가소성이 부여된다.

35

육류 및 물고기의 감칠맛으로 guanylic acid(GMP)와 inosinic acid(IMP)가 있다.

36

발연점은 유지를 가열할 때 엷은 푸른 연기가 발생할 때의 온도를 말한다.

37

생선은 선도에 따라 조리법을 달리 하는데 선도가 높으면 생선 고유의 맛을 내도록 해야 한다. 비린내를 제거하기 위해 넣는 생강과 술은 끓고 난 후에 넣어야 효과적이다. 소금에 절일 경우 생선 무게의 2% 정도의 소금이 적당하다.

38

다시마에는 알긴산이 많이 들어있고, 요오드 · 비타민 B_2 · 글루탐산 등의 아미노산을 함유하고 있다.

39

Linolenic Acid, Linoleic Acid는 식물성이다.

40

오브알부민은 난백의 주단백질(60%)이고 그다음은 콘알부민, 오보뮤코이드, 라이소자임, 아비딘 순이다.

41

교차오염을 방지하기 위하여 생선 · 육류 등 날음식은 냉장고 하단에, 가열조리 식품, 가공식품, 채소 등은 상부에 보관한다.

42

병원급식의 목적은 환자에게 영양적 필요량에 맞는 식사공급으로 환자의 건강을 빨리 회복시킴으로써 개인과 사회에 기여하도록 하는 데 있다.

43

식단작성 시 경제적인 측면에서 가장 고려할 점은 최소의 비용으로 최대의 영양균형 효과를 얻는 것이다.

44

표적시장 선정

기업은 여러 세분시장에 대해 충분히 검토한 후에 하나 혹은 소수의 세분시장에 진입할 수 있다. 표적시장 선정은 각 세분시장의 매력도를 평가하여 진입할 하나 혹은 그 이상의 세분시장을 선정하는 과정이다.

45

검 식

배식하기 전 1인분 분량을 상차림하여 음식의 맛, 질감, 조리상태, 조리완성 후 음식온도, 위생 등을 종합적으로 평가하는 것이다. 검식내용은 검식일지에 기록한다(향후 식단 개선자료로 활용).

46

단체급식소에서 음식 생산량 결정을 위한 고려 요인에는 피급식자 인원수, 1인 분량, 폐기율, 조리 시 손실량 및 증가량 등이 있다.

47

전분의 잔류성분 검사 시 0.1N 요오드 용액을 사용하여 청색으로 변하는지를 확인한다.

48

산업체 급식

- 단체급식 시장 중 가장 큰 규모를 차지한다.
- 근로자의 영양관리 · 건강 유지 · 생산성 향상 · 기업의 이윤 증대가 목적이다.
- 1회 급식인원 100명 미만 산업체의 경우 영양사를 두지 아니하여도 된다.

49

서브퀄(SERVQUAL)

Service Quality의 합성어이다. 고객들이 서비스 품질을 판단하는 기준을 유형성, 신뢰성, 대응성, 확신성, 공감성 등 5가지로 나누고 기준을 세워 고객의 기대와 서비스 인지에 대한 각각의 점수를 산출하여 서비스 품질을 관리한다.

50

OJT(On the Job Training)는 직장 내부에서 수행되는 훈련방식이다.

51

순환식단

- 병원급식에 적합하다.
- 식자재의 효율적인 관리가 가능하다.
- 식단의 변화가 한정되어 섭취식품의 종류가 제한적이다.
- 식단주기가 너무 짧을 경우 고객은 단조로움을 느낄 수 있다.

52

오픈 숍 제도(Open Shop System)

노동자의 노동조합 가입 여부가 노동자의 자유의사에 의하여 결정할 수 있는 제도이다. 노동조합의 자격 여부가 고용이나 해고의 조건이 되지 않는다. 따라서 경영자가 노동조합을 약화시킬 가능성이 크다.

53

D. McGregor의 XY이론

- X이론 : 수동적 인간관, 인간은 원래 게으르며 가능한 일을 하지 않으려 한다는 견해
- Y이론 : 자발적인 인간관, 인간은 본래 일을 즐기고 자아실현을 위해 노력하는 존재라는 견해

54

① 사업부제 조직 : 조직을 제품별, 지역별, 거래처별로 부문화하고 경영상의 독립성을 인정하여 책임의식을 갖게 하는 조직
② 프로젝트 조직 : 목표 달성을 위하여 수평적으로 조직되며, 목표가 달성되면 해체되는 조직
③ 매트릭스 조직 : 기능식 조직과 프로젝트 조직을 병합한 조직으로 행렬조직
④ 네트워크 조직 : 핵심부문을 제외한 부분을 아웃소싱이나 업무제휴로 하는 조직

55

직무설계

- 직무 단순 : 작업절차를 단순화하여 전문화된 과업 수행
- 직무 순환 : 다양한 직무를 순환하여 수행
- 직무 교차 : 직무의 일부분을 다른 사람과 함께 수행
- 직무 확대 : 과업의 수적 증가, 다양성 증가(양적 측면)
- 직무 충실 : 과업의 수적 증가와 함께 책임과 통제범위를 수직적으로 늘려 직원에게 동기부여를 줄 수 있음(질적 측면)

56

명령일원화의 원칙

경영조직의 질서를 유지하기 위해서 명령계통의 일원화가 필요하다는 원칙으로 조직의 각 구성원은 1인의 직속 상급자로부터 지시·명령을 받아야 한다는 것이다.

57

저장관리의 효율적인 원칙

- 선입선출의 원칙 : 먼저 입고된 물품이 먼저 출고되어야 함
- 품질보존의 원칙 : 납품된 상태 그대로 품질의 변화 없이 보존해야 함
- 공간활용 극대화의 원칙 : 확보된 공간의 활용을 극대화함으로써 경제적 효과를 높여야 함
- 분류저장 체계화의 원칙 : 가나다(알파벳)순으로 진열하여 출고 시 시간과 노력이 줆
- 저장위치 표시의 원칙 : 저장해야 할 물품을 분류한 후 일정한 위치에 표식화하여 저장

58

거래명세서

공급업체가 물품 납품 시 함께 가져오는 서식으로, 검수 담당자는 납품된 품목에 납품서에 적힌 것과 일치하는지를 확인해야 한다.

59

급식예산 계획 시 고려할 사항은 예정 급식수, 급식시설의 종류, 식단의 내용 등이다.

60

제조원가

제품의 제조를 위해 직접·간접으로 소비한 일체의 경제가치의 합계액으로, 직접원가에 제조간접비를 더한 것이다.

61

노동시간당 식당량

$$노동시간당\ 식당량 = \frac{일정기간\ 제공한\ 총\ 식당량}{일정기간\ 총\ 노동시간}$$
$$= \frac{(2,000+1,000/2)식당량}{500시간}$$
$$= 5식당량/시간$$

62

마케팅 믹스 7P

- 제품(Product) : 제품의 생산공정과 검수, 질, 생산규모, 브랜드, 디자인, 포장
- 촉진(Promotion) : 이벤트, 무료시식, 경품 제공 등
- 유통(Place) : 적절한 시간에, 접근 가능한 위치에, 적절한 수량이 소비자에게 제공
- 가격(Price) : 할인 정책, 가격변동. 저가전략, 고가전략, 유인가격전략
- 과정(Process) : 서비스의 수행과정, 수행흐름, 고객과의 접점관리가 중요
- 물리적 근거(Physical evidence) : 매장의 분위기, 공간배치, 패키지, 유니폼, 인테리어
- 사람(People) : 종업원, 소비자, 경영진 등 소비와 관련된 모든 인적 요소

63

분산구매의 장점

- 구매수속이 간단하여 비교적 단기간에 구입이 가능하며, 자주적 구매가 가능하다.
- 긴급수요의 경우에 특히 유리하며, 거래업자가 근거리에 있는 경우에는 운임 등 기타 경비가 절감되고, 차후 서비스면에서 유리하다.

64

$$발주량 = 1인분당\ 중량 \div (100 - 폐기율) \times 100 \times 예상식수$$
$$= 45 \div 90 \times 100 \times 300 = 15,000(g) = 15kg$$

65

① 물품의 하역장소, 창고, 사무실과 인접한 곳에 위치할 것
② 저울, 온도계, 간이작업대, 운반차, 검수도장 등을 갖출 것
④ 조도는 540Lux 이상일 것
⑤ 검수대의 높이는 바닥에서 60cm 이상일 것

66

전수검사법은 납품된 물품을 하나하나 전부 검사하는 방법이다. 소규모 급식소의 경우 전수검사법을 실시한다.

67

고정비는 4,000 - 3,200 = 800원이다. 지출고정비가 100,000원이므로 100,000/800 = 125이다. 즉, 125식을 판매해야 손익분기점이다. 손익분기점은 125 × 4,000 = 500,000원이 된다.

68

$$희석농도(ppm) = \frac{염소용액의\ 양(mL)}{소독액의\ 양(mL)} \times 유효염소농도(\%)$$
$$200ppm = \frac{x}{1,000(mL)} \times 4\%$$
$$x = 5mL$$

※ 1% = 10,000ppm

69

복수식단은 동일한 영양을 섭취하면서 식품과 조리법을 선택할 수 있도록 계획된 식단이다.

70

감가상각비

고정자산의 감소하는 가치를 연도에 따라 할당하여 처리하는 비용이다.

71

분산조리(batch cooking)

한 번에 대량으로 조리하지 않고 배식시간에 맞추어 일정량씩 나누어 조리하는 방식으로, 음식의 관능적·영양적·미생물적 품질을 유지할 수 있다.

72

재고자산의 평가

- 실제구매가법 : 마감 재고조사 시 남아 있는 물품들을 실제로 그 물품을 구입했던 단가로 계산하는 방법
- 총평균법 : 평균 구입단가를 이용하여 재고가를 산출하는 방법
- 선입선출법 : 가장 먼저 들어온 품목이 나중에 입고된 품목들보다 먼저 사용된다는 재고회전원리에 기초한 방법
- 후입선출법 : 최근에 구입한 식품부터 사용한 것으로 기록하며, 가장 오래된 물품이 재고로 남아 있게 되는 방법
- 최종구매가법 : 급식소에서 가장 널리 사용되며 간단하고 빠르며, 가장 최근의 단가를 이용하여 산출하는 방법

73

잔반량 조사는 고객의 기호도 및 음식에 대한 순응도를 측정하기 위하여 잔반량을 측정하는 것으로, 급식관리의 사후통제 수단이다.

74

일반경쟁입찰

신문 또는 게시와 같은 방법으로 입찰 및 계약에 관한 사항을 일정기간 일반에게 널리 공고하여 응찰자를 모집하고, 입찰에서 상호경쟁시켜 가장 타당성 있는 입찰가격을 제시한 사람을 낙찰자로 정하는 방법이다.

75

ABC 관리방식

중요도에 따라 ABC순으로 재고를 관리하는 기법으로, 매출액이 높은 A를 집중적으로 관리하여 관리효과를 높이는 재고관리 기법이다.

76

브레인스토밍(Brain storming)

아이디어 기술개발 훈련으로, 소집단 내에서 일정시간 동안 주제에 대한 아이디어를 내게 한 후에 종합 검토함으로써 독창적인 아이디어를 얻는 훈련방법이다.

77

종합적 품질경영(TQM)

경영자가 소비자 지향적인 품질방침을 세워 최고경영진은 물론 전 종업원이 전사적으로 참여하여 품질 향상을 꾀하는 활동이다. 제품이나 서비스의 품질뿐만 아니라 경영과 업무, 직장환경, 조직 구성원의 자질까지도 품질 개념에 넣어 관리해야 한다.

78

캠필로박터제주니(Campylobater jejuni)

- 그람음성의 미호기성 세균으로, 42℃에서 생육이 잘 된다.
- 오염된 닭고기에 의한 감염이 많이 발생하며, 적절한 가열살균이 가장 중요하다.

79

수은(Hg)

- 원인 : 공장폐수에 오염된 농작물, 어패류 섭취 시에 발생, 콩나물 배양 때 소독제로 오용
- 미나마타병 : 말초신경 마비, 연하곤란, 시력감퇴, 호흡 마비

80

복어의 독성인 테트로도톡신(Tetrodotoxin)은 신경이나 근세포의 나트륨 활성화 메커니즘을 선택적으로 저하는 신경독이다. 중독증상은 입과 혀의 저림, 두통, 복통, 현기증, 구토, 운동불능, 지각마비, 언어장애, 호흡곤란, 혈압하강, 청색증, 반사의 소실, 의식의 소실, 호흡정지, 심장정지로 사망에 이르게 된다.

81

바실러스(Bacillus)속

- 그람양성, 호기성, 간균이다.
- 편모가 있다.
- 내열성 포자(아포)를 형성한다.
- 탄수화물과 단백질의 분해력이 강하다.

82

발색제(색소고정제)

- 무색이어서 스스로 색을 내지 못하지만 식품 중의 색소와 반응하여 그 색을 고정시키거나 나타내게 하는 데 사용되는 첨가물이다.
- 식육제품에는 아질산나트륨, 질산나트륨, 질산칼륨만 허용된다.
- 식물성 색소발색제는 황산 제1철(결정), 황산 제2철(건조) 등이 있다.

83

맥각 중독

맥각균(Claviceps purpurea)이 보리 · 밀 · 호밀 등의 씨방에 기생하여 에르고톡신(Ergotoxin) · 에르고타민(Ergotamine) 등의 독소를 생성한다.

84

염소소독 중 물의 유기물이 염소와 반응하여 발암성 물질인 트리할로메탄(THM)이 생성될 수 있다.

85

살모넬라 식중독의 원인세균은 Salmonella typhimurium(쥐티푸스균)으로 그람음성, 무포자, 호기성 또는 통성혐기성균이다. 원인식품은 가금류, 식육 및 그 가공품이다.

86

Staphylococcus aureus는 그람양성, 무포자, 통성혐기성, 내염성균으로 장독소(enterotoxin)를 생성한다. 잠복기는 평균 3시간으로 세균성 식중독 중 가장 짧으며, 화농성 질환의 원인균이다.

87

베네루핀(venerupin)

모시조개, 바지락, 굴에 함유된 독성물질로, 간장비대, 황달 등의 간기능 저하가 나타날 수 있다.

88

① 선모충은 돼지, 개, 고양이, 쥐에 공통으로 기생하다가 덜 익은 돼지고기를 먹었을 때 사람들에게 감염되며 근육과 작은창자에서 기생한다.
② · ③ · ④ · ⑤ 채소류를 통하여 감염된다.

89

고압증기멸균법은 아포형성균을 멸균하는 가장 좋은 방법으로, 고압증기멸균기에서 가압되어 인치 평방당 15파운드의 증기압(121℃)에서 20분간 멸균하면 모든 미생물은 사멸한다.

90

Vibrio parahaemolyticus는 장염비브리오 식중독의 원인균으로, 그람음성, 무포자 간균, 통성혐기성, 호염성이다. 여름철에 어패류의 생식을 주의해야 한다.

91

HACCP 7원칙

- 위해요소 분석(원칙 1)
- 중요관리점(CCP) 결정(원칙 2)
- CCP 한계기준 설정(원칙 3)
- CCP 모니터링체계 확립(원칙 4)
- 개선조치방법 수립(원칙 5)
- 검증절차 및 방법 수립(원칙 6)
- 문서화, 기록유지방법 설정(원칙 7)

92

집단급식소에서 제공한 식품 등으로 인하여 식중독 환자나 식중독으로 의심되는 증세를 보이는 자를 발견한 집단급식소의 설치 · 운영자는 지체 없이 관할 특별자치시장 · 시장 · 군수 · 구청장에게 보고하여야 한다(법 제86조 제1항 제2호).

93

식품위생교육기관은 식품위생교육을 수료한 사람에게 수료증을 발급하고, 교육 실시 결과를 교육 후 1개월 이내에 허가관청, 신고관청 또는 등록관청에, 해당 연도 종료 후 1개월 이내에 식품의약품안전처장에게 각각 보고하여야 하며, 수료증 발급대장 등 교육에 관한 기록을 2년 이상 보관 · 관리하여야 한다(시행규칙 제53조 제2항).

94

누구든지 총리령으로 정하는 질병에 걸렸거나 걸렸을 염려가 있는 동물이나 그 질병에 걸려 죽은 동물의 고기 · 뼈 · 젖 · 장기 또는 혈액을 식품으로 판매하거나 판매할 목적으로 채취 · 수입 · 가공 · 사용 · 조리 · 저장 · 소분 또는 운반하거나 진열하여서는 아니 된다(법 제5조).

95

식품안전관리인증기준 적용업소 종업원의 신규 교육훈련 시간은 영업자의 경우 2시간 이내, 종업원의 경우 16시간 이내이다(시행규칙 제64조 제3항 제1호).

96

제51조(조리사) 또는 제52조(영양사)의 의무고용 규정을 위반한 자는 3년 이하의 징역 또는 3천만 원 이하의 벌금에 처하거나 이를 병과할 수 있다(법 제96조).

97

학교급식 운영평가기준(시행령 제13조)

- 학교급식 위생 · 영양 · 경영 등 급식운영관리
- 학생 식생활지도 및 영양상담
- 학교급식에 대한 수요자의 만족도
- 급식예산의 편성 및 운용
- 그 밖에 평가기준으로 필요하다고 인정하는 사항

98

특별자치시장 · 특별자치도지사 · 시장 · 군수 · 구청장은 영양개선사업을 수행하기 위한 영양지도원을 두어야 하며 그 영양지도원은 영양사의 자격을 가진 사람으로 임명한다. 다만, 영양사의 자격을 가진 사람이 없는 경우에는 의사 또는 간호사의 자격을 가진 사람 중에서 임명할 수 있다(시행령 제22조 제2항).

99

보건복지부장관은 영양사의 면허를 부여할 때에는 영양사 면허대장에 그 면허에 관한 사항을 등록하고 면허증을 교부하여야 한다. 다만, 면허증 교부 신청일 기준으로 결격사유에 해당하는 자에게는 면허 등록 및 면허증 교부를 하여서는 아니 된다(법 제18조 제1항).

100

제6조(거짓 표시 등의 금지) 제1항 또는 제2항을 위반한 자는 7년 이하의 징역이나 1억 원 이하의 벌금에 처하거나 이를 병과할 수 있다(법 제14조 제1항).

정답	01	02	03	04	05	06	07	08	09	10	11	12	13	14	15	16	17	18	19	20
	③	②	③	①	⑤	①	⑤	④	①	⑤	③	⑤	⑤	⑤	④	④	④	⑤	⑤	②
	21	22	23	24	25	26	27	28	29	30	31	32	33	34	35	36	37	38	39	40
	⑤	④	①	④	③	⑤	⑤	③	④	⑤	④	④	①	⑤	④	⑤	③	②	②	①
	41	42	43	44	45	46	47	48	49	50	51	52	53	54	55	56	57	58	59	60
	⑤	③	①	④	②	③	②	②	⑤	①	③	⑤	①	②	①	⑤	①	④	①	④
	61	62	63	64	65	66	67	68	69	70	71	72	73	74	75	76	77	78	79	80
	⑤	③	①	②	①	①	④	④	④	①	③	①	④	④	④	④	⑤	⑤	③	⑤
	81	82	83	84	85	86	87	88	89	90	91	92	93	94	95	96	97	98	99	100
	①	③	②	②	①	④	⑤	②	④	③	①	②	②	④	④	⑤	④	⑤	①	④
	101	102	103	104	105	106	107	108	109	110	111	112	113	114	115	116	117	118	119	120
	④	④	④	⑤	⑤	⑤	②	④	②	④	⑤	④	⑤	②	⑤	③	④	②	⑤	③

01

펙틴(Pectin)

갈락토스로 구성되어있으며, 사과 · 채소 등에 존재한다. 포도당 흡수를 지연하고 회장에서 담즙산의 재흡수를 억제하고 소장 내에서 지방과 콜레스테롤의 흡수를 억제한다.

02

포도당(Glucose)

뇌, 적혈구, 신경세포는 정상상태에서 포도당만을 에너지원으로 이용하므로, 이들 세포의 기능 유지를 위해 탄수화물은 꼭 섭취해야 한다.

03

TCA회로

산소호흡을 하는 대부분의 생물에서 널리 볼 수 있는데, 특히 동식물이나 균류 등에서는 미토콘드리아라는 세포 내 소과립에서 진행된다. 이 회로의 주요 역할은 산소 흡수를 수반하는 전자전달계와 함께 작용하여 탄수화물 · 지방 · 단백질 등을 물과 이산화탄소로 완전히 분해하여 생명의 작용에 필수적인 에너지 물질로서 주요한 ATP(아데노신삼인산)를 가장 효율적으로 생산하는 것이다.

04

탄수화물은 에너지 공급, 단백질 절약작용, 케톤증 예방을 하며 리보오스는 RNA와 DNA의 구성성분이다.

05

식이섬유는 사람의 체내 소화효소에 의해 가수분해되지 않는 고분자 화합물로, 음식물의 위장통과를 지연시켜 혈당 상승속도를 낮춘다.

06

다가불포화지방산은 산소와 반응하여 쉽게 산화되어 과산화물을 형성한다. 과산화물은 세포막을 손상하여 노화 촉진, 세포기능 저하 등을 유발하며, 다가불포화지방산의 과산화를 막기 위해 다가불포화지방산 섭취가 증가하면 비타민 E 요구량도 증가한다.

07

콜레시스토키닌(Cholecystokinin)

소장 상부(십이지장, 공장)에서 분비되는 호르몬으로, 담낭을 수축시켜 담즙을 분비하고 췌장효소의 분비를 자극한다.

08

① 담즙은 지질을 유화시킨 후 대부분 문맥으로 흡수된다.
② 장점막으로 흡수된 긴사슬지방산은 CoA 유도체로 활성화된다.
③ 리파아제의 활성은 pH와 연관이 있다.
⑤ 성인의 소장에서 중성지방이 다량 소화된다.

09

당질 섭취가 부족하게 되면 지방의 불완전 연소로 케톤체(ketone body)가 생성되어 케톤증(ketosis)을 일으키므로 지방질의 완전연소를 위해서는 적어도 1일 100g 이상의 당질 섭취가 필요하다.

10

류신과 라이신은 케토원성 아미노산이다.

11

19~49세 여성의 칼슘 권장섭취량은 700mg/일, 50세 이상의 여성은 800mg/일이다. 이는 폐경 이후 발생하는 골다공증의 위험을 예방하기 위함이다.

12

비타민 K
지용성이므로 지질의 흡수와 거의 같으며 담즙의 존재로 흡수가 촉진된다. 생체의 비타민 K는 저장능력이 적다. 혈액 중에는 거의 존재하지 않으며 오줌이나 담즙에도 배설되지 않는다. 대변 중에 다량 존재하며 이는 장내의 미생물에 의해서 생성된다.

13

mRNA는 핵 안에 있는 DNA의 유전정보를 세포질 안의 리보솜에 전달한다.

14

노인의 경우 위점막의 위축으로 내적인자 분비가 감소하고, 위산 분비가 감소되어 비타민 B$_{12}$의 생체이용률이 낮아질 가능성이 높다. 그러므로 비타민 B$_{12}$가 풍부한 육류, 가금류, 해산물, 달걀, 우유 등을 섭취하여 보충하는 것이 좋다.

15

콜레스테롤이 많이 함유된 식품에는 동물성 지방, 달걀 노른자, 새우, 오징어, 생선 알 등이 있다.

17

동물성 단백질을 과량 섭취하게 되면 혈액이 산성화되고 이를 중화시키기 위해 뼈에서 칼슘이 빠져나오게 되고 이는 골다공증으로 이어질 수 있다.

18

지방산의 생합성은 세포의 세포질에서 일어나며, malonyl-CoA를 통해 지방산 사슬이 2개씩 증가되는 과정으로, 조효소로 NADPH가 필요하다.

19

① 시스테인 – 타우린
② 글리신 – 글루타티온
③ 티로신 – 카테콜아민
④ 히스티딘 – 히스타민

20

편식 교정법
• 즐거운 식사분위기 조성하기
• 또래친구와 어울려서 식사하기
• 간식은 정해진 시간에 정해진 양만 주기
• 가족의 편식 고치기
• 조리법 개선하기
• 싫어하는 음식을 강제로 주지 않기

21

① 체온이 1℃ 상승하면 기초대사량이 12.6% 정도 증가한다.
② 연령이 증가할수록 기초대사량이 감소한다.
③ 임신기에는 기초대사량이 증가한다.
④ 식사하고 12~14시간 후에 완전한 휴식상태에서 기초대사량을 측정한다.

22

지방은 지용성 비타민(비타민 A, D, E, K)의 흡수를 도와주므로 적당한 양을 섭취하는 것이 중요하다.

23

식품의 에너지 함량은 수분과 섬유소 함량이 적고 지방 함량이 높으면 열량이 많다.

100g당 에너지가

- 설탕 : 385kcal
- 소고기 : 182kcal
- 감자 : 83kcal
- 오이 : 2kcal

24

칼슘(Ca)의 기능

- 뼈와 치아의 형성
- 혈액 응고 형성
- 근육 수축과 이완
- 신경의 자극전달
- 세포막의 투과성 조절
- 체액의 pH 유지
- 프로트롬빈을 트롬빈으로 활성화

25

임신부의 요오드 결핍은 태어난 유아의 갑상샘호르몬 분비를 저하시켜 지적·신체적 성장과 성숙 장애를 가져오고, 심하면 크레틴 증세를 가져온다. 성인의 경우는 갑상샘 비대, 갑상샘암 등을 유발시킨다.

26

칼륨(K)

- 골격근과 심근의 활동에 중요한 역할을 한다.
- 신장기능이 약한 경우 혈중 칼륨 농도가 상승해 고칼륨혈증을 형성하면 심장박동을 느리게 하므로 빨리 치료하지 않으면 심장마비를 초래할 수 있다.

27

비타민 C, 비타민 B_6, 비타민 B_{12}, 엽산은 빈혈을 예방한다.

28

에스트로겐은 콜레스테롤을 전구체로 하여 합성되는 스테로이드 호르몬이다.

29

비타민 A가 로돕신 형성에 관여하므로 비타민 A 결핍 시 야맹증에 걸린다. 그 밖에 각막건조증, 각막연화증, 시신경 변성 등을 일으키기도 한다.

30

Tocopherol(비타민 E)은 항불임증과 항산화제의 기능을 한다. 주로 식물성 기름과 푸른 채소에 함유되어 있고 신체에서 항산화 효과를 나타내며, 혈액세포막을 보호한다. 결핍되면 적혈구의 용혈작용, 불임증이 나타난다.

31

비타민 B_1의 필요량은 에너지 소비 증가에 따라 비례적으로 증가된다. 특히 고온에서 노동이나 운동은 땀으로의 손실 증가와 대사를 증진시키므로 겨울보다 여름에 체내 소비가 크다. 따라서 우유나 유제품, 녹황색 채소를 충분히 섭취하고 전곡이나 혼식, 콩류 등으로 특히 티아민 보강을 꾀해야 한다.

32

인지질은 지질 이중층의 구조를 가지고 세포막과 세포 소기관들의 막을 이루는 주요성분으로 작용한다.

33

라이신과 트레오닌이 제한아미노산인 쌀과 메티오닌이 제한아미노산인 콩을 함께 섭취하면 상호보충 효과를 낼 수 있다.

34

① 성인 체중의 약 60%가 수분이다.

② 세포외액(20%)은 세포내액(40%)보다 작다.

③ 나이가 어릴수록 체내 수분비율이 높다.

④ 근육이 많을수록 체내 수분비율이 높다.

35

요오드(I)

갑상샘호르몬의 구성원소로, 과잉섭취 시 갑상샘 기능이 항진될 수 있다.

36

임신 중 혈액량은 임신 전 혈액량에 비해 45%까지 증가하지만 증가한 혈장량에 비해 적혈구의 증가량의 부족으로 혈액 희석작용이 있다. 그렇기 때문에 일반인에 비해서 빈혈 판정기준(헤모글로빈 농도)이 낮다.

37

태반에서 분비되는 프로게스테론에 의해 자궁과 장근육이 이완되어 변비가 유발된다. 이를 예방하기 위해 신선한 채소, 과일, 해초류를 섭취하며, 기름진 음식, 강한 향신료는 피하고 식사 후 바로 눕지 않는 것이 좋다.

38

모유 분비 부족의 원인

• 한쪽 유방으로만 수유한 경우
• 유방을 완전히 비우지 않았을 경우
• 신생아기에 너무 일찍 혼합영양으로 이행한 경우
• 엄마가 정신적·육체적으로 스트레스가 쌓인 경우
• 엄마의 영양상태가 불량한 경우

39

모유에는 리놀레산, 리놀렌산 등의 필수지방산이 우유보다 많이 함유되어 있다.

40

간성뇌증의 가장 중요한 원인물질로 알려진 암모니아를 처리하기 위하여 뇌에서 간으로 운반되는 아미노산은 글루타민이다.

41

생후 7~8개월의 영아는 치아가 나오는 시기이므로 반고형식을 준다. 토스트, 비스킷, 크래커, 죽, 채소암죽, 감자암죽, 고기 으깬 것을 준다.

42

세룰로플라스민은 2가철을 3가철로 산화시켜 점막세포 내에서나 혈액에서 철의 이동을 도움으로써 철의 흡수를 돕는다.

43

HMG-CoA 환원효소(HMG-CoA reductase)

콜레스테롤 생합성 과정 중 HMG-CoA가 메발론산으로 변환되는 반응을 촉진하는 효소이다. 콜레스테롤 농도가 증가하면 활성이 저해되는 효소로, 세포 내 콜레스테롤의 항상성이 유지될 수 있게 도와준다.

44

골다공증을 예방하기 위한 방법

• 칼슘을 보충 섭취한다(우유 등).
• 에스트로겐 호르몬을 투여한다.
• 규칙적으로 운동을 행한다.
• 칼슘 흡수에 필요한 비타민 D의 섭취량이 부족하지 않게 한다.
• 육류 단백질의 섭취량이 과다하면 칼슘의 요배설량을 증가시켜 골다공증의 위험도를 증가시키므로 주의한다.
• 이소플라본 섭취를 증가한다.

45

생후 6개월에서 만 4세까지의 경우 헤모글로빈 수치가 11g/dL 미만일 때 철결핍성 빈혈로 진단한다. 철 함량이 많은 식품에는 소고기, 간, 콩팥, 내장, 난황, 땅콩, 녹색 채소, 당밀, 건포도 등이 있으며, 철의 흡수를 높여주는 비타민 C 섭취도 병행하는 것이 좋다.

46

① 근육발달에 필요한 단백질 요구량은 여자보다 남자가 크다.

② 남자는 14세경, 여자는 10~11세경에 사춘기가 시작된다.

④ 여자는 체지방 축적이 많아지며, 남자는 근육과 골격의 증대가 현저하다.

⑤ 사춘기에는 신체적 성장이 두루 일어나게 되나 일반적으로 두뇌조직의 성장은 거의 일어나지 않는다.

47

심한 근육노동이나 운동을 장시간 했을 때의 체내변화로는 혈당 저하, 호흡계수(RQ) 저하, 소변 중 티아민·칼륨·인 배설량 증가, 적혈구의 수나 헤모글로빈의 양 감소, 혈액의 비중 감소, 혈중 노르에피네프린, 에피네프린 수준 증가 등이 있다.

48

피루브산은 호기적 조건하에서는 Acetyl-CoA를 거쳐 TCA회로에 의해서 완전히 산화되어 CO_2가 H_2O를 생성한다.

49

지방조직에서는 NADPH 생성이 활발하게 이루어져서 지방산 합성에 필요한 환원력을 제공한다.

50

요소회로 과정

1. 암모니아는 카바모일인산합성효소에 의해 카바모일인산 생성
2. 카바모일인산의 카르바모일기가 오르니틴으로 전이되어 시트룰린 생성
3. 시트룰린이 아스파르트산과 반응하여 아르기노숙신산 생성
4. 아르기니노숙신산은 아르기닌과 푸마르산으로 분해
5. 아르기닌이 가수분해되어 요소와 오르니틴이 생성되며 요소회로 종결

※ 1, 2 반응은 미토콘드리아에서 3, 4, 5 반응은 세포질에서 일어난다.

51

50세 이후 성인기 체성분 변화

체지방량 증가, 근육량 감소, 제지방량 감소, 체수분량 감소, 골질량 감소

52

킬로미크론은 식사로 섭취한 중성지방·콜레스테롤·지용성 비타민을 운반하며, 중성지방 함량은 많고, 밀도가 가장 낮은 지단백질이다.

53

황(S)

황은 함황아미노산(메티오닌, 시스테인)의 구성성분이 되며, 페놀류나 크레졸류와 같이 독성이 있는 물질과 결합하여 무해한 물질을 만들어 소변으로 배설시킨다.

54

단백질 섭취가 부족하면 혈장 단백질(알부민) 농도가 저하되어 모세혈관 내 체액이 조직액 속으로 이동하게 되고 영양성 부종이 발생한다.

55

프로스타글란딘(Prostaglandin)

EPA, 아라키돈산이 산화되어 에이코사노이드 전구체를 만들고, 에이코사노이드 전구체는 고리산화효소에 의해 프로스타글란딘, 트롬복산, 프로스타사이클린으로 전환된다. 프로스타글란딘은 강력한 생리활성 호르몬으로 혈관 수축과 확장, 분만 유도, 염증반응 조절, 발열 조절 등의 기능을 한다.

56

칼슘의 항상성

- 혈중 칼슘농도는 10mg/dL 내외를 유지한다.
- 부갑상샘호르몬 : 혈중 칼슘농도가 저하되었을 때 분비, 신장에서 칼슘의 재흡수 촉진, 뼈의 분해 자극, 비타민 D를 활성형 $1,25-(OH)_2-D$로 전환 촉진
- 비타민 D : 혈중 칼슘농도가 저하되었을 때 분비, 소장에서 칼슘의 흡수 촉진, 신장에서 칼슘 재흡수 촉진
- 칼시토닌 : 혈중 칼슘농도가 상승되었을 때 분비, 뼈의 분해 저해

57

비타민 B_1(티아민)의 조효소인 thiamine pyrophosphate(TPP)는 각종 탈탄산반응에 관여한다.

58

비타민 A는 소장에서 흡수되어 주로 간에 저장되고 일부는 신장 등에 저장된다.

59

에피네프린에 의해 분해가 시작되면 폭포식 반응으로 Glycogen Phosphorylase에 Glucose$-1-$Phosphate를 생성한다.

60

비타민 C는 수용성이므로 과량을 섭취하여도 모두 배설되는 것으로 착각하기 쉽다. 하지만 과량 섭취된 비타민 C는 대사과정을 거쳐 수산(oxalate)으로 바뀌고 신장결석을 유발한다.

61

영양교육의 의의

개인이나 집단이 적절한 식생활을 실천하는 데 필요한 모든 영양지식을 바르게 이해시키고, 학습한 지식과 기술을 식생활에 실천하려는 태도로 변화시켜 스스로 행동에 옮기도록 하는 데 있다.

62

③ 문제행동인 콜라 마시기에서 대안적인 행동인 우유 마시기로 바꾼 대체조절에 해당한다.

행동변화의 과정
• 인지적 과정 : 의식향상, 걱정해소, 자가재진단, 환경 재평가, 사회규범 변화
• 행위적 과정 : 자기결심, 조력관계, 강화관리, 자극조절, 대체조절

63

자아효능감은 어려움을 극복하고 행동할 수 있을 것이라는 스스로에 대한 자신감을 의미한다.

64

명료화란 내담자가 애매모호하거나 깨닫지 못하는 내용을 상담자가 명확하게 표현해줌으로써 상담의 신뢰성을 주는 상담기법이다.

65

사례연구는 참여자가 실제로 공급해오던 간식을 예로 들어 장단점을 토론하고 개선점을 제공하므로 교육효과를 높일 수 있다.

66

역할연기법

어린이의 소꿉놀이와 같은 방법으로서 일상생활에서 일어나는 상황을 즉흥적으로 연기하여 이해를 도와주며, 그 극이 끝난 후 연기자와 참가자들이 토의하는 방법이다.

67

PRECEDE-PROCEED 모델

문제의 진단부터 수행평가 과정의 연속적인 단계를 제공하여 포괄적인 건강증진계획이 가능한 모형이다.

68

식품모형

• 실제 상황과 거의 비슷한 효과를 낼 수 있으며, 정확한 검사나 진단이 쉽다.
• 단면화 또는 복잡한 내용을 확대해서 볼 수 있고, 구조와 기능 시범을 보일 수 있다.
• 실물을 활용할 경우와는 달리 대상자가 완전히 실기에 익숙해질 때까지 반복해서 할 수 있다.
• 교육 목적에 맞는 자료로 영양사 자신이 제작할 수 있다.
• 실물이나 실제상황으로는 불가능한 것도 해볼 수 있다.

69

막대도표(Bar Graph)

막대도표는 통계량이 연속적인 사항이 아닐 때 사용한다. 막대의 굵기를 일정하게 하며, 기선은 반드시 0에서 시작하고 눈금의 단위는 일정하게 한다. 단순한 수량 비교, 항목의 수치, 구성비율을 나타내는 데 사용한다.

70

국민건강영양조사는 1969년 이래 매년 실시된 국민영양조사와 1962년에 시작된 국민건강 및 보건의식행태조사를 통합한 것으로서, 현행 조사는 국민건강증진법 제16조를 근거로 시행되고 있다.

71

제9기 국민건강영양조사의 검진조사항목 중 신체계측에서는 만 1세 이상의 조사대상자는 신장, 체중을 재며, 만 6세 이상의 조사대상자는 허리둘레를 재고, 만 40세 이상의 조사대상자는 목둘레를 잰다.

72

① 도입 : 주의집중과 학습목표의 제시 및 동기유발을 위해 각종 시각, 동영상 자료를 이용한다.

교수–학습과정

계획 → 도입 → 전개 → 정리 → 평가

73

KAP(Knowledge, Attitude, Practice)

영양교육의 목표는 적절한 식생활을 실천하는 데 필요한 영양지식을 올바르게 이해시켜, 식생활에 관한 태도를 변화시키고, 스스로 식생활에 관한 행동을 실천하게 하는 것이다.

74

영양표시제

- 의의 : 식품영양에 대한 정보를 소비자에게 공급함으로써 합리적인 식품선택을 하는 데 도움을 주는 제도
- 표시대상 영양성분 : 열량, 나트륨, 탄수화물, 당류, 지방, 트랜스지방, 포화지방, 콜레스테롤, 단백질
- 표시대상 식품 : 레토르트식품, 과자류, 빵류 또는 떡류, 빙과류, 특수영양식품, 특수의료용도식품, 건강기능식품 등
- 표시대상 제외 식품 : 즉석판매제조 · 가공업 영업자가 제조 · 가공하거나 덜어서 판매하는 식품, 농산물 · 임산물 · 수산물, 식육 및 알류 등

75

영양검색(영양스크리닝)

영양불량 환자나 영양불량 위험 환자를 발견하는 간단하고 신속한 과정이다. 입원한 모든 환자를 대상으로 입원 후 24~72시간 내에 실시하는 것이 이상적이지만 인력과 자원이 제한된 상황에서 이를 시행한다는 것은 매우 어렵다. 따라서 몇 가지 위험요인을 선정하여 단시간에 많은 환자를 대상으로 한 영양검색을 시행하여 환자를 선별한 후 체계적인 영양평가를 하는 방법을 권하고 있다.

76

일반우유 1컵 125kcal, 토마토 1개 50kcal, 식빵 1쪽 100kcal로 총 275kcal이다.

77

경관급식 영양액의 조건

- 투여하기 쉬운 유동성(유동체)이며 영양가가 높은 것
- 충분한 영양과 수분을 공급할 수 있고 무기질, 비타민을 함유하는 것
- 주입하기 용이하고 변질되지 않으며 보존이 가능한 것
- 삼투압이 높지 않고 점도가 적절한 것
- 열량밀도가 1kcal/mL 정도일 것
- 위장 합병증 유발이 적을 것

78

경관급식의 공급경로

- 비장관 : 3주 이하로 단기간 사용이 예상되는 경우
  - 비십이지장관, 비공장관 : 흡인의 위험이 높은 경우
  - 비위관 : 흡인의 위험이 적은 경우
- 관조루술 : 4~8주 이상 장기간 사용이 예상되는 경우
  - 공장조루술 : 흡인의 위험이 높은 경우
  - 위조루술 : 흡인의 위험이 적은 경우

79

가능한 한 자극이 적은 음식을 택해야 위산의 과다한 분비를 방지할 수 있다.

80

덤핑증후군 환자의 식사요법

- 단순당의 함량이 높은 식품을 제한한다.
- 식사를 하면서 물을 마시지 않는다.
- 유제품 섭취 시 복통, 설사가 발생할 수 있으므로 일시적으로 제한한다.
- 식사는 소량씩 자주(하루 5~6회 정도) 공급한다.
- 지방은 열량을 많이 내고 음식물의 위장 통과속도를 늦추므로 섭취를 제한하지 않는다.
- 단백질은 충분히 공급한다.
- 식후 20~30분 비스듬히 누워서 휴식을 취하며 오른쪽으로 누워 역류를 방지한다.

81

위하수증

위의 긴장과 운동이 약해져서 소화능력이 떨어지는 상태이다.

위하수증의 식사요법

- 소화가 잘되며 영양가가 높은 것을 섭취한다.
- 지방은 유화된 버터크림, 단백질은 부드러운 고기, 생선, 두류를 섭취한다.
- 수분이 많은 음식은 피한다.
- 소량씩 자주 공급한다.
- 식욕을 돋우기 위한 적당한 향신료를 사용한다.

82

지방변증 환자의 식사요법

- 고열량, 고단백질, 비타민 D, 비타민 K, 철, 칼슘의 충분한 섭취를 권장한다.
- 지방은 제한하되 중쇄지방(MCT)을 이용하여 공급한다.

83

간성혼수 시 저단백식을 하며 분지아미노산(류신, 이소류신, 발린)이 많고 방향족 아미노산이 적게 함유된 식품을 주는 것이 좋으며, 복수 시 나트륨을 제한한다.

84

② 췌장염 환자는 소량의 우유, 지방 함량이 적은 어육류, 두부, 간, 닭고기, 소고기, 달걀 등을 사용하여 식단을 구성한다.

췌장염의 식사요법

- 발병 후 3~5일 절식한다.
- 췌장액 분비를 억제해야 하므로 단백질과 지방 섭취를 제한한다.
- 당질이 주 급원이며 수용성 비타민을 충분히 섭취한다.
- 가스발생 식품을 제한한다.

85

비만 환자는 섭취열량이 소비열량을 초과하지 않아야 좋다. 식이섬유, 무기질, 비타민은 제한하지 않는다.

86

① 소아비만이 성인비만으로 진행되는 확률이 높다.
② 소아비만은 지방세포수의 증가를 수반하므로 조절하기 어렵다.
③ 연령 증가로 기초대사가 감소하여 비만이 생긴다.
⑤ 복부비만은 허리둘레가 남자 90cm 이상, 여자 85cm 이상인 경우이다.

87

담낭염은 담낭세포가 박테리아 감염에 의하거나 비만, 임신, 변비, 부적당한 식사, 소화기관의 장해 등에 의해 발생한다. 담낭염 환자에게는 기름기 없는 고기 · 생선, 난백, 탈지우유 등 저지방식을 공급한다.

88

지방의 공급은 종류 및 양에 따라 결정하며 불포화지방산의 섭취량은 증가시키지만, 총 지방의 섭취량은 제한한다.

89

고혈압의 원인

- 신경성 : 정신적 중압감, 스트레스
- 내분비 : 부신수질(에피네프린, 노르에피네프린)·부신피질(알도스테론) 호르몬이 분비되어 혈압 상승
- 신성 : 레닌이 혈중으로 들어가 혈압 상승
- 식사성 인자 : 과식, 육식, 과다 열량식, 식염 과다 섭취
- 염류 대사 : 식염 과량 섭취로 나트륨이온이 체내 과잉 축적하고 세포외액량이 증가하여 혈압 상승
- 유전과 환경 : 부모가 모두 고혈압 병력이 있으면 자녀의 70%, 한쪽만 있으면 50%의 발병 확률이 있음

90

BMI(대한비만학회기준치, kg/m^2)

- 18.5 미만(저체중)
- 18.5~22.9(정상)
- 23~24.9(비만 전 단계, 과체중)
- 25~29.9(1단계 비만)
- 30~34.9(2단계 비만)
- 35 이상(3단계 비만, 고도비만)

91

간성혼수는 간질환 시 암모니아가 간으로 들어가지 못하고 일반 혈액순환계로 들어가 혈중 암모니아가 상승되어 뇌신경 장애를 일으키는 것이다. 일반적인 간질환의 경우에는 고단백식을 제공하지만 간성혼수 시 저단백식을 제공한다.

92

트랜스페린은 철분을 이동시키는 단백질로서 체내의 철분이 부족할 때 트랜스페린의 수치가 올라간다.

93

가스 형성 식품

- 콩류 : 강낭콩, 리마콩, 완두콩
- 과일 : 사과, 멜론, 수박, 바나나, 참외, 포도
- 채소 : 양배추, 브로콜리, 가지, 오이, 마늘, 양파, 부추, 고추, 순무, 콜리플라워
- 기타 : 캔디, 탄산음료, 옥수수, 발효한 치즈, 견과류

94

DASH Diet

- 포화지방산 및 콜레스테롤, 지방 등의 총량을 줄인다.
- 과일, 채소, 저지방 유제품 섭취를 늘린다.
- 전곡류를 통하여 식이섬유 섭취를 늘린다.
- 소금은 1일 6g 이하로 줄인다.
- 단 간식 및 설탕 함유 식품 섭취를 줄인다.

95

복막투석 시 1일 10~15g의 단백질이 손실되므로 충분한 양의 단백질 섭취가 필요하다.

96

요독증 환자에게 저단백질 식사를 권장하는 이유는 단백질을 많이 섭취하면 요소의 합성이 많아지고 신장에 부담을 주기 때문이다.

97

제2형 당뇨병 식사요법

- 케톤증을 예방하기 위해 탄수화물은 최소 100g을 섭취한다.
- 단순당인 설탕, 꿀, 사탕 등은 제한하고 대용품으로 인공감미료를 소량 이용한다.
- 혈당지수(GI)가 낮은 식품을 이용한다.

98

당뇨병 환자의 당질 대사

- 세포는 기아 상태로, 당신생이 증가한다.
- 말초조직으로의 포도당 이동과 말초조직에서 포도당 이용률이 저하된다.
- 간, 근육에서 글리코겐 합성이 감소한다.

99

장티푸스 환자의 식사요법

- 고열량식, 고단백질식, 고당질식을 한다.
- 무기질, 비타민, 수분을 충분히 섭취하도록 한다.
- 섬유질이 적고 장을 자극하지 않는 저잔사식을 한다.
- 열이 심할 때는 유동식을 준다.

100

통풍의 발병 원인

- 30세 이후 동물성 위주의 식사를 하는 비만남성에게 주로 발생한다(남 : 여 = 20 : 1).
- 요산 생성이 많고 배설이 적을 때 요산이 과잉 축적이 되어 나타난다.
- 요산은 당뇨병, 과음 등으로 요의 pH가 산성으로 되면 배설이 감소한다.
- 운동 부족과 정신노동을 하는 사람에게 많다.

101

사구체에서 여과된 포도당은 정상혈당일 때 세뇨관에서 100% 재흡수된다.

102

외상수술 후 대사 변화

- 체단백질 분해가 촉진된다.
- 나트륨 배설이 감소하고, 칼륨 배설이 증가한다.
- 지방 분해가 증가한다.
- 당신생이 증가한다.
- 에너지 대사가 항진된다.

103

내당능장애

경구당부하검사 2시간 후 혈당이 140~199mg/dL 범위인 경우로, 당뇨병 전 단계 상태라 할 수 있다.

104

암을 예방할 수 있는 식생활

- 규칙적으로 균형된 식생활을 하며 지방 섭취를 적게 한다(20% 이내).
- 섬유소를 충분히 공급(녹황색 채소 섭취)한다.
- 짜고 자극성 있는 식품을 적게 섭취하고, 탄 음식을 피한다.
- 질산염, 훈연식품, 염장식품의 섭취를 줄인다.
- 알코올, 흡연을 줄인다.
- 적당한 운동을 한다.

105

암 악액질 증상 시 대사변화

기초대사량 증가, 에너지 소비량 증가, 당신생 증가, 인슐린 민감도 감소, 고혈당증, 단백질 합성 감소, 지방 분해 증가, 수분과 전해질 불균형

106

⑤ 통풍 환자에게 퓨린 함량이 적은 식품(빵, 달걀, 치즈, 우유 등)을 제공한다.

퓨린 함유 식품

- 고퓨린 식품 : 멸치, 고깃국물, 간, 콩팥, 소고기, 염통, 청어, 청어알, 고등어, 조개, 빙어, 다랑어, 시금치, 아스파라거스, 바나나, 단순당이 든 음료
- 저퓨린 식품 : 곡류, 국수, 옥수수, 비스킷, 과자, 우유, 치즈, 아이스크림, 커피, 홍차, 케이크, 스파게티, 흰빵, 달걀, 과일, 채소

107

음식을 삼키기 어려운 환자는 흡인의 위험이 있으므로 묽은 액체, 질긴 음식, 끈적거리는 음식, 바삭거리는 음식은 피한다.

108

급성사구체신염 환자의 식사요법

- 열량 : 당질 위주로 충분히 공급한다.
- 단백질 : 초기에는 0.5g/kg으로 제한, 콩팥 기능이 회복됨에 따라 증가시킨다.
- 나트륨 : 부종과 고혈압 여부에 따라 제한한다.
- 수분 : 일반적으로는 제한하지 않으나 부종·핍뇨 시 전일 소변량+500mL로 제한한다.
- 칼륨 : 신부전, 인공투석, 결뇨 시 칼륨 제거율이 손상되어 고칼륨혈증이 생기므로 칼륨이 높은 식품은 피한다.

109

에리트로포이에틴(Erythropoietin)

신장에서 생성되는 적혈구 조혈 호르몬으로, 골수에서 적혈구의 생성을 조절하고 있다. 결핍 시 빈혈이 발생한다.

110

급성감염성 질환자의 대사변화
- 발열이 일어나 체온 1℃ 증가 시 기초대사량은 13% 상승한다.
- 나트륨과 칼륨의 배설이 증가한다.
- 체단백질이 분해된다.
- 저장 글리코겐이 분해되고, 당신생이 일어난다.

111

케톤식 식사요법
- 케톤체가 발작을 억제하는 효과가 있어 뇌전증에 사용하는 식사요법이다.
- 당질을 극도로 제한함으로써 뇌세포가 당을 에너지원으로 사용하지 못하고, 지방으로부터 공급되는 케톤체를 에너지원으로 사용하게 만드는 법이다.

112

가스교환은 각종 가스분압의 차이에 의한 확산에 의해 일어난다.

113

폐결핵과 같은 소모성 질환자의 새로운 조직을 형성하기 위해서는 적혈구 생성이 많아져야 하며, 단백질과 철을 섭취하여 세포 생성을 위한 영양을 공급해야 한다.

114

철 함량이 높은 식품에는 소고기, 간, 굴, 두부, 난황, 시금치, 부추 등이 있다.

115

체순환과 폐순환
- 체순환 : 좌심실 → 대동맥 → 동맥 → 모세혈관 → 정맥 → 대정맥 → 우심방
- 폐순환 : 우심실 → 폐동맥 → 폐 → 폐정맥 → 좌심방

116

① 과일주스나 통조림 대신 생과일 형태로 섭취한다.
② 쇼트닝과 마가린은 트랜스지방으로 섭취를 제한한다.
③ 육류는 껍질과 지방을 제거하고 섭취한다.
⑤ 설탕, 꿀 등 단순당의 섭취를 줄이고, 식이섬유소의 함량이 높은 복합당의 형태로 섭취한다.

117

항체는 세망내피계, 형질세포가 분비하는 감마글로불린이다.

118

허리둘레
남자 90cm 이상, 여자 85cm 이상 시 복부비만으로 판정한다.

119

칼시토닌
혈중 칼슘농도가 높으면 칼시토닌이 분비되어 혈중 칼슘을 뼈로 유입시켜 뼈가 재생되게 한다.

120

페닐케톤뇨증(PKU ; phenylketonuria)
- 원인 : 필수아미노산인 페닐알라닌을 티로신으로 전환하는 효소인 페닐알라닌 수산화효소가 선천적으로 결핍되어 혈중 또는 요중에 페닐알라닌이 현저히 증가
- 영양관리 : 페닐알라닌 양(16~60mg/dL)을 정상치(2~10mg/dL)로 줄이기 위해 음식 제한

정답	01	02	03	04	05	06	07	08	09	10	11	12	13	14	15	16	17	18	19	20
	③	⑤	④	②	①	①	①	④	④	①	④	①	①	②	②	①	⑤	③	③	①
	21	22	23	24	25	26	27	28	29	30	31	32	33	34	35	36	37	38	39	40
	③	①	①	①	④	①	④	①	④	①	③	④	⑤	③	③	②	⑤	⑤	①	④
	41	42	43	44	45	46	47	48	49	50	51	52	53	54	55	56	57	58	59	60
	①	①	①	②	③	②	③	④	③	⑤	④	④	④	①	⑤	④	③	①	⑤	⑤
	61	62	63	64	65	66	67	68	69	70	71	72	73	74	75	76	77	78	79	80
	③	①	④	⑤	④	②	④	③	③	③	⑤	②	②	①	③	⑤	③	①	①	④
	81	82	83	84	85	86	87	88	89	90	91	92	93	94	95	96	97	98	99	100
	③	①	③	①	④	②	④	②	④	④	③	①	①	②	④	①	②	②	①	④

01

섬유소(Cellulose) 결합은 $\beta - 1,4$ 결합($\beta -$ Glucose끼리 C_1과 C_4의 위치에서 결합)으로 이루어졌다.

02

전분의 X선 회절도
- 생전분 : A, B, C형
- 호화전분 : V형
- 노화전분 : B형

03

단당류의 구분
탄수화물 중에서 알데하이드기를 가진 것은 알도스(Aldose), 케톤기를 가진 것은 케토스(Ketose)이다. 케토스(Ketose)에는 6탄당인 과당(Fructose)이 있다.

04

② 단당류, 맥아당, 유당 등은 환원당이다.
①·③·④·⑤ Hemiacetal성 OH기가 결합된 상태인 비환원당이다.

05

한천은 홍조류와 녹조류에서 추출되는 다당류이며 Agarose와 Agaropectin의 두 형태로 존재한다.

06

유지의 변향
많은 유지는 산패가 일어나기 전에 풋내나 비린내와 같은 이취를 발생하는데 이러한 현상을 뜻한다. 변향은 산화적 산패를 일으키는 데 필요한 산소량의 1/50 이하에서도 일어날 수 있으며 자동산화와 같이 자외선, 고온, 금속이온의 존재에 의해 촉진된다.

07

가수분해에 의한 산패는 유지가 산, 알칼리, 과열증기, 리파아제에 의하여 분해되는 것으로 저급지방산이 많을수록 커지고, 고급지방산이 많을수록 적어진다.

08

발연점
유지를 가열할 때 유지의 표면에서 엷은 푸른 연기가 발생할 때의 온도를 말한다. 발연점은 기름의 표면적이 넓어질수록, 유리지방산의 함량이 많을수록, 지방 이외의 이물질이 존재할수록, 사용횟수와 가열시간이 증가할수록 낮아지게 된다.

09

단백질의 2차 구조는 알파 나선구조와 베타 병풍구조로 나누어지는데, 둘 다 안정한 수소 결합으로 이루어져 있다.

10

삶기는 수용성 영양소의 손실이 가장 크다.

11

소르비톨(sorbitol)

당알코올의 일종으로, 포도당이나 과당이 환원된 것으로 과실 중에 존재한다. 주로 비타민 C, L-sorbose의 합성원료로서 이용되며, 비만증 · 당뇨병 환자를 위한 감미료로 사용되는데 소화흡수가 잘 되지 않는 단점이 있다.

12

단백질 등전점에서 아미노산은 불안정하여 침전되기 쉽고, 흡착력, 탁도, 기포력이 최대가 된다. 그리고 용해도, 점도, 삼투압은 최소가 된다.

13

산화효소에 의하여 페놀화합물이 갈색 물질로 변하기 때문이다.

14

β-amylase는 전분의 α-1,4 글리코시드 결합에 작용하여 비환원성 말단에서부터 maltose(맥아당) 단위로 가수분해하는 효소로, 당화효소라고도 한다.

15

열변성에 영향을 미치는 인자
• pH : 등전점에서 응고가 쉽게 됨
• 전해질 : 변성온도가 낮아지고 변성속도가 빨라짐
• 수분 : 수분이 많으면 낮은 온도에서도 변성이 일어남
• 설탕 : 당이 응고된 단백질을 용해시킴 → 응고온도 상승
• 온도 : 온도가 높아지면 열변성 속도가 빨라짐

16

두부는 콩단백질인 글리시닌(glycinin)이 염화칼슘 등의 염류에 응고되는 성질을 이용한 것이다.

17

육류의 색이 갈색의 메트미오글로빈으로 변색되는 것을 방지하기 위하여 육류가공 때 질산염 및 아질산염을 사용하는데 질산염이 No로 변한 다음 이것이 니트로소미오글로빈(No-Mb)을 형성하여 공기에 의한 산화를 방지하는 동시에 선명한 빨간색을 가진다.

18

분리된 마요네즈를 재생시키는 방법은 난황을 준비하고 분리된 마요네즈를 조금씩 넣어 주면서 저으면 된다.

19

감자는 고구마와 달리, 전분이 많고 당분이 적다. 감자를 절단하면 티로신이 티로시나아제에 의해 멜라닌 색소가 되어 갈변한다.

20

얄라핀(jalapin)은 고구마를 절단하면 그 절단면으로부터 나오는 백색 유액의 점성물질로, 공기에 노출되면 갈변 또는 흑변을 일으킨다.

21

바이러스는 동물, 식물, 미생물 등의 세포에 널리 기생하며, 그중에서 세균에 기생하는 바이러스를 특히 박테리오파지(Bacteriophage) 또는 간단히 파지(Phage)라 한다. 파지(Phage)의 크기는 세균의 1/10 정도이고 용적은 1,000 정도이다.

22

달걀의 조리 특성
• 농후제 : 달걀찜, 푸딩, 커스터드
• 결합제 : 전, 만두소, 크로켓, 커틀렛
• 청정제 : 콘소메, 맑은 장국
• 팽창제 : 머랭, 엔젤케이크
• 유화제 : 마요네즈

23

락토바실러스 불가리쿠스는 요구르트에서 발견되는 여러 가지 균 중의 하나로서 유제품 제조에 있어서는 매우 중요한 균이다. 포도당, 젖당, 갈락토스 등을 잘 발효하며, 2.7~3.7%의 젖산을 생산한다. 우유를 원료로 한 젖산 음료 및 젖산 제조, 정장제, 피혁 탈석회제 등으로 이용되고 있다.

24

대두물질

- 트립신저해제 : 단백질 소화·흡수 저해
- 헤마글루티닌 : 혈구응집 독소
- 사포닌 : 기포성, 용혈성분
- 리폭시게나아제 : 콩 비린내 효소

25

카세인은 우유의 주요 단백질로, 등전점인 pH 4.6 부근에서 침전하는 등 산성의 pH 영역에서 용해도가 급격하게 감소한다.

26

유화액

- 유중수적형 유화액(W/O) : 버터, 마가린
- 수중유적형 유화액(O/W) : 우유, 마요네즈, 아이스크림

27

비트는 베타레인이라는 성분 때문에 진한 붉은 색을 띠고 있다.

28

② 차비신 – 후추
③ 캡사이신 – 고추
④ 알리신 – 마늘
⑤ 황화알릴 – 파

29

고구마가 가열되는 동안 β – 아밀라아제(발효온도 60℃)는 전분을 당화시켜 단맛(맥아당)을 만든다.

30

열은 전도, 대류, 복사 3가지 방법으로 전달된다. 열이 직접 이동하는 복사, 분자가 열을 얻고 직접 이동하는 대류, 분자가 열을 간접 이동하는 전도가 있다. 열전도율은 복사 > 대류 > 전도의 순으로 빠르다.

31

마른 콩을 1%의 식염수에 담가 두었다가 가열하거나, 조리하는 물에 중조(Baking Soda)를 첨가하면 대두의 글리시닌이 식염과 같은 중성 용액이나 알칼리 용액에서 용해되는 성질이 있어 빨리 무르지만, 산성 용액에서는 불용성이 되어 응고한다. 또한, 경수 중의 칼슘, 마그네슘 이온은 콩의 펙틴물질과 결합하여 가열 시에 콩의 연화를 저해한다.

32

변조

한 가지 맛을 느낀 직후 다른 맛 성분을 정상적으로 느끼지 못하는 현상이다. 단 것을 먹은 후 사과를 먹었을 때 신맛을 느끼는 경우, 쓴 약을 먹은 직후에 물을 마시면 달게 느끼는 경우와 같다.

33

쇼트닝의 특성

- 무색, 무미, 무취이고, 제과용으로 많이 이용된다.
- 질소와 같은 불활성 기체를 넣어주어 지방결정을 미세하게 분산시킨다.
- 유화제가 첨가된 쇼트닝은 발연점이 낮아지며 거품형성, 흡유율을 높인다.

34

숙성의 특징

- 숙성으로 인해 효소반응과 단백질의 변성에 이루어지며 근육이 부드러워진다.
- 자체의 성분이 자체의 효소에 의하여 분해되므로 자가소화(Autolysis)라고 한다.
- 아미노산, 이노신산 등 생성으로 맛, 풍미가 증가한다.
- 숙성이 되면 pH가 상승하여 보수성이 높아진다.
- 수육류의 숙성은 일종의 연화법이라고 할 수 있다.
- 육색이 적자색에서 선홍색으로 변한다.

35

육류의 사후강직

- 액틴과 미오신이 액토미오신을 생성한다.
- 육류의 보수성이 감소한다.
- phosphatase 작용으로 ATP가 분해된다.
- 근육이 수축하여 육질이 단단해진다.
- 글리코겐이 혐기적으로 분해되어 젖산을 생성하며, pH가 저하된다.

※ 이노신산은 육류 숙성 시 증가하는 감칠맛 성분이다.

36

① 액티니딘 - 키위
③ 파파인 - 파파야
④ 피신 - 무화과
⑤ 프로테아제 - 배즙

37

⑤ 수산이라고도 하며 2개의 카복시기 −COOH가 결합된 가장 간단한 다이카복실산이다. 칼륨염 또는 칼슘염의 형태로 식물계에 널리 분포되어 있다.

38

생선의 근섬유를 주체로 하는 섬유상 단백질은 미오신(myosin), 액틴(actin), 액토미오신(actomyosin)으로 되어있다. 생선을 2~3%의 소금과 함께 갈면 점성이 강해지는데, 이때 용해된 단백질을 가열하면 탄력 있는 어묵이 된다.

39

달걀의 신선도가 떨어지면 내부수분이 증발하고 내용물이 수축되면서 기실이 넓어지고 부력에 의해 달걀이 물에 뜨게 된다. 그래서 11%의 식염수에서 침전하는 달걀이 가장 신선하며, 떠오르면 오래된 달걀이다.

40

균질처리(homogenization)

큰 지방구의 크림층 형성을 방지하는 방법으로 성분이 균일하게 되고 맛도 좋아지고 소화되기도 쉬운 반면 지방구의 표면적이 커지면 우유가 산패되기 쉽다.

41

권한위임의 원칙

권한을 가지고 있는 상위자가 하위자에게 직무를 위임할 경우에는 그 직무수행에 관한 일정한 권한까지도 주어야 하지만 권한을 위양해도 책임까지 위양할 수는 없다.

42

분산식 배선방법(병동배선방법)

중앙배선방법보다 식기저장소가 많아지고, 종업원의 수도 많아지며, 음식이 운반·배식될 때 이곳저곳으로 신속히 움직이지 못하는 한 많은 수효의 감독자가 필요하다. 그러나 적온급식에는 유리하다.

43

보통 세균은 깨끗하고 건조한 상태에선 살지 못하므로 꼭 삶을 필요는 없으며, 행주질은 절대 금하고, 자연건조나 선풍기를 사용한다.

44

예비저장식 급식제도

음식을 조리한 직후 냉장 및 냉동하여 저장한 후에 데워서 급식하는 방법이다.

- 장 점
  - 노동력 집중현상이 없음
  - 고임금의 숙련 조리사 대신 미숙련 조리사를 채용함으로써 경비 절약
  - 식재료의 대량구입으로 식재료비 절감
  - 생산과 소비가 시간적으로 분리되므로 계획생산 가능
- 단 점
  - 냉장고, 냉동고, 재가열기기 등의 초기 투자비용이 많이 듦
  - 냉동, 냉장 및 재가열 시 음식의 품질변화(미생물적, 관능적)가 발생할 수 있음

45

단체급식에서 채소를 분산조리하는 목적은 채소의 관능적, 영양적 품질을 높이기 위해서이다.

46

위탁급식의 장점

서비스가 잘 되며 인건비가 절감된다. 대량구매와 경영합리화로 운영비를 절감할 수 있으며 소수인원이 교육을 받아 관리하므로 전문관리층의 임금 지출이 적어진다.

47

학교급식의 식품취급 및 조리작업자는 6개월에 1회 건강진단을 실시하고, 그 기록을 2년간 보관하여야 한다 (학교급식법 시행규칙 별표 4).

48

식당이 지하에 위치할 경우 채광, 통풍, 온도, 습도, 환기, 배수 등 환경 위생상의 문제가 있다.

49

급식소의 작업영역별 조도

작업영역	조도(Lux)
검수공간(검수대)	540
식품 저장실	200
전처리공간(식품 세정)	300 이상
주조리공간	300
배선공간	300
씽 크	250~300
식기세척공간	200
탈의실, 휴게실	200 이상

50

온도와 시간관리는 대량조리에서 필수적인 품질관리 요소이다. 온도와 시간관리가 제대로 되지 못하면 수분 손실과 건조에 따른 중량변화 등 품질저하가 이어진다. 대량조리를 위한 표준레시피에는 정확한 조리온도와 시간이 기재되어 있어야 하며, 조리할 때는 온도조절이 가능한 기기와 시간을 측정할 수 있는 타이머 등을 활용해야 한다.

51

임금의 결정요인

- 외적요인 : 종업원 수급, 생계비, 노동시장조건, 지리적 위치, 생활비용, 노동조합, 정부의 입법
- 내적요인 : 기업의 경영상태, 단체교섭, 직무평가결과, 인센티브제도, 직무가치

52

노동조합의 기능

- 경제적 기능 : 사용자에 대해 직접적으로 발휘되는 노동력의 판매자로서 교섭기능이 중심이 된다.
  - 단체교섭 : 노동조합이 조합원을 대표해서 조합원 전체의 노동력을 가능한 좋은 조건으로 판매하기 위해 사용자와 교섭하고 흥정한다. 이 결과로 노동조건의 기능, 노사 간의 규칙협정, 노사협약 등이 체결된다.
  - 경영참가 : 노동조합이 경영에 직접 참가하여 노동력을 좋은 조건으로 판매하고자 교섭 · 결정하는 것이다.
  - 노동쟁의 : 단체교섭이 결렬될 경우, 노조나 사용자 측이 실력행사를 하는 것이다.
- 공제적 기능 : 조합원의 노동력이 일시적 또는 영구적으로 상실되는 경우에 대비하여 기금을 설치함으로써 상호공제하는 활동을 말한다.
- 정치적 기능 : 정부의 노동관계법 제정 및 개정, 물가정책, 사회복지정책 등 경제 · 사회 정책에 관한 노조의 정치적 발언과 주장으로, 노동자의 생활향상을 위해 중요하다.

53

병원급식

환자의 연령대, 질병종류와 상태 등을 고려해 다양한 치료식을 제공해야 한다. 공휴일과 상관없이 연중무휴로 1일 3식을 제공해야 하며 병동과 각각의 병실을 찾아 환자 개개인마다 일일이 확인하고 식사를 가져다주는 서비스를 시행하는 만큼 인건비가 차지하는 비중이 여타 단체급식에 비해 높다. 또한, 병원급식은 일반인과 달리 면역력이 약하거나 질병치료 중에 있는 환자들에게 제공되는 식사인 만큼 식재료의 경우도 최상의 제품을 사용할 수밖에 없다. 그러므로 다른 급식유형에 비해 생산성이 현저하게 떨어진다.

54

시장세분화는 전체 시장을 고객들이 기대하는 제품 또는 마케팅 믹스에 따라 다수의 집단으로 나누는 활동이다.

55

최종구매가법은 가장 최근의 단가를 이용하여 산출하는 방식으로, 2,000원(가장 최근의 단가)×10(현재재고)=20,000원이다.

56

조직의 기능

기업의 목적을 효과적으로 달성할 수 있도록 사람과 직무를 결합시키는 기능이다. 각 구성원에게 일정한 직무를 분담하고, 그 직무를 수행하는 데 필요한 권한과 책임을 명확하게 할당하고, 직무 간의 여러 관계를 합리적으로 편성하는 관리의 한 기능이다.

57

검수 시 납품서의 대조를 통하여 식품의 수량이 맞는지 확인하고 품질검사를 실시한다.

58

작업측정법

- 워크샘플링법 : 통계적 수법을 적용하여 작업자의 업무 내용과 시간을 관측 · 기록한 후 업무의 표준시간을 설정하는 기법
- 시간연구법 : 작업을 기본요소로 분할한 후 스톱워치 등을 이용하여 작업에 소요되는 정미시간을 측정 · 기록하는 방법
- PTS법 : 작업동작을 기본요소의 동작으로 분류하고, 그 동작이 어떤 조건하에서 수행되는지 확인하고, 이미 정해진 기준시간 중에서 유사한 것을 찾아 기본동작의 수행시간으로 간주하는 방법
- 실적기록법 : 과거경험이나 일정기간의 실적자료를 이용하여 작업단위에 대한 시간을 산출하는 방법
- 표준자료법 : 과거자료를 분석하여 작업동작에 영향을 미치는 요인들과 작업을 위한 정미시간 사이에 함수식을 도출한 후 표준시간을 구하는 방법

59

공식 조직과 비공식 조직

공식 조직	• 제도상의 조직 • 인위적 조직 • 외면적, 외형적 조직 • 성문화된 조직 • 합리적 체계가 중심과제 • 전체적인 질서 • 능률의 원리에 따라 구성 • 상층의 위임으로 권한이 얻어짐 • 확대성장함 • 직위, 직계 등 법률상의 권한에 중점을 둠
비공식 조직	• 현실상의 조직 • 자연발생적인 조직 • 내면적, 내재적 조직 • 불문적 조직 • 인간관계가 중심과제 • 부문적인 질서 • 감정의 원리에 따라 구성 • 구성원 상호 간의 양해와 승인으로 권한이 얻어짐 • 항상 소집단 상태로 유지됨 • 인간과 그들의 관계에 중점을 둠

60

영양사는 식단작성, 조리 및 위생지도, 식자재 검수 등 급식 전반을 책임진다. 검식 시 이물질이 발견되어 메뉴 폐기를 최종 승인하고 사후조치의 결정권한을 가진 것도 영양사의 임무이다.

61

③ 구매하고자 하는 물품의 양이 적을 때는 구매명세서의 작성이 오히려 비경제적이고 번거로운 일이 된다.

구매명세서의 장점

구매명세서에 의해 보다 많은 납품업자들이 경쟁입찰에 응하게 되어 유리한 가격으로 구매할 수 있고, 정확한 품질검사를 할 수 있어 품질의 균일성을 유지할 수 있다. 납품업자는 품질관리를 철저히 하게 되므로, 구매자 측은 전수검사를 하지 않아도 되기 때문에 비용과 시간이 절약된다.

62

일반경쟁입찰

신문 또는 게시와 같은 방법으로, 입찰 및 계약에 관한 사항을 일정기간 널리 공고하여 응찰자를 모집하고, 입찰에서 상호경쟁시켜 가장 타당성 있는 입찰가격을 제시한 사람을 낙찰자로 정하는 방법이다.

63

중앙구매와 공동구매

- 중앙구매(Dencentral Buying) : 기관 내의 구매담당 부서에서 급식재료를 구매하는 방식이다.
- 공동구매(Core Purchasing) : 작은 업체가 모여 공동으로 구매하는 방식이다.

64

관계마케팅

기업의 거래 당사자인 고객과 지속적으로 유대관계를 형성, 유지하고 대화하면서 관계를 강화하고 상호 간의 이익을 극대화할 수 있는 다양한 마케팅 활동이다.

65

고가품일 경우 하나하나 검사하여 조금이라도 불량품이 없도록 해야 하므로 전수검사법을 택한다.

66

감가상각비란 경비의 하나로 제품 제조를 위하여 소비되는 가치이다. 재무제표에 기재하는 하나로 건물이나 설비의 가치가 시간이 지남에 따라서 그 가치가 하락되는 것을 말한다.

67

구매담당자는 표준레시피로부터 식재료의 산출량을 고려하여 발주량을 결정하는데, 저장품인 경우는 먼저 창고의 재고량을 확인한 후, 적정재고 수준에 미달된 만큼의 부족분만 발주량으로 산출하게 된다.

68

영구 재고조사는 구매하여 입고 및 출고되는 물품의 양을 같은 서식에 계속적으로 기록하는 것으로 적정 재고량을 유지하기 위해서 실시한다.

69

장부의 성질

- 고정성 : 사무의 흐름에 따라 움직이지 않고 일정한 장소에 항상 머물러 있으며 사무가 반대로 장부 있는 장소에 찾아와서 수행되는 성질
- 집합성 : 정보의 기재내용이 한 군데 모여진다는 뜻으로서 내면적으로 볼 때는 동일한 대상에 대해서만 여러 번 걸쳐 여러 가지가 기입되는 성질의 것

전표의 성질

- 이동성 : 고정성과는 반대로 전표 자체가 사무의 흐름에 따라서 이동하면서 기록되는 성질
- 분리성 : 장부의 집합성과는 반대로 보통 1매에 1개의 사항만을 1회에 한하여 기입해야 한다는 것

70

① 밀가루 : 건조 상태가 좋고 덩어리가 없으며, 이상한 맛이 없는 것이 좋다.
② 토란 : 자른 면이 단단하고 끈적끈적한 감이 강한 것이 좋다.
④ 건어물 : 건조도가 좋고 이상한 냄새가 없으며, 불순물이 붙지 않는 것이 좋다.
⑤ 난류 : 껍질이 꺼칠꺼칠하고 광택이 없는 것이 신선한 것이다.

71

SWOT 분석

Strengths(강점), Weaknesses(약점), Opportunities(기회), Threats(위협)의 약자로, 조직이 처해 있는 환경을 분석하기 위한 기법이다. 장점과 기회를 규명하고 강조하며, 약점과 위협이 되는 요소는 축소함으로써 유리한 전략계획을 수립하기 위한 방법이다.

72

카페테리아(Cafeteria)

음식을 다양한 종류로 진열하고 진열된 음식 뒤의 안내인이 음식 선택에 도움을 주는 방법으로 선택한 음식별로 금액을 지불한다.

73

민주적 리더십

가장 이상적인 형태로 집단중심적 지도방법이며 작업을 유도하는 리더십, 참가적 리더십이라고도 한다. 팀워크가 잘 이루어지고 생산성과 구성원 만족에 효과적이다.

74

허즈버그의 동기-위생 이론

- 동기요인(만족요인) : 직무에 대한 성취감, 인정, 승진, 직무자체, 성장 가능성, 책임감 등
- 위생요인(불만요인, 유지요인) : 작업조건, 임금, 동료, 회사정책, 고용안정성 등

75

노동조합의 기능 중 공제적 기능이란 조합원의 노동능력이 질병, 재해, 고령, 사망, 실업 등으로 일시적 또는 영구적으로 상실되는 경우에 대비하여 조합이 기금을 설치하여 상호공제하는 활동을 말한다.

76

경영관리 기능

- 계획 : 기업의 목적 달성을 위한 준비활동이며 경영활동의 출발점
- 조직 : 기업의 목적을 효과적으로 달성하기 위해 사람과 직무를 결합하는 기능
- 지휘 : 업무 담당자가 책임감을 가지고 업무를 적극 수행하도록 지시, 감독하는 기능
- 조정 : 업무 중 일어나는 수직적 · 수평적 상호 간 이해관계, 의견대립 등을 조정하는 기능
- 통제 : 활동이 계획대로 진행되는지 검토 · 대비평가하여 차이가 있으면 처음 계획에 접근하도록 개선책을 마련하는 최종단계의 관리 기능

77

민츠버그의 경영자 역할

- 대인관계 역할 : 연결자, 대표자, 지도자(리더)
- 정보 역할 : 정보전달자, 정보탐색자, 대변인
- 의사결정 역할 : 기업가, 창업가, 협상자, 혼란중재자, 자원분배자

78

황변미 중독

- Penicillium citrinum : 시트리닌(citrinin) – 신장독
- Penicillium islandicum : 이슬란디톡신(islanditoxin), 루테오스키린(luteoskyrin) – 간장독
- Penicillium citreoviride : 시트레오비리딘(citreoviridin) – 신경독

79

② Francisella tularensis : 야토병
③ Bacillus anthracis : 탄저
④ Coxiella burnetii : Q열
⑤ Erysipelothrix rhusiopathiae : 돈단독

80

무구조충

- 중간숙주 : 소고기
- 소가 목초의 충란을 섭취 → 십이지장(유충) → 장벽 뚫고 혈류따라 근육 속에 침입(무구낭충) → 사람에게 경구감염 → 소장에서 기생해 성충이 된다.
- 보통 감염증상이 없으나 복통, 소화불량, 구토를 일으킬 수 있다.
- 예방 : 소고기를 충분히 익혀 먹는다.

유구조충

- 중간숙주 : 돼지고기
- 돼지가 분변과 함께 배출된 충란을 섭취 → 소장에서 부화(유충) → 장벽 뚫고 혈류를 따라 근육으로 이행(유구낭충) → 사람에게 경구감염 → 소장에서 기생해 성충이 된다.
- 인체에 근육, 피하조직, 뇌, 심근, 신장에 낭충이 기생해 인체낭충증을 일으킨다. 소화장애, 구토, 빈혈, 메스꺼움을 일으킨다.
- 예방 : 돼지고기를 충분히 익혀 먹는다.

81

중금속

- 주석(Sn)
  - 식품제조기구, 통조림(주스 등), 도기안료, 산성식품에서 용출
  - 주석을 함유한 과일통조림 다량 섭취 시 구토, 설사, 복통 등을 유발
- 구리(Cu)
  - 조리용 기구 및 식기에서 용출되는 구리녹에 의한 식중독, 녹색채소 가공품의 발색제로 남용되어 효소작용 저해, 축적성은 없음
  - 메스꺼움, 구토, 간세포의 괴사, 간에 색소 침착
- 크롬(Cr) : 도금공장 폐수나 광산 폐수에 오염된 물을 음용할 때
- 안티몬(Sb) : 에나멜코팅용 기구(법랑제 식기)에 담을 때 용출

82

방사선 조사

- Co-60 등 방사성 동위원소에서 나오는 감마선 · 전자선 · X-선을 이용해 발아억제, 살균, 살충 또는 숙도를 조절하는 것이다.
- 식품의 방사능 오염에 문제가 되는 핵종으로는 Cs-137, I-131, Sr-90 등이 있다.

83

브루셀라증

- 불규칙적인 발열이 특징으로, 파상열이라고도 한다.
- 가축 유산의 원인이 되기도 한다.

84

팽창제

빵, 과자 등을 만드는 과정에서 CO_2, NH_3 등의 가스를 발생시켜 부풀게 함으로써 연하고 맛을 좋게 하는 동시에 소화되기 쉬운 상태가 되게 하는 첨가물이다.

85

Clostridium botulinum는 그람양성, 간균, 주모성 편모, 내열성의 포자 형성, 편성혐기성균으로, 신경독소(neurotoxin)를 생성한다.

86

Clostridium perfringens는 그람양성, 간균, 아포 형성, 편성혐기성균으로, 단체급식에서처럼 대량으로 대형 용기에 조리된 식품에서 발생하기 쉽다.

87

요충은 장에서 나와 항문 주위에 산란하여 가려움증을 유발하며, 어린이집이나 유치원처럼 집단생활을 하는 시설에서 집단감염의 위험이 크다.

88

벤조피렌은 다환방향족탄화수소(PAH) 중 가장 강력한 발암성 물질로, 고기를 태우거나 훈연제품에서 생성되는 물질이다.

89

테트로도톡신은 복어의 독으로 증상은 호흡중추의 마비로 사망에 이른다. 삭시토신은 마비성 조개중독으로 열에 안정하며 치사율이 높은 신경마비 독소이다.

90

페릴라틴은 설탕의 2,000배 감미도를 가지며, 신장염을 일으키는 유해성 감미료로 현재 사용이 금지되었다.

91

HACCP 12절차

- 준비단계 : 해썹팀 구성 → 제품설명서 작성 → 용도 확인 → 공정흐름도 작성 → 공정흐름도 현장 확인
- 7원칙 : 위해요소 분석 → 중요관리점(CCP) 결정 → CCP 한계기준 설정 → CCP 모니터링체계 확립 → 개선조치방법 수립 → 검증절차 및 방법 수립 → 문서화, 기록유지방법 설정

92

건강진단 대상자(시행규칙 제49조 제1항)

건강진단을 받아야 하는 사람은 식품 또는 식품첨가물(화학적 합성품 또는 기구 등의 살균·소독제는 제외한다)을 채취·제조·가공·조리·저장·운반 또는 판매하는 일에 직접 종사하는 영업자 및 종업원으로 한다. 다만, 완전 포장된 식품 또는 식품첨가물을 운반하거나 판매하는 일에 종사하는 사람은 제외한다.

93

집단급식소를 설치·운영하는 자는 조리·제공한 식품의 매회 1인분 분량을 영하 18도 이하에서 144시간 이상 보관하여야 한다(법 제88조 제2항 제2호).

94

집단급식소에 종사하는 조리사와 영양사는 1년마다 6시간의 교육을 받아야 한다(법 제56조 제1항).

95

집단급식소에 근무하는 조리사의 직무(법 제51조 제2항)
- 집단급식소에서의 식단에 따른 조리업무(식재료의 전처리에서부터 조리, 배식 등의 전 과정을 말한다)
- 구매식품의 검수 지원
- 급식설비 및 기구의 위생·안전 실무
- 그 밖에 조리실무에 관한 사항

96

조리사가 결격사유에 해당하거나 업무정지기간 중에 조리사의 업무를 하는 경우 면허를 취소하여야 한다(법 제80조 제1항).

97

출입·검사(시행규칙 제8조)
- 식재료 품질관리기준, 영양관리기준 및 준수사항 이행여부의 확인·지도 : 연 1회 이상 실시하되, 위생·안전관리기준 이행여부의 확인·지도 시 함께 실시할 수 있음
- 위생·안전관리기준 이행여부의 확인·지도 : 연 2회 이상

98

영양지도원의 업무(시행규칙 제17조)
- 영양지도의 기획·분석 및 평가
- 지역주민에 대한 영양상담·영양교육 및 영양평가
- 지역주민의 건강상태 및 식생활 개선을 위한 세부 방안 마련
- 집단급식시설에 대한 현황 파악 및 급식업무 지도
- 영양교육자료의 개발·보급 및 홍보
- 그 밖에 규정에 준하는 업무로서 지역주민의 영양관리 및 영양개선을 위하여 특히 필요한 업무

99

영양·식생활 교육의 내용(시행규칙 제5조 제2항)
- 생애주기별 올바른 식습관 형성·실천에 관한 사항
- 식생활 지침 및 영양소 섭취기준
- 질병 예방 및 관리
- 비만 및 저체중 예방·관리
- 바람직한 식생활문화 정립
- 식품의 영양과 안전
- 영양 및 건강을 고려한 음식만들기
- 그 밖에 보건복지부장관, 시·도지사 및 시장·군수·구청장이 국민 또는 지역 주민의 영양관리 및 영양개선을 위하여 필요하다고 인정하는 사항

100

식품을 제조·가공·소분하거나 수입하는 자는 조미식품이 포함되어 있는 면류 중 유탕면(기름에 튀긴 면), 국수 또는 냉면, 즉석섭취식품 중 햄버거 및 샌드위치에 나트륨 함량 비교 표시를 하여야 한다(시행규칙 제7조).

01	02	03	04	05	06	07	08	09	10	11	12	13	14	15	16	17	18	19	20
②	⑤	③	⑤	③	⑤	②	④	③	⑤	①	⑤	⑤	③	①	⑤	⑤	④	⑤	⑤
21	22	23	24	25	26	27	28	29	30	31	32	33	34	35	36	37	38	39	40
②	③	⑤	⑤	④	④	⑤	②	⑤	④	④	⑤	③	①	⑤	④	⑤	③	③	③
41	42	43	44	45	46	47	48	49	50	51	52	53	54	55	56	57	58	59	60
②	③	④	③	④	①	③	⑤	③	②	①	②	⑤	①	④	①	①	③	①	①
61	62	63	64	65	66	67	68	69	70	71	72	73	74	75	76	77	78	79	80
④	③	②	③	①	⑤	③	④	①	④	③	④	①	②	⑤	③	①	⑤	③	④
81	82	83	84	85	86	87	88	89	90	91	92	93	94	95	96	97	98	99	100
③	④	④	①	①	⑤	⑤	③	⑤	④	⑤	②	⑤	②	④	④	②	②	①	③
101	102	103	104	105	106	107	108	109	110	111	112	113	114	115	116	117	118	119	120
⑤	①	②	②	③	③	②	④	⑤	②	⑤	④	③	②	⑤	③	②	④	⑤

01

탄수화물 섭취 부족 시 포도당을 공급하기 위해 체내 단백질 분해로 나온 아미노산으로부터 포도당을 생성한다. 따라서 탄수화물을 충분히 섭취하는 경우에는 체내 단백질이 포도당 합성에 쓰이지 않으므로 단백질을 절약할 수 있다.

02

마그네슘(Mg)
- 엽록소의 주요 구성성분이다.
- 치아 에나멜층에 있는 칼슘의 안정성을 증가시킨다.
- 해당작용에 관여하는 여러 효소의 부활제로 작용한다.
- 체내에 마그네슘이 많으면 칼슘을 몰아낸다.
- 알코올 중독자가 간혹 마그네슘 결핍증을 보인다.
- 신경을 안정시키고 근육을 이완시킨다.

03

- 탄수화물로부터 섭취하는 에너지 비율은 55~65%이 적당하다.
- 계산 : $1,600 \times 0.55 \div 4 = 220$, $1,600 \times 0.65 \div 4 = 260$

04

뇌세포는 포도당을 에너지원으로 사용하나, 전부 소진된 경우 지방의 케톤체(ketone body)를 사용한다.

05

근육조직에는 포도당-6-인산 가수분해효소(glucose-6-phosphatase)가 결핍되어 있어서 근육에 저장된 글리코겐은 혈당조절에는 기여하지 못한다.

06

과당
과당은 간세포 내로 이동 시 인슐린의 도움이 필요 없다. 또한, 해당과정에서 속도조절단계를 거치지 않고 중간단계인 dihydroxyacetone phosphate의 형태로 들어가므로 acetyl-CoA 전환속도가 증가하여 지방산 합성속도도 증가한다. 따라서 혈중 중성지질의 농도를 높일 수 있다.

07

부갑상샘호르몬인 파라티로이드는 칼슘농도가 낮을 때 관여하며, 반대로 갑상샘호르몬인 칼시토닌은 칼슘농도가 높을 때 관여한다.

08

④ 콜레시스토키닌 : 소장점막에서 분비되어 담낭 수축, 췌장효소 분비를 촉진
① 에피네프린 : 부신수질에서 분비, 혈관을 팽창시켜 혈액이 더 흐르도록 하며, 심장운동을 증가시킴, 혈압 상승
② 갑상샘호르몬 : 갑상샘에서 분비, 기초대사 항진
③ 항이뇨호르몬 : 뇌하수체 후엽에서 분비, 신체가 수분함량을 유지할 필요가 있을 때 신장에서 요생성을 감소시킴
⑤ 부갑상샘호르몬 : 칼슘대사 조절

09

모유가 우유보다 우수한 영양성분
유당, 락트알부민, 비타민 A, 비타민 C, 비타민 E, 타우린, 리놀레산

10

올리고당
글리코시드 결합에 의해 단당류가 3~10개 결합되어 있는 소당류이다. 정장작용, 장내 유익균 증식, 혈당조절의 기능이 있다.

11

킬로미크론은 지방식 이후 가장 먼저 생성되는 지단백이다.

12

오탄당인산경로는 포도당으로부터 리보오스를 생성하는 과정으로서, 지방산의 생합성에 필요한 NADPH를 생성한다. 주로 간, 유선조직, 부신 중 지질 생합성이 활발한 부분의 소포체에서 진행한다.

13

$\omega-3$계열 지방산인 DHA와 EPA는 리놀렌산(linolenic acid)으로부터 합성된다.

14

간은 지방소화에 필수적인 담즙을 생성하는 기관이다. 담즙은 지방을 유화시켜서 리파아제 등 지방 분해효소의 작용을 쉽게 한다. 따라서 간에 장애가 생기면 담즙 생성이 적어지고 지방유화 작용도 적어져 지방소화가 저해된다.

15

지방의 β-산화
• 카르니틴에 의해 미토콘드리아 기질 내에서 일어난다.
• acyl-CoA의 탄소가 2개씩 짧아지면서 $FADH_2$, NADH, acetyl-CoA를 생성하는 과정이다.
• 시스형이 트랜스형으로 변경된다.

16

장기간 단백질 섭취가 부족하면 혈장 단백질(알부민) 농도가 저하되어 모세혈관 내 체액이 조직액 속으로 이동하게 되고 영양성 부종이 발생한다.

17

핵단백질의 가수분해 순서
핵산 → nucleotide → nucleoside → base

18

동물성 단백질 과잉섭취 시 단백질에 함유된 산성의 황아미노산 대사물질이 중화되는 과정에서 소변을 통한 칼슘의 손실이 많아진다.

19

질소평형(Nitrogen Balance)
• 양(+)의 질소평형 : 섭취된 질소량 > 배설된 질소량
→ 성장기 어린이, 임산부, 회복기 환자, 근육의 증가를 위해 힘쓰는 성인
• 음(−)의 질소평형 : 섭취된 질소량 < 배설된 질소량
→ 질병, 기아, 외상, 소모성 질환

20

저해 작용

- 경쟁적 저해 : V_{max} 일정, K_m 증가
- 비경쟁적 저해 : V_{max} 감소, K_m 일정
- 무경쟁적 저해 : V_{max}, K_m 모두 감소

21

비타민 A

비타민 A와 옵신이 결합하여 로돕신을 만들어 간상세포의 시각작용을 유지한다. 따라서 비타민 A가 부족하면 간상세포에서 로돕신이 형성될 수 없으므로 어두운 곳에서 적응하기 어렵게 된다.

22

사용하고 남은 포도당은 간이나 근육에 저장되는데 근육에 저장된 포도당은 근육이 수축될 때 글리코겐이 젖산으로 전환되면서 에너지가 발생한다.

23

임신 시 속쓰림 완화 방법

- 식사횟수를 늘려서 공복을 피하는 것이 가장 중요하다.
- 식후에 바로 눕지 않기, 자극적인 향신료 금지, 기름진 음식 섭취 줄이기, 천천히 먹기 등

24

기초대사량에 영향을 주는 요인

- 체표면적이 클수록, 근육이 많을수록 기초대사량 증가
- 생후 1~2년경에 기초대사량이 가장 높고 그 후 점차 감소
- 남자는 여자보다 기초대사량 높음
- 체온 1℃ 상승 시 기초대사량 12.6% 상승
- 갑상샘호르몬, 아드레날린, 테스토스테론, 성장호르몬은 기초대사량을 증가시킴
- 기온이 낮으면 체열발산을 위해 기초대사량 증가
- 불안, 초조, 공포 등으로 맥박이 빨라질 때 기초대사량 증가
- 흡연, 카페인 섭취 시 기초대사량 증가
- 영양부족상태, 기아상태 시 기초대사량 감소
- 수면 상태는 깨어있을 때보다 기초대사량이 10% 정도 감소

25

칼륨은 나트륨의 배설을 증가시켜 혈압을 낮추는 효과가 있으므로, 칼륨이 풍부한 식품을 섭취하는 것이 좋다.

26

미토콘드리아는 세포 소기관의 하나로, 호흡효소계(연쇄계, 산화적 인산화)가 있어 ATP를 생산하며, TCA회로에 관여한다.

27

셀레늄은 글루타티온 과산화효소(glutathione peroxidase, GSH-Px)의 촉매 활성에 필요한 구성성분이며 세포, 조직에서 생성되는 과산화물을 제거함으로써 세포막과 세포 내의 산화를 방지하는 항산화 작용을 하는 미량원소이다.

28

크롬(Cr)

- 포도당의 세포막을 통한 이동에 관여한다.
- 혈청 콜레스테롤 제거에 관여한다.
- Glucose Tolerance Factor(GTF)에 관여한다.
- 인슐린이 세포막에 결합하는 것을 용이하게 한다.
- 장 내 흡수율이 매우 낮아 부족하면 내당능이 손상된다.
- 육류, 간, 도정하지 않은 곡류가 주된 급원이다.

29

티아민(비타민 B_1)은 당질대사의 보조효소로 탄수화물에서 에너지를 얻는 데 필수적인 비타민이다. 간, 고기, 달걀, 생선 등에 많이 함유되어 있다.

30

비타민 B_6

아미노산 대사의 보조효소(PLP)로서 아미노기 전이반응, 아미노기 대사과정, 탈아미노반응 등에 작용한다.

31

알도스테론은 부신피질에서 분비되는 호르몬으로, 나트륨의 재흡수와 칼륨의 배출 증가를 통해 체내 염분과 수분 평형조절 및 혈압 조절에 중요한 역할을 한다.

32

비타민 D

뼈 발달과 유지에 필수적이며, 부갑상샘호르몬에 의해 활성화된다. 자외선 차단제가 피부의 비타민 D 생성을 방해할 수 있다.

33

상한섭취량이 제시된 비타민

비타민 A, 비타민 D, 비타민 E, 비타민 C, 니아신, 비타민 B_6, 엽산

34

담즙은 십이지장에서 분비되는 소화보조효소이다. 지방이 분해되는 것을 돕는 유화작용 역할과 리파아제(lipase)의 작용을 돕는 역할을 한다.

35

곁가지 아미노산(BCAA)

분지쇄아미노산이라고도 하며, 필수아미노산 가운데 발린(valine), 류신(leucine), 이소류신(isoleucine)을 말한다.

36

임신 말기 출혈증을 막아주는 것은 비타민 K이다.

37

임신 중 에스트로겐(Estrogen)의 역할
- 뼈의 칼슘 방출을 저해하여 골다공증 예방
- 결합조직의 친수성 증가
- 자궁평활근(Smooth Muscle) 발육을 촉진
- 자궁근을 수축하여 분만을 도움

38

초유의 항감염인자에는 Secretory IgA, IgG, IgM 등의 면역글로불린과 락토페린, 라이소자임, 다핵 백혈구, 단세포, 대식세포 등이 있다.

39

필수지방산은 체내에서 호르몬처럼 작용하는 물질로 전환되어 혈압 및 혈액응고 등의 체내기능을 조절한다. 이 호르몬처럼 작용하는 물질을 총칭하면 에이코사노이드(Eicosanoid)이란.

40

체내수분 비율은 출생 시 74%에서 1년 후 60%로 감소하는데 이러한 전체 체액의 감소는 세포외액의 감소로 발생한다.

41

식사 4시간 후 혈당이 낮아지면 간에 저장된 글리코겐이 우선적으로 사용되어 혈당을 유지한다.

42

나이가 들면 이가 빠지거나, 잇몸이 줄어들어 씹는 힘이 약해지고, 침 분비가 줄어들어 연하곤란이 되거나 목이 메게 된다. 또한 노년기에는 생리적으로 미각기능이 저하되며, 짠맛과 단맛에 대한 역치가 높아져 젊었을 때보다 더 많은 양의 소금과 설탕을 이용하기 쉽다.

43

고호모시스테인혈증

메티오닌과 시스테인이 만들어지는 과정에 문제가 발생하면 호모시스테인이 증가하게 되고, 혈액 속 호모시스테인 농도가 비정상적으로 증가한 상태이다. 호모시스테인의 대사과정에 비타민이 조효소로 작용하기 때문에 비타민 B_6, 비타민 B_{12}, 엽산의 결핍이 원인이 될 수 있으며, 신기능 장애, 음주, 특정 약물과 같이 비타민 결핍을 일으키는 후천적 요인도 고호모시스테인혈증의 원인이 될 수 있다.

44

이식증(Pica)이란 흙, 소다, 얼음, 담뱃재 등 영양가가 전혀 없는 물질에 강하게 집착하여 지속적으로 섭취하는 행동이다.

45

PLP(Pyridoxal Phosphate)는 아미노기 전달반응의 보조효소로, 비타민 B_6 유도체이다.

46

Glucokinase 또는 Hexokinase, Phosphofructokinase와 Pyruvate kinase가 Glycolysis의 Allosteric Regulatory 효소들이다.

47

① Glycogen의 합성전구체는 UDP-Glucose이며, 분해물질은 Glucose-1-Phosphate이다.
② Polysaccharide는 단당류 100개에서 수천 개가 연결되어 있다.
④ Cellulose는 Cellulase에 의해 가수분해된다.
⑤ Glycogen과 Starch는 α-Amylase에 의해 Maltose, Maltotriose, α-Dextrin으로 분해된다.

48

아데닐산고리화효소(adenylate cyclase)는 세포 내 다양한 조절신호에서 2차 전령으로 작용하는 cAMP를 합성하는 효소이다. 특히, 혈당 저하 시 cAMP 합성을 증진시켜 다른 당의 이용에 필요한 유전자 발현을 촉진한다.

49

판토텐산(비타민 B_5)은 조효소 A(CoA)의 구성성분으로, 조효소 A는 지방산의 산화와 합성에 중요한 작용을 한다.

50

① 위산 분비가 증가한다.
③ 소장에서 티아민 흡수가 감소한다.
④ 간에서 알부민 합성이 감소한다.
⑤ 혈중 HDL 콜레스테롤 수치가 감소한다.

51

지단백 리파아제(lipoprotein lipase)는 혈중 지단백의 중성지방을 가수분해하여 지방세포 안으로 흡수하는 데 작용하는 효소로, 주로 지방조직이나 근육(골격근, 심근) 등의 모세혈관 내벽에 존재한다.

52

케톤증(ketosis)
지방의 산화로 생성된 다량의 아세틸-CoA에 비해 포도당으로부터 생성되는 옥살로아세트산이 부족하면 TCA 회로는 원활히 진행이 안 된다. 이때 축적된 아세틸-CoA는 간의 미토콘드리아에서 아세토아세트산, β-하이드록시뷰티르산, 아세톤 등의 케톤체를 대량 생성하고 케톤증을 유발한다.

53

건강한 영아는 철을 충분히 확보하고 태어나지만 4~6개월 지나면 철이 고갈되어 충분히 섭취해야 한다.

54

노인을 위한 식사관리
• 골다공증 예방을 위해서 충분한 칼슘 섭취가 필요하다.
• 단백질은 근육과 뼈 손실을 막고, 면역력을 유지하는 데 필요하므로 섭취를 줄이지 않는다.
• 과일은 무기질과 비타민의 급원이므로 부드럽고 씹는 데 어렵지 않은 과일로 섭취해야 한다.
• 타액 분비의 감소로 음식을 부드럽고 촉촉하게 조리한다.
• 미각의 둔화로 노인은 단맛을 잘 느끼지 못하여 더 달게 조리할 경우 과체중, 대사질환, 심혈관질환 등의 위험이 높아지므로 주의해야 한다.

55

비타민 C는 강력한 환원제로 제2철을 제1철로 환원하여 철분의 흡수를 증가시키므로 철분 섭취 시에 함께 섭취하는 것이 좋다. 비타민 C가 풍부한 식품에는 딸기, 오렌지, 케일, 브로콜리, 피망, 콜리플라워 등이 있으며, 차와 커피에는 타닌이 함유되어 있어 철분의 흡수를 방해한다.

56

콜레스테롤의 생합성
아세틸-CoA → 아세토아세틸-CoA → HMG-CoA → 메발론산 → 스쿠알렌 → 라노스테롤 → 콜레스테롤

57

청소년기에 남자는 근육량의 축적에 따른 혈액량 증가로, 여자는 월경에 따른 혈액 손실로 인해 철분의 요구량이 많아진다.

58

Serine 잔기의 Hydroxyl기가 인산화에 의한 공유결합형 변형에 의존된다.

59

② 공복상태에서 기분이 좋을 때 이유식을 준다.

③ 이유식을 눕혀서 먹이면 아기가 목이 막히고 사레도 걸릴 수 있으므로 앉혀서 먹인다.

④ 젖병으로 이유식 섭취 시 편식, 발육부진, 우유병우식증 등의 부작용이 나타나므로 숟가락으로 먹여야 한다.

⑤ 하루 한 가지 식품을 한 숟갈 정도로 시작하여 차츰 증량시킨다.

60

운동 시 열량원의 사용 순서

ATP → 크레아틴인산 → 글리코겐과 포도당 → 지방산

61

개인 영양상담을 위한 효율적인 의사소통 방법

• 내담자에게 지속적으로 시선을 주어 지속적인 관심을 표현한다.

• 지나친 질문이나 복잡한 질문은 피한다. 그러나 적절한 질문을 통해 내담자를 더 깊이 이해할 수 있으므로 반드시 필요하다.

• 내담자가 애매모호하거나 깨닫지 못하는 내용을 상담자가 명확하게 표현해 줌으로써 상담이 잘 진행되고 있다는 느낌을 갖도록 한다.

• 내담자의 말과 행동(감정, 생각, 태도) 등을 상담자가 부연해 줌으로써 내담자가 이해받고 있다는 느낌이 들도록 한다.

• 매회 상담이 끝날 때마다 상담의 내용을 요약해서 내담자에게 설명해 준다.

• 무분별한 조언이나 지나친 조언을 삼가고 상담자의 객관적 판단에 의한 암시적인 조언을 한다.

62

상담 결과에 영향을 주는 요인

• 내담자 요인 : 상담에 대한 기대, 영양문제의 심각성, 영양상담에 대한 동기, 내담자의 지능, 정서상태, 방어적 태도, 자아강도, 사회적 성취수준과 과거의 상담경험, 자발적인 참여도 등

• 상담자 요인 : 상담자의 경험과 숙련성 · 성격 · 지적능력, 내담자에 대한 호감도

63

어린이들에게 영양교육을 시킬 때는 특별한 방법이 요구된다. 즉, 직접 시청하게 함으로써 흥미를 끌 수 있는 교육방법으로 인형극을 널리 쓰고 있다.

64

사회인지론의 구성요소

• 개인적 요인

– 결과기대 : 행동 후 기대하는 결과

– 자아효능감 : 목표한 과업을 달성하기 위해 필요한 행동을 계획하고 수행할 수 있는 자신의 능력에 대한 자신감

• 행동적 요인

– 행동수행력 : 특정 목표를 달성하거나 수행하는 데 요구되는 지식과 기술

– 자기조절 : 목표지향적인 행동에 대한 개인적 규제

• 환경적 요인

– 관찰학습 : 타인의 행동과 그 결과를 관찰하면서 그 행동을 습득

– 강화 : 행동이 계속될 가능성을 높이거나 낮추는 것

– 환경 : 개인에게 물리적인 외적 요인

65

영양조사 항목에는 식품 및 영양소 섭취현황, 식생활행태, 식이보충제, 영양지식, 식품안정성, 수유현황, 이유보충식이 있다.

66

융 판

- 소수집단에서 효과적인 교육보조자료로 미리 준비한 그림을 자유로이 벽면에 붙이거나 이동시키면서 토의나 해설에 맞춰서 이용하는 것이다.
- 부피가 크지 않아 가지고 다니기 간편하고 비용이 적게 든다.
- 주의집중에 가장 효과적인 방법이다.
- 한 번 제작하면 재사용이 가능하다.
- 설명 후 토의를 거쳐 교육효과 측정이 가능하다.

67

실측법

조리하기 직전의 식품을 실측하고 섭취한 식품의 종류와 양을 집계하여 실제 섭취량을 구하는 방법이다. 식사섭취량을 가장 정확하게 측정하는 방법이나, 시간과 비용이 많이 들고 일상생활에서 저울을 준비하기 어렵다는 단점이 있다.

68

전화조사

- 장점 : 편리하고, 응답률이 높으며 비용이 적게 들며 양적인 결과를 얻을 수 있다.
- 단점 : 조사자의 편견이 개입된다.

69

효과적인 커뮤니케이션 절차

계획과 전략 선택 → 매체와 의사소통 경로 선택 → 메시지 개발과 예비테스트 → 실행 → 평가

70

식사구성안

- 한국영양학회에서 만성퇴행성 질환을 예방하고 건강을 최적의 상태로 유지시키기 위한 영양교육을 실시할 목적으로 만든 것이다.
- 식품을 6군으로 분류하고 각 식품의 1인 1회 분량을 설정하고 있다.
- 1일 섭취해야 할 횟수가 제시되어 있다.

71

국민영양관리법은 국민의 식생활에 대한 과학적인 조사·연구를 바탕으로 체계적인 국가영양정책을 수립·시행함으로써 국민의 영양 및 건강 증진을 도모하고 삶의 질 향상에 이바지하는 것을 목적으로 하며, 보건복지부가 소관한다.

72

영양판정법

- 간접평가 : 식생태조사
- 직접조사 : 신체계측법, 생화학적 검사, 임상증상조사, 식사조사

73

과정평가

영양교육이 진행되는 과정에 대해 평가하는 것으로, 영양교육을 진행하는 과정에서 시행상의 문제점을 파악하고 그 개선방안을 탐색하는 것을 목적으로 한다.

74

반영은 내담자의 느낌이나 진술을 다른 동일한 의미로 바꾸어 기술하는 상담기법으로, "~(사건, 상황, 사람, 생각) 때문에, ~(느낌, 기분, 감정)이구나. 너는 ~하기를 원하는데"라는 형태를 취한다. 내담자가 이야기하는 정보나 생각을 올바르게 해독하여 그것을 다시 내담자에게 되돌려주어 확인하고 수정하면서 내담자의 고민 속으로 들어가는 방법이다.

75

비만아동의 대부분은 가족 식습관에 문제점이 나타나며, 영양교육의 주체는 피상담자가 되어야 한다.

76

① 영양진단, ②·④ 영양판정, ⑤ 영양모니터링 및 평가에 해당한다.

영양중재

영양진단에서 도출된 문제해결을 위하여 가장 적절하고 비용 면에서 효과적인 영양치료계획을 환자 개인별로 구체적으로 수립하는 단계이다.

77

건강신념모델의 구성요소

- 인지된 민감성 : 특정 질병에 걸릴 가능성의 정도에 대한 인지
- 인지된 심각성 : 특정 질병과 그 질병이 가져올 수 있는 결과의 심각성에 대한 인지
- 인지된 이익 : 행동변화로 얻을 수 있는 이익에 대한 인지
- 인지된 장애 : 행동변화가 가져올 물질적, 심리적, 비용 등에 대한 인지
- 행위의 계기 : 변화를 촉발시키는 계기
- 자기효능감 : 행동을 실천할 수 있다는 스스로에 대한 자신감

78

영양검색(영양스크리닝)

영양불량 환자나 영양불량 위험 환자를 발견하는 간단하고 신속한 과정이다. 입원한 모든 환자를 대상으로 입원 후 24~72시간 내에 실시하는 것이 이상적이다.

79

덤핑증후군 환자의 식사요법

- 단순당의 함량이 높은 식품을 제한한다.
- 식사를 하면서 물을 마시지 않는다.
- 유제품 섭취 시 복통, 설사가 발생할 수 있으므로 일시적으로 제한한다.
- 식사는 소량씩 자주(하루 5~6회 정도) 공급한다.
- 지방은 열량을 많이 내고 음식물의 위장 통과속도를 늦추므로 섭취를 제한하지 않는다.
- 단백질은 충분히 공급한다.
- 식후 20~30분 비스듬히 누워서 휴식을 취하며 오른쪽으로 누워 역류를 방지한다.

80

비열대성 스프루 환자의 식사요법

글리아딘(글루텐의 주요성분)의 소화 · 흡수장애로 인해 장점막이 손상되어 모든 영양소의 흡수불량이 일어나는 질환이다. 글루텐이 함유된 밀, 보리, 호밀, 귀리, 맥아 등을 제한하며, 옥수수가루, 쌀, 감자 등을 섭취한다.

81

경련성 변비는 가능한 한 과도한 대장의 연동운동을 감소시켜야 하므로 이완성 변비와는 반대로 기계적 · 화학적 자극이 적은 식품을 섭취해야 한다. 흰밥, 연한 육류, 달걀, 생선, 연한 채소 등을 제공하고, 통밀빵, 탄산음료, 생채소, 해조류 등은 피해야 한다.

82

BMI 수치상 29.3으로 비만에 해당하며, 비만은 지방간의 원인이 되므로 체중을 서서히 감량(현재 체중의 10%를 3~6개월간 감량)하는 것이 가장 적절한 개선방법이다. 너무 갑작스러운 체중감량은 오히려 지방간을 악화시킬 수 있으므로 주의해야 한다. 그리고 탄수화물, 단백질, 단백질의 구성비율보다는 총 에너지 섭취량을 줄이는 것이 치료에 더 주요한 요소이다.

83

체지방의 열량가는 1kg당 7,700kcal이다. 한 달 동안 4kg을 감량하려면 $7,700kcal \times 4 = 30,800kcal$, 30,800kcal/한 달(30일) = 1,026.67kcal로, 하루에 약 1,000kcal의 열량 섭취를 줄이면 된다.

84

소아비만은 지방세포의 크기만 커지는 성인비만과 달리 지방세포 수의 증가를 수반하므로 조절하기가 어려우며 성인비만으로의 이행률도 높다.

85

만성췌장염 시 급성췌장염에 준해서 당질을 중심으로 공급하며, 단백질은 충분히 공급하되, 지방이 적은 식이를 제공한다.

86

총 콜레스테롤 농도의 적정 수치는 200mg/dL 이하이다. 과도한 에너지 섭취는 간세포 내에서 콜레스테롤 합성을 촉진하여 콜레스테롤 수치를 상승시키므로 총 에너지 섭취를 줄여 적정체중을 유지하는 것이 좋다.

87

암 환자의 영양소 대사 변화

기초대사량 증가, 에너지 소비량 증가, 당신생 증가, 인슐린 민감도 감소, 고혈당증, 근육단백질 합성 감소, 지방분해 증가, 수분과 전해질 불균형

88

급성감염성 질환의 식사요법

- 수분 : 수분 대사 평형을 유지하기 위해 1일 3,000~3,500mL의 물을 공급한다.
- 열량과 단백질 : 2g/kg의 단백질과 3,000~4,000kcal의 에너지를 공급한다.
- 당질 : 고당질식은 글리코겐을 저장하고 Gluconeo genesis와 Ketosis를 방지한다.
- 지질 : 유화된 지방으로 충분히 섭취한다.
- 비타민 : 비타민 B 복합체, 아스코브르산, 비타민 A의 양을 증가한다.
- 무기질 : 급성 발열 단계에서는 나트륨 및 칼륨의 손실이 크므로 보충해야 한다.

89

단식 초기의 며칠 동안에는 수분과 나트륨의 손실이 크게 일어나 급격한 체중감소가 나타난다. 이때 체중 감소의 주된 원인은 수분손실로 인한 것이며, 신체는 초기에 체액 손실이 컸던 것을 다시 복원시키는 경향이 있으므로 이후의 체중감소는 오히려 완만하게 나타난다.

90

나트륨 제한식이

- 무염식 : 1일 나트륨 400mg(소금 1g) 이하로 엄격 제한, 나트륨 함량이 높은 우유, 어육류, 근대, 쑥갓, 시금치 등과 조미료, 소금, 간장도 사용금지
- 저염식 : 1일 나트륨 2,000mg(소금 5g) 공급
- 중염식 : 1일 나트륨 3,000~ 4,000mg(소금 8~10g) 공급

91

담낭염 환자의 식사는 담낭의 수축과 담도의 심한 발작을 예방하는 당질 위주의 저지방식이 좋다.

92

담석증 환자는 무자극성식, 저에너지식, 저지방식, 고당질식을 하고 단백질은 정상 공급하며 비타민, 무기질을 보충한다.

93

당분을 과잉 섭취하면 체내에서 중성지방으로 합성된다.

94

뇌졸중은 뇌혈관이 막히거나(뇌경색) 파열되어(뇌출혈) 일어나는데, 연하장애가 발생할 수 있다. 이때는 연두부, 푸딩, 미음, 호상 요구르트 등을 제공할 수 있다.

95

비타민 C는 체내에서 수산으로 전환되므로 수산칼슘결석 환자는 비타민 C의 섭취를 제한한다.

96

네프로제 증후군

- 단백뇨, 부종
- 저단백혈증(5g/dL 이하), 저알부민혈증(1g/dL 이하)
- 혈청 지질의 증가(혈청 콜레스테롤과 지질의 상승)
- 기초대사율의 저하

97

엽산의 필요사항

- 알코올을 많이 섭취하면 엽산의 필요량이 증가한다.
- 아미노살리실산(aminosalicylic acid)은 음식에서 엽산염의 흡수를 감소시켜 엽산 결핍을 악화시킨다.
- 제산제를 장기간 사용하면 엽산과 철의 흡수를 저해한다.
- 항생제는 정상적인 위장관 내의 균을 변화시켜 엽산의 결핍을 방해한다.
- 아스피린은 혈청 엽산염 농도를 감소시킨다.
- 피임약을 구강복용하고 있는 몇몇 여성에서 혈청 및 적혈구 엽산 수치의 감소가 일어날 수 있다.
- 비타민 B_{12}와 엽산을 동시에 복용하면 비타민 B_{12} 결핍을 유발할 수 있다.

98

당질 대사가 저하되고 지방산의 산화가 촉진되면 지방산의 β-산화와 다량의 Acetyl-CoA가 생성되어 Oxaloacetic Acid 부족으로 케톤체가 생성되어 Acidosis(산독증)가 발생한다.

99

당뇨병의 합병증으로 저혈당증의 증상이다. 심한 운동을 했을 때 glucose가 35~50mg/100mL 정도면 혼수가 오게 된다. 이때에는 꿀, 설탕, 사탕, 젤리, 포도당 등 단순당을 공급한다.

100

당질 섭취가 부족하게 되면 지방의 불완전 연소로 케톤체(ketone body)가 생성되어 케톤증(Ketosis)을 일으키므로 지방질의 완전연소를 위해서는 적어도 1일 100g 이상의 당질 섭취가 필요하다.

101

위암 수술 후 식사진행

수술 직후에는 물을 조금씩 씹듯이 삼키며, 적응도에 따라 점차 물의 양을 증가시키고 '맑은유동식 → 일반유동식(전유동식) → 연식 → 진밥'으로 식사를 단계적으로 진행시킨다.

102

내적인자(Intrinsic Factor)는 위의 벽세포에서 분비되며, 비타민 B_{12}의 흡수를 돕는다.

103

통풍 환자의 혈액에는 퓨린의 최종 대사산물인 요산이 높으므로 퓨린체가 낮은 식품을 공급하여야 한다. 어란, 정어리, 멸치, 고깃국물, 조개 등은 제한하고, 우유, 치즈, 달걀, 채소 등을 충분히 섭취하도록 한다. 또한, 술은 금하여야 한다.

104

알레르기 체질인 사람에게는 복숭아, 고등어, 새우, 조개류 등을 주의하여야 한다.

105

암을 예방하기 위해서는 건강체중을 유지하고 지방 섭취는 1일 총 열량의 20% 이내로 하며, 포화지방산과 불포화지방산을 함께 감소시킨다. 전곡류, 과일, 채소 같은 고섬유식이를 즐기며 염장식품, 훈연식품의 섭취를 제한한다.

106

제2형 당뇨병 환자는 비만과 고혈압 등의 대사증후군을 동반하는 경우가 많다. 비만과 고혈압을 관리하기 위해서는 저열량식과 저나트륨식을 한다.

107

어떤 외래성 물질과 접한 생체가 그 물질에 대하여 정상과는 다른 반응을 나타내는 현상으로 T세포 또는 항체에 의해 매개된다.

108

용혈은 적혈구막의 손상으로 헤모글로빈이 유출되는 현상으로 삼투적, 화학적, 독소성 용혈 등이 있다.

109

사구체여과율 감소 시 혈중 크레아티닌, 요소, 칼륨, 인산 농도는 증가하고 칼슘의 농도는 감소한다.

110

혈액에서 가장 많이 존재하는 것은 적혈구 > 혈소판 > 백혈구 순이다. 크기가 큰 순으로 나열하면 백혈구 > 적혈구 > 혈소판이다.

111

칼륨 함량이 높은 식품

도정이 덜 된 잡곡류, 감자, 고구마, 옥수수, 밤, 팥, 은행, 근대, 무말랭이, 쑥갓, 참외, 토마토, 바나나, 천도복숭아, 키위, 호두, 땅콩, 잣, 초콜릿, 코코아

112

알도스테론

부신피질에서 분비되는 호르몬으로 콩팥에서 배설되는 Na^+의 재흡수를 촉진시킨다. Na^+의 재흡수 증가는 삼투압의 농도를 증가시키고 소변량을 감소시켜 혈액량을 증가시키므로 혈압을 상승시킬 수 있다.

113

철분 결핍증 지표

- 초기 단계 : 혈청 페리틴 농도 감소
- 결핍 2단계 : 트랜스페린 포화도 감소, 적혈구 프로토포르피린 증가
- 마지막 단계 : 헤모글로빈과 헤마토크리트 농도 감소

114

울혈성 심부전 환자의 식사요법

신체 생리 기능을 유지할 정도의 저열량식(1,000~1,200kcal)을 제공하며, 정상 기능을 유지하기 위하여 양질의 단백질을 공급한다. 또한 지방의 공급은 종류 및 양에 따라 결정하며 불포화지방산의 섭취량은 증가시키지만 총 지방의 섭취량은 제한한다. 부종 제거를 위한 이뇨제 사용 시 저칼륨혈증을 유발될 수 있으므로 칼륨을 보충하도록 한다.

115

혈압 저하 요인

- 혈액 점도의 감소
- 혈관 수축력의 감소
- 혈관 직경의 증가
- 혈관 저항의 감소
- 심박출량의 감소

116

트로포닌(troponin)은 횡문근인 골격근과 심근의 칼슘이온에 의한 수축 제어에 있어서 중심적인 역할을 하는 단백질 – 복합체이다. 칼모듈린(calmodulin)은 평활근에서 근수축 시에 칼슘과 결합한다.

117

당뇨병성 신증 환자의 경우 단백질 섭취 제한을 통해 알부민뇨의 진행, 사구체여과율의 감소, 말기신부전의 발생을 줄일 수 있다. 과도한 단백질 섭취는 알부민뇨의 증가와 빠른 신기능 저하를 야기하므로 체중당 0.8g 정도로 제한한다.

118

포화지방산은 동물성 기름에 많으며 혈중 콜레스테롤을 증가시키므로 가급적 섭취를 제한해야 한다.

119

④ 제2형 당뇨병은 비만에 의한 발생위험이 가장 높은 대사질환으로, BMI 지수가 높을수록 제2형 당뇨병의 유병률이 증가한다. BMI 지수 $28.5kg/m^2$은 1단계 비만으로서 제2형 당뇨병의 위험인자에 해당한다.

① · ② · ③ · ⑤ 당뇨병은 고혈압, LDL 콜레스테롤의 증가, HDL 콜레스테롤의 감소, 중성지방의 증가와 관련이 있는데, 정상 범위에 해당한다.

120

DASH 식이요법

- 포화지방산 및 콜레스테롤, 지방 등의 총량을 줄인다.
- 과일, 채소, 저지방 유제품 섭취를 늘린다.
- 전곡류를 통하여 식이섬유 섭취를 늘린다.
- 소금은 1일 6g 이하로 줄인다.
- 단 간식 및 설탕함유식품 섭취를 줄인다.

정답

01	02	03	04	05	06	07	08	09	10	11	12	13	14	15	16	17	18	19	20
③	③	①	②	③	①	①	①	④	①	③	②	①	⑤	③	③	⑤	③	③	③
21	22	23	24	25	26	27	28	29	30	31	32	33	34	35	36	37	38	39	40
①	④	①	③	④	①	②	④	④	④	②	⑤	①	①	②	②	③	⑤	⑤	④
41	42	43	44	45	46	47	48	49	50	51	52	53	54	55	56	57	58	59	60
②	①	④	④	③	④	②	④	②	①	②	②	④	③	②	①	③	⑤	④	④
61	62	63	64	65	66	67	68	69	70	71	72	73	74	75	76	77	78	79	80
②	④	①	③	⑤	④	③	⑤	①	③	④	②	⑤	①	③	⑤	⑤	④	③	①
81	82	83	84	85	86	87	88	89	90	91	92	93	94	95	96	97	98	99	100
⑤	③	⑤	①	③	⑤	⑤	③	④	①	③	③	①	⑤	①	③	①	②	②	②

01

TBA 시험은 유지의 산패생성물인 말론알데히드가 TBA 시약과 반응하여 붉은색 복합체를 형성하는 반응을 보기 위함이다.

02

겔(gel)

콜로이드 용액(졸)이 일정한 농도 이상으로 진해져서 튼튼한 그물조직이 형성되어 굳어진 것을 말한다.

03

결합수는 식품에서 제거가 불가능하며, 미생물의 번식에 이용되지 못한다.

04

수분활성도

- 보통 세균 : 0.90
- 보통 효모 : 0.88
- 보통 곰팡이 : 0.80
- 내건성 곰팡이 : 0.65
- 내삼투압성 효모 : 0.60

05

근육 중에 존재하는 당질은 주로 글리코겐이고 포도당, 과당, 갈락토스, 이노시톨을 미량 함유하고 있다.

06

② 노화촉진제인 황산염을 제외한 염류는 노화를 억제한다.
③ 일반적으로 수분함량 30~60%에서 노화가 잘 일어난다.
④ pH가 낮을수록 노화를 촉진하고, pH 7 이상에서 노화가 억제된다.
⑤ 0~5℃는 노화 최적온도로, 0℃ 이하, 60℃ 이상일 때 노화가 방지된다.

07

요오드가는 유지 100g에 결합되는 요오드의 g수이며, 유지의 불포화도를 나타내는 척도이다. 요오드가가 높은 기름은 융점이 낮고, 반응성이 풍부하고, 산화되기 쉽다.

08

② 베네딕트 반응 : 당의 정색반응
③ 사카구치 반응 : 아르기닌 확인
④ 홉킨스 콜 반응 : 트립토판 확인
⑤ 밀론 반응 : 티로신 확인 반응

09

제한아미노산
필수아미노산 중 필요량에 비해 가장 부족되는 아미노산으로 라이신, 트립토판, 트레오닌, 메티오닌이 해당된다.

10

유도단백질
• 제1차 유도단백질(변성단백질) : 응고단백질, 젤라틴, 파라카세인, 프로티안, 메타프로테인
• 제2차 유도단백질(분해단백질) : 프로테오스, 펩톤, 펩타이드

11

새우, 게 등의 갑각류에는 아스타잔틴이 함유되어 있으며 원래 붉은색이나 동물조직 내에서 단백질과 결합하여 청록색을 나타낸다. 그러나 가열하면 단백질이 변성하여 아스타잔틴은 유리되어 붉은색인 아스타신이 된다.

12

커피의 수렴성은 coffeic acid와 quinic acid가 축합한 chlorogenic acid에 의한다.

13

전분에 물을 넣지 않고 160~170℃ 이상으로 가열하면 다양한 길이의 덱스트린(dextrin)이 생성되는 현상을 호정화라 하며 이때의 색은 황갈색이다.

14

난황의 유화성을 이용한 조리가 마요네즈이다. 난황은 마요네즈의 유화제로서 난백의 약 4배의 효력을 가지고 있으며 이는 레시틴(lecithin) 성분 때문이다.

15

전분의 변화
• α화(호화) : 생전분(β－전분)에 물을 넣어 가열하면 미셀구조가 파괴되어 투명하게 됨
• β화(노화) : 호화전분(α－전분)을 실온에 두면 차츰 굳게 되어 β－전분으로 되돌아감

16

밀가루의 종류와 용도
• 강력분(글루텐 13% 이상) : 식빵, 마카로니 등
• 중력분(글루텐 10~13%) : 국수(면류), 만두피 등 다목적용
• 박력분(글루텐 10% 이하) : 케이크, 쿠키, 튀김옷

17

기름흡수에 영향을 주는 조건
기름 온도가 낮을수록, 튀기는 시간이 길어질수록, 튀기는 식품의 표면적이 클수록, 튀김재료 중에 수분·당·지방의 함량이 많을 때, 박력분일 때, 재료표면에 기공이 많고 거칠 때, 달걀노른자 첨가 시 흡유량이 증가한다.

18

Leuconostoc mesenteroides는 김치의 발효 초기에 주로 생육하고, 발효 후기에 L.plantarum은 김치의 숙성에 관여한다.

19

참기름에는 천연 항산화 성분인 세사몰과 토코페롤이 들어 있어 쉽게 변질되지 않는다.

20

미생물 증식에 영향을 미치는 요인
• 물리적 요인 : 온도, 삼투압, 광선과 방사선, pH
• 화학적 요인 : 영양소, 수분, 산소

21

두부의 응고제로는 황산칼슘($CaSO_4$), 염화칼슘($CaCl_2$) 또는 염화마그네슘($MgCl_2$)을 사용한다.

22

연근은 폴리페놀, 클로로겐산으로 인해서 쉽게 갈변하기 때문에 식초와 같이 조리하거나 식초물에 담갔다가 조리한다. 또한, 식초는 연근의 유효성분이 손실되는 것을 막고 흡수가 잘되도록 돕는 작용을 한다.

23

오징어와 낙지의 먹물 성분은 단백질의 일종인 멜라닌 색소이다.

24

녹색채소를 데칠 때 유의해야 할 점

• 비타민의 손실 : 특히 비타민 B군의 물에 의한 손실, 비타민 C의 열에 의한 파괴, 카로티노이드의 산화 등과 무기질의 용출 등
• 엽록소의 변색 : 녹색채소를 뚜껑 덮고 가열 시 클로로필의 황변, 플라본 색소의 황변, 안토시안 색소의 갈변(산화) 등

25

리보플라빈은 열에는 안정적이지만 광선에는 매우 불안정하여 약산성~중성에서는 루미크롬(lumichrome), 알칼리성에서는 루미플라빈(lumiflavin)이라는 형광물질이 생성된다.

26

당과 단백질의 작용
농축된 우유(연유)의 경우 마이야르 반응을 일으킬 수 있는 충분한 당과 단백질이 있으므로 가열에 의해 연유는 갈색을 띠게 된다.

27

조미료 넣는 순서
설탕 → 소금 → 식초 → 간장 → 고추장 → 참기름

28

① 컨저브(conserve) : 여러 가지 과일을 혼합한 잼으로 건포도나 견과류를 섞은 것
② 잼(jam) : 과일을 으깨어 형태가 남지 않게 한 후 설탕을 넣고 졸인 것
③ 프리저브(preserve) : 과일의 형태가 있게 설탕을 넣고 졸인 것
⑤ 젤리(jelly) : 과일을 끓여 거른 과일즙에 설탕을 넣고 졸인 것

29

이력현상은 등온흡습곡선과 등온탈습곡선이 일치하지 않는 현상을 의미한다.

30

설탕은 α, β의 이성체가 존재하지 않으며, 온도의 변화에 의한 감미변화가 적기 때문에 표준물질로 삼는다.

31

① 달걀을 흔들었을 때 소리가 나지 않을 것
③ 껍질이 까끌거리며, 윤기가 없을 것
④ 삶았을 때 난황의 표면이 암녹색으로 쉽게 변하지 않을 것
⑤ 11% 소금물에서 가라앉을 것

32

불포화지방산이 수소 첨가로 포화지방산이 되면 융점이 상승하고 요오드가가 저하되어 가소성이 부여된다.

33

② 우유는 투명기구를 사용하여 액체 표면의 아랫부분을 눈과 수평으로 하여 계량한다.
③ 저울은 반드시 수평한 곳에서 0으로 맞추고 사용한다.
④ 마가린은 실온일 때 꼭꼭 눌러 담아 평평한 것으로 깎아 계량한다.
⑤ 밀가루는 체에 쳐서 누르거나 흔들지 말고 수북하게 담아 직선 스패튤라로 깎아 계량한다.

34

② 락토글로불린 : 우유

③ 미오신 : 근육

④ 오리제닌 : 쌀

⑤ 제인 : 옥수수

35

근육섬유를 형성하는 주된 단백질은 액틴, 미오신이다.

36

습열 조리에는 보일링, 스티밍, 블랜칭, 시머링, 브레이징 등이 있다.

37

유지의 쇼트닝성은 케이크나 쿠키 제조 시 글루텐의 성질을 약화시켜 연화되는 성질을 이용한다. 이러한 성질은 이중결합이 많을수록 친수성 부분에 닿는 면이 커지므로 유리하다.

38

비타민 C는 ascorbate oxidase에 의하여 디히드로아스코르브산으로 산화된다. 생체조직 중에서는 이 반응이 가역적이지만 식품 중에는 디히드로아스코르브산이 불안정하여 산화가 더 진행되며 호박, 당근, 오이에 특히 많다.

39

부제탄소가 n개 존재하면 이성질체 수는 2^n개, $2^4=16$이다.

40

클로로필은 산이 있을 때 포르피린환에 결합한 마그네슘이 수소이온과 치환되어 녹갈색의 페오피틴을 형성한다. 엽록소에 계속 산이 작용하면 페오포르비드(pheophorbide)라는 갈색의 물질로 가수분해된다.

41

검 식

• 배식하기 전에 1인분량을 상차림하여 음식의 맛, 질감, 조리상태, 조리완성 후 음식온도, 위생 등을 종합적으로 평가하는 것이다.

• 검식내용은 검식일지에 기록한다(향후 식단 개선자료로 활용).

42

단일식단은 단체급식소에서 많은 인원에게 선택권을 주기 어려워 끼니마다 한 가지 식단만 제공하는 메뉴인데, 메뉴를 선택할 수 있는 선택식단으로 바뀌게 되면 기호에 맞는 식사를 할 수 있어 고객만족도가 높아진다. 반면, 다양한 메뉴를 준비하게 되어 발주작업도 복잡해지고, 식수예측과 재고관리가 어려우며, 조리와 배식 업무량도 증가하게 되는 단점도 발생한다.

43

주식과 부식의 비율

• 주식 : 끼니별로 동량을 배분한다(1 : 1 : 1).

• 부식 : 활동시간분포를 고려하여 끼니별로 차이를 두되 일반적으로 점심과 저녁에 비중을 둔다(1 : 1.5 : 1.5).

44

식단의 작성 순서

급여 영양량 결정 → 식품 섭취량 산출 → 세끼 영양량의 분배 결정 → 음식수 계획 → 식품구성의 결정(주식, 부식 결정) → 미량영소의 보급방법(강화식품, 강화제 첨가) → 식단표 작성 → 식단 평가

45

식단작성 시 고려할 사항

• 급식 대상자의 영양필요량

• 식습관과 기호성

• 식품의 선택과 조리기술

• 예산에 알맞은 식품소비

• 조리에서 배식까지의 노동시간

46

위탁경영의 장단점

- 장 점
  - 대량구매와 경영합리화로 운영비 절감, 자본투자 유치
  - 문제발생 시 조직이 형성되어 있으므로 전문가의 의견과 조언으로 문제를 쉽게 해결
  - 소수 인원이 교육과 훈련을 받아 관리하므로 전문 관리층의 임금지출이 적어짐
  - 인건비가 절감되고, 노사문제로부터 해방됨
- 단 점
  - 급식소에서 발생하는 사소한 문제를 소홀히 다루는 경우가 있음
  - 영양관리와 영양교육 및 급식서비스에 문제가 생길 수 있음
  - 만기 전 계약파기의 경우가 발생할 수 있음
  - 위탁경영자를 잘못 선택하면 원가 상승의 결과를 가져올 수 있음
  - 급식질의 일관성이 결여될 수 있음

47

전처리구역

- 1차 처리가 안 된 식재료가 반입되므로 불필요한 부분을 제거하고 다듬고 씻는 작업을 하는 곳으로, 저장구역과 조리구역에서 접근이 쉬워야 한다.
- 채소 처리구역 : 2조 싱크, 작업대, 세미기, 구근탈피기, 채소절단기
- 육류 · 어류 처리구역 : 싱크대, 작업대, 분쇄기, 골절기

48

중앙공급식 급식제도는 중앙의 공동조리장에서 식품의 구입과 생산이 이루어지고, 각 단위급식소로 운반된 후 배식이 이루어지는 급식 형태로서 생산과 소비가 시간적 · 공간적으로 분리되는 방법이다.

49

식음료재료 재고회전율

- 소비 식음료 총 재료원가 / [(초기재고 + 기말재고) / 2]
- 75,000,000 / [(30,000,000 + 20,000,000) / 2] = 3

50

배수관의 종류

- 곡선형 : S 트랩, P 트랩, U 트랩
- 수조형 : 관 트랩, 드럼 트랩, 그리스 트랩, 실형 트랩

51

주방 면적

- 공장 또는 사업장의 주방 면적 : 식당 면적×1/3
- 사무실, 복지시설의 주방 면적 : 식당 면적×1/2
- 기숙사의 주방 면적 : 식당 면적×1/5~1/3

52

식재료 비율

- 호텔 · 식당 : 30~40%
- 학교 · 산업체 : 50~60%
- 군대 : 90~100%

53

바닥의 마감재 선택 시 고려할 사항

- 습기에 강해야 한다.
- 유지비가 저렴하고 값이 싸야 한다.
- 기름, 음식의 오물 등이 스며들지 않아야 한다.
- 미끄럽지 않고 산, 염, 유기 용액에 강해야 한다.
- 영구적으로 색상을 유지할 수 있어야 한다.
- 내구성, 탄력성이 있어야 한다.

54

식사구성안 영양목표

- 에너지 : 100% 필요추정량
- 탄수화물 : 총 에너지의 55~65%
- 단백질 : 총 에너지의 약 7~20%
- 지방 : 총 에너지의 15~30%(1~2세는 총 에너지의 20~35%)
- 식이섬유 : 100% 충분섭취량
- 비타민과 무기질 : 100% 권장섭취량 또는 충분섭취량, 상한섭취량 미만

55

급식시스템에서의 투입과 산출

- 투입 : 인력, 기술, 비용, 자본, 식재료, 기기, 설비
- 산출 : 음식, 고객만족, 종업원의 직무만족, 재정적 수익성

56

최고경영층은 개념적 능력, 중간관리층은 인간관계 관리 능력, 하위관리층은 기술적 능력이 가장 많이 요구된다.

57

분산조리

한 번에 대량으로 조리하지 않고 배식시간에 맞추어 일정량씩 나누어 조리하는 방식으로, 음식의 맛과 품질을 유지할 수 있다.

58

물품 구매명세서(specification)

- 구매하고자 하는 물품의 품질 및 특성에 대해 기록한 양식이다.
- 구입명세서, 물품명세서, 시방서, 물품사양서라고도 한다.
- 발주서와 함께 공급업체에 송부하여 명세서에 적힌 품질에 맞는 물품이 공급되도록 하고, 검수할 때 품질 기준으로 사용한다.
- 사전에 식품테스트를 거쳐 업체에서 가장 적합하다고 판정되는 재료의 유형, 품질, 수량에 대해 결정을 내린 다음에 구매담당자가 작성한다.
- 간단, 명료하게 꼭 필요한 정보만을 담도록 작성한다.

59

송장(납품서, 거래명세서)

공급업자가 작성한 공급한 물건의 명세와 대금에 대한 기록으로, 대개는 물건과 함께 송부되나 물품이 배달되기 이전에 송부되기도 한다. 검수확인 도장을 찍어 회계부서에 제출하면 대금지불을 요구하는 청구서의 역할을 한다.

60

경쟁입찰

어디에서 구입해도 원재료의 품질이 동일하고 구매물량이 많으며, 시간이 적절할 때, 업체의 규모가 커서 공식 구매가 필요할 때, 물품에 관한 납품업자가 많을 때 주로 이용된다. 공개적으로 행해지므로 그 절차가 공정하고, 새로운 업자를 발견하기에는 용이하나, 공고일로부터 낙찰까지의 수속이 복잡하고, 긴급을 요하는 조달물품의 구입에는 불리하다.

61

중앙구매

물품을 1개소에 집중시켜 구매하는 방법으로 고가의 물품이나 공통적으로 사용하는 물품 또는 대량사용물품이나 구매절차가 복잡한 물품의 경우에 이용된다.

62

발주량을 산출하는 데 필요한 방법

- 표준레시피에 기록된 1인분의 양을 결정
- 필요한 식품의 순사용량 계산
- 조리과정 중의 식품 폐기율 고려
- 급식될 식단의 수요인원을 예측
- 실사재고 방법에서 기록된 재고량 조사

63

구매자의 기호가 아닌 피급식자의 기호와 영양에 맞추어 구입해야 한다.

64

감가상각비를 정액법으로 구하는 공식은 (구입가격 − 잔존가격)/내용연수으로, (10,000,000원 − 1,000,000원)/3년 = 3,000,000원이다.

65

검수담당자의 업무

- 납품된 물품이 주문서의 내용과 일치하는지 확인한다.
- 납품된 물품의 수량, 중량 및 선도를 확인하고 검사한다.
- 구매명세서의 품질 규격사항과 일치하는 물품이 납품되었는지 확인한다.
- 시식 또는 시험에 의하여 검수할 때도 있다.
- 검수보고서를 작성해야 한다.
- 구매자에 대해 협조자로서의 역할도 수행해야 한다.
- 물품수령 완료 후 검수인을 찍거나 서명한다.
- 미납품 또는 반품 현황을 해당부서와 구매부로 전달해야 한다.
- 납품된 업체의 물품청구서에 검수확인하여 대금지불에 이상이 없도록 한다.

66

단체급식소에서 재고회전율이 높으면 재고식품이 고갈되어 긴급 수요의 발생 시에는 재료가 부족하여 비싼 가격으로 물품을 긴급히 구매해야 하는 경우가 발생한다.

67

스키너의 강화이론

바람직한 행동을 학습시킬 수 있는 강화요인의 전략을 활용하는 이론으로, 강화요인은 적극적 강화, 회피, 소거, 처벌의 네 가지 범주로 구분된다.

68

메뉴엔지니어링

- Stars : 인기도와 수익성 모두 높은 품목(유지)
- Plowhorses : 인기도는 높지만 수익성이 낮은 품목(세트메뉴 개발, 1인 제공량 줄이기)
- Puzzles : 수익성은 높지만 인기도는 낮은 품목(가격인하, 품목명 변경, 메뉴 게시위치 변경)
- Dogs : 인기도와 수익성 모두 낮은 품목(메뉴 삭제)

69

물품의 수요가 발생했을 때 신속하고 경제적으로 적응하기 위해서 재고관리를 한다.

70

수요예측방법

- 인과형 예측법(객관적 예측법)
  - 식수 및 영향 요인들 간의 인과모델을 개발하여 수요 예측(회귀분석)
  - 식수에 영향을 주는 요인 : 메뉴선호도, 요일, 날씨, 계절, 특별행사 등
- 시계열 분석법(객관적 예측법)
  - 이동평균법 : 최근 일정기간의 기록을 평균해 수요를 예측
  - 지수평활법 : 가장 최근 기록에 가중치를 두어 계산
- 주관적 예측법
  - 최고경영자나 외부전문가의 의견이나 주관적 자료로 기술예측이나 신제품을 출시할 때 사용
  - 델파이기법, 시장조사법, 최고경영자기법, 외부의견조사법 등

71

허즈버그의 동기-위생 이론

- 동기요인(만족요인) : 직무에 대한 성취감, 인정, 승진, 직무자체, 성장 가능성, 책임감 등
- 위생요인(불만요인, 유지요인) : 작업조건, 임금, 동료, 회사정책, 고용안정성 등

72

민츠버그의 경영자 역할

- 대인관계 역할 : 연결자, 대표자, 지도자(리더)
- 정보 역할 : 정보전달자, 정보탐색자, 대변인
- 의사결정 역할 : 기업가, 창업가, 협상자, 혼란중재자, 자원분배자

73

매트릭스 조직

기능식 조직과 프로젝트 조직을 병합한 조직으로, 명령계통의 이원화(2인 상사)로 명령일원화의 원칙에 위배된다.

74

수시구매

채소, 생선, 육류 등 신선도가 요구되는 물품을 구입할 때 사용하는 방법으로 구매요구서가 들어올 때마다 수시로 구매를 한다.

75

공정분석

재료가 가공되어 제품으로 될 때까지의 과정을 가공·운반·정체·검사로 분류하여 그것들이 제작 과정에서 어떻게 연속하고 있는지를 조사하여 문제점을 파악하고 개선하는 방법이다.

76

집단급식소의 안전수칙

- 칼날은 날카롭게 유지하며, 이동 시 칼끝이 아래 방향으로 향하게 한다.
- 떨어지는 물체는 잡지 않는다.
- 뜨거운 액체가 담긴 그릇 뚜껑은 천천히 개방한다.
- 화학물질은 항상 낮은 선반에 보관한다.
- 가열된 냄비를 옮길 때는 미리 옮길 자리를 마련하고 뚜껑을 열어 김을 뺀 후 옮긴다.

77

① 임대료는 고정비에 속한다.
② 재료구입을 위한 종업원의 출장비는 경비에 속한다.
③ 시간제 종업원의 임금은 변동비이다.
④ 인건비 원가율은 매출액 중 인건비가 차지하는 비율이다.

78

Vibrio속에서 식중독을 일으키는 주요 대표균은 Vibrio parahaemolyticus이다. 그람음성의 무포자 간균, 통성혐기성, 호염성(3% 소금물에서 잘 생육)이며, 여름철 부적절하게 조리된 해산물 섭취 후 급성위장염의 증상을 보인다.

79

노로바이러스는 기온이 낮을수록 움직임이 활발하기 때문에 겨울철에 많이 발생한다. 수산물을 익히지 않고 섭취할 경우, 집단 배식에서 조리자의 손이 오염되고 그 음식을 섭취할 경우에 발생하며, 고열, 구토 오한 등의 증상을 보인다.

80

Aflatoxin

- Aspergillus flavus, Asp. parasiticus에 의하여 생성되는 형광성 물질로 간암을 유발하는 발암물질이다.
- 기질수분 16% 이상, 상대습도 80% 이상, 온도 25~30℃인 봄부터 여름 또는 열대지방 환경의 전분질 곡류에서 Aflatoxin이 잘 생성된다.
- 열에 안정해서 270~280℃ 이상 가열 시 분해된다.
- $B_1 > M_1 > G_1 > M_2 > B_2 > G_2$ 순으로 독성이 강하다.

81

① 고시폴 : 면실유
② 에르고톡신 : 맥각
③ 리신 : 피마자
④ 사포닌 : 대두·팥

82

기생충과 중간숙주

- 간디스토마 : 왜우렁이·다슬기 → 잉어·붕어
- 폐흡충 : 다슬기 → 게·가재
- 광절열두조충 : 물벼룩 → 담수 및 반담수어(연어, 농어)
- 아니사키스 : 갑각류(크릴새우) → 해산어류(오징어, 가다랑어, 대구, 청어 등)
- 요코가와흡충 : 다슬기 → 은어·잉어·붕어
- 유극악구충 : 물벼룩 → 뱀장어·가물치·미꾸라지·도루묵·조류

83

아우라민(Auramine)

- 황색의 염기성 타르색소
- 과자, 단무지, 카레가루 등에 사용되었으나 현재는 사용 금지
- 두통, 구토, 사지 마비, 맥박 감소, 두근거림, 의식 불명

84

황변미 중독의 원인독소

- 시트리닌(Citrinin, 신장독)
- 시트레오비리딘(Citreoviridin, 신경독)
- 이슬란디톡신(Islanditoxin, 간장독)
- 루테오스키린(Luteoskyrin, 간장독)

85

병원성대장균

- 그람음성, 무포자, 간균, 주모성 편모, 호기성 또는 통성혐기성
- 유당을 분해하여 산과 가스 생성

86

메탄올

- 과일주의 알코올 발효과정 중에 펙틴으로부터 생성되며, 과일주 및 정체가 불충분한 증류주에 미량 함유되어 있다.
- 중독 증상은 급성일 때 두통, 현기증, 구토, 복통, 설사 등의 증상 외에 시신경에 염증을 일으켜 눈을 멀게 하므로 실명하거나 사망에 이르게 된다.

87

식품 위해요소의 외인성 인자는 식품 자체에 함유되어 있지 않으나 외부로부터 오염 · 혼입된 것으로, 식중독균, 경구감염병, 곰팡이, 기생충, 유해첨가물, 잔류농약, 포장재 · 용기 용출물 등이 해당한다.

88

산분해간장은 단백질을 분해시킬 때 강한 산성을 가진 염산을 사용하는데, 이때 순도가 낮은 것을 사용해 비소가 포함되어 문제를 일으킨 적이 있다.

89

카드뮴

- 도자기, 법랑용기의 안료
- 도금합금 공장, 광산 폐수에 의한 어패류와 농작물의 오염
- 이타이이타이병 : 신장장애, 폐기종, 골연화증, 단백뇨 등

90

Vibrio parahaemolyticus는 그람음성, 통성혐기성 간균으로 적혈구 막에 구멍을 내어 용혈시키는 현상(Kanagawa phenomenon)을 일으킨다.

91

작업실 안은 작업이 용이하도록 자연채광 또는 인공조명장치를 이용하여 밝기는 220룩스 이상을 유지하여야 한다. 특히 선별 및 검수구역은 육안확인이 필요한 경우 540룩스 이상을 유지해야 한다.

92

식품안전관리인증기준 대상 식품(시행규칙 제62조)

어묵 · 어육소시지, 냉동 어류 · 연체류 · 조미가공품, 냉동식품 중 피자류 · 만두류 · 면류, 과자 · 캔디류 · 빵류 · 떡류, 빙과, 음료류(다류 및 커피류는 제외한다), 레토르트식품, 김치, 초콜릿류, 생면 · 숙면 · 건면, 특수용도식품, 즉석섭취식품, 순대, 식품제조 · 가공업의 영업소 중 전년도 총 매출액이 100억원 이상인 영업소에서 제조 · 가공하는 식품

93

영업에 종사하지 못하는 질병의 종류(시행규칙 제50조)

- 결핵(비감염성인 경우는 제외한다)
- 콜레라, 장티푸스, 파라티푸스, 세균성이질, 장출혈성 대장균감염증, A형간염
- 피부병 또는 그 밖의 고름형성(화농성) 질환
- 후천성면역결핍증(성매매감염병에 관한 건강진단을 받아야 하는 영업에 종사하는 사람만 해당한다)

94

식중독 환자나 식중독이 의심되는 자를 진단하였거나 그 사체를 검안한 의사 또는 한의사는 지체 없이 관할 특별자치시장 · 시장 · 군수 · 구청장에게 보고하여야 한다(법 제86조 제1항 제1호).

95

마황, 부자, 천오, 초오, 백부자, 섬수, 백선피, 사리풀을 원료 또는 성분으로 사용하여 판매할 목적으로 식품 또는 식품첨가물을 제조 · 가공 · 수입 또는 조리한 자는 1년 이상의 징역에 처한다(법 제93조 제2항).

96

집단급식소를 설치 · 운영하는 자는 3시간의 식품위생교육을 받아야 한다(시행규칙 제52조 제1항 제3호).

97

영양교사의 직무(시행령 제8조)
- 식단작성, 식재료의 선정 및 검수
- 위생 · 안전 · 작업관리 및 검식
- 식생활 지도, 정보 제공 및 영양상담
- 조리실 종사자의 지도 · 감독
- 그 밖에 학교급식에 관한 사항

98

조사내용(시행규칙 제12조)
- 건강조사의 세부내용
  - 가구에 관한 사항 : 가구유형, 주거형태, 소득수준, 경제활동상태 등
  - 건강상태에 관한 사항 : 신체계측, 질환별 유병 및 치료 여부, 의료 이용 정도 등
  - 건강행태에 관한 사항 : 흡연 · 음주 행태, 신체활동 정도, 안전의식 수준 등
  - 그 밖에 건강상태 및 건강행태에 관하여 질병관리청장이 정하는 사항
- 영양조사의 세부내용
  - 식품섭취에 관한 사항 : 섭취 식품의 종류 및 섭취량 등
  - 식생활에 관한 사항 : 식사 횟수 및 외식 빈도 등
  - 그 밖에 식품섭취 및 식생활에 관하여 질병관리청장이 정하는 사항

99

다른 사람에게 영양사의 면허증 또는 임상영양사의 자격증을 빌려주거나 빌린 자, 영양사의 면허증 또는 임상영양사의 자격증을 빌려주거나 빌리는 것을 알선한 자는 1년 이하의 징역 또는 1천만 원 이하의 벌금에 처한다(법 제28조 제1항).

100

영양표시 대상성분에는 열량, 나트륨, 탄수화물, 당류, 지방, 트랜스지방, 포화지방, 콜레스테롤, 단백질이 있다(시행규칙 제6조 제2항).

당신이 저지를 수 있는 가장 큰 실수는
실수를 할까 두려워하는 것이다.

-앨버트 하버드-

좋은 책을 만드는 길, 독자님과 함께하겠습니다.

· ·

2024 시대에듀 영양사 실제시험보기

개정16판1쇄 발행	2024년 08월 30일 (인쇄 2024년 06월 19일)
초 판 발 행	2008년 10월 29일 (인쇄 2008년 10월 29일)
발 행 인	박영일
책 임 편 집	이해욱
저 자	만점해법저자진
편 집 진 행	노윤재 · 윤소진
표지디자인	박수영
본문디자인	곽은슬 · 김혜지
발 행 처	(주)시대고시기획
출 판 등 록	제10-1521호
주 소	서울시 마포구 큰우물로 75 [도화동 538 성지 B/D] 9F
전 화	1600-3600
팩 스	02-701-8823
홈 페 이 지	www.sdedu.co.kr

I S B N	979-11-383-7288-6 (13590)
정 가	26,000원

영양사
합격 필독서

Since 2002 21년간 11.3만 독자들의 선택

Nutritionist
시대에듀

영양사

실제시험보기

베스트셀러
1위

위생사 면허증 취득은
시대에듀와 함께!

- 과년도 시험을 반영한 핵심이론
- 시험에서 만나볼 적중예상문제
- 컬러풀한 사진, 그림 수록
- 최종 실력점검을 위한 모의고사 3회분
- 최신 위생관계법령 반영
- 빨리보는 간단한 키워드
- 45회 출제키워드 분석

- 출제예상 모의고사 5회분 수록
- 핵심만 콕콕 짚은 해설
- 최신 위생관계법령 반영
- 빨리보는 간단한 키워드
- 45회 출제키워드 분석

시대에듀 위생사 한권으로 끝내기

| 가격 | 41,000원

시대에듀 위생사 최종모의고사

| 가격 | 24,000원